HISTOIRE DES PLANTES

MONOGRAPHIE

DES

RUBIACÉES

DES

VALÉRIANACÉES

ET DES

DIPSACACÉES

PARIS. — IMPRIMERIE ÉMILE MARTINET, RUE MIGNON, 2

HISTOIRE DES PLANTES

MONOGRAPHIE

DES

RUBIACÉES

DES

VALÉRIANACÉES

ET

DIPSACACÉES

PAR

H. BAILLON

PROFESSEUR D'HISTOIRE NATURELLE MÉDICALE A LA FACULTÉ DE MÉDECINE DE PARIS
DIRECTEUR DU JARDIN BOTANIQUE DE LA FACULTÉ, PRÉSIDENT DE LA SOCIÉTÉ LINNÉENNE DE PARIS

ILLUSTRÉE DE 210 FIGURES DANS LES TEXTES

DESSINS DE FAGUET

PARIS

LIBRAIRIE HACHETTE & Cie

BOULEVARD SAINT-GERMAIN, 79

LONDRES, 18, KING WILLIAM STREET, STRAND

1880

LXIII

RUBIACÉES

I. SÉRIE DES GARANCES.

Le nom de cette famille vient de celui des Garances[1] (fig. 223-230), qui ont les fleurs ordinairement hermaphrodites, plus rarement unisexuées, pentamères et monopérianthées. Leur réceptacle, dans une espèce telle que la G. des teinturiers, a la forme d'une poche profonde, presque globuleuse, un peu comprimée sur les côtés. Dans cette poche est renfermé l'ovaire, tandis que ses bords donnent insertion à la corolle[2]. Celle-ci est gamopétale, régulière, à tube court et large, à limbe profondément partagé en cinq lobes valvaires, dont un antérieur, deux latéraux et deux postérieurs. Sur le tube s'insèrent cinq étamines alternipétales, formées chacune d'un filet et d'une anthère biloculaire, introrse, déhiscente par deux fentes longitudinales[3]. L'ovaire, infère,

Rubia tinctorum.

Fig. 223. Rameau (½).

est surmonté d'un disque épigyne, encadrant la base d'un style court,

1. *Rubia* T., *Inst.*, 113, t. 37. — L., *Gen.*, n. 127. — J., *Gen.*, 197. — LAMK, *Dict.*, II, 604; Suppl., II, 705; *Ill.*, t. 60. — GÆRTN., *Fruct.*, · III, t. 195. — DC., *Prodr.*, IV, 588 (part.). — A. RICH., *Monogr. Rubiac.*, 52, t. 1 (ex *Mém. Soc. d'hist. nat. Par.*, V). — SPACH, *Suites à Buffon*, VIII, 470. — ENDL., *Gen.*, n. 3101.— PAYER, *Organog.*, 633, t. 129. — B. H., *Gen.*, II, 149, n. 329. — *Aparine* ADANS., *Fam. des pl.*, II, 144 (incl. : *Callipeltis* STEV., *Didymœa* HOOK. F.. *Galium* T., *Mericarpœa* BOISS., *Relbunivm* ENDL., *Valantia* L.).

2. Autour de sa base se voit un petit rebord qu'on décrit ordinairement comme un limbe du calice, entier ou « *obsoletus* ». On suppose alors que la majeure partie du calice enveloppe l'ovaire auquel elle est « adhérente », et on la nomme le « tube calicinal »; expressions qui indiquent des hypothèses que rien actuellement ne saurait justifier. Le rebord dont nous parlons est celui de l'orifice réceptaculaire.

3. Le pollen est, dans les *Rubia*, pourvu de plis en nombre supérieur à trois. Dans le *R. tinctorum*, il y en a six ou sept, d'après

à deux branches dont l'extrémité stigmatifère se renfle en une petite tête, et les deux loges ovariennes, l'une antérieure et l'autre postérieure, contiennent chacune, inséré vers la base de leur angle interne, un ovule ascendant, presque dressé, anatrope, à micropyle dirigé en bas et en de-

Rubia tinctorum.

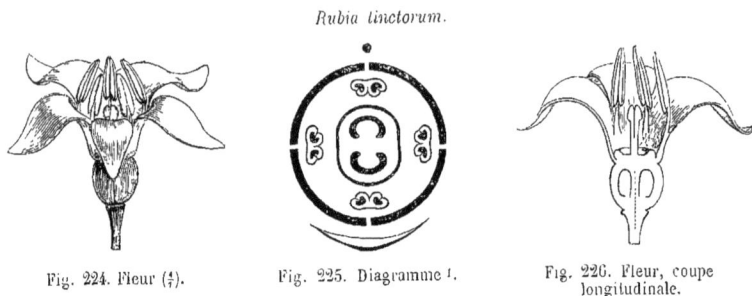

Fig. 224. Fleur (⁴⁄₁).   Fig. 225. Diagramme [1].   Fig. 226. Fleur, coupe longitudinale.

hors[2]. Le fruit, didyme ou plus ordinairement réduit à un seul carpelle (fig. 227-229), est charnu, à péricarpe peu épais, et renferme une ou deux graines, convexes en dehors, concaves en dedans, où leur large

Rubia tinctorum.

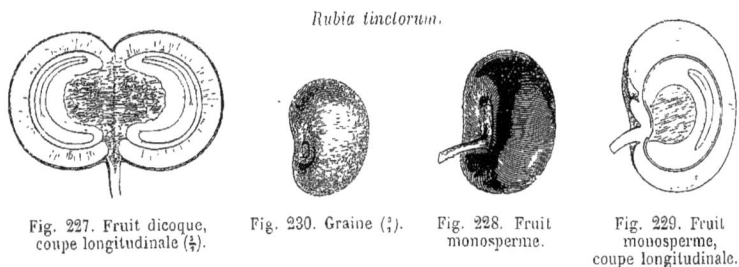

Fig. 227. Fruit dicoque, coupe longitudinale (⁴⁄₁).   Fig. 230. Graine (²⁄₁).   Fig. 228. Fruit monosperme.   Fig. 229. Fruit monosperme, coupe longitudinale.

hile est relié au péricarpe par un épais et court funicule qui occupe leur concavité. Ces graines ont un épais albumen corné[3], entourant un embryon arqué, à radicule conique infère et à cotylédons foliacés dirigés en haut. La Garance des teinturiers est une herbe vivace, à souche

H. Mohl (in *Ann. sc. nat.*, sér. 2, III, 323). Il a de huit à douze plis, d'après le même auteur, dans diverses espèces de *Galium*, d'*Asperula* et de *Crucianella*.

1. Les pétales doivent être réunis par un trait dans ce diagramme d'une fleur exceptionnellement tétramère, comme celle des *Galium*.

2. Ce micropyle n'est le plus souvent indiqué, dans ce genre et dans beaucoup d'autres, que par une petite fossette; si bien que les ovules

n'ont pas, dans ce cas, de véritable tégument; à moins qu'on n'admette, par analogie avec les types où il est un peu plus développé, qu'il existe ici, mais réduit à un bourrelet extrêmement court.

3. Il va sans dire que la couche appelée tégument de la graine se produit par différenciation des tissus superficiels, mais qu'elle ne peut être le résultat de la transformation d'une enveloppe ovulaire qui n'a jamais existé à ce niveau.

épaisse, pourvue de racines adventives [1], à rameaux aériens herbacés, rêches, chargés de feuilles opposées, accompagnées de stipules semblables aux feuilles. Les fleurs [2] sont réunies en cymes axillaires et terminales, composées, et leur pédicelle est articulé sous l'ovaire.

Les fleurs sont parfois tétramères dans les *Rubia* (fig. 225). C'est la règle dans les *Galium* [3], qui ont le péricarpe sec, ou coriace [4], ou moins charnu que celui des Garances proprement dites, sans que cette différence, qui se présente avec toutes les nuances possibles, puisse justifier autre chose que l'établissement d'une section dans le genre *Rubia* (dont on distingue ordinairement les *Galium* comme genre). Certains *Galium* américains ont les inflorescences entourées d'un involucre de quatre bractées; on en a fait aussi un genre, nommé *Relbunium* [5].

Il y a au Mexique une Garance à fruit charnu, dont les feuilles opposées sont accompagnées de quatre stipules interfoliaires qui sont peu développées, au lieu de présenter la taille et la forme des feuilles proprement dites; on lui a donné le nom générique de *Didymœa* [6].

Dans les *Rubia* de la section *Galium*, la surface du fruit est tantôt lisse, et tantôt chargée d'aspérités, de pointes ou de tubercules. Dans l'un d'eux, originaire d'Assyrie, le *G. cristatum* [7], chacune de ses coques porte trois saillies plus accentuées, en forme de crêtes sinueuses et dentées, dont les dents supérieures peuvent même être recourbées en croc; on en a fait un genre *Mericarpœa* [8].

Dans un certain nombre de *Galium*, tels que le *G. Cruciata*, etc., il y a dans l'aisselle des feuilles, non point une cyme, mais deux cymes collatérales, ou trois cymes dont une médiane et deux latérales. Le nombre des fleurs peut être très-réduit dans chaque cyme [9]. Dans quelques *Galium* dont on a fait le genre *Vaillantia* [10], il n'y a plus dans l'aisselle que trois fleurs. La médiane est hermaphrodite et tétramère, et les latérales

---

1. Dont on sait qu'on augmente le nombre, dans les cultures, par l'opération du buttage.

2. Petites, d'un vert jaunâtre ou blanchâtre.

3. T., *Inst.*, 114, t. 39 (*Gallium*). — L., *Gen.*, n. 125. — Scop., *Fl. carniol.* (ed. 2), I, 94. — DC., *Prodr.*, IV, 593. — Rich., *Rub.*, 53. — Spach, *Suit. à Buffon*, VIII, 469. — Endl., *Gen.*, n. 3100. — B. H., *Gen.*, II, 149, n. 331. — *Aparine* T., *Inst.*, 114, t. 39. — *Cruciata* T., *loc. cit.*, 115, t. 39. — *Eyselia* Neck., *Elem.*, n. 333. — *Aspera* Mœnch, *Meth.*, 640.

4. Il peut être enflé, plus ou moins vésiculeux, comme dans le *G. glaucum* L. C'est aussi sur ce caractère qu'est fondé le genre *Microphysa* (Schrenk, in *Bull. Acad. Pétersb.*, II, 115. — Walp., *Rep.*, VI, 18).

5. Endl., *Gen.*, 523 (sect. *Galii*). — B. H., *Gen.*, II, 149, n. 330.

6. Hook. r., *Gen.*, II, 150, n. 338; *Icon. plant.*, t. 1271.

7. Jaub. et Spach, *Ill. pl. or.*, II, t. 194.

8. Boiss., *Diagn. or.*, III, 51; *Fl. or.*, III, 83. — B. H., *Gen.*, II, 149, n. 332.

9. Et souvent, dans une cyme pauciflore, les fleurs latérales sont mâles, parfois trimères, la centrale étant seule hermaphrodite.

10. T., in *Act. Acad. par.* (1705), 234. — L., *Gen.*, n. 1151 (*Valantia*). — Poir., *Dict.*, VIII, 285 (part.). — DC., *Fl. fr.*, IV, 266; *Prodr.*, IV, 613. — Rich., *Rub.*, 54, t. 1, fig. 2. — Endl. *Gen.*, n. 3098. — B. H., *Gen.*, 148, n. 328. — H. Bn, in *Payer Fam. nat.*, 232.

sont mâles et ordinairement trimères. L'ovaire de la médiane devient
un fruit dont un des méricarpes avorte même fréquemment ; son pédoncule se recourbe de façon à porter le fruit en bas, et est accompagné
de deux pédicelles des fleurs mâles, plus ou
moins transformés en crêtes [1]. Il y a aussi,
en Orient et dans la région méditerranéenne, un *Galium* exceptionnel, type d'un
genre *Callipeltis* [2], dont les fleurs hermaphrodites sont axillaires et ternées, pendantes,
enfermées chacune dans une bractée cymbi-
forme, membraneuse, qui grandit et se plisse
longitudinalement autour du fruit, ordinairement réduit à un carpelle fertile, plus
allongé que celui des autres *Galium* et incurvé à la maturité comme la graine qu'il
renferme. Nous considérons tous ces types
comme autant de sections [3] d'un seul et même
genre *Rubia*, ainsi formé d'une couple de
centaines [4] d'espèces, qui appartiennent à
toutes les régions des deux mondes, et principalement à leurs parties tempérées.

Les Aspérules (fig. 231-234) ont été distinguées des *Rubia* et des *Galium* principalement par la forme de leur corolle, qui serait
tubuleuse ou en entonnoir, au lieu d'être rotacée ou en cloche. Cette
distinction est un peu artificielle [5]. Leurs fleurs n'ont pas de calice véri-

Asperula odorata

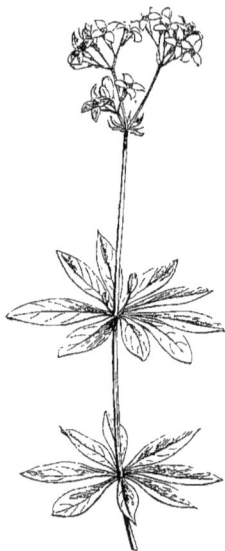

Fig. 231. Rameau florifère

---

1. Il peut y avoir aussi une quatrième et une cinquième fleur mâle, continuant la cyme, mais qui avortent plus ou moins complétement.

2. STEV., *Obs. pl. ross.*, 69 (ex *Mém. Mosc.*, VII, 275). — DC., *Prodr.*, IV, 613. — ENDL., *Gen.*, n. 3099. — B. H., *Gen.*, II. 148, n. 327. — *Cucullaria* BUXB., *Cent.*, I, 13.

3.
   1. *Eurubia.*
   2. *Didymœa* (H. F.).
   3. *Galium* (T.).
   RUBIA.   4. *Relbunium* (ENDL.).
   Sect. 8. 5. *Mericarpœa* (BOISS.).
   6. *Cruciata* (T.).
   7. *Vaillantia* (T.).
   8. *Callipeltis* (STEV.).

4. LAMK, *Ill.*, t 842, fig. 2 (*Vaillantia*). — SIBTH., *Fl. grœc.*, t. 115, 116 (*Sherardia*), 137, 138 (*Vaillantia*), 141, 142. — H. B. K., *Nov. gen. et spec.*, t. 277 (*Galium*), 280. — REICHB., *c. Fl. germ.*, t. 1184; 1185-1198, 1201 (*Ga-*

lium). — WIGHT, *Ill.*, t. 128 bis; *Ic.*, t. 187. — HARV. et SOND., *Fl. cap.*, III, 34, 35 (*Galium*). — THW., *Enum. pl. Zeyl.*, 151. — BENTH., *Fl. hongkong.*, 164 (*Galium*). — MIQ., *Fl. ind.-bat.*, II, 337, 338 (*Galium*) ; Suppl., 225. — BENTH., *Fl. austral.*, III, 445 (*Galium*). — F. MUELL., *Fragm.*, IX, 188 (*Galium*). — GRISEB., *Fl. brit. W.-Ind.*, 351 (*Galium*). — A. GRAY, *Man.* (ed. 2), 169 (*Galium*). — CLOS, in *C. Gay Fl. chil.*, III, 177 (*Galium*). — BOISS., *Fl. or.*, III, 46-83. — GREN. et GODR., *Fl. de Fr.*, II, 13, 14 (*Galium*), 46 (*Vaillantia*). — WALP., *Rep.*, II, 454 (*Galium*), 460 ; VI, 8 (*Mericarpœa*), 9, 18 (*Microphysa*) ; *Ann.*, I, 366, 983 (*Galium*) ; II, 734 (*Galium*), 738 ; III, 901 (*Galium*) ; V, 97 (*Galium*).

5. On peut d'ailleurs dire qu'elle n'est pas absolument constante. « Distinctio generica inter *Asperulam* et *Galium* non absoluta propter illius flores fœmineos interdum galiiformes. » (F. MUELL., *Fragm.*, IX, 188.)

table. Ce qu'on a considéré comme tel dans le *Sherardia arvensis*, qui n'est qu'un *Asperula* d'une section particulière, ce sont deux bractées et leurs stipules, ordinairement décrites comme six sépales et soulevées sur le réceptacle floral. Les *Crucianella* sont aussi des *Asperula* dont les ovules sont à peu près basilaires et dressés, et dont le style

Asperula (Phuopsis) stylosa.

Fig. 232. Bouton (⁴⁄₁).

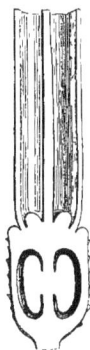

Fig. 234. Base de la fleur, coupe longitudinale.

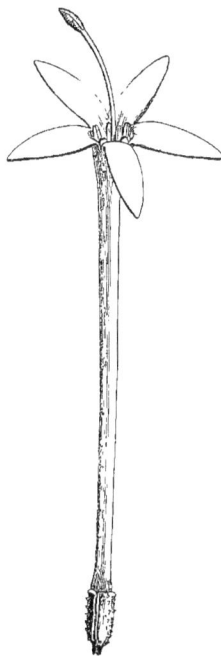

Fig. 233. Fleur (⁴⁄₁).

a souvent les deux branches inégales. Leurs fleurs, sessiles et accompagnées de deux bractées, sont souvent disposées en épis allongés de cymes. Dans le *C. stylosa*, dont on a fait un genre *Phuopsis*, l'inflorescence totale ressemble à un capitule; elle est aussi, comme dans beaucoup d'*Asperula* proprement dits, formée de cymes contractées, disposées sur un axe principal raccourci. Le style est ici partagé en deux branches, mais libres seulement à leur extrême sommet. Ainsi compris, le genre *Asperula* est formé d'herbes des régions tempérées

de l'Europe, de l'Asie, de l'Australie et de l'Afrique. Leurs organes de
végétation sont en général assez semblables à ceux des *Rubia*.

II. SÉRIE DES SPERMACOCE.

Dans les *Spermacoce* [1] (fig. 235, 236), les fleurs, hermaphrodites
ou plus rarement polygames, ont un réceptacle en forme de sac
ovoïde ou obconique, logeant dans sa cavité l'ovaire surmonté d'un

Spermacoce (Borreria) Poaya.

Fig. 235. Inflorescence.

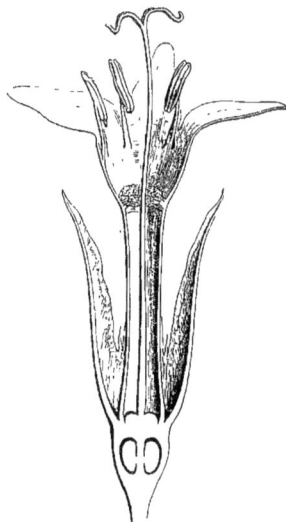

Fig. 236. Fleur, coupe longitudinale ($\frac{4}{1}$).

disque plus ou moins épais, parfois nul ou à peu près. Les bords de
ce sac supportent un calice à 2-6 divisions, très-variables de taille
et de forme, avec un nombre variable de petites languettes interposées [2], et une corolle [3] régulière, gamopétale, en entonnoir ou

----

1. L., *Gen.*, n. 110. — J., *Gen.*, 197. —
G.ERTN., *Fruct.*, I, t. 25. — LAMK, *Ill.* t. 62. —
DC., *Prodr.*, IV, 552. — RICH., *Rub.*, 70, t. 4,
fig. 2, 3. — ENDL., *Gen.*, n. 3121. — B. H., *Gen.*,
II, 145, n. 319. — ? *Tardavel* ADANS., *Fam. des
pl.*, II, 145 (ex ENDL.). — *Covelia* NECK., *Elem.*,
n. 339. — *Chenocarpus* NECK., *Elem.*, n. 339.
— *Bigelovia* SPRENG., *Syst.*, 1, 366. — *Bor-*

reria G. F. MEY., *Prim. Fl. essequeb.*, 79, t. 1.
— ENDL., *Gen.*, n. 3120. — *Chlorophytum* POHL
(ex ENDL.). — ? *Gruhlmannia* NECK., *Elem.*,
n. 338 (ex ENDL.). — *Tessiera* DC., *Prodr.*, IV,
574. — *Diphragmus* PRESL, *Bot. Bem.*, 80.
2. Dont plusieurs sont probablement de nature stipulaire.
3. Blanche, rose, jaune ou bleuâtre, violacée.

hypocratérimorphe, dont les divisions, au nombre de quatre ou cinq, plus rarement de six, sont valvaires dans le bouton. Les étamines, insérées plus ou moins haut sur le tube de la corolle, souvent même à sa gorge, qui est nue ou pourvue de poils, sont formées d'un filet de longueur variable, et d'une anthère dorsifixe, incluse ou exserte, biloculaire, introrse et déhiscente par deux fentes longitudinales. L'ovaire est surmonté d'un style à extrémité stigmatifère simple, capitée, entière ou partagée en deux branches courtes, obtuses; et chacune de ses deux[1] loges, l'une antérieure et l'autre postérieure, contient un ovule ascendant, plus ou moins complétement anatrope, à micropyle extérieur et inférieur[2]. Il s'insère plus ou moins haut sur la cloison de séparation des loges, et la base de son raphé adhère quelquefois à la cloison dans une étendue variable. Le fruit des véri-tables *Spermacoce* est dicoque, crustacé ou coriace, peu charnu, et ses deux coques se séparent l'une de l'autre à la maturité; après quoi, elles s'ouvrent suivant leur angle interne, soit dans toute leur longueur, soit seulement en haut; ou bien l'une d'elles seulement s'ouvre, l'autre demeurant indéhiscente. Chacune d'elles renferme une graine dont le tégument extérieur, sillonné en dehors, souvent gra-nuleux, recouvre un albumen plus ou moins dur. Le centre de celui-ci est occupé par un embryon axile, à cotylédons foliacés et à radicule infère, cylindrique. Ce sont des herbes annuelles, vivaces ou ligneuses à la base, dont les feuilles sont opposées, à nervures pennées ou paral-lèles, celles d'une même paire unies entre elles par des stipules inter-pétiolaires connées, formant une gaîne souvent découpée de soies sur le bord supérieur. Les fleurs sont réunies en glomérules ou en cymes à courts pédicelles, qui forment de faux-verticilles à l'aisselle des feuilles ou de faux-capitules au sommet des rameaux. Là les feuilles peuvent être réduites à l'état de bractées. On évalue à 150 le nombre des espèces, qui habitent les régions tropicales de toutes les parties des deux mondes et sont surtout communes dans le nouveau.

Le *S. ampliata*, de l'Afrique tropicale orientale, dont on a fait un genre *Hypodematium*[3], se distingue comme section parce que son fruit se partage circulairement vers sa base, presque à la façon d'une pyxide, avant que ses coques se séparent l'une de l'autre. Un fait

---

1. Quelquefois trois ou quatre.
2. L'enveloppe, très-courte, est cependant plus visible dans certaines espèces de ce genre (le *S. tenuior*, par exemple) que dans la plupart des

Rubiées. Souvent aussi l'orifice micropylaire est un peu déjeté latéralement.
3. A. RICH., *Fl. Abyss. Tent.*, I, 348. — HIERN, *Fl. trop. Afr.*, III, 241.

analogue se produit dans les espèces américaines, à sépales inégaux [1], dont on a fait le genre *Mitracarpum* [2]. Seulement, la scission transversale se produit à des hauteurs un peu variables suivant les espèces, et, dans certaines d'entre elles, vers le milieu de la longueur ; la portion supérieure du péricarpe membraneux se soulève comme un couvercle, portant le calice à son sommet. Dans d'autres espèces américaines, distinguées génériquement sous le nom de *Staelia* [3], la ligne suivant laquelle les deux carpelles s'ouvrent à la maturité est non pas transversale, mais plus ou moins oblique de dedans en dehors et de haut en bas ; en sorte que ces plantes sont intermédiaires aux *Mitracarpum* et aux *Spermacoce* vrais. Certains autres *Spermacoce* américains et africains ont des coques qui, une fois séparées l'une de l'autre, demeurent indéhiscentes comme des achaines ; on en a fait les genres *Diodia* [4] et *Dasycephala* [5]. Les premiers ont jusqu'à dix divisions au calice et des lobes peu saillants, obtus, à la portion stigmatifère du style ; leurs fleurs axillaires sont ordinairement peu nombreuses. Les derniers ont quatre divisions calicinales, les deux branches du style hérissées de papilles, et des glomérules floraux assez souvent disposés en épis. Le *S. filifolia*, de l'Afrique tropicale occidentale, et une espèce voisine, ont été élevés au rang de genre (*Octodon* [6]), parce que leurs fleurs, réunies en faux-capitules de glomérules, situés le plus souvent au sommet des rameaux, sont entourées d'une paire de feuilles formant involucre à l'inflorescence, avec les stipules connées, qui constituent une sorte de gaîne dilatée ; d'où résulte pour ces plantes annuelles un port assez particulier.

Ainsi compris [7], ce genre renferme environ deux cents espèces [8].

---

1. Les plus grands sont les latéraux, qu'on dirait, dans certaines espèces, être les bractéoles latérales de la fleur, entraînées de bas en haut sur son réceptacle.

2. ZUCC., in *Schult. Mant.*, III, 210. — DC., *Prodr.*, IV, 571. — ENDL., *Gen.*, n. 3127. — B. H., *Gen.*, II, 146, n. 323. — *Staurospermum* THÖNN. et SCHUM., *Beskr. Guin.*, 73.

3. CHAM. et SCHLCHTL, in *Linnœa*, III, 364, t. 3, fig. 3. — RICH., *Rub.*, 71. — ENDL., *Gen.*, n. 3129. — B. H., *Gen.*, II, 148, n. 326.

4. L., *Gen.*, n. 122. — J., *Gen.*, 197. — GÆRTN., *Fr.*, I, t. 121. — DC., *Prodr.*, IV, 561. — ENDL., *Gen.*, n. 3123. — B. H., *Gen.*, II, 143, n. 314. Nous rapportons avec doute aux *Diodia* l'*Hexasepalum* (BARTL., ex DC., *Prodr.*, IV, 561 ; — ENDL., *Gen.*, n. 3122 ; — B. H., *Gen.*, II, 145, n. 318), qui a les feuilles étroites (et plus allongées encore) des *Diodia*, avec des sti-

pules vaginiformes, larges, ciliées, et des fleurs « solitaires, axillaires », que nous n'avons pu voir.

5. DC., *Prodr.*, IV, 565 (*Diodiæ* sect. 2). — B. H., *Gen.*, II, 143, n. 315.

6. THÖNN. et SCHUM., *Beskr.*, 74. — DC., *Prodr.*, IV, 540. — ENDL., *Gen.*, n. 3119. — B. H., *Gen.*, II, 145, n. 320.

7. Sect. 7 : 1. *Euspermacoce* (incl. *Borreria*) ; 2. *Staelia* ; 3. *Mitracarpum* ; 4. *Diodia* ; 5. *Dasycephala* ; 6. *Octodon* ; 7. *Hypodematium*.

8. R. et PAV., *Fl. per.*, t. 91, 92. — H. B. K., *Nov. gen. et sp.*, t. 278. — MIQ., *St. surin.*, t. 51 (*Borreria*) ; *Fl. ind.-bat.*, II, 330, 333 (*Bigelovia*) ; Suppl., 550. — BENTH., *Fl. hongk.*, 162 ; *Fl. austral.*, III, 438. — HARV. et SOND., *Fl. cap.*, III, 25 (*Mitracarpum*). — BAK., *Fl. maur.*, 158. — THW., *Enum. pl. Zeyl.*, 151. — GRISEB., *Fl. Brit. W.-Ind.*, 349, 350 (*Mitracarpum*). — A. GRAY, *Man.* (ed. 2), 171. —

Les *Richardia* sont très-voisins des *Spermacoce*; ils ont trois ou quatre loges à l'ovaire, un calice bien développé, à 3-8 divisions, et un style partagé supérieurement en trois ou quatre branches récurvées, aiguës ou terminées par un renflement stigmatifère de forme variable. Leur fruit se sépare en trois ou quatre coques, indéhiscentes ou déhiscentes vers leur sommet, unies ou non par une petite columelle centrale. Ce sont des herbes de l'Amérique tropicale et sous-tropicale, couvertes de poils, à feuilles opposées et à fleurs disposées en capitules de glomérules. Les *Perama*, qui sont aussi de l'Amérique tropicale, ont un fruit fort analogue à celui des *Richardia*, déhiscent par une fente transversale qui se produit au-dessus du milieu de sa hauteur, avec ou sans cloison mince persistante. Ce sont des plantes herbacées, souvent très-petites, de l'Amérique tropicale, dont le calice (?) n'a que deux folioles et dont l'ovaire 2-4-loculaire est surmonté d'un style grêle et exsert, à 2-4 divisions stigmatifères. Leurs fleurs, petites et nombreuses, sont disposées en faux-épis ou capitules, supportés par de longs et grêles pédoncules, et comme plongées dans des touffes de nombreuses bractées sétacées.

Dans les *Triodon*, dont le port est très-différent, car ce sont des arbustes américains, très-rameux, à petites feuilles et à fleurs disposées en épis de glomérules, le fruit se sépare en deux coques indéhiscentes, et les divisions du calice sont au nombre de 2-4, avec des dents stipulaires interposées; l'ovaire, biloculaire, est surmonté d'un style à deux branches hérissées de papilles. Les *Psyllocarpus*, assez analogues pour le port et dont l'inflorescence est aussi spiciforme, ont au calice deux grandes divisions latérales, avec d'autres plus petites interposées. Leur ovaire est biloculaire et surmonté d'un style dont les deux branches stigmatifères sont courtes, ordinairement obtuses; leur fruit est dicoque, très-comprimé d'avant en arrière, et chacune de ses coques s'ouvre finalement en dedans par une fente longitudinale. Ce sont d'humbles arbustes du Brésil. Les *Gaillonia* ont aussi des fleurs de *Spermacoce* ou peu s'en faut; leur calice est 2-6-denté, ou dilaté en cornet, ou chargé de soies plumeuses. L'ovaire a deux loges uniovulées, et le style est grêle, allongé, partagé supérieurement en deux courtes branches papilleuses. Les deux coques du fruit sont indéhiscentes et se séparent finalement l'une de l'autre. Ce

Walp., *Rep.*, II, 464 (*Borreria*), 465, 466 (*Diodia*), 467 (*Mitracarpum*); VI, 27 (*Borreria*), 29, 30 (*Diodia*), 31 (*Mitracarpum*); *Ann.*, I, 370 (*Borreria*); II, 741 (*Borreria*), 742, 743 (*Hypodematium*); V, 105 (*Borreria*), 106 (*Mitracarpum*).

sont des arbustes asiatiques et africains, souvent rigides, à feuilles peu développées, à fleurs solitaires ou réunies en épis de cymes. Leur port est souvent tout à fait particulier. Les *Crusea*, qui sont américains, ont les divisions du calice étroites et allongées ; une corolle de *Spermacoce*, ordinairement tétramère et assez grande ; un ovaire biloculaire, à divisions courtes ou à peine distinctes. Leurs fruits se partagent en deux coques indéhiscentes. Ce sont des plantes herbacées, dont les cymes composées terminales simulent des capitules et sont entourées de deux grandes paires de bractées formant involucre. Dans les *Emmeorhiza*, plantes suffrutescentes et volubiles de l'Amérique tropicale, les cymes, très-ramifiées, rappellent l'inflorescence des vraies Garances ; et les fleurs tétramères sont à peu près celles d'un *Spermacoce*, avec un style à deux divisions terminales peu profondes, et un fruit dont les deux coques monospermes s'ouvrent en dedans, comme celles des *Psyllocarpus*.

Les *Hydrophylax* et *Ernodea*, dont la fleur est à peu près celle d'un *Crusea* ou d'un *Diodia*, axillaire, solitaire ou à peu près, et assez grande pour ce groupe, se distinguent aussi de tous les types précédents en ce que leur fruit est indéhiscent ; on n'en sépare qu'artificiellement les deux coques fortement comprimées et à face plane. Les divisions profondes du calice sont ordinairement au nombre de quatre, dont deux latérales (plus rarement de cinq ou six). La corolle a un tube long et étroit et un limbe valvaire. Les *Hydrophylax* vrais croissent dans les sables maritimes de l'Asie tropicale, de Madagascar et de l'Afrique australe. Le sommet de leur style est peu renflé et obscurément bilobé, et leur exocarpe est subéreux. L'*Ernodea*, qui pour nous ne constitue qu'une seconde section du même genre, a le sommet du style un peu plus renflé et un exocarpe moins consistant, plus distinct des coques ; il habite les côtes des Antilles et de la Floride.

III. SÉRIE DES ANTHOSPERMES.

Les Anthospermes[1] (fig. 237, 238), dont on a donné le nom à cette série, n'en sont pas toujours les représentants les plus parfaits, parce que leurs fleurs ne sont pas ordinairement hermaphrodites, mais

---

1. *Anthospermum* L., *Hort. Cliff.*, t. 27 ; *Gen.*, n. 1164. — J., *Gen.*, 197. — GÆRTN. F., *Fruct.*, III, 87, t. 195. — A. RICH., *Rub.*, 58,   t. 2, fig. 1. — DC., *Prodr.*, IV, 579. — ENDL., *Gen.*, n. 3105. — B. H., *Gen.*, II, 140, n. 304. — *Tournefortia* PONTED., *Epist.*, 11 (ex ENDL.).

unisexuées. Dans celles qui ont le gynécée bien développé, le réceptacle a la forme d'un sac, le plus souvent obovoïde, dont la concavité
loge l'ovaire biloculaire, surmonté d'un disque épigyne peu épais et
des deux branches, grêles, très-longues, d'un style partout hérissé de
papilles. Dans les fleurs mâles, le réceptacle devient fort petit; l'ovaire
disparaît, et les branches stylaires peuvent
seules représenter le gynécée, avec des dimensions parfois fort réduites. Le calice,
inséré au niveau de l'orifice du réceptacle,
est souvent très-court, presque entier ou
à dents de grandeur variable, persistantes
Une ou deux d'entre elles peuvent même
devenir foliacées. La corolle varie de forme
dans les fleurs des deux sexes. Dans les
mâles, elle est bien développée, en cloche
ou en entonnoir, glabre ou velue à la gorge,
avec 3-5 lobes valvaires. Dans les femelles,
elle devient ordinairement petite, étroite,

Anthospermum æthiopicum.

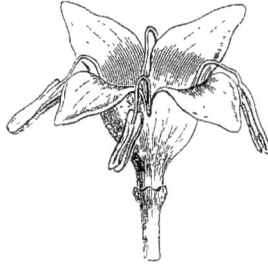

Fig. 237. Fleur mâle ($\frac{4}{1}$).

en forme de tube à 2-5 dents ou lobes dressés, souvent appliqué contre
les styles. Les étamines, qui manquent ou demeurent rudimentaires
dans les fleurs femelles, sont au nombre de 3 à 5 dans les mâles, insérées sur le tube de la corolle, formées d'un filet très-grêle et mobile,
souvent entraîné par le poids de l'anthère dorsifixe, allongée, exserte,
introrse, biloculaire, déhiscente par deux fentes longitudinales. Dans
chaque loge ovarienne s'insère, tout à fait en bas de l'angle interne,
un ovule ascendant, anatrope, à micropyle extérieur et inférieur. Le
fruit, didyme, comprimé perpendiculairement à la cloison, se sépare
en deux coques, indéhiscentes ou déhiscentes suivant leur face, et
renfermant chacune une semence à tégument mince, recouvrant un
albumen charnu ou dur, dont l'axe est occupé par un embryon allongé,
à cotylédons foliacés et à radicule cylindrique, inférieure. Les Anthospermes, dont on distingue plus de vingt espèces[1], originaires de
l'Afrique australe et tropicale, occidentale et orientale, et de Madagascar, sont des arbustes de petite taille, dressés ou couchés, glabres
ou velus, à feuilles opposées ou verticillées, ordinairement éricoïdes,
reliées entre elles par une gaîne interpétiolaire membraneuse, plus ou
moins confondue avec les stipules dont le sommet se découpe souvent

1. CRUSE, *Rub. cap.*, 7, t. 1, fig. 1, 2. — *Fl. cap.*, III, 26. — HIERN, *Fl. trop. Afr.*,
SPRENG., *Syst. veg.*, I, 399. — HARV. et SOND., III, 229. — WALP., *Ann.*, II, 741.

d'une ou plusieurs pointes. Les fleurs[1] sont axillaires, solitaires ou
disposées en cymes, souvent sessiles, accompagnées de bractéoles. Il
y a des espèces où elles sont portées sur les axes allongés de la cyme.
Dans l'*A. Crocyllis*[2], dont on a fait aussi un genre particulier[3], les

Anthospermum æthiopicum.

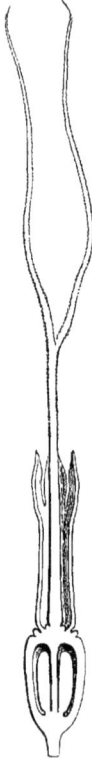

fleurs, pentamères ou unisexuées, ont les filets staminaux plus épais et insérés plus haut sur la corolle
que dans les autres espèces. Le style est aussi plus
épais et partagé seulement dans sa portion supérieure. Dans les *Anthospermum* auxquels on a donné
le nom de *Nenax*[4], la cloison de séparation des
deux loges ovariennes présente une sorte de dédoublement qui, comme dans le fruit de certaines Ombellifères (pages 96, 98), produit deux fausses-loges
sans ovules, dans l'intervalle des loges fertiles.

Les *Coprosma* sont extrêmement voisins des Anthospermes; ils ont les mêmes fleurs polygames-
dioïques, à 4-6 parties. Elles sont ou solitaires, ou
groupées en cymes axillaires ou terminales; parfois
subsessiles. Leur fruit est une drupe à deux noyaux
plan-convexes, quelquefois à quatre noyaux, le
nombre des loges ovariennes étant aussi de quatre,
comme dans les *Nenax* parmi les Anthospermes.
Ce sont des arbrisseaux ou des arbustes de l'Océanie,
depuis les tropiques jusqu'à la Nouvelle-Zélande;
il y en a un aussi, dit-on, à l'île de Juan-Fer-
nandez. Leurs feuilles opposées, accompagnées de
stipules interpétiolaires connées, sont ordinairement
larges et penninerves. Le *Normandia* est, malgré un
port particulier, peu distinct des *Coprosma* dont
les fleurs sont en cymes terminales. Sa corolle valvaire a cinq lobes courts, et ses filets staminaux,
insérés tout en bas de la corolle, sont d'autant plus
longs que les fleurs polygames ont le gynécée moins

Fig. 238. Fleur femelle,
coupe longitudinale (⁴⁄₁).

développé. Les loges de l'anthère se prolongent en bas chacune en
une longue pointe, et le fruit se sépare à sa maturité en deux coques

1. Petites. sans éclat, blanchâtres, jaunâtres
ou verdâtres, inodores ou d'odeur variable.
2. Sond., *loc. cit.*, 32, n. 18.
3. *Crocyllis* E. Mey., in exs. *Dreq.* — B. H.,
Gen., II, 136, n. 204.

4. Gærtn., *Fruct.*, I, 165, t. 32, fig. 7. —
B. H., *Gen.*, II, 140, n. 306. — *Ambraria*
Cruse, *Rub. cap.*, 16, t. 1, fig. 3, 4. — Rich.,
Rub., 59, t. 2, fig. 2. — Endl., *Gen.*, n. 3106.
— Harv. et Sond., *Fl. cap.*, III, 33.

qui s'ouvrent longitudinalement sur le milieu de leur face. Les *Nertera*
ont à peu près aussi les fleurs des *Coprosma*, axillaires ou terminales,
solitaires. Ce sont des herbes grêles, rampantes, glabres ou légèrement
velues. Leur fleur a un calice court, annulaire, entier ou à cinq divisions dans les vrais *Nertera*, qui ont aussi le fruit plus charnu, à deux
noyaux comprimés. Dans une espèce américaine dont on a fait le genre
Corynula, l'exocarpe est moins charnu, coriace, et les cinq divisions
du calice sont profondes. Ce genre se trouve à la fois dans l'Amérique
du Sud et dans l'Océanie, depuis les tropiques jusqu'aux terres antarc-
tiques. Les *Serissa* ont à peu près la fleur des genres précédents, ordinairement hermaphrodite, à corolle infundibuliforme, valvaire-indupliquée, garnie intérieurement de poils papilleux. L'ovaire, biloculaire,
est surmonté d'un disque assez développé et d'un style supérieurement
partagé en deux branches stigmatifères. Ce sont deux arbustes de
l'Asie orientale, à feuilles opposées, à stipules séteuses, à fleurs axillaires ou terminales, solitaires ou en cymes pauciflores. Les *Galopina*
ont à peu près les mêmes fleurs que les *Serissa*, mais avec une corolle
glabre en dedans ; elles sont polygames-dioïques et disposées en cymes
terminales, au sommet des rameaux d'herbes dressées, à feuilles
ovales ou lancéolées. Leur réceptacle, logeant l'ovaire, est obcordé,
ponctué, papilleux ou muriqué ; leur calice est nul ou peu développé,
et leur fruit est dicoque. Leurs fleurs, petites et 4, 5-mères, sont disposées en cymes terminales composées, très-divisées, avec des pédicelles grêles. Ce sont des herbes du cap de Bonne-Espérance. Le
Kelloggia, herbe californienne, très-voisine des *Galopina*, a des fleurs
tétramères, organisées à peu près de même. Leur style se divise supérieurement en deux branches, et leur ovaire, que couronne un calice
à quatre lobes aigus, est tout couvert d'aiguillons crochus, comme
celui des Circées. Le fruit est dicoque. Les feuilles sont opposées, avec
des stipules interpétiolaires aiguës, et l'inflorescence est en cymes terminales, pauciflores. Le *Cremocarpon*, des Comores, est une plante
ligneuse que ses caractères rapprochent à la fois des *Kelloggia* et des
Galopina. Ses inflorescences axillaires sont des cymes dichotomes
dont les fleurs ont un ovaire glabre, couronné de quatre sépales et
d'une corolle dont les quatre lobes valvaires sont surmontés, en haut
et en dehors, d'une petite corne conique. Le style est partagé en haut
seulement en deux branches stigmatifères, et accompagné à sa base
de deux glandes réniformes, superposées aux loges et représentant le
disque épigyne. Le fruit est formé de deux coques à cinq côtes sail-

lantes, unies entre elles par une sorte de columelle à deux branches elles-mêmes bifurquées et répondant aux bords des carpelles. Long-temps les deux coques, séparées l'une de l'autre, demeurent suspen-dues à ces branches bifurquées. Les *Carpacoce* se distinguent d'abord de tous les types précédents par l'insymétrie de leur fruit, qui n'a, par avortement, qu'une loge fertile et contenant une graine dressée, et par l'inégalité des divisions de leur calice qui persistent au-dessus du fruit. Leur corolle, à tube grêle, a cinq divisions valvaires et varie de forme dans les fleurs mâles et dans celles où le gynécée se développe bien ; ses divisions portent aussi une corne dorsale et supérieure. Les

Phyllis Nobla.

Fig. 239. Rameau florifère (⅓).

étamines sont insérées tout en bas de la corolle ; le style est simple, et les autres carac-tères de ces herbes ou sous-arbrisseaux du Cap sont à peu près ceux des *Anthospermum*. Les *Otiophora*, herbes et sous-arbrisseaux de Madagascar, ont souvent aussi une loge qui avorte dans leur fruit à péri-carpe mince et sec, et il est aussi couronné des sépales iné-gaux, dont un ou deux se dé-veloppent en une lame foliacée. Leurs fleurs hermaphrodites sont solitaires ou géminées au niveau de chaque feuille ou des bractées qui les remplacent vers le sommet des rameaux, semblables dans ce cas à des épis. Leur style est long, grêle et bifide, et leurs étamines s'insèrent à la gorge de la corolle. Les *Plocama*, arbustes rameux des Canaries, ont des feuilles allongées, opposées ou verticillées, des fleurs polygames, axillaires et terminales, solitaires ou en cymes, avec une corolle d'Anthosperme, à 4-7 lobes valvaires ; un même nombre d'étamines, insérées à la gorge, et un ovaire à 2-4 loges, surmonté d'un style assez épais, dont le sommet renflé est partagé en autant de très-petites dents obtuses. Le fruit, charnu, renferme 2-4 graines dressées, noyées, comme les ovules, dans une matière gluante. Les *Putoria*, très-petits arbustes de la région méditerranéenne, à fleurs disposées en cymes ombelliformes terminales, ont une corolle tétramère, à tube allongé, parfois un peu arqué, quatre étamines insérées à la gorge de la corolle et un ovaire biloculaire, surmonté d'un long style qui s'atténue au sommet, et là seulement se partage en deux dents stigmatifères non renflées. Le fruit est une drupe à deux noyaux. Dans les *Phyllis* (fig. 239), dont la seule espèce connue habite les îles de la côte nord-ouest de l'Afrique, les fleurs sont polygames et disposées en cymes, ordinairement composées, terminales et axillaires. Dans les fleurs hermaphrodites, l'ovaire est surmonté d'une corolle à quatre ou cinq divisions valvaires, de quatre ou cinq étamines épigynes, alternes, à filets grêles et à anthères introrses, et il renferme deux loges; les sépales sont très-petits ou rudimentaires, ou même font totalement défaut. Les deux branches stylaires sont divergentes et hérissées de papilles. Le fruit est sec et se sépare en deux coques monospermes et indéhiscentes. L'androcée ou le gynécée avorte plus ou moins dans les autres fleurs, suivant qu'elles sont femelles ou mâles. C'est un petit sous-arbrisseau, à feuilles opposées ou verticillées, dont les stipules portent très-ordinairement de petites glandes noirâtres.

Les *Opercularia* (fig. 240-245) ont constitué pour beaucoup d'auteurs une tribu particulière (*Operculariées*), parce que leur inflorescence simulait un capitule et parce que leurs loges ovariennes uniovulées étaient solitaires dans chaque fleur. Leurs inflorescences sont en réalité des cymes contractées et réunies en têtes, dans lesquelles les réceptacles des différentes fleurs sont connées. Dans l'*O. umbellata* (fig. 240, 241), dont les fleurs sont peu nombreuses dans chaque inflorescence, car il n'y en a généralement que trois, appartenant à deux générations différentes, les deux sexes sont réunis dans la même fleur, qui a une corolle 3-5-mère, autant d'étamines ou à peu près, insérées en bas du tube, et un style partagé supérieurement en deux branches, dont une peut être plus petite que l'autre ou même disparaître totalement. Le fruit composé est formé de capsules monospermes, déhiscentes d'une façon toute spéciale (fig. 242-245). Dans les autres *Opercularia*, les fleurs sont plus nombreuses et polygames, mais les capsules sont les mêmes et s'ouvrent de la même façon, quoique plus nombreuses, en général, dans chaque fruit composé. Tous les *Opercularia* sont australiens, herbacés ou suffrutescents, parfois grimpants, souvent d'une odeur fétide, à feuilles opposées, rarement verticillées, stipulées. Leurs inflorescences sont terminales, pédonculées, parfois groupées en cymes ombelliformes. Sous le nom d'*Eleuthranthes*, on a décrit une petite herbe australienne dont les

Opercularia (Pomax) umbellata.

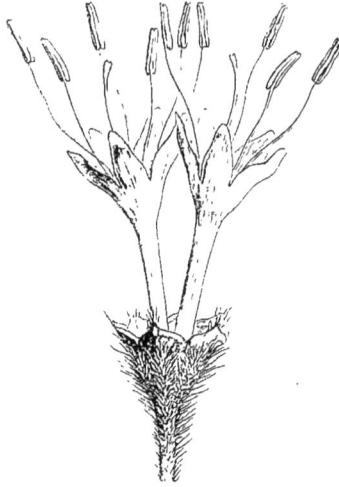

Fig. 240. Inflorescence biflore ($\frac{4}{1}$).

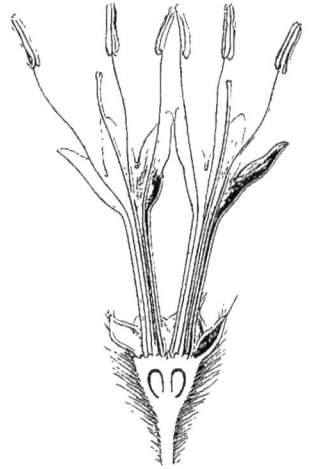

Fig. 241. Inflorescence, coupe longitudinale.

caractères sont à peu près ceux des *Opercularia*, et dont l'ovaire est, comme le leur, réduit à une seule loge uniovulée, mais dont les fleurs, au lieu d'être unies par leurs réceptacles, sont complétement indé-

Opercularia aspera.

Fig. 242. Fruit composé, l'opercule se détachant ($\frac{2}{1}$).

Fig. 244. Fruit isolé.

Fig. 245. Fruit isolé, coupe longitudinale.

Fig. 243. L'opercule portant plusieurs fruits ($\frac{4}{1}$).

pendantes les unes des autres jusqu'à la base. Elles sont rapprochées en faux-capitules (qui sont en réalité des glomérules composés).

Tandis que dans le petit groupe des Operculariées, le nombre des loges ovariennes est réduit à un, dans un autre genre qui a été ordinairement placé dans un groupe tout à fait distinct, l'*Hamiltonia*, le nombre des loges ovariennes devient égal à celui des divisions de la corolle, auxquelles elles sont superposées. Les fleurs des *Hamiltonia* sont d'ailleurs celles des *Serissa*, avec les lobes de la corolle valvaires ou indupliqués. Le style est partagé en cinq branches stigmatifères. Les loges ovariennes renferment chacune un ovule inséré tout à fait à la base de l'angle interne, avec le micropyle inférieur et extérieur, et le fruit s'ouvre en cinq valves qui abandonnent, en se séparant de haut en bas, chacune une sorte de sac réticulé enveloppant la graine. Ce sont des arbustes de l'Asie, à feuilles opposées, fétides, et à fleurs disposées en cymes terminales, quelquefois très-singulières. Ceux que l'on a distingués sous le nom générique de *Leptodermis*, ont le style plus profondément partagé en lanières; et le sac réticulé qui enveloppe leurs graines demeure

Hamiltonia (Leptodermis) lanceolata.

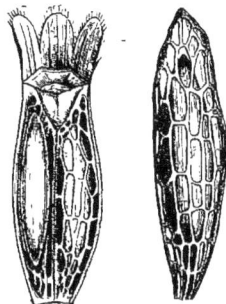

Fig. 246. Portion du fruit, surmontée du calice.

Fig. 247. Graine entourée du sac réticulé de l'endocarpe.

complet, tandis que dans les *Hamiltonia* vrais, il s'ouvre en trois valves assez régulières à la base. Les panneaux de la capsule se détachent ici seulement dans la portion supérieure, tandis que dans les *Leptodermis* ils se séparent à partir de la base même (fig. 246, 247).

On a placé avec quelque doute, à côté des plantes précédentes, le *Pseudopyxis depressa*, petite herbe du Japon, dont les fleurs ont aussi tous leurs verticilles ordinairement pentamères, et dont l'ovaire infère est surmonté d'une cupule que tapisse un disque glanduleux. Sur les bords de celle-ci s'insèrent le périanthe, c'est-à-dire cinq sépales lancéolés, et une corolle infundibuliforme à cinq lobes aigus, valvaires. Dans chaque loge de l'ovaire se trouve un ovule à micropyle extérieur et inférieur; et le style, très-long et très-grêle, se partage en cinq branches stigmatifères. On dit le fruit à cinq coques indéhiscentes. Les fleurs sont terminales ou axillaires, et le plus souvent solitaires.

Les *Pæderia* ont aussi donné leur nom à une tribu particulière (*Pædériées*), et ne constituent pour nous, de même que les Operculariées, qu'une sous-série des Anthospermées. Dans les *Pæderia* proprement dits (fig. 248-250), qui sont des régions tropicales asiatiques et africaines, les fleurs, hermaphrodites ou polygames, 4-6-mères, ont un calice à divisions plus ou moins profondes, souvent réfléchies à leur sommet ; une corolle tubuleuse dont le limbe est partagé en lobes valvaires-indupliqués, avec la portion rentrante mince et frangée ou chiffonnée. Les étamines s'insèrent sur la corolle à une hauteur variable ; et le gynécée, dimère, ou plus rarement trimère, se compose d'un ovaire dont les loges renferment chacune un ovule à micropyle extérieur et

Pœderia fœtida.

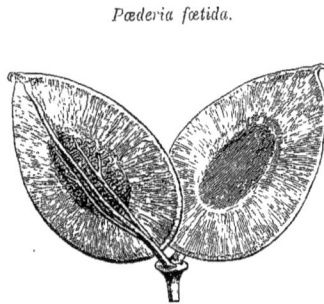

Fig. 248. Fruit (²⁄₁). Fig. 250. Fruit dont les deux coques se séparent. Fig. 249. Fruit, l'exocarpe détaché.

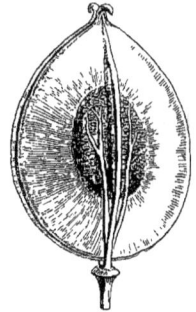

inférieur, et qui est surmonté d'un style à branches stigmatifères grêles et longues. Le fruit, plus ou moins comprimé, souvent aplati quand il est dimère, se compose de noyaux minces dont la cavité séminale répond à un épaississement central et est entourée d'une sorte de cadre elliptique aplati, souvent décrit comme une aile marginale. À la maturité, ces noyaux se séparent de l'exocarpe mince et fragile, qui abandonne à leur surface, en dedans et surtout en dehors, les faisceaux fibro-vasculaires très-nettement dessinés dont sa portion d'abord charnue était parcourue (fig. 249, 250). Les *Siphomeris* et les *Lygodisodea*, ces derniers américains, ne sont autre chose que des *Pœderia* avec quelques différences sans importance. Sauf les *Lygodisodea*, ces plantes appartiennent aux régions tropicales de l'ancien monde. Toutes sont grimpantes ou volubiles, à feuilles opposées ou rarement verticillées, à stipules interpétiolaires ordinairement caduques ; toutes ont des fleurs disposées en cymes composées, axillaires ou terminales, très-variables quant à leur forme, la longueur de leurs axes et la configuration de leurs bractées, et devenant souvent unipares vers leurs divisions ultimes.

IV. SÉRIE DES CAFÉIERS.

Les Caféiers [1] (fig. 251-256) ont les fleurs hermaphrodites et régulières. Leur réceptacle concave, qui loge l'ovaire, porte sur ses bords

Coffea arabica.

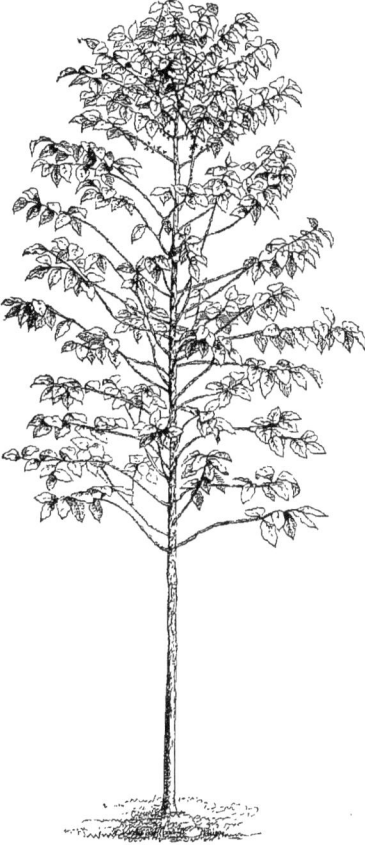

Fig. 252. Fleur longistyle ($\frac{4}{1}$).

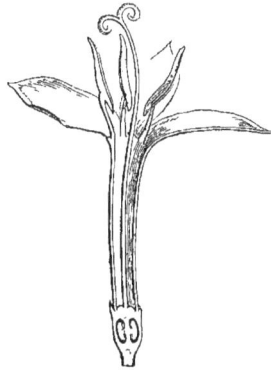

Fig. 251. Port ($\frac{1}{25}$).

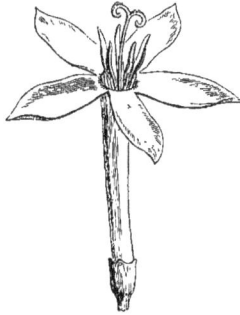

Fig. 253. Fleur, coupe longitudinale.

un calice gamosépale, court, à cinq divisions généralement peu pro-

1. *Coffea* L., *Gen.*, n. 230. — J., *Gen.*, 204; in *Mém. Mus.*, VI, 379. — GÆRTN., *Fruct.*, I, 118, t. 25, fig. 2. —LAMK, *Dict.*, 1, 549; Suppl., II, 12 (part.); *Ill.*, t. 160. — A. RICH., *Rub.*, 88, t. 6, fig. 2. — DC., *Prodr.*, IV, 498 (part.). —TURP., in *Dict. sc. nat.*, Atl., t. 99. — ENDL.

noncées [1], quelquefois même nulles, et une corolle, hypocratérimorphe ou infundibuliforme, glabre ou velue à la gorge, à limbe

Coffea arabica.

Fig. 254. Rameau fructifère ($\frac{1}{2}$).

découpé en quatre ou cinq [2] lobes tordus dans le bouton. Les étamines[3],
alternes, se composent d'un filet, ordinairement court, qui s'attache
à la gorge de la corolle ou dans les sinus de ses divisions, et supporte

Gen., n. 3152. — MARCH., in *Adansonia*, V, 17,
t. 1bis-4. — B. H., *Gen.*, II, 114, n. 238. —
Coffe RAY, *Hist. pl.*, II, 1691. — *Cofea* ADANS.,
Fam. des pl., II, 145 (1763).
  1. Accompagné souvent d'une couche de ma-

tière cireuse qui recouvre jusqu'au sommet du
bouton et qui est sécrétée en abondance entre lui
et les bractées qui l'entourent d'abord.
  2. Il peut y en avoir six.
  3. Dimorphes dans le *C. arabica* et autres.

une anthère dorsifixe [1], introrse, à deux loges étroites, déhiscentes en dedans ou tout près des bords, incluses ou exsertes. Le gynécée se compose d'un ovaire infère, ordinairement biloculaire [2], surmonté d'un disque épigyne épais, et d'un style, inclus ou exsert, dont l'extrémité se partage en deux branches étroites, droites ou récurvées, chargées en dedans de papilles stigmatiques. Dans l'angle interne de chaque loge s'insère, à une hauteur variable, un ovule pelté, incomplétement anatrope, à micropyle dirigé en bas et en dehors [3]. Le fruit est une drupe oblongue ou sphérique, à chair plus ou moins épaisse, recouvrant un ou deux noyaux, minces et parcheminés, ou plus épais et résistants, convexes en dehors et plans en dedans s'ils sont au nombre de deux.

Coffea arabica.

Fig. 255. Fruit, coupe transversale.

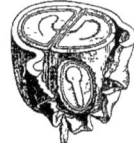

Fig. 256. Fruit, coupe transversale, l'embryon mis à nu.

Là ils présentent un sillon vertical plus ou moins profond, qu'on voit reproduit sur la face interne de la semence. Celle-ci possède, sous son mince tégument, un albumen corné, plus ou moins involuté sur les bords, et un embryon excentrique, dorsal, rapproché de la base de l'albumen (fig. 256). Ses cotylédons sont foliacés, elliptiques ou cordés, et sa radicule, assez longue, est inférieure. Les Caféiers sont des arbustes, ordinairement glabres, de l'Asie et de l'Afrique tropicales, à feuilles opposées ou ternées, accompagnées de stipules interpétiolaires, ou plus souvent intrapétiolaires, connées en gaîne dans une étendue variable et généralement acuminées [4]. Leurs fleurs [5] sont réunies dans l'aisselle des feuilles, en cymes composées, contractées, à pédicelles rarement un peu développés, accompagnées de bractées et de bractéoles, souvent connées, ordinairement enduites, comme les les jeunes feuilles et les stipules auxquelles elles ressemblent, d'une substance céracée ou gluante et résineuse.

On a distingué génériquement des Caféiers les *Lachnostoma* [6], arbustes de Sumatra, qui ont la corolle chargée à la gorge de poils abondants, ordinairement quadrilobée, un style à branches grêles, un ovule très-

---

1. Le connectif est bombé dans le *C. arabica*, et le sommet du filet s'insère sur son dos, mais en demeurant rigide ; de sorte que l'anthère ne devient pas oscillante.
2. Il est quelquefois triloculaire.
3. Coiffé d'un épais obturateur placentaire.
4. Dans leur intérieur se trouvent des pa-

pilles molles, ou bâtonnets glanduleux, qui sécrètent une substance cireuse abondante, comme autour des boutons.
5. Assez grandes, blanches, odorantes.
6. KORTH., in *Ned. Kruidk. Arch.*, II, 202 (*Lachnastoma*). — B. H., *Gen.*, II, 114, 1129, n. 237 (nec H. B. K.).

incomplétement anatrope et des fleurs à courts pédicelles portant des
bractéoles connées en calicule; nous n'en ferons qu'une section du
genre *Coffea*. Peut-être devrait-il en être de même des *Leiochilus*,

Ixora (Pavetta) indica.

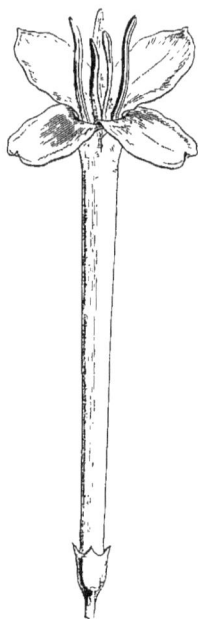

Fig. 257. Fleur ($\frac{4}{1}$).   Fig. 259. Base de la fleur, coupe   Fig. 258. Fleur,
                                   longitudinale ($\frac{12}{1}$).   coupe longitudinale.

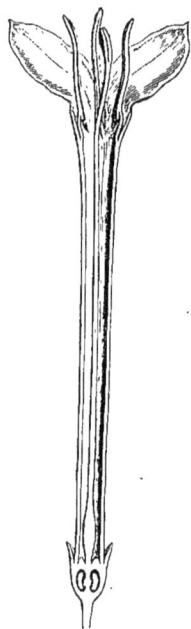

arbustes de Madagascar, dont les fleurs sont à peu près celles d'un
Caféier, mais dont le style a des branches plus épaisses et obtuses; le fruit, un noyau plus épais, à deux ou quelquefois trois
loges, et dont les très-petites fleurs, disposées en cymes axillaires, portent sur leurs pédicelles une ou plusieurs paires de bractées connées,
formant de faux-calicules.

Le *Psilanthus* est aussi très-voisin des *Coffea*, et ses fleurs pentamères, à corolle tordue, sont également axillaires, mais solitaires.
Leur ovaire, biloculaire, à loges uniovulées, est surmonté d'un style
long et grêle, à deux branches stigmatifères linéaires. Le fruit est
drupacé, mais peu charnu, et les cinq divisions du calice s'accroissent
après la floraison en grandes folioles persistantes, lancéolées. C'est un

arbuste de l'île de Fernando-Po, à stipules intrapétiolaires, triangulaires, et à fleurs d'assez grande taille.

Les *Ixora* (fig. 257-259), qui ont aussi donné leur nom (*Ixorées*)
à ce groupe, ont souvent une fleur très-analogue à celle des Caféiers
et un fruit à deux noyaux. Leur calice a quatre ou cinq dents courtes ;
mais dans ceux que l'on a nommés *Pavetta*, ses divisions peuvent
s'allonger beaucoup. Dans ces derniers, le style est très-long, exsert,

Strumpfia maritima.

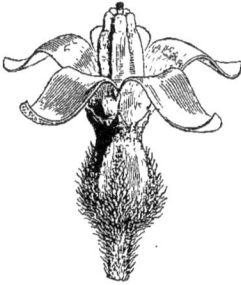

Fig. 260. Fleur ($\frac{4}{1}$).

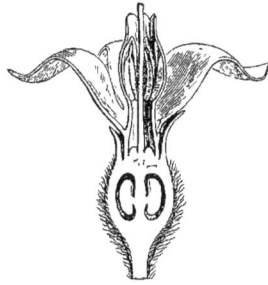

Fig. 261. Fleur, coupe longitudinale.

à extrémité supérieure souvent fusiforme, tandis que les vrais *Ixora*
ont cette extrémité généralement partagée en deux branches, ordinairement indépendantes. Les divisions du calice sont courtes ou nulles
dans les *Myonima*, qui ont de deux à quatre loges à l'ovaire, avec un
même nombre de divisions stylaires, et autant de noyaux dans leur
drupe. Ces divisions calicinales tombent de bonne heure, le plus
souvent, dans les *Rutidea*, qui ont le style fusiforme vers son sommet,
mais dont l'albumen devient ruminé. Il l'est également dans certains
Pavetta de l'Afrique tropicale orientale, continentale et insulaire,
nommés *Enterospermum*, dont les feuilles noircissent par la dessiccation, et qui, en outre, présentent un nombre variable d'ovules.
Quand les vrais *Ixora* n'en ont qu'un dans chaque loge, on voit ordinairement dans l'angle interne de celle-ci un placenta saillant, dans
lequel l'ovule, incomplétement anatrope, à micropyle inférieur, est
plus ou moins enchatonné. Dans les *Enterospermum*, il y a une, deux,
trois ou un plus grand nombre de ces fossettes placentaires qui logent
un ovule. Il en est de même des *Tarenna*, dans lesquels le nombre
des ovules peut s'élever davantage encore, et qui ont l'albumen continu
et non ruminé ; ils sont de l'Océanie, de l'Asie et de l'Afrique tropi-

cales. Dans cette dernière, il y a des *Ixora* dont l'ovule devient légèrement descendant, au lieu d'être ascendant. Le fait est bien plus
fréquent et plus accentué parmi les *Siderodendron*, qui sont des *Ixora*
américains et dans lesquels le raphé peut être dorsal, le micropyle
regardant tout à fait en haut et en dedans. Les plantes de ce genre
ont les fleurs disposées en cymes, souvent ombelliformes ou corymbiformes, terminales, plus rarement axillaires ou latérales.

Nous plaçons ici avec doute, et comme type anormal, le *Strumpfia
maritima* (fig. 260, 261), dont l'ovaire biloculaire est celui d'une
Cofféée, mais dont la corolle est imbriquée au lieu d'être tordue, et dont
les étamines sont à la fois monadelphes et syngénèses, en même temps
que leur style est indivis au sommet. C'est un petit arbuste qui croît
sur les rochers maritimes des Antilles ; ses petites feuilles sont ternées,
et ses fleurs sont réunies en petites grappes axillaires.

V. SÉRIE DES URAGOGA.

La plante qui produit l'Ipécacuanha ordinaire[1] a reçu de LINNÉ en
1737, le nom générique d'*Uragoga*[2]. Ses fleurs (fig. 262-265) sont hermaphrodites, régulières et ordinairement pentamères. Leur réceptacle a la forme d'un sac creux dont les bords portent le périanthe et
dont la concavité renferme l'ovaire. Le calice est gamosépale, à cinq
divisions[3] qui cessent de bonne heure de se toucher, et la corolle
presque infundibuliforme est partagée supérieurement en cinq lobes
dont la préfloraison est valvaire[4]. A sa gorge, parsemée de poils assez
abondants, s'insèrent cinq étamines, alternes avec ses divisions. Elles
sont formées chacune d'un filet court et d'une anthère introrse, dorsifixe, biloculaire, déhiscente par deux fentes longitudinales[5]. L'ovaire,
infère, est à deux loges, antérieure et postérieure ; il est surmonté
d'un disque épigyne glanduleux, entier ou bilobé, et d'un style dont
l'extrémité stigmatifère se partage en deux branches lancéolées-subu-
lées. Dans l'angle interne de chaque loge ovarienne et près de sa base,
s'insère un ovule ascendant, anatrope, à raphé ventral et à micropyle

---

1. C'est-à-dire l'*Ipecacuanha annelé mineur*.
2. *Gen.* (ed. 1), 378, n. 934 (1737). — H. BN,
in *Adansonia*, XII, 324.
3. Souvent inégales, ciliées.
4. Infléchis au sommet et presque charnus.

5. Ses loges sont indépendantes en bas. Le
pollen est blanc. D'après H. MOHL, il est dans
les *Cephælis* (*Ann. sc. nat.*, sér. 2, III, 323)
« ellipsoïde ; trois plis ; dans l'eau, sphérique ;
trois bandes et trois ombilics. »

tourné en bas et en dehors [1]. Le fruit est une drupe, avec deux noyaux peu épais, qui renferment chacun une graine ascendante, dont les téguments, creusés en dedans d'un sillon longitudinal médian, recou-

Uragoga Ipecacuanha.

Fig. 262. Port ($\frac{1}{7}$).

vrent un albumen dur, enveloppant lui-même un embryon axile, court, à radicule infère et à cotylédons foliacés. L'*Uragoga Ipecacuanha* est un humble végétal traçant (fig. 262), de l'Amérique tropicale, principalement du Brésil. Ses racines, souvent épaissies, cylindriques, annelées en travers, constituent le médicament qui porte le nom d'Ipécacuanha annelé. Ses rameaux aériens, frutescents, ordinairement non ramifiés, portent des feuilles opposées, penninerves, accompagnées de stipules interpétiolaires, unies entre elles à la base et rappro-

1. Il n'y a qu'un tégument, et encore celui-ci est-il ordinairement très-rudimentaire.

chées en un court étui cilié sur les bords ; et ses fleurs[1] sont réunies
en un faux-capitule terminal de glomérules ou de cymes à pédicelles
très-courts, dont l'ensemble est accompagné d'une couple de paires
d'assez grandes bractées décussées, formant involucre (fig. 263).

Si peu consistantes que soient les tiges de la plante précédente,
elle a des congénères qui en possèdent de plus molles encore et qui

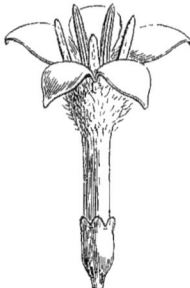

Uragoga Ipecacuanha.

Fig. 264. Fleur.   Fig. 263. Inflorescence ($\frac{2}{7}$).   Fig. 265. Fleur,
                                                                      coupe longitudinale.

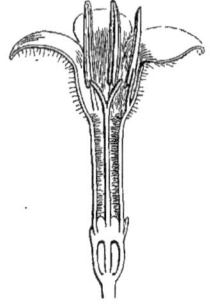

sont à peu près du même pays. Ce ne sont plus, en effet, que des herbes
rampant sur le sol et s'y implantant même par leurs racines adventives. AUBLET a nommé les unes des *Tapogomea*[2], et les autres ont été
rangées par lui dans le grand genre *Psychotria* de LINNÉ[3]. Plus récemment on a donné aussi le nom de *Geophila*[4] aux espèces herbacées,
rampantes et radicantes de ce genre *Psychotria;* elles sont assez abondantes dans toutes les contrées tropicales des deux mondes.

Quant aux *Uragoga* ligneux, abondants aussi dans les mêmes régions, mais surtout dans les zones tropicales, ils varient : 1° quant à la
situation de leurs inflorescences, lesquelles peuvent être axillaires[5],

1. Petites, blanches à peu près inodores.
2. *Guian.*, I, 157, t. 60-63 (1775). — *Cara-
pichea* AUBL., *loc. cit.*, 167, t. 64. — ENDL.,
Gen., n. 3141. — *Eurhotia* NECK., *Elem.*, I,
207. — *Callicocca* SCHREB., *Gen.*, I, 126. —
BROT., in *Trans. Linn. Soc.*, VI, 137. — *Cephælis*
SW., *Prodr.*, 45 (1788) ; *Fl. ind. occ.*, 435, t. 10.
— A. RICH., *Diss. Ipec.*, 21, t. 1; *Rub.*, 92. —
J., in *Mém. Mus.*, VI, 402. — DC., *Prodr.*, IV,
532. — ENDL., *Gen.*, n. 3140. — B. H., *Gen.*,
II, 127, n. 270 (*Japogomea*), 1229. — *Cephaleis*
VAHL, *Ecl.*, I, 19.
3. *Gen.* (ed. 6), n. 229 (1764). — J., *Gen.*,
204. — GÆRTN., *Fruct.*, I, 120, t. 25. — DC.,
Prodr., IV, 504. — RICH., *Rub.*, 91. — ENDL.,
Gen., n. 3147. — B. H., *Gen.*, II, 123, n. 263.

— *Myrstiphyllum* P. BR., *Hist. Jam.*, 152. —
Psychotrophum P. BR., *loc. cit.*, 160, t. 17,
fig. 2. — *Chasallia* COMMERS., ex J., in *Mém.
Mus.*, VI, 379. — RICH., *Rub.*, 86, t. 6, fig. 1. —
Chasalia DC., *Prodr.*, IV, 531. — ENDL., *Gen.*,
n. 3145. — B. H., *Gen.*, II, 126, n. 266. — *Po-
lyozus* BL., *Bijdr.*, 947 (part., nec LOUR.). —
? *Hylacium* P. BEAUV., *Fl. ow.*, II, 83, t. 113.
— *Zwaardekronia* KORTH., in *Ned. Kruidk.
Arch.*, II, 245.
4. DON, *Prodr. Fl. nepal.*, 136. — DC., *Prodr.*,
IV, 537. — ENDL., *Gen.*, n. 3139. — B. H., *Gen.*,
II, 127, n. 269.
5. Ce qui arrive notamment dans les *Evea*
AUBL. (*Guian.*, 100, t. 39), dont on ne peut faire
qu'une section de ce genre.

au lieu d'être terminales, pédonculées ou sessiles, et peuvent même former un faux-verticille de glomérules au niveau des aisselles des feuilles, comme il arrive dans les Labiées[1]; 2° par les proportions de leur involucre, dont les bractées sont tantôt courtes et tantôt grandes, foliacées, imbriquées; ici vertes, et là colorées de différentes façons; dans certains cas entières, dans d'autres très-découpées et pinnatifides, comme on le voit, par exemple, dans les *Uragoga* herbacés de l'Afrique tropicale, dont les inflorescences sont terminales, et que l'on a nommés *Trichostachys*[2]; 3° par les dimensions de leur calice, qui peut être court, entier ou denté, ou grand, foliacé, plus ou moins étroitement imbriqué dans la préfloraison; 4° par leurs stipules interpétiolaires, qui sont tantôt unies, tantôt plus ou moins libres, entières ou ciliées, dentées, ou quelquefois amples et coriaces, comme on le voit dans les espèces africaines que l'on a nommées *Camptopus*[3]. D'autres caractères encore très-variables sont la forme des divisions stigmatifères du style, qui sont plus ou moins larges, épaisses, unies ou indépendantes, revêtues de papilles, rapprochées, étalées ou réfléchies; et la forme du disque épigyne, qui est simple ou formé de deux lobes ou de deux glandes superposées aux loges ovariennes, déprimé ou hémisphérique, ou conique et plus ou moins élevé. Plusieurs espèces aussi ont les fleurs polygames ou dioïques. Nous verrons que dans ce type, la forme des noyaux et celle des graines peuvent aussi présenter des variations très-nombreuses quand on passe d'une espèce à l'autre.

Dans les *Uragoga* ligneux et ordinairement de plus grandes dimensions, que l'on a surtout rangés dans le genre *Psychotria*, les inflorescences sont aussi quelquefois des capitules de cymes, et leurs involucres sont formés de bractées imbriquées, ordinairement longues et étroites, parfois colorées. On les a nommés *Patabea*[4]. Que si, au contraire, leurs bractées demeurant grandes et çà et là colorées, ou devenant petites et vertes, les axes de l'inflorescence composée ou mixte s'allongent plus ou moins, de façon qu'elle devienne une grappe simple de cymes ou, plus ordinairement, une grappe ramifiée de cymes, on a affaire aux véritables *Psychotria* des auteurs, qui peuvent aussi présenter, dans leur périanthe, leur disque, leur gynécée, toutes les variations constatées parmi les *Uragoga* à fleurs sessiles. De là une

---

1. Sect. 2. *Axillares* (B. H., *Gen.*, II, 128).
2. HOOK. F., *Gen.*, II, 128, n. 271.
3. HOOK. F., in *Bot. Mag.*, t. 5755.

4. AUBL., *Guian.*, I, 110, t. 43. — J., in *Mém. Mus.*, VI, 401 (part.). — LAMK, *Ill.*, t. 65. — DC., *Prodr.*, IV, 537. — ENDL., *Gen.*, n. 3142.

foule de sections, ordinairement considérées comme des genres indépendants, et que nous allons maintenant passer en revue :

Les *Ronabea*[1] sont des *Psychotria* dont les inflorescences sont axillaires; ce sont des cymes composées, ou très-courtes, ou plus ou moins longues et ramifiées.

Les *Rudgea*[2] sont des *Psychotria* dont le limbe est 4-10-denté, et dont la corolle, souvent velue au dehors, est partagée en quatre ou cinq lobes rectilignes ou incurvés, portant souvent, un peu au-dessous de leur sommet, une sorte de corne pleine, conique, plus ou moins saillante, et dont la graine fort large a la face ordinairement involutée.

Les *Palicourea*[3], à peu près semblables par leurs autres caractères aux *Rudgea*, ont la corolle droite ou arquée, parfois gibbeuse à la base, et des loges ovariennes dont le nombre varie de deux à cinq[4].

Les *Psathura*[5], qui sont des arbustes de Madagascar, sont des *Psychotria* à fleurs 4-6-mères, dont l'ovaire a de deux à six loges. Quand elles sont en même nombre que les sépales, elles alternent avec eux. Leurs inflorescences composées de cymes sont fréquemment axillaires; mais ils peuvent aussi avoir des fleurs solitaires.

Les *Triainolepis*[6] sont des *Psychotria* dont la fleur est 4-7-mère, avec un ovaire 4-7-loculaire, comme celui des *Psathura;* mais leurs cymes composées sont constamment terminales.

Les *Strempelia*[7] sont des *Psychotria* des deux mondes, dont les stipules ciliées ont bientôt le sommet tronqué, comme il arrive dans les *Rudgea*, et dont les cymes florales sont ombelliformes.

Les *Grumilea*[8] sont des *Psychotria* de l'ancien monde, dont les graines ont l'albumen plus ou moins profondément ruminé.

1. AUBL., *Guian.*, I, 154, t. 59. — J., *Gen.*, 205. — RICH., *Rub.*, 90. — DC., *Prodr.*, IV, 503. — ENDL., *Gen.*, n. 3148.

2. SALISB., in *Trans. Linn. Soc.*, VIII, 327, t. 18, 19. — RICH., *Rub.*, 89. — DC., *Prodr.*, IV, 503. — ENDL., *Gen.*, n. 3151. — B. H., *Gen.*, II, 125, n. 265. —? *Encopea* PRESL, *Bot. Bem.*, 83. — ? *Pachysanthus* PRESL, *Bot. Bem.*, 87. — ? *Gloneria* LIND. et ANDRE, in *Ill. hort.*, XVIII, 76, t. 60. — B. H., *Gen.*, II, 51, 1228, n. 65.

3. AUBL., *Guian.*, I, 172, t. 66. — RICH., *Rub.*, 94. — DC., *Prodr.*, IV, 524. — B. H., *Gen.*, II, 125, n. 264. — *Nonatelia* AUBL., *Guian.*, 182, t. 70. — DC., *Prodr.*, IV, 406. — ENDL., *Gen.*, n. 3209. — *Oribasia* SCHREB., *Gen.*, 123, n 307. — *Galvania* VANDELL., *Fl. lus. et bras.*, 15, t. 1, fig. 7; in *Rœm. Scr.*, 89, t. 6, fig. 7. — *Stephanium* SCHREB., *Gen.*, 124. — *Colladonia* SPRENG., *Syst. veg.*, I, 516.

4. Il y a souvent aussi de trois à cinq loges dans les *Psychotria parasitica*, etc., dont nous avons fait la section *Viscagoga* (in *Adansonia*, XII, 227), et qui sont en effet des plantes parasites américaines, à feuilles de *Loranthus* et à inflorescences terminales et axillaires.

5. COMMERS., ex J., *Gen.*, 206. — GÆRTN., *Fruct.*, III, 82, t. 194. — LAMK, *Ill.*, t. 260. — DC., *Prodr.*, IV, 462. — RICH., *Rub.*, 134. — ENDL., *Gen.*, n. 3200 (*Psathyra*). — B. H., *Gen.*, II, 132, n. 282. — H. BN, in *Adansonia*, XII, 328.

6. HOOK. F., *Gen.*, II, 126, n. 267. — HIERN, *Fl. trop. Afr.*, III, 219. — H. BN, in *Adansonia*, XII, 325.

7. A. RICH., *Rub.*, 100. — DC., *Prodr.*, IV, 495. — ENDL., *Gen.*, n. 3153.

8. GÆRTN., *Fruct.*, I, 138, t. 28, fig. 2. — DC., *Prodr.*, IV, 495. — ENDL., *Gen.*, n. 3156. — HIERN, *Fl. trop. Afr.*, III, 215. — H. BN, in *Adansonia*, XII, 335.

Le *Streblosa* [1] est un *Psychotria* grimpant de l'archipel indien, à feuilles légèrement chargées de poils, dont la corolle serait, dit-on, légèrement imbriquée; mais nous l'avons constamment vue valvaire.

Les *Mapouria* [2] sont des *Psychotria* dans lesquels la face de l'albumen n'est ni parcourue par un sillon vertical, ni concave, ni involutée, mais plane ou à peu près. Leurs larges stipules caduques sont souvent membraneuses [3].

Les *Straussia* [4] sont des *Psychotria* océaniens, à cymes longuement pédonculées, à pédicelles courts, articulés, et à anthères basifixes.

Les *Parastraussia* [5], qui sont aussi océaniens, ont des fleurs réunies en cymes lâches, et dont l'ovaire est obconique, déprimé, avec un court calice campanulé, une corolle courte, très-déprimée dans le bouton, couverte de poils soyeux, avec des étamines insérées entre les lobes de la corolle.

Le *Cleisocratera* [6] est un *Psychotria* de Bornéo, à « feuilles légèrement serrulées », à fleurs tétramères, réunies en cymes terminales grêles et à calice denté.

Le *Proscephalium* [7] est un *Psychotria* javanais, « pseudo-parasite », dit-on, dont les fleurs pentamères ont un pédicelle épais, un ovaire biloculaire et un style à grosse tête stigmatifère, obtusément bilobée.

Les *Calycosia* [8] sont des *Psychotria* océaniens dont le calice, souvent caduc, se développe ordinairement en un assez grand cornet membraneux et 5-fide. Leurs inflorescences terminales sont des cymes qui peuvent se contracter et simuler par suite des capitules.

Les *Suteria* [9] ont aussi un calice développé en cloche ou en tube dilaté, notamment dans les *Codonocalyx* [10], où il est divisé supérieurement en cinq larges lobes. Leurs fleurs sont disposées en cymes termi-

1. KORTH., in *Ned. Kruidk. Arch.*, II, 245. — MIQ., in *Ann. Mus. lugd.-bat.*, IV, 211, 262. — H. BN, in *Adansonia*, XII, 325.

2. AUBL., *Guian.*, 175, t. 67. — RICH., *Rub.*, 93. — ENDL., *Gen*, n. 3149. — BENTH., in *Œrst. Rub. centroamer.*, 10. — M. ARG., in *Flora* (1875), 457. — *Sumira* AUBL., *loc. cit.*, I, 170, t. 65.

3. Dans l'*U. viburnifolia*, du Mexique, dont nous avons fait une section *Opulagoga* (in *Adansonia*, XII, 330), les stipules larges et membraneuses, caduques, enveloppent d'abord complétement les cymes terminales. Les lobes de la corolle sont corniculés, comme dans les *Rudgea;* les feuilles sont crénelées et chargées d'un duvet blanchâtre.

4. DC., *Prodr.*, IV, 502 (*Coffeæ* sect. 4). — A. GRAY, in *Proc. Amer. Acad.*, IV, 43. — B. H.,

Gen., II, 122, n. 260. — H. BN, in *Adansonia*, XII, 327.

5. H. BN, in *Adansonia*, XII, 251, 329 (espèces de la Nouvelle-Calédonie).

6. KORTH., *Verh. Nat. Geschied.*, 256, t. 62. — B. H., *Gen.*, II, 123, n. 262. — H. BN, in *Adansonia*, XII, 327.

7. KORTH., in *Ned. Kruidk. Arch.*, II, 248. — B. H., *Gen.*, II, 122, n. 261. — H. BN, in *Adansonia*, XII, 327.

8. A. GRAY, in *Proc. Amer. Acad*, IV, 48. — SEEM., *Fl. vit.*, 133. — B. H., *Gen*, II, 122, n. 259. — H. BN, in *Adansonia*, XII, 326.

9. DC., *Prodr.*, IV, 536. — ENDL., *Gen.*, n. 3144. — B. H., *Gen.*, II, 130, n. 276. — H. BN, in *Adansonia*, XII, 326.

10. MIERS, in *Lindl. Veg. Kingd.*, 764 (nec BL.). — LINDL., *Collect.*, t. 21 (*Cephœlis*).

nales ou plus souvent axillaires, et souvent aussi elles sont solitaires au
sommet des rameaux ou à l'aisselle des feuilles; ce sont des espèces
américaines.

Les *Amaracarpus*[1] ont toutes les fleurs axillaires, solitaires ou en
petit nombre, tétramères et à ovaire biloculaire; mais ce sont d'ailleurs
des fleurs de *Psychotria*, plus ou moins enveloppées par des bractées
stipuliformes formant involucre. Ce sont des arbustes de Java. Il y en
a un aux îles Mariannes, dont les fleurs, axillaires, sont assez nombreuses dans chaque glomérule.

Les *Pyramidura*[2] sont des *Uragoga* de la Nouvelle-Calédonie, dont
les fruits sont anguleux, pourvus de côtes verticales saillantes, simulant des ailes étroites. Dans le *Stauragoga*[3], espèce des Mariannes, ces
ailes sont beaucoup plus développées, mais il n'y en a que deux à
chaque carpelle, de sorte que la coupe transversale du fruit a, comme
dans la plupart des Mulinées, la forme d'une croix de Saint-André.

Les *Forcipella*[4] sont des *Uragoga* néo-calédoniens dont les carpelles,
pourvus de côtes, sont unis par une sorte de columelle à deux branches,
répondant à l'intervalle de leurs bords et elles-mêmes conformées
en fourche à deux divisions.

Dans les *Apodagoga*[5], qui sont du même pays, les fruits ont des côtes
saillantes, mais ils sont, comme les fleurs, à peu près sessiles, et les
fleurs elles-mêmes, réunies en cymes au sommet des rameaux, ont
une longue corolle à lobes épais et étroits, et sont entourées de feuilles
ovales ou cordées, décussées et formant involucre.

Les inflorescences sont réduites à deux ou trois, ou même à une
fleur dans les *Oligagoga*, petites espèces frutescentes de la Nouvelle-
Calédonie; mais ces inflorescences sont terminales, tandis que dans les
Tolisanthes[6], du même pays, qui ont le feuillage des *Amaracarpus*, les
fleurs sont axillaires, solitaires et pédonculées. Par là ce type réunit
les *Uragoga* multiflores à inflorescences terminales au *Litosanthes*[7],
arbuste de Java, à petites feuilles, qui a des fleurs tétramères d'*Uragoga*, solitaires ou géminées sur un petit axe axillaire commun et qui a
quatre loges uniovulées à l'ovaire. Le *Margaritopsis*[8], de Cuba, qui est

1. BL., *Bijdr.*, 954. — RICH., *Rub.*, 118. —
DC., *Prodr.*, IV, 472. — ENDL., *Gen.*, n. 3179.
— MIQ., *Fl. ind.-bat.*, II, 304. — B. H., *Gen.*,
II, 130, n. 275. — H. BN, in *Adansonia*, XII,
333.
2. H. BN, in *Adansonia*, XII, 286.
3. H. BN, *loc. cit.*, 329.
4. H. BN, *loc. cit.*, 288.

5. H. BN, *loc. cit.*, 252, 332.
6. H. BN, *loc. cit.*, 294.
7. BL., *Bijdr.*, 994; in *Flora* (1825), 129
(*Lithosanthes*). — RICH., *Rub.*, 133. — DC.,
Prodr., IV, 465. — ENDL., *Gen.*, n. 3206 (*Lithosanthes*). — B. H., *Gen.*, II, 131, n. 279. —
H. BN, in *Adansonia*, XII, 334.
8. C. WRIGHT, in *Sauv Fl. cub.*, 68. — B. H.,

aussi un arbuste à petites feuilles, a des fleurs d'*Uragoga*, axillaires et terminales, solitaires et supportées par un court pédoncule; mais leur ovaire n'a que deux loges uniovulées, et leur petite drupe n'a que deux noyaux, comme dans la plupart des *Uragoga*.

Ainsi compris[1], le genre *Uragoga* compte au moins huit cents espèces[2] qui appartiennent à toutes les régions tropicales et sous-tropicales du globe[3]; beaucoup sont encore peu connues.

A côté des *Uragoga* se placent les *Declieuxia, Lasianthus, Saprosma* et les *Myrmecodia*. Tous ont la corolle valvaire, les loges ovariennes uniovulées, avec un ovule semblable à celui des *Uragoga*. Tous ont les fruits drupacés et les graines ascendantes, albuminées. Les *Declieuxia*,

---

Gen., II, 133, 1229, n. 285. — H. Bn, in *Adansonia*, XII, 334. — *Margaris* Griseb., *Cat. pl. cub.*, 134 (nec DC.).

1. Sect. 34 : 1. *Euuragoga* (*Tapogomea, Cephælis*, etc.); 2. *Geophila* (Don); 3. *Podocephælis* (H. Bn); 4. *Trichostachys* (H. F.); 5. *Chasallia* (Commers.) ; 6. *Ronabea* (Aubl.) ; 7. *Patabea* (Aubl.); 8. *Palicourea* (Aubl.) ; 9. *Nonatelia* (Aubl.); 10. *Rudgea* (Salisb.); 11. *Viscagoga* (H. Bn); 12. *Psychotria* (L.); 13? *Streblosa* (Korth.); 14. *Strempelia* (Rich.); 15. *Simiria* (Aubl.); 16? *Mapouria* (Aubl.) ; 17. *Opulagoga* (H. Bn); 18. *Grumilea* (Gærtn.); 19. *Pyramidura* (H. Bn); 20. *Proscephalium* (Korth.); 21. *Cleisocratera* (Korth.); 22. *Forcipella* (H. Bn); 23. *Suteria* (DC.); 24. *Calycosia* (A. Gray); 25. *Straussia* (A. Gray); 26. *Apodagoga* (H. Bn); 27. *Stauragoga* (H. Bn); 28. *Psathura* (Commers.); 29. *Triainolepis* (H. F.); 30. *Oligagoga* (H. Bn); 31. *Tolisanthes* (H. Bn); 32. *Litosanthes* (Bl.); 33. *Amaracarpus* (Bl.); 34. *Margaritopsis* (C. Wr.).

2. Poir., *Dict.*, V, 696; Suppl., IV, 591 (part.); *Ill.*, t. 161 (*Psychotria*). — H. B. K., *Nov. gen. et sp.*, t. 282, 283 (*Psychotria*), 285 (*Palicourea*) — Griseb., *Fl. Brit. W.-Ind.*, 339 (*Rudgea, Ronabea*), 345 (*Palicourea*), 346 (*Cephælis*); *Cat pl. cub.*, 134. — Clos, in *C. Gay Fl. chil.*, III, 197 (*Psychotria*). — M. Arg., in *Flora* (1876), 449 (*Rudgeo*), 457 (*Mapouria*), 540 (*Psychotria*). — Harv. et Sond., *Fl. cap.*, III, 21 (*Grumilea*). — Bak., *Fl. maur.*, 153 (*Chasalia*), 155 (*Psychotria*), 156 (*Psathura*). — Hiern, *Fl. trop. Afr.*, III, 193 (*Psychotria*), 215 (*Grumilea*), 219 (*Triainolepis*), 220 (*Geophila*), 222 (*Cephælis*), 226 (*Trichostachys*) ; in *Trim. Journ. Bot.*, XVI, 263, t. 8 (*Trichostachys*). — Wawr., in *Flora* (1875), 328 (*Psychotria*). — Miq., *Fl. ind.-bat.*, II, 279 (*Chasalia*), 283 (*Psychotria*), 295 (*Grumilea*), 299 (*Polyozus*), 302 (*Proscephalium*), 303 (*Amaracarpus*), 310 (*Cephælis*), 311 (*Geophila*), 314 (*Litosanthes*); Suppl.,

222, 546 (*Chasalia*), 223, 547 (*Psychotria*), 224 (*Amaracarpus*). — F. Muell., *Fragm.*, IX, 184 (*Psychotria*), 187 (*Cephælis*). — Benth., *Fl. austral.*, III, 426 (*Psychotria*); *Fl. hongk.*, 161 (*Psychotria*). — Bedd., *Icon. pl. ind. or.*, I, t. 236 (*Psychotria*). — Trw., *Enum. pl. Zeyl.*, 147 (*Grumilea*), 148 (*Psychotria*), 150 (*Chasalia, Geophila*). — Kurz, *For. Fl. Burm.*, II, 8 (*Psychotria*), 14 (*Chasalia*). — Walp., *Rep.*, II, 469 (*Geophila*), 470 (*Cephælis, Patabea, Suteria*), 471 (*Palicourea, Psychotria*), 479 (*Grumilea*); VI, 36 (*Cephælis, Patabea, Suteria*), 39 (*Palicourea*), 40 (*Psychotria*), 44 (*Grumilea*), 47 (*Cleisocratera*); Ann., I, 372, 373 (*Grumilea*); II, 744 (*Geophila, Cephælis, Chasalia*), 745, 746 (*Streblosa*), 747 (*Zwaardekronia, Rudgea*), 755 (*Proscephaleium*); V, 107 (*Palicourea*), 108 (*Psychotria*), 114 (*Nonatelia*).

3. Le *Mesoptera Maingayi* Hook. f. (*Gen.*, II, 130, n. 277), qui ne nous est qu'imparfaitement connu, a des fleurs pentamères d'*Uragoga*, à corolle valvaire, à deux loges ovariennes uniovulées; l'ovule ascendant, avec le micropyle extérieur. On le distingue par la disposition du sommet de son style : « *stigmate magno capitato-10-lobo.* » Nous n'avons pas vu cet organe. C'est un arbre de Malacca, à cymes axillaires. Nous ne pouvons non plus déterminer d'une façon définitive la place que devra occuper le genre *Thiersia* (fig. 266), que nous avons proposé (in *Adansonia*, XII, 355) pour un arbre remarquable de la Guyane, à rameaux alternativement comprimés et phyllodiformes. Dans l'aisselle de ses grandes feuilles insymétriques, les fleurs sont réunies en cymes bipares, à axe trapu, portant sous elles quatre bractées, dont deux acuminées et étroites, et deux autres, alternes, en forme de larges lames membraneuses, concaves et cucullées, embrassant chacune une des fleurs latérales. L'ovaire, infère, est biloculaire, avec un seul ovule ascendant dans chaque loge, et la corolle est étroitement tubuleuse, quadrilobée, valvaire.

qui sont des plantes américaines, herbacées ou frutescentes, à feuilles
opposées ou verticillées, ont les fleurs disposées en grappes ou corymbes
terminaux de cymes unipares. Leur calice est à quatre sépales, libres
ou unis inférieurement, dont deux latéraux peuvent être plus grands

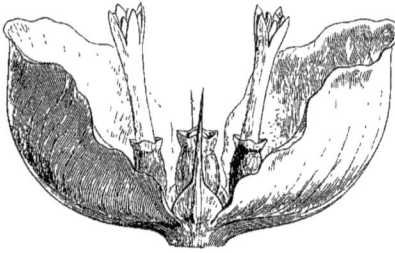

Thiersia insignis.

Fig. 266. Inflorescence triflore ($\frac{4}{1}$).

que les autres, ou exister
seuls, comme il arrive dans
ceux qu'on a nommés *Congdonia*. Leur fruit est didyme
ou cordiforme, finalement
sec, et leurs graines, comprimées, albuminées, renferment un très-petit. embryon
claviforme. Les *Lasianthus*,
qui appartiennent aux ré-
gions tropicales de l'ancien
monde, et exceptionnellement aux Antilles et à la Guyane, sont des
arbustes, ordinairement velus, fétides, et à feuilles opposées ou rarement verticillées. Leurs fleurs, qui sont celles des *Uragoga*, sont disposées en faux-verticilles axillaires (de glomérules), 4-6-mères, avec des
étamines incluses ou légèrement exsertes, plus longuement exsertes (surtout dans les fleurs mâles) dans ceux que l'on a nommés *Allæophania*.
Leur ovaire est à 4-10 loges dans les véritables *Lasianthus*, et biloculaire dans les espèces malgaches que l'on appelle *Saldinia*, et que
nous ne pouvons séparer génériquement des *Lasianthus*. Les *Saprosma* ont aussi des feuilles opposées ou plus rarement verticillées.
Leurs fleurs sont sessiles ou pédicellées, axillaires, solitaires, ternées
ou réunies en cymes ramifiées. Elles sont construites comme celles des
Lasianthus, avec un ovaire biloculaire, souvent entourées à leur base
de bractées connées formant un petit calicule. Mais les divisions de
leur corolle sont valvaires-indupliquées et amincies dans la portion
qui rentre à l'intérieur du bouton. Ce sont des arbustes fétides, de
l'Asie et de l'Océanie tropicales. Les *Myrmecodia* sont des arbustes
épiphytes, à port tout particulier, qui croissent dans l'archipel indien
et d'autres parties de l'Océanie tropicale. Leur rhizome (?), dilaté en
tubercules lisses, ou bosselés, ou échinés, est creusé de cavités habitées par des fourmis. Leurs feuilles, opposées. sont semblables à celles
des Rhizophorées et sont accompagnées de stipules, petites ou grandes,
caduques' ou persistantes. Leurs fleurs, axillaires, solitaires ou en
glomérules, sont construites comme celles d'un *Uragoga* ou d'un

Lasianthus, tétramères, avec un ovaire 3-5-loculaire, et 2-loculaire seulement dans ceux dont on a fait le genre *Hydnophytum*.

Mais les plantes qui ont le plus de caractères communs avec les *Uragoga*, notamment avec les *Psychotria* et les *Chasalia*, sont les *Gærtnera* et les *Pagamea*, ordinairement placés dans une
autre famille (celle des Loganiacées). Elles n'en diffèrent,
en réalité, que par la forme
de leur réceptacle et le peu
d'adhérence avec lui de leur
ovaire, qui est, non pas tout à
fait libre, comme on l'a souvent dit, mais adhérent seulement dans sa portion inférieure, correspondant à une
partie des loges ovariennes.
Celles-ci sont au nombre de
deux et renferment un seul
ovule d'*Uragoga*. Les *Gærtnera* (fig. 267, 268) sont des
arbustes de l'Afrique et de
l'Asie tropicales, abondants
surtout dans les îles africaines

Gærtnera vaginata.

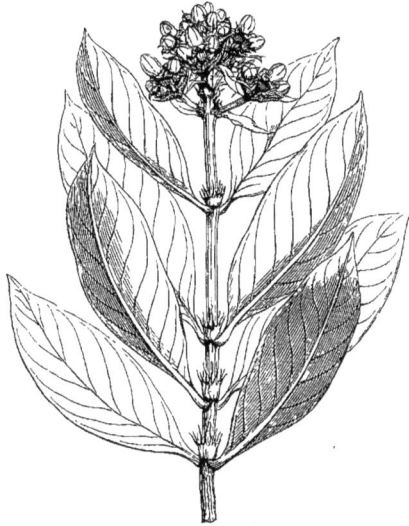

Fig. 267. Rameau florifère.

orientales. Leur fruit est libre et drupacé, et leur albumen, très-dur, est abondant et homogène. Les *Pagamea* (fig. 269-274), à peine distincts génériquement des *Gærtnera*,
habitent l'Amérique tropicale orientale.
Leurs inflorescences sont axillaires. Leur
ovaire est biloculaire, plus rarement à
3-5-loges, et leur albumen est profondément ruminé, de même que celui des
Uragoga de la section *Grumilea*.

Gærtnera vaginata.

Fig. 268. Diagramme floral.

Deux genres quelque peu anormaux
ont été rangés dans ce groupe, au voi-
sinage des *Uragoga* et des *Lasianthus*.
L'un est l'*Hymenocnemis*, arbuste de
Madagascar, à petites feuilles dont les stipules sont connées en une sorte de spathe qui entoure le sommet du rameau et se laisse

ensuite perforer à son extrémité de façon à former une gaîne tubuleuse. Ses fleurs sont à peu près celles d'un *Uragoga*, assez grandes,
axillaires et solitaires. L'autre est le *Fergusonia*, herbe indienne, dont
le feuillage est celui d'un *Spermacoce* et dont les fleurs axillaires rap-

Pagamea guianensis.

Fig. 269. Fleur ($\frac{4}{1}$).

Fig. 271. Gynécée

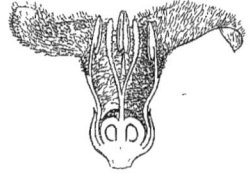

Fig. 270. Fleur, coupe
longitudinale.

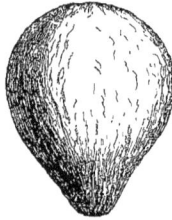

Fig. 272 Fruit.

Fig. 274. Graine.

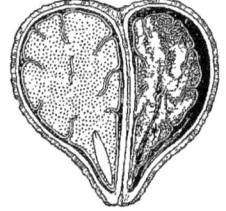

Fig. 273. Fruit disperme, coupe
longitudinale.

pellent beaucoup celles des *Lasianthus* de la section *Allœophania*.
Elles sont tétramères, avec un ovaire qui renferme quatre cavités uniovulées, surmontées d'un disque à quatre lobes et d'un style qui n'a,
dit-on, que deux branches. Le fruit qui leur succède est formé de
quatre coques, surmontées chacune d'une des divisions du calice.

On a placé dans une tribu particulière (*Coussaréées*) les *Coussarea*,
Faramea et *Homaloclados*, qui, pour nous, appartiennent tous à un
même genre et qui ne diffèrent essentiellement des *Uragoga* que par un
seul caractère : le peu de développement que prend la cloison interloculaire, laquelle peut manquer en haut ou même faire défaut dans
toute la hauteur des loges. Aussi, les ovules appartenant aux deux loges
différentes arrivent à se toucher dans une étendue variable. Dans les
vrais *Coussarea*, ils sont supportés par une très-courte colonne com-

mune, dressée. Le calice est gamosépale, entier, tronqué ou quadridenté. Dans ceux que l'on a nommés *Faramea*, le calice présente les
mêmes variations, ou bien il est presque nul ; mais la colonne qui porte
les ovules disparaît complétement ou à peu près ; ils sont ordinairement alors dressés parallèlement du fond de la cavité unique de
l'ovaire. Dans la section *Homaloclados*, le calice devient plus grand,
gamosépale, à lobes obtus, foliacés même. Les plantes de cette section
sont donc aux *Faramea* ce que les *Calycosia* et *Codonocalyx* sont aux
véritables *Uragoga*, dont il est bien difficile de les distinguer quand la
cloison interloculaire prend quelque développement. Ce sont toutes
plantes ligneuses ou suffrutescentes, de l'Amérique tropicale.

— — — — · ·

VI. SÉRIE DES MORINDA.

Les *Morinda*[1] (fig. 275, 276) ont les fleurs hermaphrodites ou plus
rarement polygames. Ces fleurs sont construites comme celles des
Uragoga, ordinairement 4, 5-mères, rarement à un nombre plus considérable de parties. Leur réceptacle, en forme de petit sac, est conné
avec ceux des fleurs voisines, le tout ne formant qu'une masse ; et sa
cavité loge l'ovaire, qui, au lieu d'un seul ovule dans chacune de ses
deux loges, en renferme généralement deux, collatéraux, ascendants[2], plus ou moins complétement anatropes, avec le micropyle
tourné en bas et en dehors. D'ailleurs le calice, supère, est entier ou
plus ou moins profondément divisé ; la corolle est valvaire[3] ; les étamines, insérées vers la gorge velue ou glabre, ou plus bas[4], ont une
anthère dorsifixe, introrse, incluse ou exserte ; le disque épigyne est de
taille et de forme variables, et le style est partagé supérieurement en
deux branches ou lobes stigmatifères. Dans le plus grand nombre des
espèces[5], une fausse-cloison verticale, développée dans chaque loge

---

1. VAILL., in *Act. Acad. par.* (1722), 275. —
L., *Gen.*, n. 235. — J., *Gen..* 209 ; in *Mém. Mus.*,
VI, 402. — LAMK, *Ill.*, t. 153. — POIR., *Dict.*,
IV, 313 ; Suppl., IV, 3. — GÆRTN., *Fruct.*, 1,
t. 29. — RICH., *Rub.*, 131. — DC., *Prodr.*, IV,
446. — ENDL., *Gen.*, n. 3183. — B. H., *Gen.*, II,
117, t. 246. — H. BN, in *Bull. Soc. Linn. Par.*,
205. — *Roioc* PLUM., *Gen.*, 11, t. 26. — *Sphæro-
phora* BL., *Mus. lugd.-bat.*, I, 179, fig. 36.
2. Insérés plus ou moins bas, suivant qu'ils
sont plus ou moins complétement anatropes.

3. Ses folioles peuvent être libres ou à peu
près, et il y a polypétalie à peu près complète
dans les espèces de la section *Chorimorinda*
(H. BN, in *Adansonia*, XII, 232).
4. Quand les pétales sont libres ou à peu près,
l'insertion se fait plus bas, vers le réceptacle ;
mais souvent, dans ce cas, le filet demeure uni
au bord de l'une des pièces de la corolle, avec
lesquelles il alterne.
5. Mais non dans toutes ; souvent aussi la
fausse-cloison est fort incomplète.

ovarienne, entre les deux ovules, la partage en deux demi-loges uniovulées ; de sorte que dans la masse du fruit composé (ou syncarpe),
capituliforme et extérieurement charnu, on trouve çà et là des groupes
de quatre petits noyaux monospermes ou des noyaux quadrilocellés et
tétraspermes. Les graines ascendantes renferment sous leur mince tégument un albumen charnu ou dur, entourant un embryon cylindrique,

Morinda citrifolia

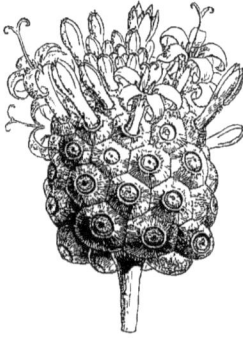

Fig. 275. Inflorescence.

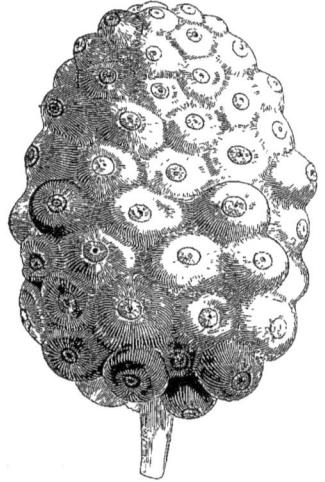

Fig. 276. Fruit composé.

à radicule infère. Les *Morinda* sont des arbres ou des arbustes, dressés
ou grimpants, à feuilles opposées, rarement verticillées par trois, accompagnées de stipules interpétiolaires, souvent connées avec la base des
pétioles. Les fleurs [1] sont généralement disposées en glomérules, eux-
mêmes réunis en cette sorte de tête qu'on appelle un capitule [2]. Les inflorescences sont axillaires ou terminales, pédonculées ou plus rarement
sessiles, solitaires ou géminées, parfois réunies en une sorte d'ombelle ou de faux-corymbe.

Il y a des *Morinda* dont les glomérules floraux sont insérés directe-
ment dans l'aisselle des feuilles, de façon à simuler les faux-verticilles

1. Blanches, odorantes dans la plupart des espèces, petites ou moyennes.

2. A tort, car c'est une inflorescence mixte, comme celle des *Uragoga* vrais, etc.

des Labiées. Nous leur avons donné le nom de *Morindella*[1]. On les trouve à Madagascar et à la Nouvelle-Calédonie.

Dans les *Imantina*[2], qui habitent aussi la Nouvelle-Calédonie, ces glomérules axillaires sont portés par un pédoncule commun; ils ne se composent souvent que de deux ou trois fleurs connées, et celles-ci peuvent même être solitaires au sommet du pédoncule.

Dans les *Rennellia*[3], qui habitent la Malaisie et l'archipel indien, les glomérules sont réunis de façon à simuler un épi composé, sur un ave commun, épais, terminal; et il n'y a plus dans chaque loge ovarienne qu'un ovule ascendant au lieu de deux.

Les *Tribrachya*[4] sont, comme les *Rennellia*, des *Morinda* à loges ovariennes uniovulées; leurs fleurs sont réunies en une grappe composée terminale lâche, dont chaque axe porte une petite cyme de trois fleurs connées par leurs ovaires. Ce sont des espèces de Sumatra.

Dans les *Dibrachya*[5], qui habitent Bornéo, chaque glomérule n'est plus formé que de deux fleurs connées. Comme celles des *Tribrachya*, elles ont les lobes de la corolle épais et très-aigus, et les loges ovariennes uniovulées.

Ainsi compris[6], le genre *Morinda* renferme une soixantaine d'espèces[7], des régions tropicales de toutes les parties du globe, rares cependant en Amérique.

Les *Appunia* peuvent être définis des *Morinda* américains à loges biovulées, dont les fleurs, réunies en un faux-capitule de cymes, au sommet d'un pédoncule axillaire commun, ont leurs ovaires libres et non connés.

Dans les *Cœlospermum*, qui habitent l'Asie et l'Océanie tropicales, les fleurs sont non-seulement indépendantes, mais pédicellées, articulées sur leurs pédicelles, et ceux-ci sont réunis en cymes composées

1. In *Adansonia*, XII, 231, n. 191. Dans notre section *Morindina* (loc. cit., n. 190), les fleurs sont aussi sessiles et axillaires, et les loges sont biovulées.
2. Hook. F., *Gen.*, II, 120, n. 155. — H. Bn, in *Bull. Soc. Linn. Par.*, 202.
3. Korth., in *Ned. Kruidk. Arch.*, II, 255. — B. H., *Gen.*, II, 118, n. 247.
4. Korth., in *Ned. Kruidk. Arch.*, II, 254.— B. H., *Gen.*, II, 118. n. 248. — H. Bn, in *Bull. Soc. Linn. Par.*, 205.
5. H. Bn, in *Bull. Soc. Linn. Par.*, 205.
6. Sect. 9 : 1. *Roïoc* (Plum.); 2. *Phyllireastrum* (DC.); 3. *Pudavara* (Rheed.); 4. *Chorimorinda* (H. Bn); 5. *Morindina* (H. Bn); 6. *Morindella* (H. Bn); 7. *Rennellia* (Korth.);

8. *Tribrachya* (Korth.); 9. *Dibrachya* (H. Bn).
7. P. Br., *Jam.* (1756), 159 (*Morenda*). — Jacq., *Hort. vindob.*, t. 16. — Roxb., *Pl. corom.*, t. 237. — Wight, *Ill.*, t. 126. — A. Gray, in *Proc. Amer. Acad.*, IV, 41. — Labill., *Sert. austro-caled.*, t. 49. — Bedd., *Fl. sylv.*, t. 220. — Miq., *Fl. ind.-bat.*, II, 242, 247 (*Tribrachya*), 248 (*Rennellia*); Suppl., 220, 543. —F. Muell., *Fragm.*. IX, 179. — Bentu., *Fl. austral.*, III, 423; *Fl. hongkong.*, 159. — Thw., *Enum. pl. Zeyl.*, 144. — Selm., *Fl. vit.*, 128. — H. Bn, in *Adansonia*, XII, 230, 246. — Kurz, *For. Fl. brit. Burm*, II, 58.— Griseb., *Fl. Brit. W.-Ind.*, 347. — Hiern, *Fl. trop. Afr.*, III, 191.— Hook., in *Bot. Mag.*, t. 3351. — Walp., *Rep.*, II, 485; VI, 48; *Ann.*, II, 759.

ombelliformes. Les loges ovariennes sont biovulées, avec ou sans fausse-cloison interposée aux deux ovules d'une même loge.

Les *Gynochthodes*, qui habitent l'archipel indien, ont aussi le même gynécée, sans fausse-cloison entre les deux ovules dans ceux que l'on a nommés *Tetralopha*. Leurs fleurs sont disposées en cymes axillaires, ou en glomérules sessiles ou courtement pédonculés ; elles sont polygames ou hermaphrodites et rapprochent beaucoup ce genre des *Morinda* de la section *Imantina*.

Les *Cruckshanksia* (fig. 277, 278) se rangent dans cette série parce que leur organisation ovarienne est au fond celle des *Morinda*, et parce

Cruckshanksia flava.

Fig. 277. Fleur ($\frac{4}{4}$).

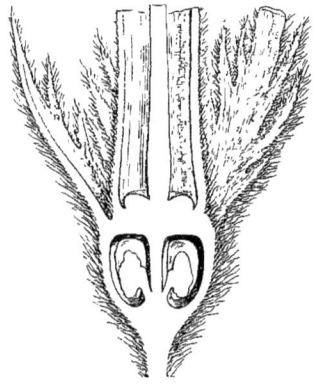

Fig. 278. Base de la fleur, coupe longitudinale.

que dans chacune de leurs deux loges, il y a deux ovules ascendants, à micropyle extérieur et inférieur. Mais leur port est très-différent, et le placenta qui porte un ovule à droite et un autre à gauche, forme dans leur intervalle une saillie peu considérable et qui ne partage la loge en deux moitiés que dans son angle interne. Leur corolle est d'ailleurs valvaire, comme celle des *Morinda;* leurs étamines incluses s'insèrent à sa gorge, et leur fruit est sec, tardivement déhiscent, dit-on, en quatre valves. Dans presque toutes les espèces, le calice gamosépale prend un grand accroissement, devient foliacé et membraneux, réticulé-veiné, sauf dans le *C. glacialis*, dont on a fait un genre *Oreopolus*. Ce sont des plantes herbacées ou suffrutescentes, des régions tempérées ou froides du Chili, dont les fleurs sont réunies en cymes terminales, simu-

lant des ombelles ou des capitules et entourées d'un involucre de bractées simples ou lobées, parfois très-développées.

Il y a des loges de *Cruckshanksia* qui sont triovulées. Dans ce cas, le
placenta devient un peu plus saillant, surtout vers son sommet, là où il
abandonne la cloison ovarienne et porte les trois ovules. Dans les *Car-*

Carphalea angulata.

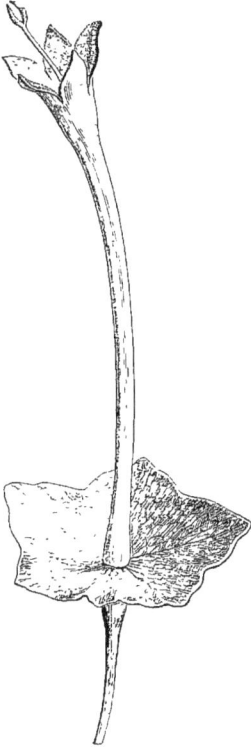

Fig. 279. Fleur ($\frac{4}{7}$).

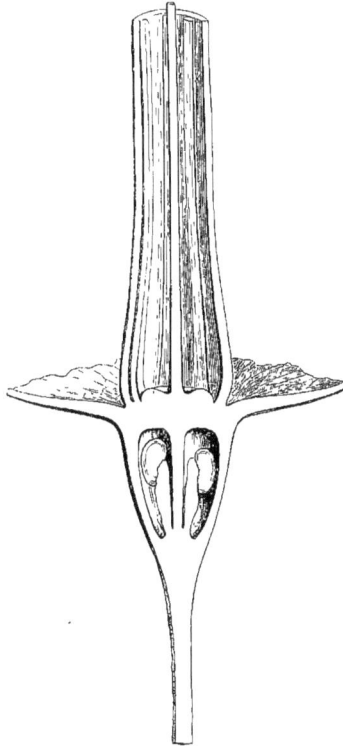

Fig. 280. Base de la fleur, coupe longitudinale ($\frac{14}{7}$).

phalea, qui sont de l'Afrique tropicale orientale, aussi bien continentale qu'insulaire, le placenta s'allonge davantage, devient plus grêle,
libre ou à peu près, et porte aussi vers son sommet les deux ou trois
ovules, rarement davantage. La corolle est aussi celle des *Cruckshanksia*,
et le calice devient foliacé et coloré, accrescent, tantôt également, de
façon à demeurer régulier, tantôt inégalement (fig. 279, 280), de telle

sorte que ses lobes sont plus développés d'un côté que de l'autre. Les *Carphalea* sont des plantes frutescentes ou suffrutescentes, à feuilles opposées et à fleurs réunies en cymes composées terminales, assez ordinairement corymbiformes.

Les *Jackia*, qui sont de grands arbres de la Malaisie et de l'archipel indien, ont les fleurs des *Carphalea*, avec un placenta grêle et biovulé dans chaque loge, et un calice accrescent, irrégulier, finalement coriace et finement réticulé-veiné. Ces fleurs sont nombreuses, disposées en grandes cymes unipares composées, accompagnées de bractées foliacées analogues aux lobes calicinaux.

Le *Phyllomelia coronata* (fig. 281), arbuste de Cuba, a aussi le calice accrescent des genres précédents, membraneux et régulier. Dans cha-

Phyllomelia coronata.

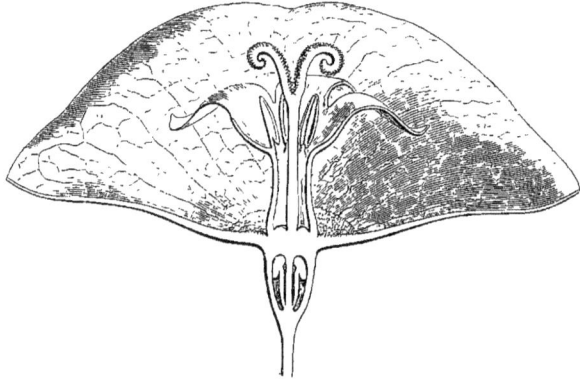

Fig. 281. Fleur, coupe longitudinale ($\frac{4}{1}$).

cune de ses deux loges ovariennes, il y a un placenta dressé de *Jackia* et de *Carphalea*, mais avec un seul ovule au lieu de deux ou trois. Ce qui rend surtout ce genre anormal dans la série, c'est que les lobes de sa corolle, quand la fleur est hexamère, ce qui arrive souvent, sont disposés sur deux verticilles : trois extérieurs, et trois intérieurs alternes. Dans les fleurs pentamères, il y a deux lobes extérieurs.

Les *Retiniphyllum*, dont la place est des plus douteuses, représentent aussi ici une sous-série anormale et n'ont de commun avec la plupart des genres précédents que d'avoir dans chaque loge deux ovules collatéraux ascendants, à micropyle inférieur et extérieur. Ils sont arqués, amphitropes et supportés par un funicule ascendant. L'ovaire est à cinq loges, surmonté d'un style creux. Il devient un fruit charnu, à cinq noyaux renfermant chacun une graine albuminée. Le calice est gamophylle, à cinq dents, et la corolle a cinq lobes tordus; sa gorge donne insertion à cinq étamines dont les anthères sont dorsifixes, api-culées et versatiles. Ce sont des arbustes de l'Amérique tropicale orien-tale, à fleurs disposées en épis terminaux, avec des bractéoles connées qui forment calicule sous la fleur.

VII. SÉRIE DES CHIOCOCCA.

Dans les fleurs des *Chiococca*[1] (fig. 282-285), qui sont généralement hermaphrodites et pentamères[2], l'ovaire infère est surmonté d'un court

Chiococca racemosa.

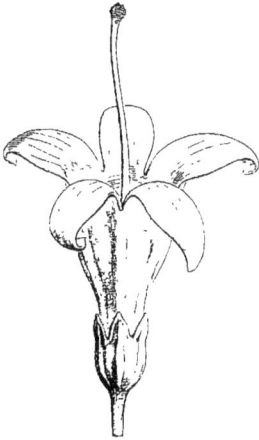  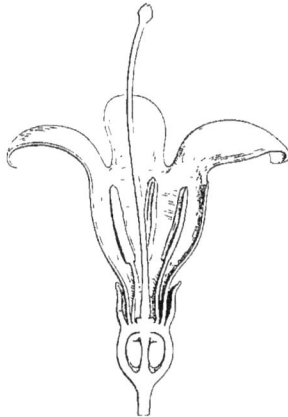

Fig. 283. Fleur.　　Fig. 282. Bouton (⁴⁄₁).　　Fig. 285. Fleur, coupe longitudinale.

calice denté et d'une corolle en entonnoir ou en cloche, dont le limbe est partagé en cinq lobes imbriqués[3] par les bords dans le bouton. Les étamines, épigynes, sont à peine unies avec la base de la corolle, et leurs

1. P. Br., *Jam.*, 174. — L., *Gen.*, n. 231. — Gærtn., *Fr.*, I, 125, t. 26. — Lamk, *Ill.*, t. 160. — Rich., *Rub.*, 106. — DC., *Prodr.*, IV, 482 (⅔ I). — Spach, *Suit. à Buffon*, VIII, 437. — Endl., *Gen.*, n. 3167. — B. H., *Gen.*, II, 106, n. 211. — H. Bn, in *Bull. Soc. Linn. Par.*, 182. — ? *Margaris* DC., *Prodr.*, IV, 483. — *Desclœa*

Sess. et Moç. (ex B. H.). — *Siphonandra* Turcz. in *Bull. Mosc.* (1848), I, 581.

2. Il y en a à quatre et à six parties.

3. Les bords, très-amincis, se recouvrent dans une faible étendue en largeur. On les a crus valvaires, peut-être parce qu'on a confondu avec ces bords les angles de la corolle.

filets monadelphes forment autour du style un court tube au-dessus
duquel ils deviennent libres, plus ou moins poilus, et supportent une
anthère dorsifixe, biloculaire, extrorse[1], déhiscente par deux fentes longitudinales. L'ovaire est surmonté d'un disque épais et d'un style dont
l'extrémité stigmatifère est légèrement dilatée
et ordinairement presque entière. Les loges
ovariennes sont au nombre de deux, rarement
plus, et chacune d'elles renferme un ovule,
inséré vers le haut de l'angle interne, descendant, avec le raphé dorsal et le micropyle intérieur et supérieur[2]. Le fruit est une petite
drupe, à chair peu épaisse ou coriace, à noyaux
monospermes, et la graine renferme sous ses
téguments un albumen abondant, charnu ou
coriace, et un embryon axile, à cotylédons

Chiococca racemosa.

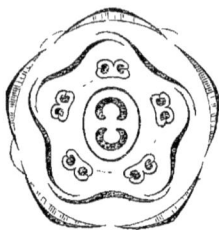

Fig. 284. Diagramme.

ovales ou elliptiques et à radicule supère. Les *Chiococca* sont de l'Amérique tropicale; leurs tiges ligneuses et grêles sont souvent grimpantes.
Leurs feuilles sont opposées, entières, petites, glabres, accompagnées
de stipules aiguës et persistantes. Leurs fleurs[3] sont disposées en grappes
axillaires de cymes, souvent unilatérales, dépourvues de bractées[4].

Parmi les genres qu'on range à côté du précédent, et qui sont tous
américains, plusieurs ne devraient peut-être en être séparés qu'à titre
de sections; car malgré des dissemblances extérieures assez considé-
rables, l'organisation fondamentale de la fleur persiste, quoiqu'elle ait
souvent été méconnue. Ainsi, l'*Asemnantha pubescens*, du Yucatan, a
des fleurs tétramères de *Chiococca;* mais les quatre lobes de sa corolle
sont presque valvaires, quoiqu'ils conservent une trace très-légère d'im-
brication, et la plante tomenteuse porte des cymes axillaires pauciflores ou même des fleurs solitaires. Les *Scolosanthus*, petits arbustes
épineux ou inermes, des Antilles, ont aussi des petites fleurs tétramères, axillaires, solitaires ou en petites cymes, avec des divisions calicinales allongées, étroites, une petite corolle allongée, à lobes bien.
nettement imbriqués, et, comme les plantes précédentes, des étamines
monadelphes à la base et à anthères extrorses. Le *Ceratopyxis verbenacea*, arbuste résineux de Cuba, a des fleurs pentamères de *Chiococca*,

1. Ou à fentes submarginales.
2. Son court funicule se dilate en un obturateur plus ou moins développé (fig. 285).
3. Blanches ou jaunâtres. Le fruit est, dit-on,
ordinairement blanc.

4. Il y en a une demi-douzaine d'espèces.
Hook., *Ex. Fl.*, t. 93. — R. et Pav., *Fl. per.
et chil.*, t. 219. — Griseb., *Fl. Brit. W.-Ind.*,
336. — Walp., *Rep.*, II, 483; VI, 45; *Ann.*, I,
374; V, 112.

réunies en grappes allongées de cymes, avec la corolle imbriquée et de longs sépales subulés, rigides, persistants au-dessus du fruit, qui est sec, très-comprimé perpendiculairement à la cloison et se sépare finalement en deux coques déhiscentes en dedans. Les *Machaonia* sont des arbres ou des arbustes tropicaux, des deux Amériques, inermes ou épineux, dont les fleurs, disposées en grappes de cymes, terminales et corymbiformes, ont quatre ou cinq sépales inégaux ou égaux, une corolle fortement imbriquée, des étamines libres, insérées à la gorge de la corolle, et à anthères introrses. Leur fruit, comprimé perpendiculairement à la cloison, se sépare en deux coques, sèches, subéreuses, indéhiscentes. Le *Placocarpa mexicana* est un petit arbuste microphylle, dont les fleurs, solitaires ou réunies en cymes pauciflores, sont celles d'un *Machaonia*, ordinairement tétramères, avec des sépales allongés, spathulés, persistants. Les *Erithalis*, plantes des Antilles et des rivages voisins des deux Amériques, ont des fleurs plus grandes, ordinairement nombreuses, réunies en cymes terminales, composées et corymbiformes, avec un calice court, et une corolle allongée, à 5-10 lobes presque valvaires ou imbriqués par leurs bords, surtout en haut; autant d'étamines, à filets insérés vers la partie inférieure de la corolle, et à anthères extrorses. Leur ovaire 4-10-loculaire, avec un ovule descendant dans chaque loge, est surmonté d'un style souvent comprimé, papilleux sur les bords, et leur fruit drupacé contient 4-10 noyaux dont les graines albuminées ont un embryon axile, à cotylédons infères. Les *Chione*, très-analogues aux précédents, quant à leurs caractères extérieurs, s'en distinguent par les lobes courts, arrondis, très-imbriqués de leur corolle, subauriculés à leur base; leurs anthères dorsifixes et introrses, et leur ovaire biloculaire, surmonté d'un style supérieurement partagé en deux branches tronquées et renflées au sommet. Leur fruit drupacé a un noyau biloculaire, et leur embryon, macropode, a des cotylédons infères. Ce sont aussi des arbustes des Antilles, à cymes composées terminales.

Les *Guettarda* (fig. 286-289), qui ont été rapportés à une tribu particulière (*Guettardées*), se rapprochent beaucoup des *Erithalis* par leur organisation fondamentale. Ils constituent toutefois un genre très-polymorphe. Dans les espèces de l'ancien monde, le plus anciennement connues, et auxquelles on a donné le nom de *Cadamba*, les fleurs ont souvent de cinq à dix parties et sont hermaphrodites ou polygames-dioïques. Elles ont un ovaire infère qui peut être creusé d'autant de loges qu'il y a de lobes à la corolle; et celle-ci, plus ou moins allongée, épaisse, chargée de poils, droite ou arquée, est imbriquée dans le bouton. Les étamines incluses s'insèrent à une hauteur variable du tube de la corolle et alternent avec ses lobes. Dans chaque loge se voit un ovule descendant, anatrope, avec le micropyle dirigé en haut et en dedans, et le fruit possède un noyau épais, creusé de loges qui renferment chacune une graine descendante. Son embryon est charnu, entouré d'un albumen peu épais, souvent réduit à une simple membrane. Il y a des *Guettarda* qui n'ont plus que cinq, quatre ou trois lobes à la corolle, autant d'étamines, autant de loges ovariennes, ou moins, deux, par exemple, avec autant de divisions stigmatifères au sommet du style. Leur calice est caduc, ou bien persistant, comme dans les *Antirrhœa*, les *Bobea*, etc. Dans d'autres espèces, le nombre des loges peut devenir très-considérable, et alors les cavités du noyau peuvent être disposées, ou sans ordre apparent, ou en séries rayonnantes, doubles ou simples, affectant une grande régularité. C'est ce qui arrive surtout dans les *Timonius*, espèces de l'Asie, de l'Océanie tropicales et de Madagascar, dans lesquelles les divisions de la corolle ne se recouvrent plus que très-peu ou sont même complétement valvaires, et dans les *Guettarda* américains que l'on a nommés *Chomelia* et *Malanea*. Ce genre comprend donc un grand nombre de plantes des régions tropicales des deux mondes. Les feuilles sont opposées ou verticillées, et les fleurs sont disposées en cymes composées, souvent racémiformes et très-fréquemment aussi unipares (fig. 289). Elles peuvent être solitaires, et cela arrive assez souvent dans les pieds femelles d'espèces dont les inflorescences mâles

Guettarda speciosa.

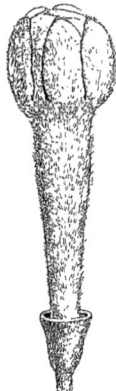

Fig. 286. Bouton ($\frac{2}{1}$)

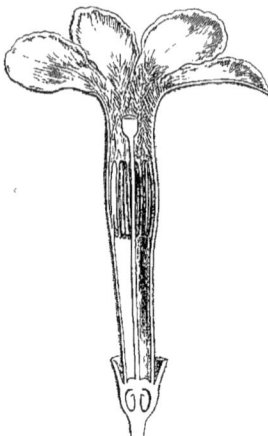

Fig. 287. Fleur, coupe longitudinale.

Guettarda (Timonius) Pervilleana.

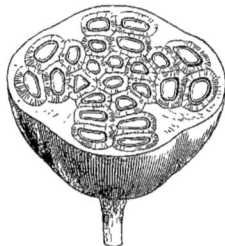

Fig. 288. Fruit, coupe transversale ($\frac{2}{1}$).

sont multiflores. L'*Hodgkinsonia ovatiflora*, petit arbre australien, a des fleurs polygames-dioïques qui se rapprochent beaucoup de celles des types réduits du genre *Guettarda*. Sa corolle est valvaire ou légèrement imbriquée. Dans la fleur mâle, l'ovaire, stérile, est surmonté d'un style simple, subulé et papilleux. L'ovaire devient une drupe allongée, à noyau 2-4-loculaire. Nous ne pouvons considérer cette plante que comme formant une section du genre *Guettarda* ; ses

Guettarda elliptica.

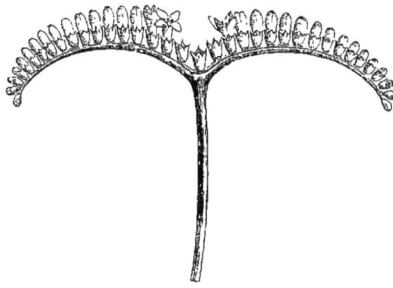

Fig. 289. Inflorescence.

inflorescences simulent des ombelles qui sont parfois superposées.

Les *Canthium* (fig. 290-293), auxquels nous joignons comme section l'ancien genre *Vanguería*, ont donné leur nom à une tribu particulière

Canthium (Vanguería) edule.

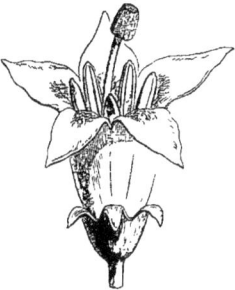

Fig. 290. Fleur (¼).　　Fig. 291. Diagramme.　　Fig. 292. Fleur, coupe longitudinale

(*Vanguériées*). Leur fleur est souvent 4, 5-mère, avec un ovaire infère à deux loges dans chacune desquelles il y a un ovule descendant, à raphé dorsal, à région ombilicale plus ou moins épaissie, et à micropyle intérieur et supérieur. Le calice est entier ou à quatre ou cinq dents ou lobes, et se détache souvent de bonne heure par sa base. La corolle, valvaire, 4, 5-lobée, porte, à une hauteur variable de son tube, des poils défléchis, souvent rapprochés en un anneau très-nettement dessiné. Les étamines ont une anthère introrse, à connectif souvent épais, apiculé et coloré. Le style est généralement surmonté d'un chapeau stigmatifère qui a la forme d'un petit éteignoir ou d'un champignon. Dans les vrais *Canthium*, le fruit est d'ordinaire didyme ou cordiforme,

drupacé, à un ou deux noyaux. Plus rarement il en a trois et autant
de loges à l'ovaire. Dans les *Vanqueria*, on en observe de trois à six,
ou assez souvent cinq, superposées aux divisions de la corolle. Le
nombre des loges ou des noyaux du fruit varie de même. Nous n'en
pouvons faire qu'une section du genre *Canthium*. Il en est de même des
Fadogia, des *Cuviera*, qui ont ordinairement autant de loges à l'ovaire
que de divisions au calice et à la corolle ; des *Ancylanthus*, qui peuvent
avoir le limbe de la corolle incurvé ; des *Pyrostria*, dont les fleurs polygames-dioïques ont de deux à dix loges à l'ovaire ; des *Scyphochlamys*,
qui sont des *Pyrostria* à bractées involucrales de l'inflorescence connées en une sorte de cornet. Dans ces derniers, la forme de la portion

Canthium (Cuviera) acutiflorum.

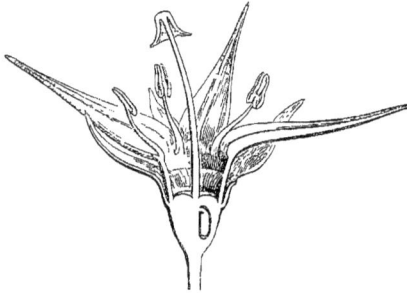

Fig. 293. Fleur, coupe longitudinale.

stigmatifère du style perd plus
ou moins la forme de mitre ou
de coiffe et devient à peu près
claviforme. De même dans les
Cyclophyllum, plantes océa-
niennes qui ont souvent d'assez
grandes fleurs et deux loges à
l'ovaire, comme les vrais *Canthium*. Il y a des types de ce
genre, tels que les *Peponidium*
et les *Clusiophyllea*, qui ont
jusqu'à dix ou douze loges à
l'ovaire et au fruit. Les fleurs sont dans ce genre souvent unisexuées ou
polygames. Ce sont des plantes ligneuses, assez souvent grimpantes,
rarement herbacées, qui ont des feuilles opposées ou verticillées, et des
fleurs axillaires, en cymes ou glomérules, quelquefois solitaires. Dans
quelques espèces, les ovules sont incomplétement anatropes et ascendants. On les trouve dans toutes les régions tropicales de l'ancien monde.
Leur albumen, ordinairement continu, devient çà et là ruminé. Très-
voisins des *Canthium*, les *Craterispermum*, arbustes de l'Afrique tropicale, ont des fleurs en cymes axillaires, avec un calice cupuliforme
accru, une corolle poilue à la gorge, un stigmate fusiforme, entier ou
à deux branches, et un fruit à endocarpe chartacé, 1, 2-loculaire.

Les *Prismatomeris* sont à peine distincts des *Canthium*. Ils en ont
la corolle valvaire, le fruit charnu, l'ovule descendant. Mais leurs
branches stylaires sont linéaires-lancéolées, et leur embryon a la
radicule infère ; ce qui tient à l'incomplète anatropie de l'ovule. Ce
sont des arbustes de l'Asie austro-orientale et de l'archipel indien.

Dans les *Damnacanthus*, qui sont des arbustes épineux de la Chine, du Japon et du Bengale, les fleurs sont construites de même, avec des loges ovariennes et des divi- sions stylaires au nombre de 2-4. L'ovule est aussi descen- dant; et cependant, de même que dans les *Prismatomeris* et pour la même raison, la radicule de leur embryon est infère. Les fleurs sont soli- taires ou géminées. Elles ont la même organisation dans les *Mitchella* (fig. 294), généra- lement rapportés à une autre série et qui habitent, l'un le Japon, et l'autre l'Amérique du Nord. Ce sont des herbes vivaces, rampantes, et peut- être les *Damnacanthus* n'en sont-ils qu'une section. Les stipules sont membraneuses, et non épineuses, dans les vrais *Mitchella*, et leurs fleurs, axil-

Mitchella repens.

Fig. 294. Inflorescence biflore, coupe longitudinale ($\frac{4}{1}$).

laires ou terminales, géminées, ont leurs ovaires unis dans un récep- tacle commun, au lieu d'être indépendants, comme ceux des *Damna- canthus;* caractère qui s'observe dans divers Chèvrefeuilles [1].

Les *Cremaspora* (fig. 295) ont été rangés, avec les *Alberta*, dans une tribu particulière (*Albertées*) de Rubiacées, à ovule solitaire descendant, dont la corolle est tordue au lieu d'être valvaire. Sinon, leur ressemblance avec les *Canthium* est très-grande. Leurs étamines s'insèrent aussi à la gorge de la corolle, et leurs fruits charnus renfer- ment une ou deux graines descendantes et albuminées. Dans les véri- tables *Cremaspora*, les fleurs sont généralement pentamères; le style ne se partage pas au sommet, et le périsperme corné est continu. Dans ceux que l'on a nommés *Polysphæria*, la fleur est à quatre ou cinq par-

1. Dans les *Dichilanthe*, de Ceylan et de Bornéo, ce sont, non deux fleurs, mais un plus grand nombre, qui forment un faux-capitule. Leur co- rolle est arquée et subbilobée. Les *Salzmannia* et les *Phialanthus*, arbustes américains, ont aussi des cymes multiflores; mais elles sont axillaires. Leur corolle est valvaire ou légèrement imbri- quée. Les anthères des premiers sont basifixes; celles des derniers, dorsifixes. Tous ont d'ailleurs l'ovule descendant, à raphé dorsal.

tics ; le style se partage ordinairement en deux branches, et l'albumen
est plus ou moins profondément ruminé. Ce sont tous des arbustes de
l'Afrique tropicale orientale, continentale et insulaire, à fleurs disposées
en cymes ou en glomérules axillaires et souvent accompagnées de paires
de bractées connées formant une sorte de calicule.

A côté des *Cremaspora* se rangent les *Aulacocalyx* et les *Belonophora*, arbustes de l'Afrique tropicale occidentale, qui ont aussi des
cymes axillaires, avec un ovaire bilo-
culaire, à ovules de *Canthium*. Les
premiers ont les sépales aigus et les
étamines exsertes, tandis que les derniers ont les divisions du calice plus
courtes, obtuses, et les étamines plus
courtes ; ce ne sont pour nous que
deux sections d'un même genre. Leurs
fruits sont inconnus. Le *Galiniera*,
arbuste d'Abyssinie, qui est dans le
même cas et dont les inflorescences
sont aussi des cymes axillaires, a des
fleurs pentamères, à corolle tordue et
à deux loges ovariennes, surmontées
d'un style qui peut se partager en
deux branches. Chacune des loges
peut contenir deux ovules descendants, dit-on ; mais le plus souvent
il n'y en a réellement qu'un, comme dans les genres précédents. Le
style présente des saillies longitudinales, en forme d'ailes étroites,
qu'on retrouve plus marquées dans la plante de Zanzibar, qu'on a
appelée pour cette raison *Rhabdostigma;* et l'*Octotropis*, de Travan-
core, peut être considéré comme un *Rhabdostigma* à fleurs tétramères,
à huit côtes stylaires et à deux loges ovariennes incomplètes.

Avec le même gynécée et une organisation florale générale tout à fait
analogue, les *Alberta*, arbres de Madagascar et de l'Afrique australe,
ont des sépales dont deux, trois ou quatre s'accroissent au-dessus du
fruit en ailes membraneuses, spathulées et veinées. Leur style est longuement fusiforme, et leurs inflorescences sont terminales. Il en est de
même du *Nematostylis*, arbuste de Madagascar, dont un seul des cinq
sépales devient foliacé, dont la corolle est tordue et dont le long style
exsert se partage supérieurement en deux lobes ; de sorte que cette
plante relie les types précédents à ceux des *Ixora* dont l'ovule est plus

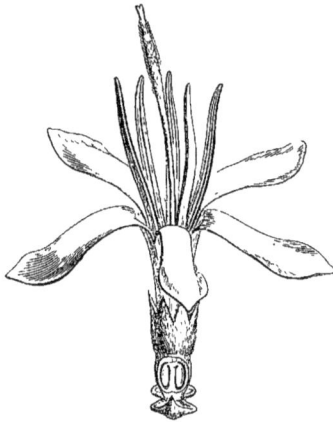

Cremaspora microcarap

Fig. 295. Fleur, une loge ovarienne ouverte.

ou moins nettement descendant. Le *Lamprothamnus*, arbuste de Zanzibar, rattache aussi cette série à celle des Cofféées, car il a la fleur
d'un Caféier, tantôt à cinq, tantôt à six ou sept parties. Mais son ovule
est descendant, avec un épaississement voisin de l'ombilic, comme celui
des *Canthium*, et ses inflorescences sont celles du *Nematostylis*.

Les *Knoxia*, dont on a fait une tribu particulière (*Knoxiées*), ont
deux loges à ovule de *Canthium*, la corolle valvaire, un fruit dicoque
et des cymes terminales. La columelle manque dans ceux qu'on a
nommés *Pentanisia* et dont le style est indivis. Ce sont des herbes de
l'ancien monde, abondantes surtout dans l'Afrique tropicale. Leur
calice est à 4, 5 divisions inégales, courtes, dentiformes ou, dans les
Pentanisia, en partie allongées et même foliacées. Les étamines sont
dimorphes parfois, plus longues ordinairement et exsertes dans les
fleurs mâles, tandis que les anthères peuvent être sessiles dans les
fleurs femelles.

Le genre *Synisoon* est exceptionnel dans cette série en ce que chacune de ses loges ovariennes renferme, au lieu d'un ovule, deux ovules
parallèlement descendants; ils sont tous deux fixés à un épaississement
du funicule. Quant aux loges, elles sont au nombre de cinq. La seule
espèce connue, qui est de la Guyane anglaise, est une plante ligneuse,
à feuilles opposées et à inflorescences en cymes terminales. Son calice
tubuleux se fend d'un côté suivant sa longueur; sa corolle est tordue,
et ses cinq étamines ont une anthère dorsifixe et apiculée. Son style est
terminé par une boule stigmatifère à cinq lobes peu prononcés.

VIII. SÉRIE DES GENIPA.

Tournefort a fait connaître en 1700[1], d'après les indications de
Plumier[2], le premier *Genipa* que les botanistes européens aient étudié,
le *G. americana* (fig. 296). C'est un bel arbre à feuilles opposées, accompagnées de stipules intrapétiolaires, dont les fleurs hermaphrodites
ont un ovaire infère, à deux loges complètes ou incomplètes, à ovules
nombreux, surmonté d'un disque épigyne cupuliforme, et d'un style
épais, lancéolé-aigu, parcouru de deux sillons longitudinaux et portant
sur sa surface la trace de l'impression des organes plus extérieurs. Son

1. *Inst.*, 658, t. 436, 437.
2. *Cat.*, 20 (1703). — L., *Gen.* (ed. 1), n. 930.
— J., *Gen.*, 201; in *Mém. Mus.*, VI, 391. —
Lamk, *Dict.*, II, 629; Suppl., II, 707; *Ill.*, t. 158,

fig. 2. — Rich., *Rub.*, 164, t. 12, n. 2. — DC.,
Prodr., IV, 378. — Spach, *Suit. a Buffon*, VIII,
408. — Endl., *Gen.*, n. 3306. — B. H., *Gen.*,
II, 90, n. 168.

calice est gamosépale, à cinq ou six crénelures obtuses, et sa corolle infundibuliforme est divisée en cinq ou six lobes tordus dans le bouton.

Genipa americana.

Fig. 296. Inflorescence.

Avec eux alternent en nombre égal
des anthères allongées, dorsifixes,
presque sessiles, insérées vers le bas
du tube de la corolle, à deux loges
introrses, surmontées d'un prolongement aigu du connectif. Le fruit est
une baie cortiquée, à graines nombreuses, albuminées, plongées dans
une pulpe molle. L'embryon est plan,
à larges cotylédons foliacés, et à radicule cylindrique. Les fleurs de cet
arbre sont disposées en cymes axillaires pauciflores ou même solitaires;
et les mêmes caractères se rencontrent
dans une demi-douzaine d'autres
Genipa de l'Amérique tropicale, dont
la connaissance est plus récente et souvent aussi assez incomplète.

Les fleurs des *Genipa* asiatiques et africains que Houston[1] a nommés
Randia sont ordinairement hermaphrodites et plus rarement unisexuées. Leur réceptacle concave renferme l'ovaire infère et supporte
un calice entier ou divisé et une corolle supère. Cette dernière est hypocratérimorphe, infundibuliforme ou campanulée, à cinq divisions
(plus rarement 4 ou 6-10), tordues dans la préfloraison. Les étamines,
en même nombre, insérées à la gorge de la corolle, ont un filet généralement court, ou nul, et une anthère dorsifixe, introrse, déhiscente par
deux fentes longitudinales. L'ovaire a presque toujours deux loges (plus
rarement un nombre supérieur) complètes, avec de nombreux ovules
anatropes, insérés sur des placentas de forme variable. Il y a également
de nombreuses variations dans les lobes stigmatifères de leur style dont
la base est entourée d'un disque glanduleux épigyne et qui souvent
même est indivis, fusiforme. Le fruit est une baie, surmontée d'une
cicatrice ou du calice persistant; sa surface est souvent coriace, et sa

1. In *Linn. Hort. Cliff.*, 485. — L., *Gen.*,
n. 211.— J., *Gen.*, 199; in *Mém. Mus.*, VI, 392.
— DC., *Prodr.*, IV, 384. — Endl., *Gen.*, n. 3304.
— B. H., *Gen.*. II, 88, n. 166.— *Oxyceros* Lour.,
Fl. cochinch. (ed. 1790), 150. — *Stylocoryne*
Cav, *Icon.*, IV, 45, t. 368 (nec W. et Arn.). —
Gupia DC., *Prodr.*, IV, 394 (part.). — *Ceriscus*

Gærtn. r., *Fruct.*, III, 140, t. 28.— *Gynopachys*
Bl., in *Flora* (1825), 134; *Bijdr.*, 983. — Endl.,
Gen., n. 3310. — *Lachnosiphonium* Hochst., in
Flora (1842), 236.—*Canthiopsis* Seem., *Fl. vit.*,
166, t 46. — *Canthopsis* Miq., *Fl. ind.-bal.*, II,
256. — B. H., *Gen.*, II, 113, n. 234. — H. Bn, in
Bull. Soc. Linn. Par., 206.

pulpe renferme de nombreuses graines, à direction variable, à albumen[1] corné, entourant un embryon généralement axile, à cotylédons
ovales ou orbiculaires, foliacés. Ce sont des arbustes de toutes les régions tropicales du globe, parfois épineux. Leurs feuilles sont opposées,

Genipa (Gardenia) florida.

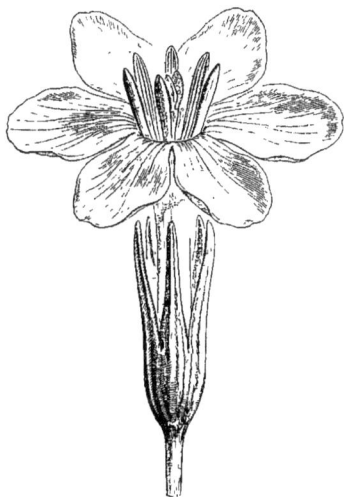

Fig. 297. Fleur ($\frac{1}{2}$).   Fig. 298. Fleur, coupe longitudinale.

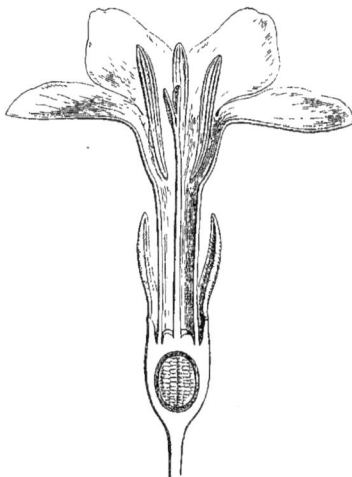

très-rarement verticillées, accompagnées de stipules intrapétiolaires,
le plus souvent connées en gaîne. Leurs fleurs[2], dont la taille varie
beaucoup, sont rarement terminales, et plus généralement axillaires,
solitaires ou disposées en cymes, avec des pédicelles longs, ou plus
ou moins courts, ou même nuls.

Dans les *Genipa* qu'on a nommés *Griffithia*[3], et qui souvent sont
épineux ou grimpants, les fleurs, de petite taille, sont disposées en
cymes corymbiformes, et les corolles hypocratérimorphes ont ordinairement le tube plus long que les lobes. Ce sont des plantes de l'Asie
tropicale. Certains *Griffithia* inermes de l'Afrique tropicale occidentale, qui ont la gorge de la corolle velue et les loges ovariennes
au nombre de quatre, ont reçu le nom de *Morelia*[4]. Les *Mitrio-*

1. Souvent confondu avec le tégument très-mince de la graine, qui est produit seulement, à ce qu'il semble, par simple différenciation de la couche superficielle.
2. Blanches, jaunes, roses ou tachetées, souvent grandes, belles, parfois très-odorantes.

3. W. et Arn., *Prodr.*, 399 (nec R. Br., nec Ker). — Endl., *Gen*, n. 3302. — *Pseudixora* Miq., *Fl. ind.-bat.*, II, 209.
4. A. Rich., *Rub.*, 152. — DC., *Prodr.*, IV, 617. — Endl., *Gen.*, n. 3324. — Hiern, *Fl. trop. Afr.*, III, 112.

stigma[1] sont aussi africains ; ils ont les stipules aiguës ou acuminées, libres ou peu connées. et un fruit coriace, turbiné à la base, souvent presque fusiforme. Leur enveloppe séminale est légèrement fibreuse. C'est ce qui arrive aussi dans les vrais *Genipa* américains, dont la corolle

Genipa (Gardenia Thunbergia.

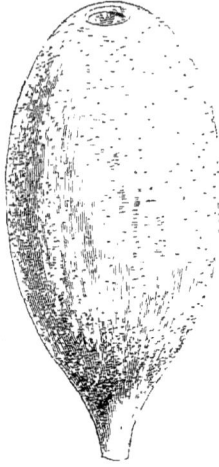

Fig. 299. Fruit.

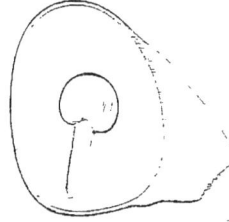

Fig. 301. Graine, coupe longitudinale.

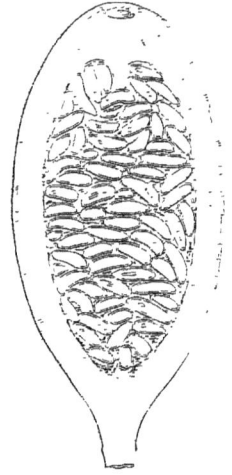

Fig. 300. Fruit, coupe longitudinale.

est chargée de poils à la gorge, et dont les stipules intrapétiolaires se détachent généralement de bonne heure. Leurs loges ovariennes sont au nombre de deux, complètes ou incomplètes dans une même espèce; et cette dernière alternative est d'autant plus à remarquer, que la présence de ces loges incomplètes, correspondant à celle de placentas pariétaux, est le seul caractère qui puisse servir à distinguer des vrais *Randia* les *Gardenia*[2] (fig. 297-301), belles plantes des régions tropicales de l'ancien monde, et surtout les *Rothmannia*[3], dont les fleurs[4] sont grandes et splendides, axillaires ou terminales, le plus souvent

1. HOCHST., in *Flora* 1842, 235. — B. H., *Gen.*, II. 90, n. 109. — HIERN, *Fl. trop. Afr.*, III. 111.

2. ELL., in *L. Gen.*, n. 290. — DC., *Prodr.*, IV. 379. — RICH., *Rub.*, 159, t. 12, n. 1. — SPACH, *Suit. a Buffon*, VIII, 469.—ENDL. *Gen.*, n. 3305.—B. H., *Gen.*, II, 84, 1228, n. 167. — *Piringa* J., in *Mem. Mus.*, VI. 393. — *Thunbergia* MONT., in *Act. holm.* (1773), t. 11. —

Sahlbergia NECK., *Elem.*, n. 418. — *Berghis* SONNER., *Voy.*, t. 17, 18. — *Cheqvepiria* GMEL., *Syst.*, 651 ('ex ENDL.. — ? *Thigiliera* MONTROUS., in *Mém. Acad. Lyon*. X. 217.

3. THUNB., in *A.t. holm.* 1776, 65, s. icon.

4. Leur ovaire peut, dans quelques espèces exceptionnelles de l'Afrique tropicale, ne posséder qu'un seul placenta pariétal HIERN, in *Journ. Bot.* [1878], 97, t. 195.

solitaires ou géminées. Les espèces de *Gardenia* telles que le
G. *Annæ*[1], des Seychelles, dont la corolle est infundibuliforme-campanulée, unissent à celles-ci les *Amaralia*[2], dont le calice et la corolle
sont tordus et où les lobes de cette dernière, au nombre de cinq ou
six, sont arrondis, avec des poils abondants et serrés à la gorge. Les
Basanacantha[3] sont des *Randia* américains, à loges ovariennes complètes ou incomplètes, dont les fleurs sont unisexuées; et les *Casasia*[4],
des *Gardenia* des Antilles, à deux loges ovariennes incomplètes, dont
les feuilles coriaces ont des nervures secondaires obliques, très-nombreuses et parallèles, comme il arrive dans un grand nombre de Clusiacées. Les *Byrsophyllum*[5], originaires de l'Inde et de Madagascar,
ont aussi des fleurs unisexuées, 4-6-mères, mais à corolle allongée
et étroite, réunies en cymes terminales pauciflores et corymbiformes.
La forme allongée et étroite du tube de leur corolle se retrouve, plus
prononcée encore, dans les *Gardenia tubiflora* RICH., etc., dont on a
fait le genre *Tocoyena*[6], et qui habitent le Brésil et la Guyane. Leurs
fleurs sont disposées en cymes corymbiformes, terminales et subsessiles. Dans le *Randia longistyla*[7], espèce de l'Afrique tropicale
occidentale, dont on a fait le genre *Macrosphyra*[8], les fleurs, groupées
de même, en cymes contractées, au sommet des rameaux, ont aussi la
corolle étroite et très-allongée; mais le style prend lui-même une
forme très-allongée et porte bien au-dessus du limbe tordu de la
corolle son extrémité stigmatifère renflée, didyme, sillonnée.

Nous ne pouvons non plus considérer que comme congénères aux
Randia et aux *Gardenia* et nous ne conserverons que comme sections
du genre *Genipa* les types suivants:

Les *Anomanthodia*[9], *Randia* de l'archipel indien, dont les fleurs
5, 6-mères, petites, sont souvent disposées en cymes extra-axillaires,
avec un disque tubuleux, les lobes de la corolle un peu plus longs que
son tube, et des étamines exsertes qui ont les loges de l'anthère plus
ou moins profondément cloisonnées et partagées en logettes.

Les *Brachytome*[10], *Randia* de l'Inde, dont les cymes sont latérales

1. P. WRIGHT, in *Trans. Ir. Acad.*, XXIV, 575, t. 38. — HIERN, *Fl. trop. Afr.*, III, 103, n. 8.
2. WELW., ex B. H., *Gen.*, II, 90, n. 170. — HIERN, *loc. cit.*, 112. Leurs loges ovariennes sont complètes ou tantôt incomplètes.
3. HOOK. F., *Gen.*, II, 82, n. 151.
4. A. RICH., *Fl. cub.*, t. 49. — B. H., *Gen.*, II, 84, n. 156.
5. HOOK. F., *Gen.*, II, 83, 1228, n. 152.
6. AUBL., *Guian.*, I, 131, t. 50. — J., *Gen.*,

201; in *Mém. Mus.*, VI, 390. — RICH., *Rub.*, 162. — ENDL., *Gen.*, n. 3309. — B. H., *Gen.*, II, 83, n. 154.
7. DC., *Prodr.*, IV, 388, n. 32. — *Oxyanthus villosus* DON, *Gen. Syst.*, III, 491. — *Gardenia longistyla* HOOK., in *Bot. Mag.*, t. 4322.
8. HOOK. F., *Gen.*, II, 86, n. 161.
9. HOOK. F., *Gen.*, II, 87, n. 165.
10. HOOK. F., *Icon.*, t. 1088; *Gen.*, II, 87, n. 164.

ou oppositifoliées, le calice en forme de large cupule légèrement dentée, et les lobes de la corolle infundibuliforme courts et arrondis.

Les *Pelagodendron* [1], *Randia* des îles Viti, dont le calice gamosépale se rompt irrégulièrement en deux ou trois lobes inégaux.

Les *Sphinctanthus* [2], *Genipa* américains, à fleurs terminales, solitaires ou peu nombreuses, dont la corolle est contractée vers le sommet de son tube assez court.

Les *Leptactinia* [3], *Gardenia* de l'Afrique tropicale, dont les fleurs sont réunies en cymes terminales corymbiformes, avec les folioles calicinales développées et de larges stipules. Les *Dictyandra* [4], du même pays, n'en diffèrent essentiellement que par leurs grandes fleurs à anthères sessiles et locellées, et sont aux vrais *Leptactinia* ce que les *Anomanthodia* sont aux *Randia* proprement dits [5].

Il y a à la Nouvelle-Calédonie des *Genipa* voisins des *Gardenia*, dont l'ovaire devient allongé et si étroit, que les graines s'y trouvent disposées sur une seule série longitudinale; elles sont séparées les unes des autres par des étranglements, et l'ensemble du fruit rappelle par sa forme certaines siliques; d'où le nom de *Siliquorandia* [6], donné à cette section. Dans d'autres plantes du même groupe, les graines, peu nombreuses, s'allongent à une extrémité en une courte aile, comme celle que nous avons décrite dans les *Olostyla*, et les fleurs, très-petites, se groupent en glomérules dans l'aisselle des feuilles. Nous les avons nommées *Paragenipa* [7]. Les *Randiella* [8] ont aussi les fleurs très-petites et nées sur le bois des rameaux. Leur style se dilate supérieurement en une sphère stigmatifère. Ils sont de la Nouvelle-Calédonie. D'autres particularités, moins importantes encore, caractérisent les *Xylanthorandia* [9], dont les grandes fleurs, à corolle en entonnoir, rappelant celles des *Amaralia* et du *Gardenia Annæ*, croissent aussi sur le bois des rameaux.

Ainsi constitué, ce très-vaste genre [10] renferme environ deux

1. SEEM., *Fl. vit.*, 124. — B. H., *Gen.*, II, 92, n. 174.

2. BENTH., in *Hook. Journ. Bot.*, III, 212. — B. H., *Gen.*, II, 84, n. 155. — *Conosiphon* POEPP., in *Endl. Gen.*, Suppl., II, 54; *Nov. gen. et spec.*, III, 27, t. 233.

3. HOOK. F., *Icon.*, t. 1092 (*Leptactina*); *Gen.*, II, 85, n. 160. — HIERN, *Fl. trop. Afr.*, III, 87.

4. WELW., ex B. H., *Gen.*, II, 85, n. 159.

5. Nous croyons pouvoir rapprocher des *Genipa* de la section *Leptactinia*, à titre de type anormal, les *Heinsia*, du même pays, qui ont été placés dans un autre groupe, et qui ont des fleurs de *Randia* disposées en cymes terminales, mais dont le fruit devient finalement plus ou moins sec et uniloculaire. (DC., *Prodr.*, IV, 390. — ENDL., *Gen.*, 3300. — HOOK., in *Bot. Mag.*, t. 4207. — B. H., *Gen.*, II, n. 137.)

6. H. BN, in *Adansonia*, XII, 210.

7. H. BN, in *Bull. Soc. Linn. Par.*, 207.

8. H. BN, in *Adansonia*, XII, 295.

9. Dont le type est le *Randia Beccariana* H. BN (in *Adansonia*, XII, 246).

10. Sect. 22 : 1. *Eugenipa*; 2. *Gardenia* (ELL.); 3. *Rothmannia* (THUNB.); 4. *Mitriostigma* (HOCHST.); 5. *Griffithia* (W. et ARN.); 6. *Randia* (HOUST.); 7. *Anomanthodia* (H. F.); 8. *Basanacantha* (H. F.); 9. *Sphinctanthus* (BTH.); 10. *Ca-*

cents espèces[1], et appartient à toutes les régions chaudes du globe.
Les *Amaioua* sont extrêmement voisins des *Genipa*. Leurs fleurs sont
dioïques, ordinairement hexamères. Leur calice est gamosépale, entier
ou à six dents, parfois longues et étroites, et leur corolle est tordue,
coriace, à bouton aigu, rectiligne ou arqué. Leur ovaire a deux loges
complètes ou incomplètes, multiovulées, et leur style fusiforme se partage ou non en deux branches. Leur fruit est une baie polysperme. Ce
sont des arbres ou des arbustes de l'Amérique tropicale, à fleurs terminales ou subterminales, disposées en cymes corymbiformes. Les
fleurs femelles sont moins nombreuses dans leurs inflorescences, ou
même solitaires. Les *Duroia* sont des *Amaioua* dont les fleurs ont le
calice développé et la gorge de la corolle dépourvue ou à peu près de
poils. Le nombre des loges, complètes ou incomplètes, de leur ovaire
varie de deux à quatre. Dans les *Alibertia*, qui ne peuvent non plus que
constituer une section du genre *Amaioua*, le nombre des parties de la
fleur varie de quatre à huit, et les loges ovariennes, ordinairement incomplètes, varient en nombre de deux à huit. Les *Cordiera* sont aussi
du même genre et des mêmes pays; mais leur corolle tordue, à lobes
aigus, présente dans le bouton un renflement correspondant au limbe, et
un autre, également peu prononcé, qui répond à la base de son tube[2].

sasia (Rich.); 11. *Dictyandra* (Welw.); 12. *Leptactinia* (H. f.); 13? *Heinsia* (DC.); 14. *Tocoyena*
(Aubl.); 15. *Macrosphyra* (H. f.); 16. *Byrsophyllum* (H. f.); 17. *Brachytome* (H. f.); 18. *Pelagodendron* (Seem.); 19. *Amaralia* (Welw.);
20. *Xylanthorandia* (H. Bn); 21. *Randiella*
(H. Bn); 22. *Genipella* (H. Bn).

1. Plum., *Icon* (ed. Burm.), t. 136. — R. et
Pav., *Fl. per.*, t. 220, fig. *a*. — Roxb., *Pl.
corom.*, t. 135-137 (*Randia*). — Moric., *Pl.
nouv. Amér.*, t. 56 (*Tocoyena*). — Poepp. et
Endl., *Nov. gen. et spec.*, t. 229 (*Tocoyena*). —
Karst., *Fl. colomb.*, II, t. 167 (*Randia*). —
Griseb., *Fl. Brit. W.-Ind.*, 316, 318 (*Randia*),
317 (*Posoqueria*); *Cat. pl. cub.*, 122. — Harv.
et Sond., *Fl. cap.*, III, 4 (*Gardenia*), 7 (*Randia*).
— Bak., *Fl. maur.*, 141 (*Randia*), 142 (*Gardenia*).
— Balf. f., *Bot. Rodrig.*, 45, t. 22. — Hiern, *Fl.
trop. Afr.*, III, 80 (*Heinsia*), 85 (*Dictyandra*), 87
(*Leptoctinia*), 93 (*Randia*), 99 (*Gardenia*), 105
(*Macrosphyra*), 111 (*Mitriostigma*), 112 (*Ama-
ralia, Morellia*). — Miq., *Fl. ind.-bat.*, II, 207
(*Griffithia*), 209 (*Pseudixora*), 219 (*Gynopachys*),
226 (*Randia*), 228 (*Gardenia*), 256 (*Canthopsis*);
Suppl., 218, 251 (*Griffithia, Pseudixora*), 318,
542 (*Randia*), 543 (*Gardenia*). — F. Muell.,
Fragm., IX, 180 (*Randia*). — Benth., *Fl.
austral.*, III, 407 (*Gardenia*), 411 (*Randia*);

Fl. hongkong., 153 (*Gardenia*), 154 (*Randia*). —
Bedd., *Ic. pl. or.*, I, t. 20 (*Gardenia*), 37, 38
(*Griffithia*), 96 (*Byrsophyllum*), 237 (*Randia*). —
Thw., *Enum. pl. Zeyl.*, 154 (*Coffea*), 158 (*Grif-
fithia*), 159 (*Randia. Gardenia*). — Kurz, *For.
Fl. brit. Burm.*, II, 39 (*Gardenia*), 44 (*Randia*),
51 (*Brachytome*). — Wawr., *Maxim. Reis. Bot.*,
t. 72 (*Tocoyena*). — Karst., *Fl. colomb.*, II,
t. 149 (*Conosiphon*). — Seem., *Fl. vit.*, t. 46 (*Can-
thiopsis*). — Kotsch., *Pl. Tinn.*, t. 16 (*Gardenia*).
— H. Bn, in *Adansonia*, XII, 244-246 (*Randia*).
— *Bot. Reg.* (1846), t. 63 (*Gardenia*). — *Bot.
Mag.*, t. 690, 1842, 1904, 3349 (*Gardenia*), 3409
(*Randia*), 4044, 4185, 4307 (*Gardenia*), 4322
(*Randia*), 4343 (*Gardenia*), 4791 (*Randia*), 4987,
5410 (*Gardenia*). — Walp., *Rep.*, II, 517 (*Grif-
fithia*), 518 (*Randia*), 519 (*Gardenia*), 520
(*Sphinctanthus*), 521 (*Tocoyena*), 943 (*Randia*),
944 (*Gardenia*); VI, 73 (*Randia, Gardenia*), 75
(*Conosiphon*), 702 (*Gardenia*); *Ann.*, I, 380
(*Gardenia*); II, 794 (*Griffithia*), *Randia*), 796
(*Gardenia*), 798 (*Gynopachys*); V, 103 (*Gardenia*),
134 (*Randia*).

2. Le *Rhyssocarpus*, qui nous est inconnu, et
qui est originaire de l'Amérique tropicale, a des
fleurs femelles solitaires auxquelles succède un
fruit qu'on dit charnu, « subglobuleux, torulcux-
costé ». Peut-être doit-on le rapporter comme

Les *Chapeliera*, arbustes glabres de Madagascar, ont à peu près aussi les fleurs d'un *Genipa*, disposées en cymes supra-axillaires, petites, avec un calice à cinq divisions acuminées, rigides, une corolle tubuleuse, tordue, cinq anthères dorsifixes, et un ovaire à deux loges, surmonté d'un style fusiforme, à deux branches stigmatifères. Sur leur placenta en forme de fer à cheval s'insèrent des ovules, ordinairement peu nombreux. Leur fruit est une baie, surmontée du calice, et leurs graines albuminées sont remarquables par une enveloppe résistante qui se partage facilement en filaments fibreux, épais et sinueux[1]. Le genre américain *Posoqueria* se rapproche beaucoup des *Genipa* à corolle allongée. La sienne a un tube très-long; mais le limbe, imbriqué, est oblique sur le sommet de ce tube et devient, par suite, gibbeux dans le bouton. Les anthères sont exsertes, et l'extrémité stigmatifère du style est bifide. Les fleurs y sont disposées en cymes corymbiformes, terminales. La forme étirée de la corolle devient plus manifeste encore dans la plupart des *Oxyanthus*, plantes ligneuses de l'Afrique tropicale, dont les cymes corymbiformes sont axillaires; le tube de la corolle est très-grêle et allongé, son limbe est tordu. Le calice est denté, et les deux loges multiovulées de l'ovaire sont complètes ou incomplètes, comme dans les *Genipa*, dont les *Oxyanthus* sont peu distincts et ont le fruit charnu, avec des graines à tégument extérieur coriace et fibreux.

Placé ordinairement dans un autre groupe, le *Kotchubea* (fig. 302) paraît se rapprocher beaucoup des types précédents. On ne connaît malheureusement pas celles de ses fleurs qui sont femelles, et l'on sait seulement que le fruit qui leur succède est une drupe à quelques noyaux monospermes, surmontée du calice persistant. Dans la fleur mâle, le réceptacle, obconique et plein, est surmonté d'un calice tubuleux entier et d'une longue corolle gamopétale, dont le tube coriace est surmonté d'un limbe à huit lobes aigus et tordus. Les étamines sont représentées par autant d'anthères allongées, subsessiles, introrses, biloculaires et incluses. Au centre de la fleur se voit un style à deux divisions oblongues, et sa base est entourée d'un disque circulaire déprimé. Le *Kotchubea insignis* est un bel arbre de la Guyane, glabre, à feuilles opposées, oblongues, à stipules intrapétiolaires connées, et à fleurs mâles réunies en cymes composées de cymules triflores.

---

section au genre *Amaioua*. M. J. Hooker dit de lui : « formam exhibet *Alibertiæ* quidem affinem at distinctissimam. » Il a peut-être aussi des affinités avec le *Kotchubea* (fig. 302), dont les fleurs mâles seules nous sont connues, mais dont le fruit (que nous n'avons pas vu) est indiqué comme globuleux, charnu, et comme devenant pourvu de côtes par le fait de la dessiccation.

Les *Phitopis* ont des fleurs très-analogues à celles des genres précédents, notamment des *Genipa;* elles sont enveloppées de bractées qui sont couvertes de poils soyeux, comme le calice. Celui-ci est valvaire et se partage en lobes irréguliers. La corolle, tordue, a la gorge chargée de poils et porte de quatre à six étamines à filets barbus. Les deux loges ovariennes contiennent chacune un placenta triangulaire renversé et multiovulé, et les deux lobes terminaux du style sont épais et courts. Ce sont des arbres velus, du Pérou oriental, qui ont les fleurs disposées en cymes terminales trichotomes. Les *Billiottia*, qui sont brésiliens, ont des fleurs dioïques, comme celles des *Amaioua*, dont ils sont bien voisins. Leur corolle, velue à la gorge, est à quatre ou cinq parties, et leur

Kotchubea insignis.

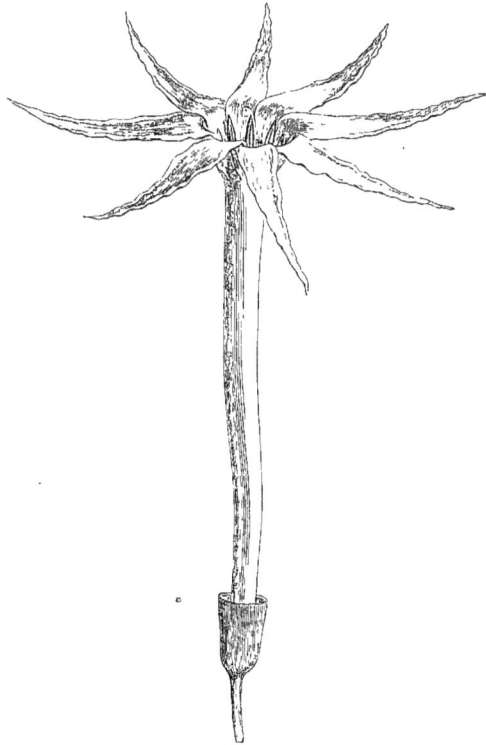

Fig. 302. Fleur mâle.

ovaire est, dit-on, 3-5-loculaire. Les fleurs femelles sont terminales et solitaires; les mâles, au contraire, sont disposées en cymes corymbiformes. Ce sont des arbustes pubescents, à stipules intrapétiolaires unies en une gaîne qui finit par se fendre[1]. Les *Stachyarrhena*, qui sont des mêmes régions, ont aussi des fleurs femelles solitaires et

1. Nous ne savons s'il faudra conserver comme distinct ou faire rentrer dans les genres *Billiottia* ou *Amaioua* (?), le *Schachtia*, arbre colombien, à entrenœuds renflés, dont les fleurs dioïques sont construites à peu près comme celles des types dont nous venons de parler; les mâles solitaires, et les femelles groupées en cymes sur de courts rameaux axillaires.

dont l'ovaire est partagé en un nombre variable de loges ; mais leurs fleurs mâles sont groupées en petits glomérules eux-mêmes portés sur un axe commun et formant, en somme, un épi de cymes, c'est-à-dire une inflorescence mixte. Les fleurs sont d'ailleurs à peu près construites comme celles d'un *Genipa* ou d'un *Amaioua*.

Dans les deux genres *Pouchetia* et *Petunga*, les fleurs sont construites comme celles des *Randia*, dans les premiers 5-mères et dans les derniers 4, 5-mères. La corolle, petite, en entonnoir, est tordue ; les anthères sont presque sessiles, insérées à la gorge, et l'ovaire, à deux loges multiovulées, devient une baie oligosperme. Dans les *Pouchetia*, qui sont de l'Afrique tropicale occidentale, les loges ovariennes sont en partie incomplètes, le disque annulaire, les branches du style grêles, parcourues par un sillon, les semences anguleuses, et les fleurs disposées en grappes axillaires, simples ou composées. Dans les *Petunga*, qui croissent dans l'Inde et l'archipel indien, les loges ovariennes sont complètes, le disque épigyne entier ou bilobé, les branches du style chargées de poils, les graines imbriquées, squamiformes, et les fleurs disposées en épis simples ou rarement quelque peu composés. Dans les *Fernelia*, qui sont des arbustes des îles Mascareignes, l'organisation des fleurs est aussi très-analogue ; mais elles sont unisexuées, ordinairement tétramères, munies d'un petit involucre quadridenté, formé de bractées connées.

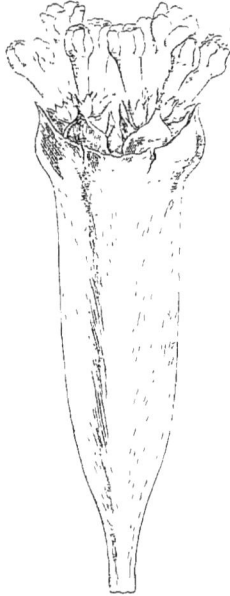

Canephora axillaris.

Fig. 303. Inflorescence (⅓).

nées. L'ovaire est à deux loges, ordinairement incomplètes, surmonté de deux branches stylaires épaisses. Les fleurs sont petites, axillaires, solitaires ou en cymes et très-peu nombreuses, presque sessiles. Dans les *Morindopsis*, qui habitent l'Asie tropicale austro-orientale, les fleurs sont dioïques, axillaires et longuement pédonculées. Elles ont un calice à quatre dents imbriquées-décurvées, une corolle à quatre lobes tordus, quatre étamines incluses et un ovaire à deux loges contenant chacune plusieurs ovules aplatis, descendants et imbriqués. Le fruit est allongé, indéhiscent, mais à péricarpe mince et très-fragile. Souvent les fleurs femelles sont solitaires au sommet du pédoncule ;

mais au-dessous d'elles se trouvent deux paires de bractées, et ces dernières peuvent devenir fertiles; ce qui arrive surtout dans l'inflorescence mâle et donne à celle-ci l'apparence d'un capitule. Dans les *Scyphostachys*, qui sont originaires de Ceylan, le pédoncule floral, axillaire ou supra-axillaire, se termine par un petit épi de fleurs tétramères, à corolle tordue et à loges ovariennes pauciovulées. Mais les bractées de l'inflorescence, membraneuses, obliques et imbriquées, prennent un grand développement et enveloppent étroitement les fleurs avant leur épanouissement. Le fruit est une baie oligosperme. Placés ordinairement dans un tout autre groupe, les *Canephora* (fig. 303), qui habitent Madagascar, ont leurs petites cymes florales réunies au sommet d'un pédoncule commun en forme de cladode aplati. Leur petite corolle en entonnoir, 4-6-mère, est tordue, et leurs deux loges ovariennes renferment des ovules peu nombreux.

Le genre *Hypobathrum* est polymorphe; quant aux parties extérieures de sa fleur, elles sont en petit les mêmes à peu près que celles des *Genipa*, et souvent, comme celles des *Cremaspora*, elles portent sur leurs pédicelles une ou plusieurs paires de bractéoles connées et formant une sorte d'involucelle. Constamment leur corolle est tordue, et leurs inflorescences sont de petites cymes axillaires. Mais ce qui varie le plus dans leur fleur, c'est le nombre des ovules que renferme chacune des deux loges ovariennes. Dans une même plante on peut observer, en effet, soit deux rangées de plusieurs ovules, occupant les bords du placenta, soit deux ovules seulement, l'un à droite et l'autre à gauche; très-incomplétement anatropes, ils ont ordinairement le hile voisin de leur extrémité supérieure, et le micropyle dirigé en bas et en dehors. Ordinairement aussi, moins les ovules

Hypobathrum (Tricalysia) angolense.

Fig. 304. Fleur, une loge ovarienne ouverte (⁴⁄₁).

sont nombreux dans une loge donnée, plus le placenta prend de développement et forme pour chacun d'eux une petite logette comparable à celle des *Ixora*, dans laquelle ils sont enchâssés. Dans ceux de la section *Kraussiella*, il n'y a même qu'un seul ovule; de même dans les *Nescidia*. Les *Empogona* en ont un ou deux; le *Zygoon*, un, deux ou trois, sans dilatation du placenta qui les entoure. Les *Tricalysia* (fig. 304) en ont généralement de deux à une dizaine, et ce sont eux qui ordinairement ont les collerettes des pédicelles les plus développées. Dans les *Diplospora*, qui sont asiatiques, il y a de deux à quatre ovules ou plus; et dans les *Hyptianthera*, qu'on a également rattachés à ce genre, on en compte par loge jusqu'à dix ou douze. Dans toutes ces plantes, le fruit est petit et charnu, mono- ou oligosperme. Ce sont des arbustes des régions tropicales de l'Asie, de l'Océanie et surtout de l'Afrique tropicales.

Les *Burchellia* (fig. 305), qui sont aussi de l'Afrique australe, ont des fleurs qui ressemblent beaucoup par leur organisation à celles de certains *Gardenia*, avec des divisions étroites-aiguës au calice persistant; une corolle tordue dont la gorge est chargée de poils; des anthères incluses, sessiles ou à peu près, basifixes, surmontées d'un prolongement du connectif, et deux loges ovariennes multi-ovulées, avec un fruit charnu. Mais leur style, court, renflé vers le milieu de sa hauteur, se termine par une extrémité stigmatifère tronquée, denticulée, et leurs fleurs, terminales et sessiles, accompagnées de bractées analogues aux stipules, sont groupées en une cyme contractée que l'on a prise à tort pour une ombelle.

Burchellia bubalina.

Fig. 305. Groupe de jeunes fruits.

Dans le *Flagenium*, jadis rapporté aux Lonicérées, les fleurs sont à peu près celles d'un *Burchellia*, avec des divisions calicinales étroites et allongées, persistantes, et une corolle tordue. Le fruit est aussi charnu, dit-on; mais les cymes contractées et bipares occupent l'aisselle des feuilles, et dans chacune des deux loges les placentas ellipsoïdes ne portent qu'un petit nombre d'ovules, les supérieurs ascendants et les inférieurs descendants. L'un d'entre eux prend d'ordinaire de bonne heure beaucoup plus de développement que les autres. C'est un arbuste de Madagascar, à feuilles opposées et lancéolées.

Le *Scyphiphora*, plante frutescente et glabre de l'Asie et de l'Océanie tropicales, dont le port et le feuillage sont presque d'une Rhizophorée, a des fleurs pentamères et plus souvent tétramères, avec une corolle tordue, un disque épigyne lobé, et deux ou trois ovules dans chaque loge. Dans ce dernier cas, les deux supérieurs sont souvent ascendants, et l'inférieur descendant. Le fruit est une drupe à deux noyaux, avec des fausses-cloisons transversales divisant ceux-ci en logettes mono-spermes, et les fleurs sont disposées en cymes axillaires pédonculées.

Dans les *Bertiera*, dont la place est douteuse, les fleurs ont aussi un ovaire à deux loges multiovulées, un calice à dents courtes ou nulles, et une corolle à cinq lobes tordus. Parfois l'un de ceux-ci devient tout à fait recouvert, et un autre recouvrant par ses deux bords. Les anthères, introrses, sont surmontées d'un apicule aigu du connectif. Mais les ovules sont portés sur un placenta renflé, pourvu d'un pied assez long (comme celui de certaines Oldenlandiées), et les fleurs sont groupées en cymes elles-mêmes disposées en grappes souvent pendantes. Ce sont des arbres ou des arbustes, à feuilles opposées, à stipules connées, de l'Afrique et de l'Amérique tropicales[1].

Hamelia patens.

Les *Hamelia* (fig. 306, 307), dont on a fait une tribu (*Haméliées*) de cette famille, se rapprochent des types précédents par leurs fruits char-nus et l'organisation générale de leur fleur; mais la préfloraison de leur corolle est différente. Les lobes de son limbe très-court sont imbriqués, de telle façon que l'un d'eux est re-couvert par ses deux bords. Le tube allongé de la corolle est anguleux, et l'ovaire, surmonté d'un style fusi-forme, a, ou autant de loges qu'il y a de lobes à la corolle, et qui leur

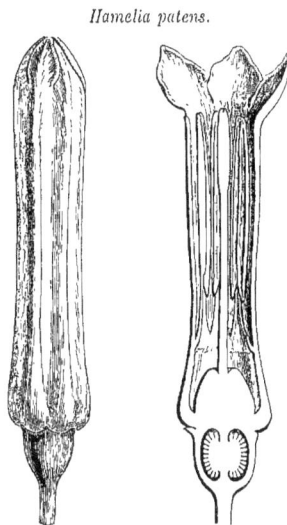

Fig. 306. Bouton (?). — Fig. 307. Fleur, coupe longitudinale.

sont superposées, ou seulement de deux à quatre loges. Le fruit est une baie polysperme. Les *Hamelia* sont des arbustes glabres ou pubescents, de l'Amérique tropicale et subtro-picale. Leurs feuilles sont opposées ou plus souvent verticillées, et leurs fleurs sont disposées en corymbes terminaux de cymes unipares.

Le *Bothriospora corymbosa*, arbuste du nord du Brésil, a aussi une corolle imbriquée, à peine irrégulière. Les quatre ou cinq divisions de son calice sont imbriquées et membraneuses. Son ovaire a quatre ou cinq loges multiovulées et est surmonté d'un style dont le sommet se

1. Ici peut-être devrait se placer le genre *Zuccarinia*, que nous ne connaissons pas, et que nous laisserons provisoirement parmi les types dont la place est incertaine (voy. p. 364).

partage en un même nombre de branches stigmatifères. On dit son fruit
charnu. Il est tel ou plus ou moins sec dans les *Hoffmannia*, qui ont une
corolle imbriquée à quatre ou cinq lobes, quelquefois très-amincis sur
les bords, et généralement deux loges multiovulées à l'ovaire, avec
même nombre de branches au style. Ce sont des plantes frutescentes
ou herbacées, glabres ou velues, de l'Amérique tropicale, surtout du
Mexique, à cymes axillaires, pédonculées ou sessiles et contractées,
comme il arrive surtout dans ceux qu'on a nommés *Xerococcus*.

Les *Catesbœa* forment ici un petit groupe dans lequel les fleurs, de
très-petite taille, ont la corolle anguleuse et quadrilobée, tubuleuse-
campanulée, à quatre lobes imbriqués sur les bords, quoiqu'on les
décrive comme valvaires. Les quatre étamines s'insèrent vers la base de
la corolle, et l'ovaire, surmonté d'un style dont le sommet est bidenté,
renferme dans chacune de ses deux loges, complètes ou incomplètes,
un nombre indéfini d'ovules, généralement descendants. Le fruit est
une baie coriace. Les *Catesbœa* habitent les Antilles; ce sont des arbustes glabres, épineux, à feuilles petites, presque nulles, même dans
celui qu'on a nommé *Phyllacantha*, et dont les rameaux axillaires
spinescents, sont triangulaires et fortement comprimés dans le sens
vertical, comme il arrive dans certaines Rhamnacées du genre
Colletia.

Les *Gonzalagunia*, plantes ligneuses ou herbacées de l'Amérique tropicale, ont des fleurs à corolle infundibuliforme ou hypocratérimorphe,
avec un tube étroit et un limbe à quatre ou cinq lobes imbriqués. Le
fruit est une drupe ou une baie, et les fleurs, souvent dimorphes, sont
groupées sur l'axe commun, simple ou ramifié, d'un épi terminal long
et grêle. Les *Isertia*, qui sont aussi de l'Amérique tropicale, ont les
fleurs construites à peu près comme celles du genre précédent, mais
plus grandes. Leur corolle, épaisse et coriace, est à quatre, cinq ou six
lobes, imbriqués ou valvaires, avec les sinus souvent saillants en dehors. Le nombre des loges de l'ovaire varie de deux à six, comme dans
les *Hamelia*, et le fruit est charnu. La surface extérieure de la corolle
est souvent rugueuse ou même chargée de tubercules, comme il arrive
surtout dans le *Cassupa*, qui n'est autre chose qu'un *Isertia* à corolle
valvaire et à ovaire généralement biloculaire.

Les *Mussaenda* (fig. 308, 309) ont aussi donné leur nom à une tribu
(*Mussaendées*). Ils diffèrent surtout des genres précédents par la préfloraison de leur corolle, qui est valvaire, plus ou moins rédupliquée, mais
dont les lobes peuvent cependant être tordus à leur extrême sommet.

Leur fruit est généralement charnu et indéhiscent, quelquefois cependant sec, et alors indéhiscent ou loculicide; ce qui prouve que ces caractères carpologiques ne sauraient avoir ici une valeur absolue. Il en
est de-même de l'insertion des étamines; car tantôt leurs filets se déta-

Mussaenda Landia.

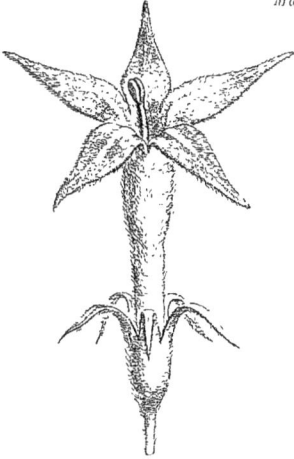

Fig. 308. Fleur (²⁄₇).

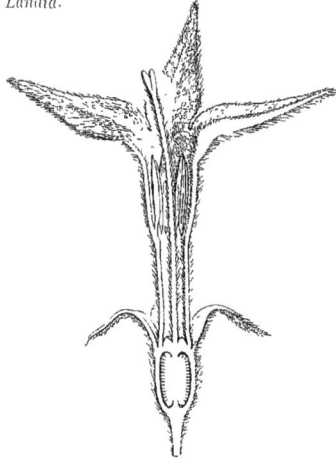

Fig. 309. Fleur, coupe longitudinale.

chent à une hauteur variable de la corolle, et tantôt, insérés tout à fait
à la base de son tube, ils demeurent dans une grande étendue retenus
contre celui-ci par les poils dont il est tapissé. Et même dans les *Acranthera*, qui sont pour nous des *Mussaenda* asiatiques ou océaniens, herbacés ou suffrutescents, les filets quittent le tube de la corolle dès
sa base pour venir s'appliquer autour du style. Les *Mussaenda* ont les
fleurs disposées en grappes terminales de cymes, stipitées ou contractées; ils appartiennent à toutes les régions tropicales de l'ancien
monde. Le *Polysolenia* est un *Mussaenda* indien dont l'inflorescence
est contractée en un faux-capitule terminal et dont le tube allongé de
la corolle se renfle un peu au-dessous de l'épanouissement du limbe.
Les *Adenosacme* ont en petit les fleurs des *Mussaenda*, avec une corolle
à 4-6 lobes, valvaires-rédupliqués. Leur ovaire 2-6-loculaire devient
un fruit charnu ou coriace, indéhiscent ou loculicide, et leurs cymes
composées sont axillaires et terminales. Ce sont des arbustes débiles,
originaires de l'Inde et de l'archipel indien.

Les *Sabicea* (fig. 310) sont le type d'un petit groupe dans lequel les
inflorescences sont disposées en cymes axillaires composées, souvent

contractées. Leurs fleurs ont des lobes calicinaux, souvent inégaux, dont le nombre varie de trois à six, une corolle valvaire, et un ovaire dont les loges sont souvent en même nombre que les divisions de la corolle, auxquelles elles sont superposées, plus rarement en nombre moindre. Le

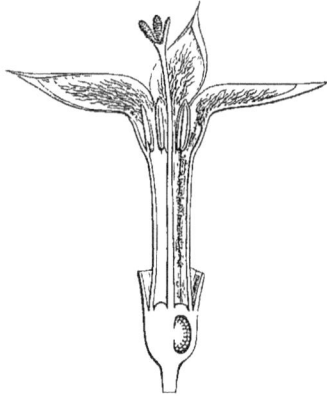

Sabicea Patima) guianensis.

Fig. 310. Fleur, coupe longitudinale (?).

style est partagé supérieurement en un même nombre de branches, et le fruit est charnu. Ce sont généralement des plantes grimpantes, originaires des régions tropicales des deux mondes. Leurs loges ovariennes sont souvent incomplètes, et c'est ce qui arrive à celles (au nombre de cinq) du *Patima*, de la Guyane, dont le calice est tronqué, et qui constitue pour nous une section du genre *Sabicea*. Les *Stipularia*, arbustes velus de l'Afrique tropicale, ont un ovaire 2-5-loculaire; ce ne sont que des *Sabicea* dont les cymes axillaires contractées ont leurs bractées développées en un grand involucre cyathiforme. Les *Schizostigma* sont très-voisins des *Stipularia*, dont ils n'ont pas les grandes bractées involucrales. Mais les cinq divisions de leur calice, égales ou inégales, ont la forme de feuilles, rétrécies en pétiole à la base et persistantes. Leur corolle est valvaire; leurs loges ovariennes sont au nombre de cinq (plus rarement six ou sept), avec autant de branches stylaires et un fruit indéhiscent, plus ou moins charnu. Leurs fleurs sont disposées en glomérules axillaires, multiflores dans les *Pentaloncha* et *Temnopteryx*, qui représentent des sections africaines du genre *Schizostigma*.

Les *Urophyllum* ont des petites fleurs axillaires, disposées en cymes ou en glomérules, dont l'ovaire a de deux à cinq loges pluriovulées, surmontées d'un petit calice à 4-8 dents courtes, et d'une petite corolle subrotacée, à 4-8 lobes valvaires. Leur fruit est une petite baie. Ils ont souvent les fleurs unisexuées. Leurs loges ovariennes sont parfois incomplètes, comme il arrive notamment dans une espèce à inflorescences pauciflores et à gynécée dicarpellé, de l'Afrique tropicale occidentale, qu'on a distinguée sous le nom de *Pauridiantha*. Les *Aulacodiscus*, qui habitent Malacca, ont presque tous les caractères des *Urophyllum*. Leur fleur peut avoir jusqu'à une quinzaine de parties, et leur corolle est formée de pétales courts, valvaires, à peu près complétement indépendants. Leurs fleurs sont diclines, et les étamines stériles de la fleur femelle s'incurvent sur les rebords d'un disque épigyne très-développé et lobé, en forme de coupe épaisse au fond de laquelle s'insère un style dilaté supérieurement en entonnoir lobé.

Les *Lecananthus*, arbustes grimpants de l'archipel indien, ont un ovaire infère à deux loges multiovulées et un fruit membraneux et polysperme. Leur corolle valvaire est à cinq lobes et porte cinq étamines alternes. Mais leur calice gamosépale, en forme de cornet, est divisé en deux lèvres irrégulières. Les fleurs sont disposées en faux-capitules, composés de glomérules très-rapprochés et contractés, qui rappellent ceux des *Cephælis* et qui sont enveloppés de bractées connées formant involucre. Par ce dernier caractère, les *Lecananthus* relient le groupe secondaire des *Sabicéées* au suivant, celui des *Schradérées*.

Dans les *Schradera*, les inflorescences terminales sont aussi des faux-capitules de cymes composées, autour desquels les bractées formant involucre sont portées sur une dilatation cupuliforme de l'axe, plus ou moins prononcée. Les fleurs, 5-10-mères, ont un calice tronqué, une corolle à lobes épais et valvaires, et un ovaire à deux loges multiovulées auquel succède un fruit charnu. Ce sont des arbustes glabres, coriaces, souvent faux-épiphytes, à feuilles opposées et à grandes stipules intrapétiolaires, qui habitent l'Amérique tropicale. Les *Lucinæa*, qui sont de l'archipel indien, rappellent beaucoup les *Schradera*. Leurs inflorescences sphériques, formées de glomérules composés, ressemblent extérieurement à celles des *Morinda*. Seulement leurs ovaires sont libres et ont leurs deux loges multiovulées. Dans le *Leucocodon*, arbuste grimpant et «épiphyte» de Ceylan, l'inflorescence terminale est la même, mais entourée d'un grand involucre campanulé, blanchâtre. La corolle, pentamère et valvaire, est entourée d'un calice gamophylle qui se fend irrégulièrement lors de l'anthèse. Les caractères de cette plante sont donc ceux d'un *Cephælis*, sinon que ses deux loges ovariennes sont multiovulées. Le *Didymochlamys Whitei*, petite herbe de la Colombie, a la même inflorescence terminale que les genres précédents, entourée d'un involucre de bractées colorées, dont deux très-grandes, et ses deux loges ovariennes sont multiovulées. Mais les cinq lobes de sa corolle s'amincissent et s'indupliquent fortement sur les bords; et c'est d'ailleurs une plante tout à fait exceptionnelle dans cette famille en ce que ses feuilles sont alternes, distiques, obliquement lancéolées, avec des stipules (?) dimorphes, de configuration toute particulière.

VII. — 21

Les *Hippotis* sont tous de l'Amérique tropicale et ont tous les fleurs
axillaires. Dans ceux que l'on a nommés *Sommera*, elles sont nombreuses et disposées en cymes composées, pédonculées, contractées ou
non. Dans les vrais *Hippotis* et dans les *Tammsia*, qui n'en sont, suivant
nous, qu'une section, les cymes sont généralement pauciflores ou
même réduites à 1-3 fleurs. Partagé en lobes foliacés plus ou moins inégaux dans les *Sommera*, le calice est spathacé et se fend inégalement
dans les *Hippotis* proprement dits, tandis que dans les *Tammsia*, il
représente une grande enveloppe campanulée et veinée qui se partage
en lobes inégaux. Dans toutes ces plantes la corolle est valvaire,
4-6-lobée ; l'ovaire est à deux loges multiovulées, souvent incomplètes,
et le fruit charnu, surmonté du calice persistant, renferme de nombreuses graines, toujours petites et anguleuses, à albumen charnu.

Les *Pentagonia* sont aussi américains et ont des fleurs en cymes axillaires corymbiformes, sessiles ou courtement pédonculées et pédicellées.
Leur corolle, tubuleuse ou en entonnoir, est partagée en cinq ou six
lobes épais et valvaires. Leurs étamines sont insérées vers le bas de son
tube et ont souvent des filets inégaux, récurvés au sommet. L'ovaire
a deux loges multiovulées, et le fruit est charnu. En somme, les fleurs
sont à peu près celles de certains *Genipa* des mêmes régions, mais avec
une corolle valvaire et non tordue. Ce sont des arbustes, dont un volu-
bile, à grandes stipules et à larges feuilles qui peuvent même être pinnatifides et ressembler assez bien à celles de l'*Artocarpus incisa*.

Rapportés ordinairement à un tout autre groupe (celui des *Haméliées*), les *Gouldia* s'en éloignent par leur corolle valvaire, dont les
lobes sont épais, à coupe transversale triangulaire, au nombre de quatre
ou cinq, et qui rappelle beaucoup celle de certains *Uragoga*. Leur fruit
est charnu et s'ouvre cependant quelquefois au sommet. Leurs loges
ovariennes sont multiovulées ; sinon les caractères de leurs fleurs sont
ceux des *Uragoga*. Leurs feuilles sont opposées, et leurs fleurs sont,
soit axillaires, soit, plus souvent, en cymes, simples, pauciflores ou
ramifiées et multiflores. Ce sont des arbustes des îles Sandwich.

Les *Myrioneuron*, arbustes de l'Asie et de l'Océanie tropicales, qui
se rapprochent de plusieurs des genres précédents par leurs inflorescences en glomérules composés, capituliformes, et terminales ou axillaires, ont à peu près les fleurs des *Mussaenda*, pentamères, à divisions
du calice allongées en pointe, à corolle valvaire et à deux loges ovariennes pluriovulées. Leur fruit est ou charnu, ou membraneux, et parfois il s'ouvre tard ou incomplétement. C'est là ce qui rapproche ces

plantes des Oldenlandiées. Le *Payera conspicua*, de Madagascar, nous
paraît voisin du genre précédent. Les deux loges de son ovaire infère
renferment chacune un placenta presque sessile, multiovulé. Le style
est long et grêle, à deux branches. La corolle est quinquélobée, valvaire, entourée de cinq grands lobes calicinaux foliacés et persistants.
Le fruit a un péricarpe mince, probablement sec et coriace à sa maturité. C'est une plante glabre, à grandes feuilles opposées, accompagnées de deux grandes stipules interpétiolaires foliacées. L'inflorescence,
placée au bout d'un petit rameau axillaire qui porte, soit des feuilles,
soit seulement leurs stipules, est une cyme composée, capituliforme, à
pédicelles courts, et dont les divisions finissent par devenir uniparcs. Elle
est enveloppée de trois paires inégales de bractées formant involucre,
de sorte que l'inflorescence est à peu près aussi celle d'un *Cephælis*[1].

IX. SÉRIE DES OLDENLANDIA.

Ce genre, auquel nous en rattacherons un grand nombre d'autres qui
en ont été successivement séparés, a été établi dès 1703 par PLUMIER.
Dans les véritables *Oldenlandia*[2] de cet auteur (fig. 311-314), les fleurs
sont à cinq ou plus souvent à quatre parties, et presque toujours elles
sont hermaphrodites. Leur réceptacle concave, obconique ou globuleux,
loge dans sa concavité un ovaire biloculaire, surmonté d'un style à deux
courtes branches stigmatifères et d'un disque épigyne peu développé.
Dans chaque loge ovarienne se voit un placenta globuleux, ou a peu
près, supporté par un pied qui s'insère en un point variable de la cloi-

1. Trois genres d'affinités douteuses et qui nous sont fort incomplétement connus, surtout les deux premiers, ont été rangés dans ce groupe : ce sont les *Gonianera*, *Lasiostoma* et *Praravinia*. Le *Gonianera* est de Sumatra. Ses fleurs seraient pentamères, sa corolle valvaire; son ovaire, biloculaire et multiovulé, surmonté d'un style à longues branches stigmatifères claviformes. Son fruit polysperme est une baie. Ses fleurs sont axillaires, accompagnées de bractées. Les *Lasiostoma*, arbustes glabres de la Nouvelle-Guinée et de la Nouvelle-Irlande, à feuilles opposées de *Loranthus*, ont des inflorescences axillaires capituliformes. On dit leurs fleurs tétramères, à calice entier, à corolle valvaire, et leur fruit charnu et polysperme. Le *Praravinia*, arbuste de Bornéo, à feuilles opposées, a des fleurs polygames-monoïques, 4-6-mères, rassemblées en cymes axillaires, prises à tort pour des capitules, remarquables par leur larges bractées involucrantes. Les sépales sont semblables aux bractées et accrescents. Leur corolle est valvaire, et leur gynécée est formé d'un ovaire 6-10-loculaire, surmonté d'un grand disque et d'un style à 6-10-branches. Les ovules sont très-nombreux sur des placentas qu'on figure comme rameux. On dit le fruit charnu.

2. PLUM., *Nov. pl. amer. gen.* (1703), 42, t. 36. — L., *Gen.*, n. 154. — J., *Gen.*, 198. — LAMK, *Ill.*, t. 61. — GÆRTN., *Fruct.*, I, t. 30. — DC., *Prodr.*, IV, 424. — B. H., *Gen.*, II, 58, 1228, n. 83. — *Listeria* NECK., *Elem.*, n. 456 (ex DC.). — *Gerontogea* CH. et SCHLCHTL, in *Linnæa*, IV, 154. — *Comotheca* BL., ex DC., *Prodr.*, IV, 429. — ENDL., *Gen.*, n. 3239. — *Kohautia* CH. et SCHLCHTL., *loc. cit.*, 156. — *Kuramyschewia* FISCH. et MEY., in *Bull. Mosc.* (1838), 266. — *Theyodis* A. RICH., *Fl. abyss.*, I, 364.

son interloculaire, depuis sa base jusque vers le milieu de sa hauteur. Il est chargé d'ovules en nombre indéfini, rarement peu nombreux[1]. Sur les bords du réceptacle s'insèrent un court calice à trois, quatre ou cinq dents, courtes ou rarement foliacées, accompagnées assez souvent de denticules (stipulaires?) alternes, en nombre variable, et une

Oldenlandia Deppeana.

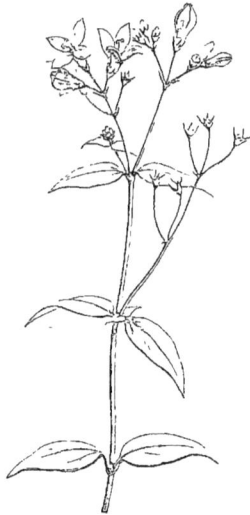
Fig. 312. Fleur, coupe longitudinale ($\frac{4}{1}$).

Fig. 313. Graine ($\frac{10}{1}$).

Fig. 311. Rameau florifère.

Fig. 314. Graine, coupe longitudinale.

corolle valvaire, rotacée, infundibuliforme ou hypocratériforme, portant un même nombre d'étamines alternes, à anthères biloculaires, introrses, incluses ou exsertes. Le fruit est une capsule, souvent membraneuse, de forme variable, loculicide en haut ou dans toute sa hauteur, plus rarement indéhiscente, à graines en nombre très-variable, souvent indéfini, qui, arrondies ou polyédriques[2], lisses ou grenues à la surface, renferment dans un albumen charnu un embryon ordinairement rectiligne, cylindrique ou claviforme. Ce sont des plantes herbacées ou frutescentes, à feuilles opposées, rarement verticillées, à stipules simples ou découpées, ou partagées en soies. Leurs fleurs[3] sont disposées en

1. Exceptionnellement, ils sont, dit-on, solitaires. Ils n'ont qu'un tégument, généralement fort incomplet, souvent même à peu près nul.

2. Quelquefois prolongées en aile.
3. Petites, blanches, jaunâtres, rougeâtres ou violacées.

cymes plus ou moins ramifiées, souvent bipares, terminales ou axillaires ; rarement solitaires ou très-peu nombreuses. Dans une petite espèce herbacée, débile et couchée, de l'Asie et de l'Océanie tropicales, désignée sous le nom générique de *Dentella*[1], les fleurs sont ordinairement solitaires dans la dichotomie des rameaux ou dans l'aisselle des feuilles, sessiles ou pédicellées, et le fruit, hispide, est indéhiscent.

Malgré des différences quelquefois grandes de port et de feuillage dans les *Hedyotis*[2], qui, sous ce rapport, ressemblent souvent aux *Spermacoce*, nous n'en faisons, à l'exemple de bien des auteurs, qu'une section du genre *Oldenlandia*, dans laquelle les tiges sont herbacées ou souvent frutescentes, ou volubiles, avec des feuilles assez larges[3], des stipules de forme très-variable, des corolles courtes ou plus ou moins tubuleuses, et un fruit indéhiscent ou déhiscent, fréquemment coriace ou crustacé. Certains *Hedyotis* américains ont été génériquement distingués sous le nom de *Mallostoma*[4] ; ce sont des arbustes dressés ou couchés, à feuilles coriaces, imbriquées ou éricoïdes, à capsules coriaces, d'ordinaire septicides. D'autres, originaires de l'Afrique chaude, et nommés *Pentodon*[5], ont les fleurs 4, 5-mères, une capsule membraneuse, loculicide, une tige herbacée et des feuilles molles, avec des pédicelles fructifères défléchis. Dans l'*Hekistocarpa*[6], qui est aussi un *Oldenlandia* de l'Afrique tropicale occidentale, herbacé, annuel et grêle, les fleurs pentamères sont sessiles sur les axes d'une cyme qui devient unipare par avortement ; la corolle est légèrement rédupliquée ; le style a deux branches subspathulées et récurvées, et la capsule, septicide, est allongée et comprimée. L'*Oldenlandia tuberosa*, des Antilles, est aussi devenu le type d'un genre particulier, sous le nom de *Lucya*[7] ; c'est une humble herbe, à racine plus ou moins renflée, à corolle rotacée, et à fruit loculicide dans sa portion supérieure, qui dépasse plus

---

1. FORST., *Char. gen.*, 25, t. 13 (1776). — J., *Gen.* (1789), 200 ; in *Mém. Mus.*, VI, 385. — LAMK, *Ill.*, t. 118. — RICH., *Rub.*, 190. — DC., *Prodr.*, IV, 418. — ENDL., *Gen.*, n. 3238. — B. H., *Gen.*, II, 54, n. 74. — *Lippaya* ENDL., *Atakt.*, 13, t. 13. — *Bertuchia* DENNST., *Hort. malab.*, IX, 39 (ex ENDL.).

2. L., *Gen.*, n. 118. — RICH., *Rub.*, 186. — DC., *Prodr.*, IV, 419. — ENDL., *Gen.*, n. 3240 — B. H., *Gen.*, II, 56, 1228, n. 81. — A. GRAY, in *Proc. Amer. Acad.*, IV, 313. — CH. et SCHLCHTL., in *Linnæa*, IV, 153. — *Leptopetalum* HOOK. et ARN., in *Beech. Voy.*, *Bot.*, 295, t. 61. — *Scleromitrion* WIGHT et ARN., *Prodr.*, 412. — *Agathisanthemum* KL., in *Pet. Moss., Bot.*, 294. — *Peltospermum* BENTH., *Niger*, 400. — *Dictyospora* REINW., ex KORTH., in *Ned. Kruidk.*

Arch., II, 157. — *Metabolos* BL., *Bijdr.*, 990. — *Pentodon* HOCHST., in *Flora* (1844), 552.

3. Par leur forme et leur nervation, variables suivant la station, elles rappellent même quelquefois celles des Monocotylédones.

4. KARST., *Fl. colomb.*, II, 9, t. 105. — B. H., *Gen.*, II, 60, n. 87. — *Ereicotis* DC., *Prodr.*, IV, 431 (sect. *Anotidis*). — *Pseudorhachicallis* KARST., *loc. cit.*, 10.

5. HOCHST., in *Flora* (1844), 552. — B. H., *Gen.*, II, 58, n. 82. — *Pentotis* TORR. et GR., *Fl. N.-Amer.*, II, 42 (sect. *Hedyotidis*).

6. HOOK. F., *Icon.*, t. 1151 ; *Gen.*, II, 62, n. 92.

7. DC., *Prodr.*, IV, 434. — ENDL., *Gen.*, 550, 1. — B. H., *Gen.*, II, 61, n. 90. — *Dunalia* SPRENG., *Syst. veg.*, 1, 366.

ou moins l'orifice de la coupe réceptaculaire. Les mêmes faits se pro-
duisent dans le fruit des *Houstonia*[1], petites herbes de l'Amérique
chaude et tempérée, qui ont des fleurs souvent dimorphes, axillaires
ou disposées en cymes bipares, presque toujours tétramères, et dont la
capsule loculicide renferme des graines plus ou moins peltées, comme
on en observe dans un certain nombre d'autres sections de ce genre.
L'ovaire et le fruit septicide sont aussi en partie supères dans le *Leptoscela*[2], herbe brésilienne qui a les caractères de végétation et d'inflorescence des *Hekistocarpa*, avec le port de certains *Ruellia*, et dont
les graines sont plus longues que larges.

La corolle devient assez souvent tubuleuse, claviforme ou aiguë dans
le bouton chez certains *Oldenlandia* des deux mondes. Le fait est
surtout prononcé dans la plupart de ceux dont on a fait les genres
Anotis[3], *Teinosolen*[4] et *Kadua*[5]. Ces derniers, qui sont des îles Sandwich et dont le type est l'*Hedyotis elata*, ont la fleur tétramère,
à corolle longuement tubuleuse, et une capsule coriace ou légèrement
charnue, loculicide au sommet, avec des graines anguleuses ou ailées,
appliquées sur la surface ou dans les dépressions des placentas épaissis.
Leurs fleurs sont disposées en cymes terminales, axillaires ou latérales.
Les *Anotis* sont américains, asiatiques, ou rarement australiens; ils
ont la corolle tubuleuse, souvent claviforme dans le bouton, quadrilobée; un ovaire généralement biloculaire[6], loculicide et bivalve; des
graines comprimées ou légèrement ailées. Ce sont des plantes herbacées
ou suffrutescentes, à cymes axillaires et terminales, souvent corymbiformes ou capituliformes. Les *Teinosolen*[7] ont aussi une corolle allongée; elle a cinq lobes valvaires. Leur fruit, capsulaire, est crustacé et
septicide. Ce sont des arbustes boliviens, glabres, rameux, à petites
feuilles opposées ou subfasciculées, coriaces, pourvues de nervures peu
visibles, et à fleurs terminales peu nombreuses ou solitaires.

Ainsi compris[8], le grand genre *Oldenlandia* renferme environ deux

1. L., *Gen.*, n. 124. — J., *Gen.*, 197. — GÆRTN., *Fruct.*, I, t. 49. — DC., *Prodr.*, IV, 622. — B. H., *Gen.*, II, 60, n. 86. — *Macrohoustonia* A. GRAY, in *Proc. Amer. Acad.*, IV, 26.
2. HOOK. F., *Icon.*, t. 1149. — B. H., *Gen.*, II, 59, n. 84.
3. DC., *Prodr.*, IV, 431 (part.). — B. H., *Gen.*, II, 59, n. 85.
4. HOOK. F., *Gen.*, II, 61, n. 88.
5. CHAM. et SCHLCHTL, in *Linnæa*, IV, 157 (part.). — DC., *Prodr.*, IV, 430. — RICH., *Rub.*, 188. — A. GRAY, in *Proc. Amer. Acad.*, IV, 317. — B. H., *Gen.*, II, 61, n. 91. — *Wiegmannia*

MEYEN, ex WALP., in *Pl. Meyen.*, 354, t. 9.
6. Il peut être çà et là 3, 4-loculaire, et il y a même un *Hedyotis quadrilocularis*.
7. HOOK. F., *Gen.*, II, 61, n. 88.
8. Sect. 20 : 1. *Euoldenlandia*; 2. *Peltosper-mum* (BTH.); 3. *Dentella* (FORST.); 4. *Agathis-anthemum* (KL.); 5. *Hedyotis* (L.); 6. *Sclero-mitrion* (W. et ARN.); 7. *Dictyospora* (REINW.); 8. *Pentodon* (HOCHST.); 9. *Kohautia* (CH. et SCHLTL); 10. *Gonotheca* (BL.); 11. *Leptopetalum* (H. et ARN.); 12. *Karamyschewia* (FISCH. et MEY.); 13. *Hekistocarpa* (H. F.); 14. *Leptoscela* (H. F.); 15. *Houstonia* (L.); 16. *Mallostoma*

cent cinquante espèces[1] et se trouve représenté dans toutes les parties chaudes et tempérées du monde, sauf en Europe.

Par l'intermédiaire des *Kadua* et des *Teinosolen*, les *Bouvardia* (fig. 315-317), généralement attribués à un tout autre groupe, se trouvent intimement reliés aux *Oldenlandia*. Ils ont la fleur presque toujours tétramère, avec les lobes du calice dentiformes ou allongés, et souvent des languettes interposées; une corolle tubuleuse, droite ou arquée, à lobes valvaires, glabre ou velue à l'intérieur; des anthères dorsifixes, incluses ou exsertes; un style dont les deux branches stigmatifères sont papilleuses sur toute leur surface ou sur les bords et la face interne. Leur ovaire est à deux loges, qui renferment chacune un placenta dressé ou ascendant, attaché à la cloison par un point rétréci et portant un nombre indéfini d'ovules ascendants. Le fruit est une capsule loculicide et septicide, c'est-à-dire finalement partagée en quatre panneaux; et les graines,

Bouvardia Jacquini.

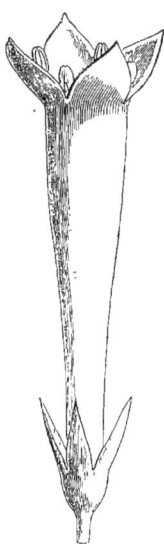

Fig. 317. Placenta

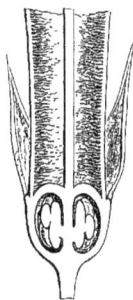

Fig. 315. Fleur ($\frac{4}{1}$).

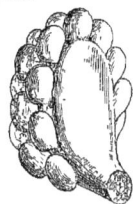

Fig. 316. Base de la fleur, coupe longitudinale.

peltées, comprimées ou bordées d'une aile celluleuse, renferment un petit embryon albuminé. Ce sont des herbes ou des arbustes de l'Amérique tropicale ou sous-tropicale, à feuilles opposées ou verticillées, à stipules connées, et à cymes terminales corymbiformes.

(Karst.); 17. *Lucya* (DC.); 18. *Kadua* (Cham. et Schlchtl); 19. *Anotis* (DC.); 20. *Teinosolen* (H. F.).

1. Wight, *Icon.*, t. 822, 1030. — W. et Arn., *Prodr.*, 409 (*Anotis*), 417. — Bart., *Fl. amer. sept.*, t. 34. — Griseb., *Fl. Brit. W.-Ind.*, 330, 331 (*Lucya*); *Cat. pl. cub.*, 130. — A. Gray, *Man.* (ed. 2), 172. — Clos, in *C. Gay Fl. chil.*, III, 205 (*Hedyotis*). — Harv. et Sond., *Fl. cap.*, III, 8 (*Hedyotis*). — Bak., *Fl. maur.*, 138. — Hiern, *Fl. trop. Afr.*, III, 51, 65 (*Hekistocarpa*). — Balf. F., *Bot. Rodrig.*, 45. — Kl., *Pet. Moss.*, *Bot.*, 296. — Wawr., in *Flora* (1875), 260, 272 (*Kadua*). — Miq., *Fl. ind.-bat.*, II, 177 (*Hedyotis*), 185 (*Scleromitrion*), 187, 195 (*Dictyospora*), 196 (*Dentella*); Suppl., 216, 539 (*Hedyotis, Scleromitrion*), 217. — Benth., *Fl. austral.*, III, 403 (*Hedyotis*), 406 (*Dentella*); *Fl. hongk.*, 147 (*Hedyotis*), 150.--Bedd., *Icon. pl. Ind. or.*, I, t. 1-8, 26-28, 29-36, 191 (*Hedyotis*). — Thw., *Enum. pl. Zeyl.*, 140 (*Hedyotis*), 144 (*Dentella*). — Boiss., *Fl. or.*, III, 10. — Walp., *Rep.*, II, 491 (*Gonotheca, Hedyotis*), 502 (*Karamyschewia, Leptopetalum*); VI, 54 (*Hedyotis*), 56 (*Karamyschewia*), 57 (*Leptopetalum*), 700 (*Melabolus*); *Ann.*, I, 376 (*Hedyotis*), II, 768 (*Hedyotis*), 772 (*Theyodis*), 775 (*Peltospermum*); V, 116 (*Hedyotis*).

Les *Coccocypselum* et les *Synaptantha* se rattachent au genre *Olden-landia* par d'autres sections. Les premiers, dont la fleur est tétramère, avec une corolle valvaire et deux loges ovariennes, à placenta globuleux, supporté par un pied attaché à la base de la cloison ou jusque vers le milieu de sa hauteur, sont des *Hedyotis* américains dont le péricarpe devient plus ou moins charnu, quoique ses deux moitiés se séparent souvent l'une de l'autre à la complète maturité. Les derniers (fig. 318) sont plutôt des *Hedyotis* australiens dont l'indépendance apicale de l'ovaire ou du fruit s'accentue encore plus que dans les *Leptoscela, Lu-cya, Houstonia,* etc.; si bien qu'environ la moitié inférieure seulement de leur gynécée est enchâssée dans la capsule réceptaculaire, la moitié supérieure devenant libre. Le fruit est capsulaire et loculicide. Les *Coccocypselum* rappellent par leur port et leur feuillage certaines Men-thes velues et rampantes, et les *Synaptantha* ont été comparés pour leur facies à certaines humbles Caryophyllacées telles que les *Sagina*.

Par leur gynécée à moitié libre, les *Synaptantha* servent de lien entre les *Oldenlandia* et un genre ici tout à fait anormal, le *Mitreola*[1]. Dans

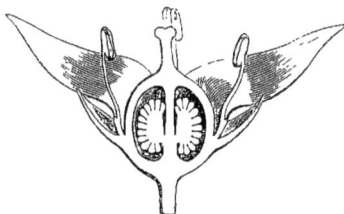

Synaptantha tillæacea.

Fig. 318. Fleur, coupe longitudinale ($\frac{4}{1}$).

celui-ci, le fruit est sensiblement libre et supère. Mais dans la fleur, on voit que le réceptacle est légère-ment concave, et que l'ovaire est semi-infère, c'est-à-dire « adhérent » par sa portion inférieure. D'ailleurs, ses deux loges ovariennes renfer-ment un placenta pluriovulé d'*Ol-denlandia;* la corolle est gamopé-tale, pentamère et valvaire, et le fruit est une capsule, comprimée perpendiculairement à la cloison, obtriangulaire, tronquée ou profondément bilobée au sommet. Ce sont des herbes annuelles ou vivaces des régions chaudes et tempérées de l'Asie, de l'Australie et de l'Amérique, à feuilles opposées, reliées entre elles par de petites stipules; à fleurs axillaires et terminales, disposées unilatéralement sur les axes grêles d'une cyme dichotome, semblable à celle des *Oldenlandia* des sections *Leptoscela, Hekisto-*

---

1. Un autre genre qui joue ici le même rôle intermédiaire et qui se rapproche beaucoup de ceux qui nous occupent, est le *Polypremum*, (fig. 319-320), attribué souvent aux Loganiacées, et qui nous paraît voisin du *Synaptantha*. Ses fleurs, 4, 5-mères, ont un ovaire presque entiè-rement libre, ainsi que son fruit capsulaire, subdidyme, loculicide. Seulement, sa corolle est plus ou moins imbriquée, ce qui le rend anormal dans cette série. C'est une herbe américaine, dont le port et le feuillage rappellent ceux du *Synaptantha*, dont les pétioles ont la base dilatée et connée, et dont les fleurs sont subsessiles dans les dichotomies d'une cyme feuillée.

RUBIACÉES.

carpa, etc. Ce que les *Gærtnera* sont aux *Uragoga*, les *Mitreola* le sont aux *Ophiorrhiza*, qui croissent dans les régions chaudes de l'Asie et de l'Océanie : les inflorescences unilatérales y sont les mêmes que dans les *Mitreola*, et la forme des capsules est presque toujours la même. Mais le réceptacle étant plus concave, l'ovaire et le fruit sont en grande partie infères, et l'on voit à une certaine hauteur des côtés de ce dernier (fig. 321) les restes du calice et la trace du bord de la coupe réceptaculaire qui donnait insertion au périanthe. Quelques *Ophiorrhiza*, comme les *Polyura*

Polypremum procumbens.

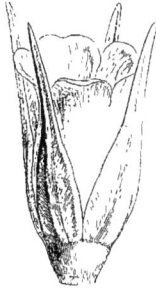

Fig. 319. Fleur (⁴⁄₁).

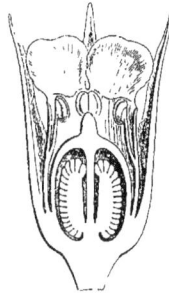

Fig. 320. Fleur, coupe longitudinale.

et *Pakenhamia*, diffèrent un peu des autres par la forme turbinée ou obconique de leur réceptacle ou par quelques détails de l'inflorescence, qui est toujours, en somme, formée de cymes unipares.

Les *Spiradiclis* sont aussi des herbes de l'Asie tropicale, à fleurs également disposées en cymes racémiformes, souvent unilatérales. Leur réceptacle concave est généralement parcouru par quatre côtes saillantes, et les lobes de la corolle, au nombre de quatre ou cinq, sont valvaires. L'ovaire est à deux

Ophiorrhiza japonica

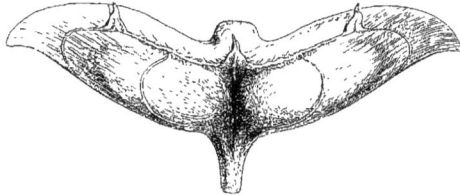

Fig. 321. Fruit (⁴⁄₁).

loges, parfois incomplètes, surmontées d'un disque à deux ou quatre lobes, et les placentas, ascendants et pluriovulés, sont ceux des *Ophiorrhiza*, *Oldenlandia*, etc. Le fruit est une capsule loculicide, dont les valves se séparent souvent en deux moitiés. Les *Lerchea*, qui sont des plantes frutescentes ou suffrutescentes de l'Océanie tropicale, ont des fleurs d'*Oldenlandia*, à fruit formé de deux coques indéhiscentes, avec la corolle souvent glabre intérieurement et les branches stylaires plus épaisses dans ceux que l'on a nommés *Xanthophytum*. Ceux-ci ont les glomérules, ou cymes florales, insérés dans l'aisselle des feuilles, tandis que dans les *Lerchea* vrais, qui ont la corolle poilue en dedans et des branches stylaires plus grêles, les inflorescences partielles sont disposées tout le long d'un rameau allongé, à l'aisselle de bractées qui remplacent les feuilles.

Les *Neurocalyx* et les *Argostemma* ont à peu près la même organisation florale. Leur corolle est rotacée et valvaire, à quatre ou cinq divisions très-profondes; et leur capsule, coriace, biloculaire, se déchire plus ou moins irrégulièrement pour laisser échapper de nombreuses petites graines réticulées ou fovéolées, à albumen charnu et à embryon ovoïde. Leurs fleurs rappellent extérieurement celles de certaines Solanacées ou Ardisiées. Dans les *Neurocalyx*, herbes annuelles qui habitent l'Inde, surtout Ceylan et Bornéo, le calice se dilate en cinq grands lobes membraneux, veinés, et les anthères introrses s'unissent par les bords en un cône que traverse le style, dont l'extrémité stigmatifère se renfle en une petite tête. Dans les *Argostemma*, qui sont de l'Inde, de l'archipel indien et de la Guinée, la tige est aussi herbacée, souvent très-humble, ne portant même parfois qu'une ou deux paires de feuilles. Celles-ci sont, dans chaque paire, ou égales, ou inégales. Les fleurs sont disposées en fausses-ombelles, au sommet des axes ou plus souvent dans l'aisselle des feuilles. Leurs étamines sont aussi rapprochées ou réunies en cône, autour du style entier et capité, par leurs anthères biloculaires, et celles-ci s'ouvrent tantôt par des fentes, tantôt par un ou deux pores qui occupent le sommet d'un bec terminal. Le fruit est une capsule ou une sorte de pyxide.

Les *Virecta* (fig. 322, 323) et les *Otomeria* appartiennent à un petit groupe de plantes africaines dans lesquelles les divisions du calice sont inégales, et les branches du style chargées entièrement de papilles. Dans les premiers, la corolle a de quatre à sept lobes valvaires. Sa gorge est glabre, tandis qu'elle est chargée de poils dans ceux dont on a fait le genre *Pentas*. Les *Virecta* vrais ont les stipules simples ou bilobées de chaque côté, tandis que celles des *Pentas* sont découpées en lanières sétiformes. Dans les deux loges ovariennes se voit un gros placenta, inséré sur la cloison par un point étroit, sessile ou stipité et multiovulé. Le fruit est capsulaire et loculicide, l'une de ses valves persistant seule dans les vrais *Virecta*, et toutes deux dans les *Pentas*. Dans tous, les fleurs sont disposées en cymes composées, simulant des ombelles ou des corymbes. Les *Otomeria*, fort voisins du genre précédent, ont la corolle valvaire-indupliquée, et un fruit septicide, dont les deux coques s'ouvrent ensuite intérieurement, surmontées l'une de trois et l'autre des deux autres divisions du calice, divisions ordinairement inégales.

Les deux genres anormaux *Carlemannia* et *Silvianthus*, tous deux de l'Inde orientale, ont les fleurs 4, 5-mères, disposées en cymes et analogues à celles de tous les genres précédents; mais leur androcée n'est

Virecta (Pentas) carnea.

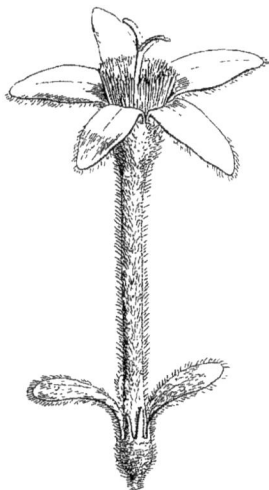

Fig. 322. Fleur ($\frac{4}{1}$).

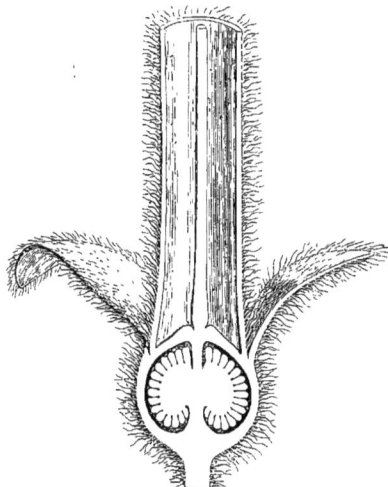

Fig. 323. Base de la fleur, coupe longitudinale.

formé que de deux étamines incluses, insérées sur le tube de la corolle. Dans les premiers, le fruit est une capsule bivalve et loculicide; dans le dernier, il est moins sec et s'ouvre de haut en bas en cinq panneaux, quoiqu'il ne comporte, comme celui des *Carlemannia*, que deux loges polyspermes. Dans tous deux, les graines sont petites et nombreuses.

X. SÉRIE DES PORTLANDIA.

Les *Portlandia*[1] (fig. 324-330) ont souvent les fleurs régulières, à cinq parties et plus rarement à quatre. Leur ovaire infère est obconique et biloculaire, surmonté d'un disque entier ou lobé, et d'un style dont

1. P. Br., *Jam.*, 164, t. 11. — L., *Gen.*, n. 227. — Gærtn.,·*Fruct.*, 1, 153, t. 31. — Rich., *Rub.*, 200. — DC., *Prodr.*, IV, 404. — Endl., *Gen.*, n. 3258. — B. H., *Gen.*, II, 45, n. 50. — H. Bn, in *Adansonia*, XII, 296. — *Gonianthes* A. Rich., *Fl. cub.*, t. 49*bis* (nec Bl.).

l'extrémité stigmatifère est tronquée, ou à peine renflée, presque entière ou partagée en deux lobes stigmatifères peu développés. Leur
calice est à quatre ou cinq lobes allongés, aigus, souvent glanduleux
ou papilleux en bas, en dedans et sur les bords. Leur corolle, le plus
souvent régulière, droite, tubuleuse-campanulée ou infundibuliforme,

Portlandia (Coutaportla) Ghiesbreghtiana.

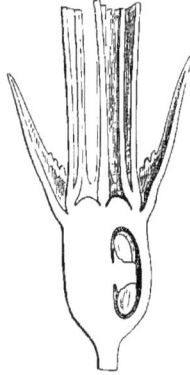

Fig. 324. Bouton (⅔).   Fig. 327. Base de la fleur,   Fig. 325. Fleur.
                                coupe longitudinale.

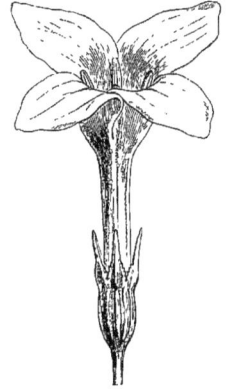

Fig. 329. Graine (⁸⁄₁).   Fig. 326. Diagramme.   Fig. 328. Fruit déhiscent.   Fig. 330. Graine,
                                                                                    coupe longitudinale.

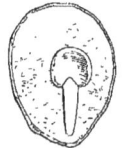

4, 5-gone, a des lobes rédupliqués et valvaires, dit-on, mais bien plus
souvent imbriqués sur les bords. Leur androcée est formé d'autant
d'étamines, dont les anthères biloculaires sont généralement basifixes, et
dont les filets, insérés tout à fait en bas de la corolle, sont en ce point reliés
entre eux par un court anneau peu saillant, mais libres dans tout le
reste de leur étendue. Les deux loges renferment un placenta attaché
à la cloison par un support rétréci, et qui porte le plus souvent un

grand nombre d'ovules. Le fruit qui leur succède est une capsule obovée, plus ou moins comprimée perpendiculairement à la cloison, et loculicide dans sa portion supérieure, c'est-à-dire au-dessus du calice qui persiste sur le fruit, au-dessous de son sommet. Les graines, comprimées-anguleuses, souvent munies d'un arille qui s'étend au funicule, sont pourvues d'un albumen charnu et d'un embryon qui occupe la moitié ou les deux tiers de sa longueur; il a une radicule cylindroconique et des cotylédons aplatis, ovales ou elliptiques. Ce sont des arbrisseaux et arbustes des Antilles et des parties chaudes du Mexique. Leurs feuilles sont opposées, allongées, entières, coriaces, avec des stipules interpétiolaires, et leurs fleurs [1] sont axillaires, réunies en cymes pédonculées, 3-flores, ou souvent réduites à une ou deux fleurs.

Dans le *P. Lunœana*, de Guatemala, type d'une section *Tacourea*[2], les fleurs axillaires sont solitaires; la déhiscence du fruit est septicide, et les graines ont leur bord dilaté en une courte aile circulaire. Dans un autre *Portlandia*, de Saint-Domingue, dont on a fait le genre *Isidorea*[3], les fleurs, solitaires et axillaires, ont la corolle pentamère, subvalvaire; le fruit est septicide, la graine arillée, et les feuilles rigides, terminées par un piquant. Dans les *Coutarea*[4], qui sont de l'Amérique tropicale, la corolle, nettement imbriquée, devient souvent courbe et gibbeuse d'un côté; les graines sont bordées d'une petite aile circulaire, comme dans les *Tacourea*, et les cymes 1-3-flores sont axillaires ou subterminales. Les *Coutaportla*[5], qui unissent les vrais *Portlandia* aux *Coutarea*, ont la fleur tétramère, la corolle un peu irrégulière, anguleuse, à lobes rédupliqués et imbriqués, et deux loges ovariennes dont les placentas ne supportent que deux ou trois ovules descendants et un même nombre d'ovules ascendants (fig. 327). Leur capsule est loculicide et plus ou moins septicide au sommet (fig. 328), dont se détachent les sépales, mais moins tôt que ceux des *Coutarea*, et les graines sont arrondies ou ellipsoïdes, plates et à bords minces, mais sans aile marginale. Ils sont mexicains, avec les fleurs axillaires, petites et solitaires.

Ainsi limité, ce genre renferme une quinzaine de plantes ligneuses américaines[6], dont un certain nombre sont encore à décrire.

Les *Bikkia* sont, dans l'Océanie tropicale, les analogues des *Port-*

1. Ordinairement grandes, belles, blanches, jaunâtres ou rouges, souvent odorantes.
2. H. BN, in *Adansonia*, XII, 302.
3. A. RICH., *Rub.*, 204, t. 15, fig. 1. — DC., *Prodr.*, IV, 405. — ENDL., *Gen.*, n. 3250. — B. H., *Gen.*, II, 46, n. 51.
4. AUBL., *Guian.*, I, 314, t. 122. — J., *Gen.*,

202; in *Mém. Mus.*, VI, 388. — GÆRTN. F., *Fruct.*, III, 79, t. 194. — LAMK, *Ill.*, t. 257. — RICH., *Rub.*, 207. — DC., *Prodr.*, IV, 350.— ENDL., *Gen.*, n. 3278. — B. H., *Gen.*, II, 42, n. 38.
5. H. BN, in *Adansonia*, XII, 300.
6. SMITH, *Ic. pict.*, I, t. 6. — JACQ., *Amer.*, t. 44, 182, fig. 20 (*Coutarea*). — POHL, *Pl. bras.*

landia; ils ont des fleurs 4, 5-mères, à corolle droite ou arquée, fortement
rédupliquée. Leur ovaire, tétragone, surmonté d'un style dont les deux
branches grêles se tordent souvent en spirale, renferme deux loges dont
le placenta a, sur une coupe transversale, la forme d'un T à branches
plus ou moins révolutées, qui portent des ovules, soit sur une, soit sur
les deux faces. Leur fruit est une capsule septicide, dont l'exocarpe,
mince ou fibreux, se sépare finalement de l'endocarpe dur et mince,
et dont les graines sont comprimées ou bordées d'une aile épaisse. Ce
sont des arbustes, à larges stipules interpétiolaires, à fleurs solitaires ou
réunies en cymes corymbiformes, axillaires ou terminales. Les *Morierina*, arbustes de la Nouvelle-Calédonie, sont peu distincts des *Bikkia :*
ils ont même port et même feuillage; des cymes terminales composées
et corymbiformes; un court calice à cinq dents; une corolle longue et
étroite, à lobes valvaires, allongés; des étamines insérées tout en bas de la
corolle et monadelphes à la base; de nombreux ovules imbriqués, les inférieurs recouvrant les supérieurs; un style à extrémité stigmatifère à peine
échancrée; un disque conique épais, et une capsule polysperme, avec
de nombreuses graines à tégument dilaté en une aile épaisse.

Les *Condaminea,* qui ont donné leur nom à une portion de cette série
(*Condaminéées*), ont aussi une corolle valvaire, coriace, en forme de
courte cloche, entourée d'un calice qui se détache circulairement par
sa base; cinq anthères dorsifixes, s'ouvrant par des fentes longitudinales, et une capsule turbinée, loculicide de haut en bas, avec de nombreuses graines cunéiformes, à testa réticulé. Ce sont des arbres et des
arbustes de l'Amérique tropicale occidentale, à grandes feuilles opposées, à larges stipules intrapétiolaires, bipartites, à fleurs disposées en
cymes pédonculées, composées et corymbiformes. Les *Rustia* ont des
fleurs analogues à celles des *Condaminea,* mais avec un calice court et
persistant, une corolle plus longue et plus étroite, des anthères qui
s'ouvrent seulement au sommet par des pores ou fentes courtes, basifixes et non dorsifixes. Ce sont des arbres de l'Amérique tropicale, dont
les inflorescences sont de grandes grappes terminales et composées de
cymes. Les *Pinckneya* (fig. 331) ont à peu près la même corolle valvaire, tubuleuse et allongée, avec cinq étamines insérées plus bas, à
anthères versatiles; mais leur calice a les divisions dissemblables; trois
ou quatre d'entre elles sont étroites, aiguës; une ou deux sont au con-

lc., t. 200 (*Coutarea*). — GRISEB., *Fl. Brit. W.-Ind.,* 323 (*Coutarea*), 324; *Cat. pl. cub.,* 126. — HEMSL., *Diagn. pl. nov. mexic. et centr. omer.,* 31. — *Bot. Mag.,* t. 286, 4534. — WALP., *Rep.,* II, 506, 510 (*Coutarea*); *Ann.,* II, 776.

traire dilatées en une grande lame foliacée, colorée, pétiolée. Dans ceux que l'on a nommés *Pogonopus*, la corolle, ailleurs tomenteuse à l'intérieur, est au contraire glabre. Le fruit de ces derniers est obovoïde, tandis que dans les vrais *Pinckneya* il est plus globuleux et subdidyme. Ce sont des arbustes des deux Amériques, à fleurs assez grandes et belles, disposées en grappes de cymes, terminales ou axillaires.

Les *Rondeletia*, dont une tribu de Rubiacées a aussi reçu le nom, sont placés en tête d'une sous-série dont le fruit est capsulaire et dont les graines sont généralement dépourvues d'ailes ou n'en ont que de très-courtes, comme dans tous les types précédents; mais la corolle, au lieu d'être valvaire, y est étroitement imbriquée. Ses lobes y sont normalement au nombre de quatre ou cinq. Son tube est généralement épaissi à la gorge, que les anthères ne dépassent pas. Le fruit est loculicide, et ses valves peuvent se diviser. Les graines sont très-variables de forme, cubiques, ou anguleuses, ou fusiformes, ou comprimées et même ailées. Ce sont des arbres et des arbustes de l'Amérique tropicale, à feuilles opposées ou ternées, à fleurs disposées en grappes de cymes terminales. Le *Rhachicallis rupestris* a des fleurs tétramères de *Ronde-*

Pinckneya pubens.

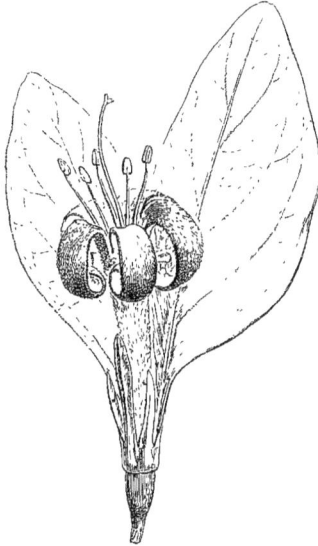

Fig. 331. Fleur.

letia; mais elles sont solitaires et axillaires. C'est un petit arbuste des rochers maritimes des Antilles, à petites feuilles charnues, blanchâtres et à stipules unies en gaîne renflée et ciliée. Le fruit est capsulaire, en partie supère, et septicide. Les *Bathysa* ont aussi une capsule septicide. Ce sont des arbres ou arbustes brésiliens, souvent chargés de duvet. Leurs petites fleurs sont terminales, disposées en grappes ramifiées de cymes, 4, 5-mères, à corolle courte, imbriquée ou tordue, et à étamines exsertes, insérées à l'orifice de la corolle. Leurs graines sont anguleuses, comprimées ou bordées d'un étroit rudiment d'aile.

Les *Wendlandia* sont dans l'ancien monde les analogues des *Ronde-*

letia américains. Ils en ont la corolle imbriquée, ou plus souvent peut-être tordue, à 4, 5 divisions ; des étamines insérées vers l'orifice de la corolle ; un ovaire à deux loges multiovulées, surmonté d'un style dont l'extrémité stigmatifère, renflée ou claviforme, est bilobée ou presque entière. Ce sont des arbustes de l'Asie et de l'Océanie tropicales. L'un d'entre eux croît jusque dans le Kurdistan. Leurs feuilles sont opposées ou rarement verticillées. Leurs fleurs sont disposées en grappes de cymes, et leur fruit capsulaire est tantôt loculicide, et tantôt septicide.

Le *Chalepophyllum guianense* est aussi très-voisin des *Rondeletia*. Ses fleurs, axillaires, solitaires et pédonculées, ont un ovaire à deux loges multiovulées, surmonté d'un calice à cinq lobes oblongs et rigides, persistants, et d'une corolle imbriquée ou tordue, portant des étamines incluses. Le fruit est une capsule septicide, à graines anguleuses et très-brièvement ailées. C'est un arbuste à petites feuilles opposées, obtuses, coriaces, à sommités résineuses et à surfaces grisâtres à l'état sec.

Les *Augusta*, arbres et arbustes glabres, du Brésil méridional, ont des fleurs à longues corolles tubuleuses, droites ou arquées, avec cinq lobes courts et tordus. Sinon, leur fleur rappelle beaucoup celles de certains *Portlandia* et *Bikkia* à corolles étroites. Leur fruit est aussi, comme dans ces derniers, une capsule dont la paroi se dédouble en deux lames et dont l'endocarpe se partage en quatre panneaux recroquevillés. Les graines sont cubiques ou polyédriques. Les fleurs sont réunies en cymes axillaires triflores. Dans les *Lindenia*, les corolles sont encore plus longues et plus grêles, notamment le tube, qui est très-étroit. Le limbe est hypocratérimorphe, à cinq lobes tordus. Les étamines sont exsertes, et la paroi du péricarpe se dédouble, comme dans le genre précédent. Ce sont d'élégants arbustes du Mexique et de la Nouvelle-Calédonie, à feuilles lancéolées, accompagnées de stipules intrapétiolaires connées, et à fleurs disposées en cymes terminales.

Dans les genres qui suivent, au contraire, les fleurs sont petites et les corolles courtes, comme dans les *Rondeletia*, *Bathysa*, etc. Celle des *Elæagia* est subrotacée, à cinq lobes tordus, puis récurvés. Leurs étamines exsertes, à filet géniculé inférieurement et là chargé de poils, rappellent celles des *Chimarrhis* et *Sickingia*, qui sont les analogues des *Elæagia* parmi les types à corolle imbriquée, aussi bien par leurs fleurs que par leurs petites capsules loculicides, à valves bifides, et leurs inflorescences, encore plus composées et ramifiées dans les *Elæagia*, qui sont de grands arbres à suc résineux, du Pérou et de la Colombie. Les *Greenea* sont des arbustes dressés ou grimpants, de l'Asie et de l'Océanie

tropicales, glabres ou pubescents, dont les petites capsules sont semblables à celles des *Elæagia*, avec des graines anguleuses, comprimées
ou courtement ailées, et dont les fleurs, réunies en longues grappes
composées de cymes, en partie unipares, sont petites, sessiles ou à peu
près, comme de certains *Oldenlandia* (*Hekistocarpa, Leptoscela*, etc.).
Mais leur courte corolle est tordue et rappelle aussi beaucoup celle de
certains *Hypobathrum*, genre dans lequel les fruits sont charnus.

Les *Deppea*, petits arbustes mexicains, ont des fleurs tétramères,
à corolle rotacée ou en court entonnoir, tordue; des anthères souvent
apiculées, à loges indépendantes infé-
rieurement, et un ovaire biloculaire,
à ovules insérés sur un placenta oblong
et pelté; surmonté d'un style souvent
capité, plus rarement bifurqué au sommet. Le fruit est une petite capsule
obovoïde - ou turbinée. Les inflorescences sont des cymes axillaires, souvent
pauciflores, lâches ou ombelliformes.

Deppea cornifolia.

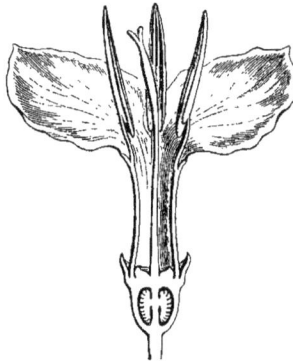

Fig. 332. Fleur, coupe longitudinale ($\frac{4}{1}$)

Les véritables *Sipanea* ont des fleurs
de *Rondeletia*, mais à corolle tordue.
Leurs divisions calicinales sont lancéolées et subfoliacées dans ceux que l'on
a nommés *Limnosipania*, et qui ont les
étamines exsertes et les feuilles verticil-
lées, tandis que les *Sipanea* proprement dits ont les sépales subulés,
les étamines incluses et les feuilles verticillées. Ce sont des herbes
annuelles ou vivaces, de l'Amérique tropicale, à fleurs disposées en
cymes axillaires et terminales, souvent corymbiformes.

XI. SÉRIE DES QUINQUINAS.

Les Quinquinas [1] (fig. 333-341) ont des fleurs hermaphrodites, régulières et pentamères. Leur réceptacle a la forme d'un sac dont la cavité

1. *Cinchona* L., *Gen.*, n. 228. — J., *Gen.*, 201.
— LAMB., *Ill. Cinchon.* (Lond., 1797). — RUIZ,
Quinolog. (Madr., 1792). — DC., in *Bibl. Gen.*
(1829), II, 114; *Prodr.*, IV, 351. — RICH., *Rub.*,
202. — ENDL., *Gen.*, n. 3274. — WEDD., *Rev. du
genre* Cinchona (in *Ann. sc. nat.*, sér. 3, X, 5);
Hist. nat. des Quinq. (Paris, 1849). — HOWARD,
Ill. Nuev. Quinolog. Pavon (Lond., 1862). —
TRIANA, *Nouv. Et. Quinq.* (Paris, 1870). — B. H.,
Gen., II, 32, n. 9. (LINNÉ a écrit, par mégarde
peut-être, *Cinhona* dans son *Genera*, en 1767.
Plusieurs auteurs, notamment M. MARKHAM,
ont récemment proposé qu'on adoptât de préférence le nom de *Chinchona*, qui est plus

est remplie par l'ovaire adné, et dont les bords portent le périanthe.
Celui-ci est formé d'un court calice gamosépale, persistant, à cinq dents

Cinchona Calisaya.

Fig. 333. Rameau florifère ($\frac{1}{3}$).

qui ne se touchent même pas dans le bouton[1], et d'une corolle gamopétale, hypocratérimorphe, à long tube à peu près cylindrique et à

correct; et quoique cette proposition ait eu peu
de succès, tant est grande l'influence de la cou-
tume, elle n'a rien que de très-raisonnable en
soi, puisqu'il est arrivé souvent qu'on réformât
des noms génériques qui avaient été de la sorte
incorrectement écrits au début. La question

n'est d'ailleurs pas en elle-même d'une très-
grande importance.) — *Kinkina* Adans., *Fam.
des pl.,* II, 147.

1. Des languettes glanduleuses, courtes, isolées
ou géminées, peuvent leur être interposées;
elles sont peut-être de nature stipulaire.

limbe partagé en cinq lobes valvaires, étalés, chargée de poils extérieurement sur presque toute sa surface, et intérieurement dans certaines
régions seulement. Dans la portion inférieure de son tube, la corolle

Cinchona Calisaya.

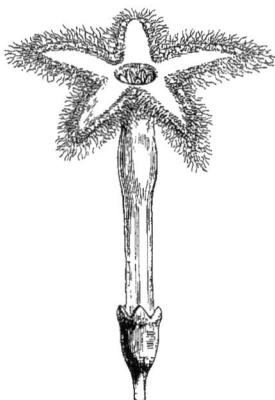

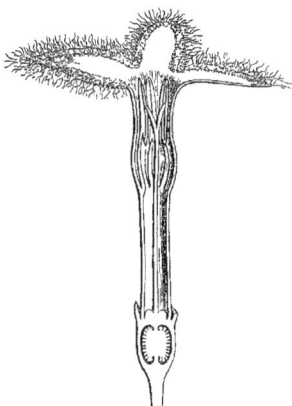

Fig. 334. Fleur (⁴⁄₁).   Fig. 335. Fleur, coupe longitudinale.

porte cinq étamines [1], alternes avec ses divisions et formées chacune
d'un filet de longueur variable et d'une anthère incluse (ou à peine ex-

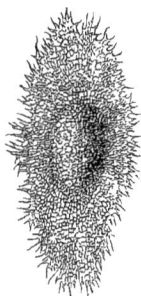

Cinchona Calisaya.

Fig. 337. Graine (¹⁰⁄₁).   Fig. 336. Fruit déhiscent.   Fig. 338. Graine, coupe
longitudinale.

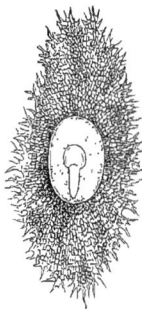

serte par son sommet), biloculaire[2], introrse, déhiscente par deux fentes
longitudinales, oscillante. L'ovaire infère est à deux loges, l'une anté-

1. Parallèlement aux filets, ce tube présente cinq fentes verticales, dont le mode de formation serait curieux à étudier et par lesquelles on pénètre jusque sur le dos du filet. Ces fentes se rencontrent d'ailleurs dans un grand nombre d'autres Rubiacées et rendent la corolle de quelques-unes d'entre elles presque complétement polypétale.

2. Les deux loges de l'anthère sont inférieurement indépendantes l'une de l'autre.

rieure et l'autre postérieure ; il est surmonté d'un disque épigyne circulaire, entourant la base[1] d'un style dressé, ordinairement court[2], partagé supérieurement en deux lobes stigmatifères, épais, obtus, chargés

Cinchona officinalis.

Fig. 339. Rameau florifère (⅓).

en dedans de papilles. Dans chaque loge ovarienne, l'angle interne est
occupé par un placenta qui supporte un grand nombre d'ovules pluri-
sériés, ascendants, anatropes, à micropyle inférieur[3]. Le fruit est une
capsule, surmontée des sépales non accrus et durcis ; plus ou moins
allongée et se séparant, par dédoublement de la cloison, en deux méri-

1. Subitement rétrécie à ce niveau.
2. Sous le rapport de la longueur du style, les
fleurs peuvent être dimorphes, tout comme celles

de beaucoup d'autres Rubiacées, et le fait a peut-
être son importance pour la fécondation.
3. A un seul tégument, fort incomplet.

carpes qui s'ouvrent chacun par la ligne ventrale et rendent libre à ce niveau le placenta étroit et allongé, polysperme. Les graines sont ascen-

Cinchona officinalis.

Fig. 340. Rameau fructifère (⅓)

dantes, imbriquées, subpeltées, aplaties et pourvues d'une large aile marginale, dilatation du tégument dont la cavité, elliptique ou oblongue [1], renferme un albumen aplati, charnu, souvent peu épais, enve-

1. L'aile est inégalement elliptique, mince, translucide, finement et irrégulièrement déchiquetée sur les bords, avec les divisions délicatement ciliées. On nomme parfois nucléus de la semence la portion centrale qui est occupée par l'albumen, fortement comprimée de dehors en dedans. C'est vers le milieu de cette portion que s'attache intérieurement la graine. Le placenta est lisse en dedans, parcouru dans sa longueur par une suture médiane. En dehors, il est chargé de dépressions allongées, inégales, recevant les graines dans leur concavité, vers le

loppant un petit embryon rectiligne, à radicule cylindrique, infère et à cotylédons elliptiques ou ovales et aplatis.

Les Quinquinas, dont il n'y a vraisemblablement qu'une vingtaine

Cinchona succirubra.

Fig. 341. Rameau florifère (⅓).

d'espèces[1], quoiqu'on en ait distingué le double, et même plus, sont des arbres et des arbustes des Andes de la portion septentrionale de

milieu de laquelle se voit une petite surface circulaire d'insertion. L'embryon est égal à la moitié ou un peu plus de la longueur de l'albumen, et dressé.

1. H. B., *Pl. æquinoct.*, t. 10, 47. — R. et Pav., *Fl. per*, t. 191, 192, 194, 195, 224. — Miq., *De Cinch. spec. quibusd.*, in *Ann. Mus. lugd.-bat.*, IV, 263. — Markh., *Cinch. spec. New-Gran.* (Lond., 1867). — Wedd., in *Ann. sc. nat.*, sér. 5, XI, 316; XII, 24. — How., in *Bull. Soc. bot. Fr.*, XVII, 1. 3; *Quinol. East Ind. plantat.* (Lond., 1876). — G. Pl., *Des Quinq.* (Par.,

l'Amérique méridionale. Leurs feuilles sont opposées[1], pétiolées, penninerves[2], accompagnées de stipules interpétiolaires, qui sont garnies
intérieurement de glandes basilaires et qui se détachent de bonne
heure. Leurs fleurs[3] sont disposées en grappes terminales ramifiées et
composées de cymes souvent unipares vers leurs extrémités, accompagnées de bractéoles qui peuvent çà et là devenir foliacées.

Plusieurs des genres suivants, très-voisins des *Cinchona*, n'en sont
distingués que par des caractères de peu de valeur et même artificiels.
Tels sont d'abord des *Cascarilla* (fig. 342), dont
les fleurs sont celles des Quinquinas, sinon que
les bords des lobes de leur corolle sont papilleux et non pubescents; et dont les fruits capsulaires s'ouvrent de haut en bas, et non de bas
en haut. Tous les autres caractères sont semblables, et ce sont des arbres et arbustes des
mêmes régions, mais dont l'aire de végétation
s'étend plus loin à l'est. Les *Remijia* ont été,
comme les *Cascarilla*, rapportés au genre *Cinchona*. Leurs inflorescences sont terminales.
Leur calice, gamosépale, plus ou moins développé, est parfois un peu irrégulier, et leur
fruit étroit s'ouvre de haut en bas, comme
celui des *Cascarilla*. Ce sont des arbustes du
même pays. Les *Ladenbergia*, arbres du Pérou
et de la Colombie, ont aussi à peu près les
fleurs des *Cascarilla*, souvent plus allongées,
disposées unilatéralement sur les divisions grêles
d'une cyme composée. Leur style est terminé

Cascarilla Gaudichaudiana.

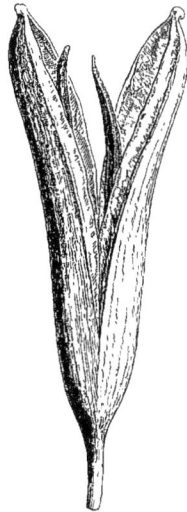

Fig. 342. Fruit déhiscent.

par une surface stigmatique punctiforme, et leur fruit est une capsule
étroite et allongée, renfermant de nombreuses graines imbriquées,
ailées aux deux extrémités, avec l'aile inférieure ou les deux aïles bilobées. Le péricarpe est épais et déhiscent de haut en bas suivant la
cloison; ses deux valves sont bifides au sommet et souvent tordues.

Dans les *Macrocnemum*, les fleurs pentamères ont une corolle à limbe
étalé et valvaire, souvent fortement rédupliqué, et un androcée de cinq

1864); in *Dict. encycl. sc. méd.*, sér. 3, 1, 272. —
KARST., *Fl. colomb.*, t. 8-12, 22, 23, 26 (1861);
Medic. Chinar. N.-Gran. (Berl., 1858).— HOOK. F.,
in *Bot. Mag.*, t. 5364, 6052. — WALP., *Rep.*, II,
509; VI, 64 ; *Ann.*, II, 782; V, 128.

1. Elles sont exceptionnellement ternées.
2. L'aisselle des nervures secondaires peut être
en dessous munie de petites glandes concaves.
3. Blanches, roses ou rougeâtres, quelquefois,
dit-on, jaunâtres, ordinairement odorantes.

étamines inégales, incluses, dont les anthères sont courtes et arrondies. Leur capsule est loculicide, et leurs graines, imbriquées, sont ailées en haut et en bas. Ce sont des arbres et arbustes de l'Amérique tropicale, dont les feuilles sont opposées, et dont les inflorescences, axillaires et terminales, sont des grappes très-ramifiées de cymes.

Cette série est aussi représentée par plusieurs genres de l'ancien monde, dont quelques-uns ont même été rapportés au genre *Cinchona* : tels sont les *Hymenopogon*, de l'Himalaya, qui ont une capsule septicide de *Cascarilla*, à graines ailées ; une corolle valvaire à poils intérieurs renversés, et des fleurs en cymes corymbiformes terminales, dont les bractées peuvent présenter exactement les mêmes caractères que le sépale foliacé des *Macrocnemum* ; et les *Hymenodictyon*, de l'Inde et de l'Afrique tropicale, dont les pédicelles sont courts (si bien que les divisions de leurs inflorescences deviennent spiciformes), dont les bractées sont aussi foliacées, pétiolées et réticulées, et dont le fruit capsulaire est loculicide et non septicide. Le *Corynanthe* est un arbre de la Guinée, dont la capsule est loculicide, les graines ailées, la corolle valvaire ; mais les lobes de cette dernière sont pourvus vers leur sommet d'une sorte de longue baguette étroitement claviforme, et les divisions secondaires de l'inflorescence mixte sont presque verticillées. Quant aux *Danais*, exclusivement cantonnés dans les îles orientales de l'Afrique tropicale, ce sont des arbustes grimpants, à fleurs polygames-dioïques. Leur corolle est valvaire, avec cinq étamines, exsertes dans les fleurs mâles, courtes et incluses ou absentes dans les fleurs femelles. Le style est court, à branches nues dans les fleurs mâles, longuement exsert et à branches terminées par un cône papilleux dans les fleurs femelles. Leur fruit est une courte capsule loculicide, et leurs graines, imbriquées et peltées, sont bordées d'une aile circulaire. Leurs cymes florales sont composées et corymbiformes, axillaires.

Il y a en Amérique un genre de cette série dont les tiges sont aussi grêles et volubiles, et les inflorescences, courtes et axillaires, parfois pauci- ou uniflores : ce sont les *Manettia*. Mais ce sont des plantes herbacées ou suffrutescentes. Leurs fleurs sont 4, 5-mères, avec une corolle souvent tubuleuse, à limbe valvaire, et un ovaire à deux loges multiovulées, surmonté d'un long style, grêle, entier ou bifide. Leur capsule est septicide ; leurs graines, imbriquées, entourées d'une aile dentée. Leur placenta, dressé ou ascendant, est supporté par un pied court ; ce qui rattache ces plantes aux Oldenlandiées. Dans les *Alseis*, qui habitent également l'Amérique tropicale, les fleurs sont de mêm

polygames, avec un placenta attaché à la paroi ovarienne par un point
rétréci; mais il est descendant, et les fleurs sont réunies en grappes
à pédicelles courts, ou en épis, simples ou peu ramifiés à la base, axillaires et terminaux. La corolle est valvaire et le fruit est septicide.

Nous donnerons le nom des *Cosmibuena* à une sous-série (*Cosmi-
buénées*), dans laquelle les fleurs ont la même organisation générale que
celle des types précédents, et dans laquelle les fruits capsulaires renferment aussi des graines ailées, mais avec une corolle tordue et non
valvaire. Elle comprend également des types de l'ancien monde et des
genres américains. Ceux-ci sont : les *Cosmibuena*, de l'Amérique tropicale, qui ont de grandes fleurs terminales, solitaires ou en cymes triflores
ou composées, avec une longue corolle dont la torsion se fait tantôt de
droite à gauche, et tantôt de gauche à droite, un style allongé, à sommet
claviforme et bifide, et un fruit septicide; les *Ferdinandusa*, arbres ou
arbustes grimpants, des Antilles et de l'est de l'Amérique méridionale,
à corolle longue et étroite, dont le limbe, un peu insymétrique, est
partagé en quatre lobes qui simulent un périanthe légèrement bilabié,
à quatre étamines inégales, à deux loges ovariennes pauci- ou multiovulées, à capsule septicide et à grappes terminales, composées de
cymes; le *Ravnia*, de Costa-Rica, arbuste épiphyte, dont la corolle
a 5, 6 lobes tordus; l'ovaire, deux loges multiovulées, dont le fruit est
inconnu, et dont le port est, dit-on, celui d'un *Æschynanthus*, avec des
fleurs subsessiles, en cymes terminales triflores; le *Capirona*, arbre brésilien, à écorce colorée se détachant facilement du bois, à grandes
feuilles opposées, obovales, à cymes composées terminales, à fleurs
5, 6-mères, un peu irrégulières ou régulières, à corolle tordue, dont la
gorge est glabre, à filets staminaux unis tout à fait à la base, et à fruit
capsulaire, septicide, polysperme, semblable à celui des *Cascarilla* [1].

---

1. Nous plaçons ici avec doute les *Platycarpum*, qui ont été, avec les *Henriquezia*, leurs
congénères, rangés dans une tribu distincte
(*Henriquéziées*) et ont été aussi rapportés à d'autres familles. Leurs fleurs sont hermaphrodites,
à corolle pentamère, irrégulière, comme celles
des vrais *Capirona*, mais encore plus oblique et
imbriquée. Les cinq étamines sont à peu près
les mêmes. Le calice n'a que quatre divisions et
se détache par sa base du réceptacle creux, peu
profond, qui loge l'ovaire infère, à deux loges
2-4-ovulées. Le fruit devient une grande capsule ligneuse, comprimée perpendiculairement à
la cloison, orbiculaire ou didyme, déhiscente
suivant ses bords et loculicide. Chacune de ses
loges renferme 1-4 graines, bordées d'une large
aile et dépourvues, dit-on, d'albumen. Dans les
vrais *Platycarpum*, le fruit devient finalement
à peu près complètement supère, tandis que
dans ceux de la section *Henriquezia*, on voit,
au-dessus de sa base et vers le tiers de sa hauteur, la cicatrice circulaire du bord du réceptacle. Dans la fleur, ce bord est doublé intérieurement d'un disque épigyne ou légèrement pé-
rigyne, à 4-10 petits lobes. Ce sont des arbres
du Brésil septentrional et du Venezuela, à feuilles
opposées ou plus rarement verticillées, accompagnées de stipules interpétiolaires, caduques;
glabres ou velus, à belles fleurs assez grandes et
réunies en grappes terminales de cymes.

Dans l'ancien monde, ce groupe est également représenté par quatre genres : les *Dolicholobium*, arbustes des îles Viti, dont les fleurs axillaires, solitaires ou terminales et réunies en cymes triflores, sont celles d'un *Gardenia*, à corolle hypocratérimorphe, tordue, 4, 5-lobée, mais dont le fruit siliquiforme serait, dit-on, septicide, à graines ovoïdes, pourvues à chaque extrémité d'un long prolongement caudiforme ; les *Coptosapelta*, arbustes grimpants de l'archipel indien, dont les grappes de cymes sont terminales, pendantes, et dont la fleur est aussi celle d'un *Gardenia*, à corolle hypocratérimorphe ou tubuleuse, tordue, avec un fruit globuleux, loculicide, et des graines à aile marginale frangée ; les *Crossopteryx*, de l'Afrique tropicale, dont la corolle a 4-6 lobes tordus, dont les deux loges ovariennes renferment un placenta pelté, portant, comme celui des *Tarenna*, plusieurs fossettes dans lesquelles sont enchâssés les ovules, et dont le fruit est aussi une capsule globuleuse et loculicide ; le *Mussaendopsis*, de Bornéo, dont les caractères sont ceux d'un *Randia*, avec la fleur, le fruit et les graines d'un *Calyco-phyllum*, mais avec une corolle tordue et polypétale ou à peu près.

Les *Hillia* sont aussi le type d'une sous-série particulière (*Hilliées*), dans laquelle on observe une corolle généralement tordue, au lieu d'être valvaire ou imbriquée. Elle est régulière ou un peu irrégulière, 3-7-lobée, avec un même nombre d'étamines incluses, à anthères presque sessiles. Le fruit est capsulaire et septicide, folliculiforme ; et les graines, nombreuses, sont pourvues, en bas, d'une queue allongée, et en haut, d'un long bouquet de poils. Ce sont des arbustes des Antilles et de l'Amérique du Sud, glabres, souvent épiphytes, à branches radicantes, à feuilles opposées, légèrement charnues, et à grandes fleurs terminales, solitaires, à peu près sessiles.

Dans les *Calycophyllum*, la fleur, courte, a une corolle valvaire et un calice dont les cinq dents sont plus ou moins inégales. Une ou deux d'entre elles se développent en grandes lames foliiformes, pétiolées et colorées, comme dans les *Pinckneya*. Le fruit est une capsule loculicide ; et les graines, petites et nombreuses, sont prolongées aux deux extrémités en une aile étroite, qui peut disparaître complétement ou à peu près dans ceux que l'on nomme *Pallasia* et *Warscewiczia*. Ce sont des arbres et des arbustes des Antilles et de l'Amérique du Sud, à feuilles opposées, à stipules interpétiolaires, à fleurs disposées en grappes de cymes plus ou moins ramifiées, souvent unipares, scorpioïdes. L'un d'eux, nommé *Schizocalyx*, diffère des autres en ce que son calice, entier et valvaire, se déchire irrégulièrement lors de l'anthèse ; il porte

cependant assez souvent une expansion foliiforme. Celle-ci manque toujours dans ceux des *Calycophyllum* que l'on a nommés *Enkylista*.

Les *Molopanthera*, arbustes brésiliens, ont à peu près les caractères
des *Enkylista*, c'est-à-dire une corolle imbriquée, à 4, 5 lobes étroits;
elle est coudée dans le bouton et légèrement irrégulière. Les étamines
s'insèrent près de sa base, et les deux loges ovariennes renferment
un placenta globuleux, pauciovulé, supporté par un
pied ascendant. Le fruit est une capsule globuleuse-
didyme, loculicide et oligosperme, à graines peltées,
pourvues d'une aile marginale. Les inflorescences sont
terminales et axillaires ; ce sont des grappes de cymes.
Le *Thysanospermum*, humble arbuste couché, de Hongkong, à petites feuilles rappelant celles de certaines
Caprifoliées, et à petites fleurs axillaires et solitaires,
a une corolle imbriquée ou tordue, hypocratérimorphe,
glabre à l'intérieur, et une courte capsule didyme, loculicide, à graines peltées, orbiculaires, bordées d'une aile
déchiquetée. Dans les *Exostema*, qui sont américains,
principalement des Antilles, et dont une espèce océanienne a reçu le
nom de *Badusa*, la corolle est également imbriquée, tubuleuse-hypocra-
térimorphe, à tube parfois très-long. Les étamines, souvent longuement
exsertes, ont les filets insérés tout en bas de la corolle, et parfois même
à peu près complétement indépendants d'elle, monadelphes souvent à
la base dans une fort courte étendue, et les anthères basifixes ou dorsifixes. Le sommet stigmatifère du style est ordinairement entier ou très-
peu profondément divisé, et le fruit (fig. 343) est septicide, à valves entières ou bipartites. Les graines sont imbriquées et prolongées en haut et
en bas en ailes de forme très-variable. Les fleurs sont axillaires et terminales, solitaires ou disposées en cymes, le plus souvent corymbiformes.

*Exostema
caribæum.*

Fig. 343. Fruit
déhiscent.

Les *Luculia* sont des arbustes de l'Inde, à feuilles opposées et à
stipules interpétiolaires, dont les belles fleurs sont disposées en cymes
composées terminales, à courts pédicelles, avec une corolle hypocratérimorphe, imbriquée; des étamines insérées sur son tube ; un ovaire
à deux loges, avec des placentas révolutés, multiovulés, et un fruit obovoïde, coriace, septicide, à deux valves bipartites, et à petites graines
prolongées aux deux bouts en une aile allongée et déchiquetée.

Les *Chimarrhis*, exceptionnels dans ce groupe, comme ils le seraient
dans tous ceux où l'on pourrait les placer, ont de nombreuses fleurs
en grappes de cymes, ordinairement petites. Leur corolle, gamopétale

jusqu'à un niveau très-variable, et souvent très-haut, porte supérieurement cinq petits lobes, arrondis ou obtus, souvent rétrécis à leur base et imbriqués par leurs bords, mais en général dans une faible étendue. Leurs étamines sont de deux sortes, suivant qu'on examine telle ou telle fleur, à filets tantôt courts, et tantôt longs, épais et exserts, comme il arrive surtout dans les *Sprucea*, dont la fleur est colorée en rouge intense dans plusieurs de ses parties. Le fruit est une petite capsule, courte, septicide et loculicide ; et les graines, qu'on dit « ailées » dans ceux que l'on a appelés *Sickingia*, n'ont dans les *Chimarrhis* proprement dits qu'une courte aile marginale, ou même en sont à peu près complétement dépourvues. Ce sont des arbres de l'Amérique tropicale, à feuilles opposées, accompagnées de stipules ; parfois extrêmement grandes, tantôt cordées, et tantôt très-longuement atténuées à leur base.

On a souvent réuni dans un groupe quelque peu exceptionnel les *Nauclea* (fig. 344) et quelques genres qui leur ressemblent par leurs inflorescences capituliformes (et qui sont en réalité des capitules de glomérules), terminales et plus souvent axillaires, pédonculées ; on a même donné à ce groupe la valeur d'une tribu (*Naucléées*). Les fleurs ont un calice à folioles de forme variable, souvent claviformes, comme les bractées et bractéoles interposées aux fleurs ; et la corolle, tubuleuse, le plus souvent quinquélobée, est imbriquée dans presque toutes les espèces, ou valvaire dans celles qu'on a séparées sous le nom de *Mitragyne*. L'ovaire est à deux loges dans chacune

Nauclea (Mitragyne) inermis.

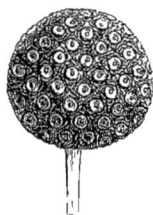

Fig. 344. Fruit composé.

desquelles un placenta ordinairement descendant supporte de nombreux ovules, lesquels peuvent être réduits à un très-petit nombre (2, 3) dans certaines des espèces dont on a formé le genre *Adina*. Le fruit est drupacé, mais à exocarpe très-mince et facilement séparable de l'endocarpe, qui se partage en deux coques dures, septicides et loculicides. Les graines sont plus ou moins longuement prolongées en aile à leurs deux extrémités et sont pourvues d'un albumen charnu[1].

On peut considérer les *Cephalanthus* (fig. 345-348) comme des

---

1. Les *Adina* peuvent n'avoir que deux ou trois ovules descendants dans chaque loge, et la corolle fort peu imbriquée ou même valvaire. Par là ils servent d'intermédiaires, d'une part entre les autres *Nauclea* et les *Cephalanthus*, et d'autre part entre les *Nauclea* proprement 'its et les *Mitragyne*. Nous appelons *Micradina* la petite espèce chinoise dont la corolle est souvent valvaire et dont les ovules sont peu nombreux. Dans l'*Adinium*, autre section, représentée par

Nauclea à corolle imbriquée, à ovule descendant, avec les coques de l'endocarpe monospermes, et la graine dépourvue d'aile, mais munie d'un arille charnu qui, de l'ombilic, se propage au funicule lui-même

Cephalanthus occidentalis.

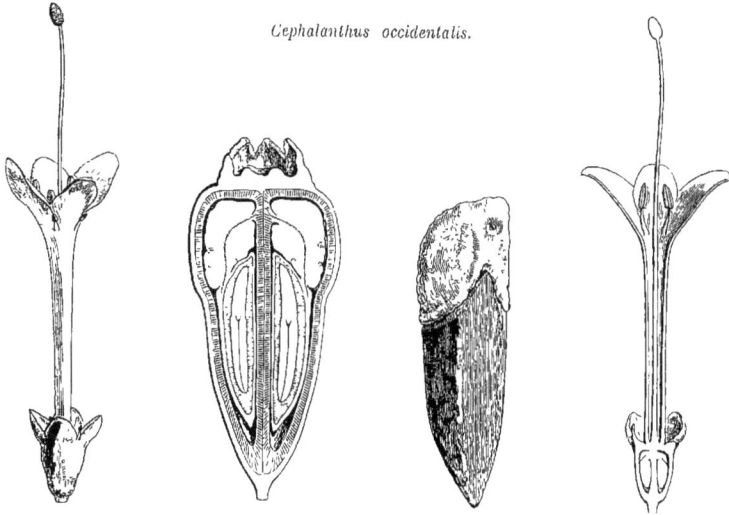

Fig. 345. Fleur ($\frac{1}{1}$).   Fig. 347. Fruit, coupe   Fig. 348. Graine ($\frac{4}{1}$).   Fig. 346. Fleur, coupe
                 longitudinale ($\frac{4}{1}$).   longitudinale

(fig. 347, 348). Ce sont des arbustes de l'Asie chaude et tempérée, « de l'Afrique australe » et de l'Amérique du Nord et tropicale, à feuilles opposées et à inflorescences mixtes, capituliformes, terminales et axillaires.

Les *Ourouparia* (fig. 349-354) ont les inflorescences des *Nauclea* et *Cephalanthus*, axillaires et presque toujours pédonculées. Très-souvent, les fleurs avortant, il ne reste que le pédoncule, lequel se transforme en un croc axillaire, à concavité inférieure. Les axes de divers degrés des cymes formant l'inflorescence peuvent être contractés et très-courts, mais souvent aussi ils s'allongent, notamment dans les fruits, qui sont des capsules allongées, septicides, à valves peu épaisses, elles-mêmes bipartites. Les graines, imbriquées, sont pourvues à leurs deux extrémités d'une longue aile, entière ou bilobée. Ce sont des arbustes grimpants, se soutenant à l'aide de leurs crocs axillaires, et qui habitent les

une plante de Madagascar, les ovules peuvent être aussi au nombre de trois ; mais, dans la même plante, leur nombre peut devenir plus considérable. Ici la corolle est nettement imbriquée ; mais les feuilles sont verticillées, et le pédoncule commun, long et grêle, porte à une certaine distance au-dessous de l'inflorescence deux ou trois bractées formant un petit involucre.

régions tropicales de l'Asie et de l'Océanie, plus rarement de l'Afri-

Ourouparia Gambir.

Fig. 349. Rameau florifère.

que occidentale, de Madagascar et même de l'Amérique du Sud[1].

1. Nous avons appelé *Puracephælis*, à cause de la forme de son inflorescence, une plante mal connue de Madagascar, dont la fleur a une co- rolle valvaire (?) et cinq sépales ovales-aigus,

Les *Sarcocephalus* sont exceptionnels dans ce groupe par la façon
dont se comportent les fleurs relativement à l'axe globuleux ou ovoïde
de l'inflorescence. En effet, leurs ovaires, comme ceux des *Morinda* et

Ourouparia Gambir.

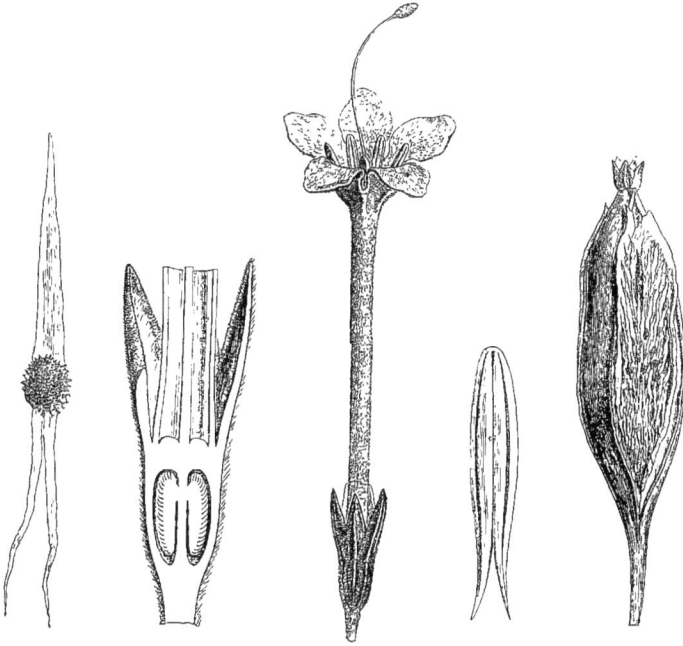

Fig. 354.   Fig. 352. Base   Fig. 350. Fleur ($\frac{4}{1}$). Fig. 351. Éta-   Fig. 353. Fruit
Graine ($\frac{4}{1}$).   de la fleur,   mine.   déhiscent ($\frac{2}{1}$).
        coupe longitudinale.

de plusieurs autres genres, sont insérés dans des fossettes de l'axe commun de l'inflorescence auquel ils sont adnés, et le fruit composé qui
en résulte, représente cette inflorescence tout entière devenue charnue.
D'ailleurs les fleurs 5, 6-mères ont une corolle imbriquée et un ovaire
biloculaire, à ovules en nombre variable, même solitaires, sur un placenta suspendu. Les deux loges peuvent être partagées par une fausse-
cloison en logettes incomplètes, comme dans les *Anthocephalus*. Ce
sont des arbres ou des arbustes, parfois grimpants, de l'Asie et de l'Afri-

coriaces et persistants. Son ovaire à deux loges   comprimés. C'est un arbuste tomenteux, à inflores-
renferme dans chacune d'elles un placenta pelté,   cences terminales, ne portant que deux feuilles op-
portant un petit nombre d'ovules orbiculaires et   posées et cordées au sommet de chaque rameau.

que tropicales. Leurs feuilles sont opposées, souvent coriaces, accompagnées de stipules interpétiolaires. Leurs inflorescences sont des faux-capitules terminaux et axillaires. Leur pédoncule commun peut porter, dans ceux dont on a fait le genre *Breonia*, arbustes de Madagascar, un involucre spathiforme qui enveloppe d'abord l'inflorescence, puis se prolonge au-dessus d'elle en une sorte de long bec cornu.

XII. SÉRIE DES DIERVILLA.

Les fleurs et les fruits sont construits dans les *Diervilla*[1] (fig. 355-359) comme dans un grand nombre de Cinchonées; mais leurs feuilles sont dépourvues de stipules. Leur réceptacle floral, en forme de gourde allongée, avec un goulot étroit, porte sur ses bords un calice de cinq sépales allongés, unis à la base, souvent persistants. Leur corolle, en entonnoir ou en cloche, est à peu près régulière. Cependant un de

Diervilla (Weigelia) japonica.

Fig. 355. Rameau florifère (⅓).

Diervilla acadiensis.

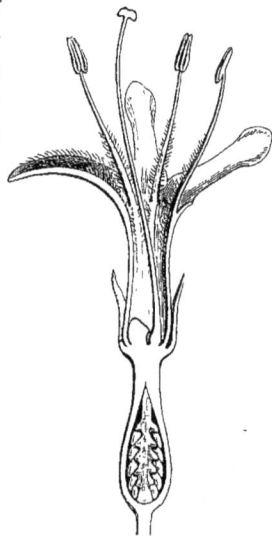

Fig. 356. Fleur, coupe longitudinale (⁴⁄₁).

ses cinq lobes, l'antérieur, est souvent un peu différent des autres, notamment par sa coloration, et sa base est accompagnée d'une glande de

1. T., in *Act. Acad. par.* (1706), t. 7, fig. 1. — L., *Hort. Cliff.*, 63, t. 7. — J., *Gen.*, 214. — DC., *Prodr.*, IV, 330. — SPACH, *Suit. à Buffon*, VIII, 359. — ENDL., *Gen.*, n. 3336; Suppl., I,

forme variable, qui ne se trouve pas en dedans des quatre autres. Leur préfloraison est imbriquée. L'androcée se compose de cinq étamines, alternes avec les lobes de la corolle et insérées sur son tube, formées d'un filet et d'une anthère biloculaire, introrse et déhiscente par deux fentes longitudinales. L'ovaire infère est à deux[1] loges, complètes ou

Diervilla (Calyptrostigma) Middendorffiana.

Fig. 358. Graine ($\frac{4}{7}$).   Fig. 357. Fruit déhiscent ($\frac{2}{7}$).   Fig. 359. Graine, coupe longitudinale.

incomplètes, et il est surmonté d'un style dont la tête stigmatifère est parfois obscurément bilobée. Chaque loge renferme de nombreux ovules, primitivement descendants, anatropes. Le fruit, souvent surmonté du calice, est une capsule allongée, septicide, dont les graines sont nues, anguleuses, ou bordées d'une aile[2], tantôt étroite, comme dans certains *Weigela*, et tantôt allongée, comme il arrive dans le *D. Middendorffiana* (fig. 357–359), type d'un genre *Calyptrostigma*. L'embryon, peu volumineux, est entouré d'un albumen charnu. Les *Diervilla* sont des arbustes dressés ou subsarmenteux, de la Chine, du Japon et de l'Amérique du Nord. Leurs feuilles sont opposées, sessiles ou pétiolées, entières ou serrées. Leurs fleurs[3] sont disposées en cymes,

1394.—A. DC., in *Bibl. Genève* (janv. 1899).— H. BN, in *Adansonia*, I, 364. — B. H., *Gen.*, II, 6, n. 11. — *Weigela* THUNB., in *Act. holm.* (1780), 135, t. 5; in *Trans. Linn. Soc.*, II, 331; *Fl. jap.*, 6, t. 16. — LAMK, *Ill.*, t. 105. — A. DC., in *Ann. sc. nat.*, sér. 2, XI, 237. — *Weigela* PERS., *Synops.*, I, 176.—*Calysphyrum*

BGE, *Enum. pl. Chin. bor.*, 33. — ENDL., *Gen.*, n. 3339.—*Calyptrostigma* TRAUTTV. et MEY., in *Middend. Reis., Fl. ochot.*, 46 (nec KL.)

1. Il y en a parfois trois.
2. H. BN, in *Adansonia*, XII, 310; in *Bull. Soc. Linn. Par.*, 202.
3. Jaunes, blanches, roses ou pourprées

simples ou composées, terminales ou axillaires; accompagnées de
bractées ou de bractéoles. On en distingue actuellement sept ou huit
espèces[1], dont plusieurs sont souvent cultivées dans nos jardins et y ont
produit d'assez nombreuses variétés.

XIII. SÉRIE DES CHÈVREFEUILLES.

Ce groupe a tiré son nom (*Caprifoliées*) de celui des Chèvrefeuilles
qu'il renferme ; mais ils n'en sont ni le type le plus complet, ni le

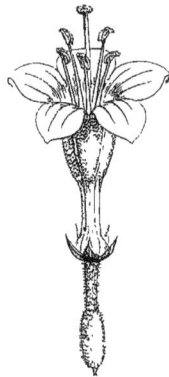

Leycesteria formosa.

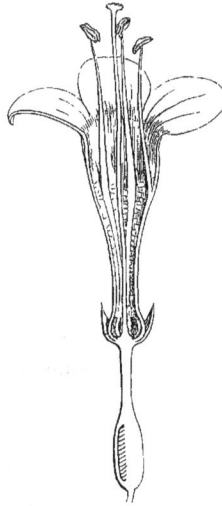

Fig. 360. Fleur.

Fig. 362. Fruit ($\frac{2}{1}$).

Fig. 363. Graine ($\frac{1}{1}$).

Fig. 361. Fleur,
coupe longitudinale ($\frac{2}{1}$).

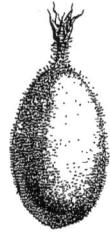

Fig. 364. Graine,
coupe longitudinale.

plus régulier. Nous trouvons celui-ci dans le *Leycesteria formosa*[2]
(fig. 360-364), petit arbuste des montagnes de l'Inde, qu'on cultive
souvent dans nos jardins. Ses fleurs ont un réceptacle fortement con-

1. A. GRAY, *Man.* (ed. 2), 166. — V. HOUTT.,
Fl. serr., t. 211, 855, 1137, 1445-1447 (*Weigelia*). — SIEB et ZUCC, *Fl. jap.*, t. 29-33. — MIQ ,
Fl. ind.-bat., II, 128 (*Weigelia*). — *Ill. hortic.*,
t. 115, 383, 495 (*Weigelia*). — *Bot. Mag.*,
t. 1796, 4396, 4893 (*Weigelia*). — WALP., *Rep.*,
II, 447, 450 (*Calysphyrum*); *Ann.*, I, 365; II,
732.

2. WALL., in *Roxb. Fl. ind.* (ed. CAR.), II,
181 ; *Pl. as. rar.*, t. 120. — DC., *Prodr.*, IV,
338. — ENDL., *Gen.*, n. 3335. — HOOK., in *Bot.
Mag.*, t. 3699. — LINDL., in *Bot. Reg.* (1830),
t. 2. — WIGHT, *Ill.*, II, t. 121. — PAYER, *Organog.*, 618, t. 133. — H. BN, in *Adansonia*, I,
355, t. 12; in *Payer Fam. nat.*, 235. — B. H.,
Gen., II, 5, n 10.

cave, en forme de gourde profonde, surmontée d'un étroit goulot.
La cavité loge l'ovaire, et le bord de l'orifice donne insertion au
périanthe. Celui-ci consiste en un calice à cinq divisions, libres ou à
peu près, inégales ; les deux antérieures étant ordinairement beaucoup
plus grandes que les autres ; et en une corolle régulière, en entonnoir,
dont le tube est renflé à sa base en une sorte de petite poche qui loge
cinq glandes appliquées contre ses parois et
alternes avec les sépales. Le limbe est partagé en cinq lobes égaux, ou à peu près, imbriqués dans le bouton en quinconce [1]. Les
étamines sont au nombre de cinq, insérées
à la gorge de la corolle, à filets presque
égaux, et à anthères biloculaires, introrses
et déhiscentes par deux fentes longitudinales. L'ovaire infère est surmonté d'un
style dont le sommet exsert se dilate en une
tête stigmatifère déprimée. Dans chacune
des loges ovariennes oppositipétales, il y a
un placenta axile, chargé d'ovules disposés
sur deux séries verticales, obliquement descendants, anatropes et regardant par leurs
raphés ceux de la série voisine [2]. Le fruit est
une baie, surmontée du calice persistant,
à cinq loges polyspermes, dont les graines
contiennent un albumen charnu et un petit
embryon presque cylindrique. Le *Leycesteria* est un arbuste des régions tempérées de l'Inde, partagé dès sa base en rameaux peu résistants, creux, sauf au niveau des nœuds. Là s'insèrent des feuilles
opposées (ou plus rarement ternées), à pétioles connés à la base,
entières ou dentées, souvent lobées sur les jeunes plantes. Les inflorescences [3] sont terminales. Ce sont des épis de petites cymes bipares,
opposées, accompagnées de grandes bractées plus ou moins connées,
les latérales larges et foliacées.

Symphoricarpos vulgaris.

Fig. 365. Rameau fructifère.

Les *Pentapyxis*, arbustes de l'Himalaya, sont fort peu distincts des
Leycesteria : ils ont des fleurs pentamères, à calice profondément divisé,
à corolle infundibuliforme-campanulée, imbriquée ou tordue, et un
ovaire à cinq loges multiovulées, qui devient une baie polysperme.

1. Ou parfois cochléaires.
2. Ils n'ont qu'un tégument incomplet.

3. Les fleurs sont blanches, à calice d'un
pourpre terne ; le fruit est rouge, puis noirâtre.

Mais leurs feuilles, comme celles de la plupart des Rubiacées vraies, sont accompagnées de grandes stipules foliacées. Leurs fleurs sont groupées en cymes occupant l'aisselle de feuilles ou de bractées et pouvant simuler des capitules.

Dans les Symphorines (*Symphoricarpos*), les fleurs sont aussi régulières (fig. 365-369), 4, 5-mères ; elles ont une corolle imbriquée, en cloche ou en entonnoir, quatre ou cinq étamines, généralement courtes, insérées à la gorge de la corolle, et un ovaire à quatre loges, surmonté

Symphoricarpos racemosus.

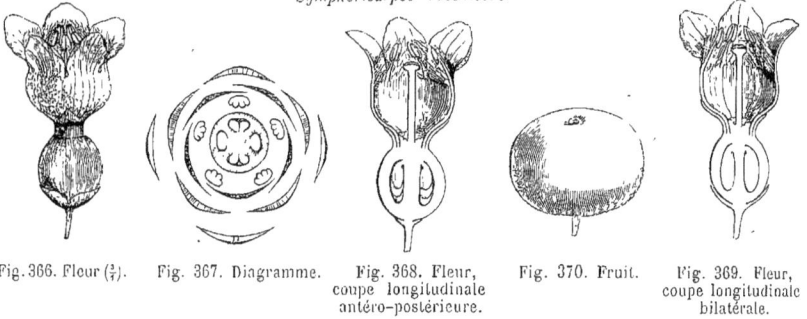

Fig. 366. Fleur ($\frac{2}{1}$).   Fig. 367. Diagramme.   Fig. 368. Fleur, coupe longitudinale antéro-postérieure.   Fig. 370. Fruit.   Fig. 369. Fleur, coupe longitudinale bilatérale.

d'un petit disque épigyne. Des quatre loges ovariennes, deux, l'antérieure et la postérieure, sont pluriovulées et deviennent stériles, tandis que les deux latérales ne renferment chacune qu'un ovule descendant, à raphé dorsal. Seules, dans le fruit (fig. 370) drupacé et à deux noyaux, ces loges uniovulées deviennent fertiles et renferment une graine descendante, albuminée. Les *Symphoricarpos* sont des arbustes de l'Amérique du Nord, à feuilles opposées, sans stipules, à petites fleurs disposées en épis ou en grappes axillaires.

Les *Alseuosmia*, arbustes glabres de la Nouvelle-Zélande, sont exceptionnels dans ce groupe, en ce que les lobes de leur corolle, au nombre de quatre ou cinq, sont valvaires ou indupliqués, avec les bords dentelés dans ce dernier cas. Leur ovaire, biloculaire, est surmonté d'un disque et d'un style dont l'extrémité stigmatifère est plus ou moins renflée. Chacune de ses loges renferme un assez grand nombre d'ovules insérés sur la cloison, et il devient une baie dont les graines sont anguleuses et ont un abondant albumen charnu et un petit embryon. Les feuilles sont alternes, entières, dentées ou crénelées, et les fleurs sont solitaires ou disposées en cymes, à l'aisselle des feuilles, sur le côté des rameaux ou même à leur extrémité.

Les Chèvrefeuilles (*Lonicera*) ont les fleurs plus ou moins irrégulières, principalement par la corolle (fig. 371, 373). De ses cinq lobes, imbriqués dans le bouton (fig. 372), quatre se déjettent finalement du

Lonicera Caprifolium.

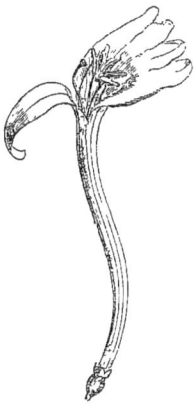

Fig. 372. Diagramme.

Fig. 371.
Fleur.

Fig. 374.
Fruit (2).

Fig. 375.
Graine (¹⁰⁄₇).

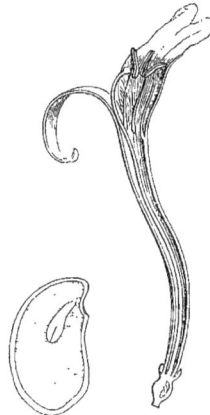

Fig. 376. Graine,
coupe
longitudinale.

Fig. 373.
Fleur, coupe
longitudinale.

côté postérieur de la fleur et forment une lèvre, tandis que la lèvre antérieure n'est représentée que par le cinquième lobe. Il y a cinq étamines à l'androcée, et l'ovaire est à trois ou deux loges, dont une postérieure, avec des ovules en nombre indéterminé dans chacune d'elles. Le fruit est une baie polysperme, et les graines sont albuminées. Ce sont des arbustes abondants dans les régions tempérées ou même chaudes, notamment de l'hémisphère boréal. Leurs feuilles sont opposées ou rarement verticillées, entières ou quelquefois pinnatilobées. Leurs fleurs sont réunies en cymes dans lesquelles les axes deviennent souvent assez courts pour que l'inflorescence définie puisse simuler un capitule. Dans ce cas, le calice persiste souvent au sommet du fruit, dont les cloisons deviennent pul-

Lonicera ciliata.

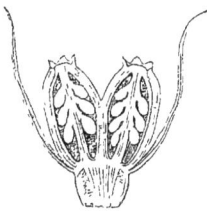

Fig. 377. Fruits géminés,
coupe longitudinale.

Lonicera Xylosteum.

Fig. 378. Fleurs
géminées, libres.

peuses ou disparaissent. On a donné le nom de *Caprifolium* à la section du genre qui présente ces particularités; elle comprend des arbustes grimpants, à feuilles opposées, souvent connées. Dans une autre section du genre à laquelle on a donné le nom de *Xylosteon* (fig. 377-379), les tiges sont tantôt grimpantes et tantôt dressées; les feuilles ne sont point connées, et les fleurs, groupées par paires, ont leurs ovaires libres (fig. 378) ou réunis jusqu'à une hauteur variable (ou même en totalité) dans une même poche réceptaculaire (fig. 377, 379). Il en est de même des fruits, qui ne sont pas couronnés du calice et dans lesquels les deux ou trois loges pluriovulées demeurent distinctes.

Lonicera alpigena.

Fig. 379. Fleurs géminées, connées.

Les *Triosteum*, herbes vivaces, asiatiques et américaines, ont à peu près les fleurs irrégulières des Chèvrefeuilles, avec un ovaire à 2-5 loges; mais dans chacune de celles-ci il n'y a plus qu'un ovule descendant, à raphé dorsal, à micropyle tourné en dedans et en haut. Les feuilles sont opposées, et dans leur aisselle se trouvent les fleurs, qui sont solitaires ou disposées en cymes contractées.

Linnæa borealis.

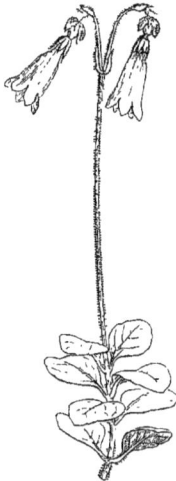

Fig. 380. Rameau florifère.

· On a donné le nom de *Linnæa borealis* (fig. 380) à un très-humble végétal ligneux et rampant, des régions boréales de l'Europe, de l'Asie et de l'Amérique, dont la fleur est à peu près celle d'un *Lonicera*, avec une corolle à cinq lobes imbriqués, régulière ou un peu irrégulière, et quatre étamines, mais dont l'ovaire triloculaire se comporte comme

Linnæa (Abelia) uniflora.

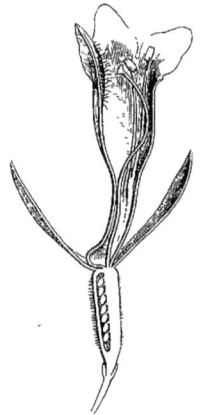

Fig. 381. Fleur, coupe longitudinale.

celui d'un *Symphoricarpos*, en ce sens que ses loges ne contiennent pas toutes le même nombre d'ovules : deux d'entre elles sont pluriovulées, et dans la troisième l'ovule, unique, est descendant, avec le raphé dorsal. Le fruit, indéhiscent, coriace, triloculaire, ne renferme qu'une seule graine. Dans les *Abelia* (fig. 381), qui ne seront pour nous qu'une simple section du même genre, les ovaires et les fruits sont organisés de même ; mais les divisions (2-5) du calice sont ordinairement plus longues et plus étroites, persistantes ; la corolle est régulière ou irrégulière, et l'inflorescence est très-variable. Les fleurs, souvent disposées en cymes, deviennent parfois même solitaires, tandis que dans le *L. borealis,* elles sont généralement géminées au sommet d'un pédoncule commun. Ce sont des arbustes, souvent élégants, de l'Inde tempérée, de la Chine, du Japon et de l'Amérique du Nord.

XIV. SÉRIE DES SUREAUX.

Cette série comprend deux genres très-voisins l'un de l'autre : les Viornes (*Viburnum*) et les Sureaux (*Sambucus*), dont elle a pris le nom

Sambucus Ebulus.

Fig. 382. Rameau florifère ($\frac{1}{7}$).

(*Sambucées*). Dans les derniers [1] (fig. 382-389), l'ovaire, infère, est surmonté d'un calice à 3-5 divisions, souvent dentiformes. La corolle,

1. *Sambucus* T., *Inst.*, 606, t. 376.— L., *Gen* , n. 372.— J., *Gen.*, 214.— LAMK, *Ill.*, t. 211.— GÆRTN., *Fruct.*, I, 137, t. 27.— DC., *Prodr.*, IV, 321.—SPACH, *Suit. à Buffon*, VIII, 318.—TURP., in *Dict. sc. nat.*, Atl., t. 104.—ENDL., *Gen.*, n. 3341. — PAYER, *Organog.*, 622, t. 86. — H. BN, in *Payer Fam. nat.*, 236 ; in *Adansonia*, I, 358, t. 12. — B. H., *Gen.*, II, 3, n. 2. — *Phyteuma* LOUR., *Fl. cochinch.*, 172 (nec L.). — *Tripetelus* LINDL., in *Mitch. Thr. Exped.*, II, 14.

rotacée ou courtement campanulée, a 3-5 lobes valvaires, plus souvent imbriqués d'une façon variable (fig. 384, 385), et parfois réfléchis lors de l'anthèse. Les étamines, insérées vers le bas de la corolle, sont au

Sambucus Ebulus.

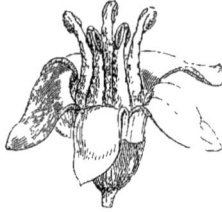

Fig. 383. Fleur ($\frac{2}{1}$).

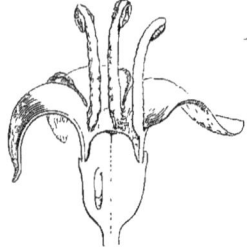

Fig. 386. Fleur, coupe longitudinale.

nombre de cinq, alternes avec ses lobes, formées chacune d'un filet[1] et d'une anthère biloculaire, extrorse, déhiscente par deux fentes longitudinales[2]. Le sommet de l'ovaire infère est surmonté d'un disque, sou-

Sambucus canadensis.

Fig. 384 Diagramme
(fleur à ovaire 5-loculaire).

Fig. 385. Diagramme
(fleur à ovaire 3-loculaire[3]).

vent réduit à une mince couche glanduleuse; il s'atténue en un cône, partagé supérieurement en 3-5 courts lobes stigmatifères. Ceux-ci correspondent à autant de loges qui répondent aux divisions de la corolle (fig. 384) et qui renferment chacune un ovule, inséré vers le sommet, descendant, avec le micropyle primitivement intérieur et supérieur, tandis que le raphé est dorsal[4]. Le fruit est une drupe à 3-5 noyaux plus ou moins épais, renfermant chacun une graine descendante, dont l'al-

1. Parfois rugueux ou légèrement bosselé.
2. Le pollen est, d'après H. MOHL (in *Ann. sc. nat.*, sér. 2, III, 324), « ovoïde, trois plis ; dans l'eau, sphérique à trois bandes, avec trois papilles (*Viburnum, Sambucus*). »

3. Les pétales doivent, pour plus d'exactitude, être unis dans les fig. 367, 384 et 385.
4. Il peut se dévier ultérieurement de façon que le raphé devienne latéral. Le tégument est unique.

bumen charnu entoure un embryon presque aussi long que lui, à radicule cylindro-conique et à cotylédons ovales, inférieurs. Les Sureaux
sont des arbres, des arbustes ou même des herbes vivaces, de la plupart
des régions tempérées des deux mondes. Leurs feuilles, opposées, sont
imparipinnées, avec les folioles dentées ou laciniées, souvent accompagnées de stipelles. Les feuilles elles-mêmes portent à leur base des

Sambucus nigra.

Fig. 387. Fruit ($\frac{4}{1}$).   Fig. 389. Graine ($\frac{4}{1}$).   Fig. 388. Fruit,
                                                                          coupe longitudinale.

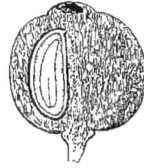

stipules foliacées ou des corps glanduleux qui en tiennent lieu. Leurs
fleurs [1] sont réunies en grappes ou en corymbes de cymes qui peuvent
devenir unipares, surtout vers leur extrémité [2]; elles sont accompagnées
de bractéoles et articulées. On en compte une dizaine [3] d'espèces.

Les *Viburnum* ressemblent beaucoup aux Sureaux. Ils ont les lobes
du calice plus ou moins développés, parfois quinconciaux, une corolle
de forme variable, imbriquée, et un ovaire 1-3-loculaire, avec une seule
loge fertile et uniovulée dans le plus grand nombre de cas. Le fruit est
drupacé, souvent peu charnu, le plus souvent monosperme. La graine
a quelquefois l'albumen ruminé. Ce sont des arbres et des arbustes des
régions tempérées de l'hémisphère boréal; ils se trouvent aussi dans
la région andine des deux Amériques, aux Antilles et à Madagascar.
Leurs feuilles sont opposées ou verticillées, simples, à stipules petites
ou nulles. Leurs inflorescences et le reste de leur organisation sont
d'ailleurs ordinairement les mêmes que dans les Sureaux.

1. Petites ou moyennes, blanches, jaunâtres
ou rosées, souvent odorantes.
2. Là aussi elles peuvent devenir unisexuées.
3. REICHB., *Icon. Fl. germ.*, t. 729-731. —
WEBB, *Phyt. canar.*, t. 78 *bis*.—A. GRAY, *Man.*
(ed. 2), 166. — C. GAY, *Fl. chil.*, III, 174. —
BENTH., *Fl. austral.*, III, 398. — F. MUELL.,
Pl. Vict., t. 29. — HOOK. F. et THOMS., in
Journ. Linn. Soc., II, 179. -- KURZ, *For. Fl
brit. Burm.*, II, 3. — BOISS., *Fl. or.*, III, 2. —
STEN., in *Ann. sc nat*, sér. 3, XII, 375. —
WILLK. et LANG., *Prodr. Fl. hisp.*, II, 320. —
GREN. et GODR., *Fl. de Fr.*, II, 6. — WALP.,
Rep., II, 453; *Ann.*, II, 733.

XV? SÉRIE DES ADOXA.

Les *Adoxa*[1] (fig. 390-395), rapportés à différentes familles[2] et qui ·
n'appartiennent qu'avec doute à celle-ci, mais qu'il est difficile cependant d'éloigner des *Viburnum*, ont des fleurs hermaphrodites et hétéro-
mères. Leur réceptacle a la forme d'une coupe hémisphérique dans

Adoxa Moschatellina.

Fig. 391. Inflorescence,
après
la chute des corolles.

Fig. 394.
Noyau.

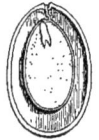

Fig. 395. Noyau,
coupe
longitudinale.

Fig. 392 Fruit (4/1).

Fig. 390. Rameau florifère.

Fig. 393. Fruit,
coupe longitudinale.

laquelle est enchâssée la portion inférieure du gynécée, tandis que ses
bords supportent le périanthe. Celui-ci est formé d'un calice à deux ou
trois divisions inégales, et d'une corolle[3] gamopétale, rotacée, à quatre,
cinq ou six lobes imbriqués, souvent un peu inégaux. Vers la gorge de
la corolle s'insèrent des étamines en même nombre que ses divisions
avec lesquelles elles alternent, mais présentant cette particularité que
chacune d'elles a un connectif très-profondément partagé en deux branches subulées et dressées, supportant chacune une loge d'anthère sub-
peltée, déhiscente supérieurement par une fente longitudinale[4]. L'ovaire,
semi-infère, creusé de quatre à six loges oppositipétales, est surmonté

1. L., *Gen.*, n. 501. — J., *Gen.*, 309. —
LAMK, *Ill.*, t. 320. — GÆRTN., *Fruct.*, II, 141,
t. 112. — DC., *Prodr.*, IV, 251. — ENDL., *Gen.*,
n. 4550. — PAYER, *Organog.*, 413, t. 86. —
B. H., *Gen.*, II, 2, n. 1. — H. BN, in *Bull. Soc.
Linn. Par.*, 167. — *Moschatellina* T., *Inst.*, 156,
t. 68. — *Moscatella* CORD. — ADANS., *Fam. des
pl.*, II, 243.
2. Notamment aux Araliacées.
3. Verdâtre ou d'un blanc jaunâtre.
4. Subextrorse. Les grains de pollen secs
portent trois sillons longitudinaux.

d'un même nombre de branches stylaires, à extrémité stigmatifère obtuse ou à peine renflée. Dans l'angle interne de chaque loge s'insère un[1] ovule descendant, anatrope, dont le micropyle est primitivement dirigé en haut et en dedans[2]. Le fruit, autour duquel persistent les sépales peu développés, est une drupe dont les noyaux, au nombre de quatre à six, renferment chacun une graine descendante, comprimée, et à albumen dur vers le sommet duquel se trouve un petit embryon à radicule supérieure. La seule espèce connue de ce genre[3] est une petite herbe vivace, à odeur musquée, à mince souche charnue, rampant sous le sol et portant des écailles alternes, puis des feuilles 3-5-foliolées ou 2-3-ternatiséquées, qui viennent s'épanouir au printemps dans l'atmosphère et qui ont un long pétiole, dilaté inférieurement en gaîne charnue. Ses fleurs terminent une petite hampe qui porte deux feuilles opposées, 3-foliolées-lobées, et elles sont réunies en une sorte de petit capitule (?) pauciflore, dont la fleur terminale est tétramère, plus rarement pentamère, et les latérales pentamères, plus rarement hexamères. Cette plante habite les pays froids et tempérés de l'hémisphère boréal.

——— ———

B. DE JUSSIEU admettait en 1759 un Ordre des Rubiacées[4] dans lequel il comprenait les *Lippia*. ADANSON donnait au même genre le nom de *Aparines*[5]. A.-L. DE JUSSIEU[6] reprit le nom de Rubiacées pour un Ordre dans lequel il faisait entrer le *Bellonia*. En 1829, ACH. RICHARD présenta à l'Académie des sciences un *Mémoire sur la famille des Rubiacées*, qui ne fut publié que plus tard[7], alors que A.-P. DE CANDOLLE avait donné, dans le *Prodromus*[8], la monographie de cette famille. Comme celle-ci passait pour difficile à étudier, elle ne fut pendant longtemps l'objet d'aucun travail d'ensemble. ENDLICHER[9] se borna à reproduire, avec quelques minimes additions, les recherches de ses deux prédécesseurs. Il admit treize tribus de Rubiacées, avec trois cent vingt genres, sans parler d'une vingtaine de genres douteux. LINDLEY fit des Rubiacées deux Ordres des Cinchonacées[10] et des Galiacées[11], auxquels

1. Quelquefois deux, dit-on.
2. Il n'a qu'une enveloppe.
3. *A. Moschatellina* L., *Spec.*, 257. — SOW., *Engl. Bot.*, t. 453. — DC., *Fl. fr.*, IV, 382. — GREN. et GODR., *Fl. de Fr.*, II, 5. — *Moschatellina tetragona* MOENCH, *Meth.*, 478.
4. In A. L. *Juss. Gen. pl.*, lxv.
5. *Fam. des pl.*, II (1763), 140, Fam. 19.
6. *Gen.*, 196, Ord. 2; in *Ann. Mus.*, X, 313

(1807); in *Mém. Mus.*, VI, 365 (1820); in *Dict. sc. nat.*, XLVI, 385.
7. In *Mém. Soc. hist. nat. Par.*, V, 81 (1830).
8. IV, 341, Ord. 98 (1830).
9. *Gen.* (1836-1840), 520, Ord. 127.
10. *Veg. Kingd.* (1846), 761, Ord. 293. — *Lygodysodeaceæ* BARTL., *Ord. nat.*, 207.
11. *Introd.* (ed. 2), 249; *Veg. Kingd.*, 768, Ord. 295.

il interposait les Caprifoliacées[1]. Ces dernières appartiennent, à notre sens[2], à la même famille que les Rubiacées. M. J. D. HOOKER les en a cependant maintenues séparées dans le grand travail d'ensemble qu'il a donné, il y a quelques années, sur la famille des Rubiacées[3]. Il y comprend 340 genres, distribués en vingt-cinq tribus, réparties dans trois séries, suivant que les ovules sont solitaires, géminés ou en nombre indéfini. Nous avons réduit le nombre des tribus ou séries à quinze, comprenant 203 genres[4] et environ 4500 espèces :

1. *Veg. Kingd.*, 766, Ord. 294.

2. In *Bull. Soc. Linn. Par.*, 204 (1879).

3. *Gen.*, II (1873), 7, 1226, Ord. 84.

4. Sans parler des genres douteux, mal connus, dont le nombre est assez considérable. Ce sont :

1° *Acrodryon* (SPRENG., *Syst.*, I, 365). Genre proposé pour les *Cephalanthus orientalis, angustifolius* et *stellatus* LOUR. (DC., *Prodr.*, IV, 539, n. 7-9). (*Nauclea* ou *Morinda?*)

2° *Aidia* (LOUR., *Fl. coch.*, 143). Énuméré par DE CANDOLLE parmi les *genera Lonicereis affinia* (*Prodr.*, IV, 340). Probablement un *Fagræa*.

3° *Antherura* (LOUR., *Fl. coch.*, 143). Rapporté souvent aux *Psychotria*, en différerait (DC., *Prodr.*, IV, 503) par sa corolle rotacée, ses anthères à sommet caudiforme réfléchi et son style tubulé. (*Apocynée?*)

4° *Aphænandra* (MIQ., *Fl. ind.-bat.*, II, 341). « Gen. affinitate adhuc dubium (an *Menestoriæ* v. *Mussaendæ* aff.?). »

5° *Bamboga* (*Mangoya* BLANCO, *Fl. Filip.*, 140, ex ENDL., *Gen.*, 1304). (*Nauclea??*)

6° *Benzonia* (SCHUM., *Beskr.*, 113. — HIERN, *Fl. trop. Afr.*, III, 246). Arbuste de Guinée, à petites fleurs pentamères. (*Canthium??*)

7° *Berghesia* (NEES, in *Linnæa*, XX, 701). Plante du Mexique, rapportée aux *Cinchonées*, à fleurs tétramères, à loges du fruit capsulaire dites monospermes. (*Bouvardia? Uragoga?*)

8° *Coptophyllum* (KORTH., in *Ned. Kruidk. Arch.*, II, 161; — MIQ., *Fl. ind.-bat.*, II, 175). Genre rapporté avec doute (B. H., *Gen.*, II, 68, n. 110) aux Mussaendées.

9° *Delpechia* (MONTROUS., in *Mém. Acad. sc. Lyon*, X, 221). Arbustes de la Nouv.-Calédonie, à fleurs 4-7-mères, à loges ovariennes 1-ovulées, rapportés aux Cofféées (*Guettarda? Uragoga?*)

10° *Douarrea* (MONTROUS., in *Mém. Acad. sc. Lyon*, X, 222). Arbustes néo-calédoniens, à fleurs 5-mères, a drupe dont les loges sont monospermes. (*Uragoga?*)

11° *Figuerea* (MONTROUS., in *Mém. Acad. sc. Lyon*, X, 220). « Arbuste grimpant à cymes terminales, à fleurs 4-5-mères, à 4 loges 1-ovulées. » (Paraît être l'*Olostyla* DC.)

12° *Gardemopsis* (MIQ., in *Ann. Mus. lugd.-bat.*, IV, 250, 262). Genre de Sumatra et Bornéo, rapporté avec doute (B. H., *Gen.*, II, 115, n. 243) aux Ixorées. On dit la corolle à cinq lobes imbriqués et les 2 loges ovariennes 1-ovulées.

13° *Lepipogon* (BERTOL., in *Mem. Acad. Bologn.*, IV [1853], 539, t. 21). Arbuste de l'Afrique austro-orientale, rapporté avec doute aux Rubiacées (HIERN, *Fl. trop. Afr.*, III, 247). L'ovaire serait adhérent, d'après la description; mais les feuilles ne paraissent pas être opposées. (*Cordiée??*)

14° *Platymerium* (BARTL., ex DC., *Prodr.*, IV, 390). « *Psilobio valde affine* » (DC.). Arbuste des Philippines, dont on dit la corolle tordue. (*Ixora?*)

15° *Pogonanthus* (MONTROUS., in *Mém. Acad. sc. Lyon*, X, 225). Arbuste de la Nouv.-Calédonie, rapporté avec doute aux Operculariées. Fleurs capitées; corolle valvaire. (*Uragoga?*)

16° *Polyozus* (LOUR., *Fl. coch.*, 74). Deux espèces de la Cochinchine, dont une (*P. bipinnata*) est peut-être une Cunoniée ou une Méliacée. Le *P. lanceolata* a été comparé aux *Pavetta* (?).

17° *Psilobium* (JACK, in *Mal. Misc.*, II, n. VII, 84. — WALL., in *Roxb. Fl. ind.*, II, 320). Genre douteux de Mussaendées (B. H., *Gen.*, II, 75, n. 132). Corolle « valvaire ».

18° *Solenocera* (ZIPP.). « Planta timorensis ob calycem inferum potius ad Loganiaceas adscribenda. » (B. H., *Gen.*, II, 29).

19° *Stigmanthus* (LOUR., *Fl. coch.*, 146). Arbuste à fruits polyspermes. (*Genipa??*)

20° *Sulipa* (BLANCO, *Fl. Filip.*, 279). Cyrtandracée? (B. H. *Gen.*, II, 29).

21° *Votomita* (AUBL., *Guian.*, I, 90, t. 35). Fleurs tétrandres. Loges dites monospermes. (*Ixora? Apocynée?*)

22° *Zuccarinia* (BL., *Bijdr.*, 1006 (nec SPRENG.); — MIQ., *Fl. ind.-bat.*, II, 197; — B. H., *Gen.*, II, 97, n. 189). Arbre de Java, rapporté avec doute aux Gardéniées, à fruit polysperme, à réceptacle commun involucré. Peut-être voisin des *Lucinæa*? (Voy. page 317, note.)

23° *Egeria* et *Meretricia* NER. (ex GAUDICH., in *Freyc. Voy.*, *Bpl.*, 28, nomina tantum)??

I. Rubiées [1]. — Plantes herbacées, à feuilles formant avec les stipules, ordinairement conformes aux feuilles, des verticilles (*Stellatæ*[2]). Fleurs petites, ordinairement asépales, à corolle valvaire, à loges (ordinairement 2) uniovulées. Ovule ascendant, à micropyle extérieur et inférieur. Fruit dicoque, sec ou charnu. Graine à albumen corné, à embryon courbe ; radicule infère. — 2 genres.

II. Spermacocées [3]. — Plantes herbacées, rarement frutescentes, rarement glabres, à feuilles généralement opposées, à stipules petites, souvent connées, sétiformes. Fleurs petites, en cymes souvent capitées ; corolle valvaire. Ovules solitaires, ascendants. Fruits à coques indéhiscentes ou déhiscentes (le plus souvent 2). Graines à albumen charnu et souvent corné ; embryon droit ou arqué, à radicule infère. — 9 genres.

III. Anthospermées [4]. — Plantes (le plus souvent fétides) frutescentes ou grimpantes, rarement herbacées, à feuilles souvent opposées, à stipules non semblables aux feuilles. Fleurs hermaphrodites ou très-souvent unisexuées, ou polygames-dioïques, à corolle valvaire ; étamines (souvent dimorphes) ordinairement exsertes, à filets capillaires, à anthères pendantes (dans la fleur mâle), versatiles, allongées. Loges de l'ovaire 1-5, à un ovule ascendant. Fruit à 1-5 coques ou noyaux, se séparant souvent les uns des autres et de l'exocarpe. Graine albuminée ; embryon à cotylédons plans, à radicule infère. — 18 genres.

IV. Cofféées [5]. — Plantes ligneuses, à feuilles opposées, à stipules plus petites, connées par paires interfoliaires, ordinairement entières. Corolle tordue [6]. Ovaire généralement 2-loculaire. Ovules solitaires [7], ascendants. Fruit charnu ou coriace, indéhiscent. Graines généralement plan-convexes, à albumen corné, plus rarement charnu ; embryon plus ou moins courbe, à cotylédons plans, plus ou moins foliacés, à radicule infère. — 5 genres.

1. *Aparineæ* Link. — *Galeæ* K., *Nov. gen. et spec.*, III, 335 (1818). — *Galiaceæ* Lindl. — *Galieæ* Turp., *Dict.*, Atl. — B. H., *Gen.*, II, 28, Trib. 25.
2. Ray, *Synops.*, 223 (1690). — Cham. et Schlchtl, in *Linnæa*, III (1828), 220. — Endl., *Gen.*, 522, Trib. 2. — *Asperuleæ* Rich., *Rub.*, 26, 46, Trib. 1.
3. K., *Nov. gen. et spec.*, III, 341. — Rich., *Rub.*, 67 (part.). — B. H., *Gen.*, II, 27, Trib. 24. — *Euspermacoceæ* DC., *Prodr.*, IV, 540.
4. Rich., *Rub.*, 56, Trib. 2. — Cham. et Schlchtl, in *Linnæa*, III, 309. — DC., *Prodr.*, IV, 578, Trib. 11. — Endl., *Gen.*, 524, Trib. 3. — B. H., *Gen.*, II, 26, Trib. 23. — *Pæderieæ* DC., *Prodr.*, IV, 470, Trib. 8. — Endl., *Gen.*,

538, Trib. 6. — B. H., *Gen.*, II, 25, Trib. 22. — *Lygodysodeaceæ* Bartl., loc. cit. — *Operculariæ* J., in *Ann. Mus.*, IV, 418 ; X, 328. — Rich., *Rub.*, 62. — DC., *Prodr.*, IV, 614. — Endl., *Gen.*, 521, Trib. 1.
5. *Coffeaceæ* Rich., *Rub.*, 84, Trib. 5 (part.). — *Coffeeæ* DC., *Prodr.*, IV, 472 (part.). — *Ixoreæ* B. H., *Gen.*, II, 22, Trib. 18 (part.).
6. Sauf dans le *Strumpfia*, où elle est légèrement imbriquée. Mais ce genre est anormal, dans quelque division qu'on le place.
7. Leur nombre s'élève à 2, 3 ou devient indéfini dans quelques sections du genre *Ixora*, que nous n'avons pu cependant séparer génériquement des *Ixora* type à loges uniovulées. (Voy *Adansonia*, XII, 215.)

V. Uragogées[1]. — Plantes ligneuses[2], à stipules non semblables aux feuilles. Corolle valvaire. Loges ovariennes uniovulées; ovule ascendant, à micropyle extérieur et inférieur. Ovaire infère, souvent à deux loges, ou complètes ou incomplètes, ou sans cloison interloculaire[3], exceptionnellement semi-infère ou presque supère[4]. Fruit ordinairement à deux noyaux. Graine à albumen corné, à embryon droit ou arqué, avec les cotylédons semi-cylindriques ou plans et la radicule infère. — 12 genres.

VI. Morindées[5]. — Plantes ligneuses, souvent grimpantes, rarement herbacées, à stipules petites. Corolle valvaire[6]. Ovaires ordinairement biloculaires, libres ou connés. Ovules ascendants, à micropyle extérieur et inférieur, solitaires dans chaque loge, ou plus rarement géminés, avec une fausse-cloison complète ou incomplète, interposée aux deux ovules et partageant la loge en deux logettes uniovulées. Fruits drupacés, rarement membraneux et incomplétement déhiscents. — 9 genres.

VII. Chiococcées[7]. — Plantes ligneuses ou plus rarement herbacées, à stipules petites. Corolle valvaire, imbriquée ou tordue. Loges ovariennes uniovulées, Ovule descendant[8], à raphé dorsal, à micropyle intérieur et supérieur. Graines généralement descendantes, avec ou sans albumen; embryon à radicule supère ou plus rarement infère[9]. — 25 genres.

VIII. Génipées[10]. — Plantes ligneuses, à stipules plus petites que les feuilles. Corolle tordue, valvaire ou imbriquée. Ovules nombreux dans chaque loge[11]. Fruit charnu, souvent polysperme, rarement déhiscent au sommet d'une façon incomplète, ou se déchirant irrégulièrement. Graines albuminées. — 48 genres.

1. *Psychotriaceæ* CHAM. et SCHLCHTL. — *Coffeeæ* DC (part.). — *Psychotrieæ* ENDL., *Gen.*, 530, Trib. 5 (part.). — B. H., *Gen.*, II, 24, Trib. 21. — *Cephælideæ* DC., *Prodr.*, IV, 532.

2. Sauf quelques *Uragoga* qui sont herbacés.

3. Ce qui est le caractère fréquent (mais non constant) des *Coussareæ*. (B. H., *Gen.*, II, 24 Trib. 20.)

4. Ce qui arrive dans les *Gærtnérées* (*Gærtnera, Pagamea*), rapportées fréquemment aux Loganiacées, et qui ne diffèrent des *Uragoga*, dont on ne peut les éloigner, que par la moindre concavité de leur réceptacle floral.

5. *Guettardaceæ* K., *Nov. gen. et spec.*, III, 419 (part.). — DC., *Prodr.*, IV, 446 (Subtrib. *Morindeæ*). — B. H., *Gen.*, II, 23, Trib. 19. — *Cruckshanksieæ* B. H., *loc. cit.*, 20, Trib. 11. — *Retiniphylleæ* B. H., *loc. cit.*, 20, Trib. 3.

6. Sauf dans les *Retiniphyllum* où elle est tordue et qui ont plus de deux loges ovariennes.

7. B. H., *Gen.*, II, 21, Trib. 15. — *Guettardaceæ* RICH., *Rub.*, 120, Trib 6. — *Guettardeæ*

DC., *Prodr.*, IV, 450 (part.). — B. H., *Gen.*, II, 20, Trib. 13. — *Knoxieæ* B. H., *loc. cit.*, 21, Trib. 14. — *Alberteæ* B. H., *loc. cit.*, 22, Trib. 16. — *Vanguerieæ* B. H., *loc. cit.*, 22, Trib. 17.

8. Sauf dans quelques *Canthium*.

9. Dans les *Prismatomeris, Mitchella* et *Damnocanthus*, qui n'ont pas le micropyle aussi élevé que les autres genres de la série.

10. *Gardenieæ* RICH., *Rub.*, 159, Trib. 10.— ENDL., *Gen.*, 557, Trib. 13. — B. H., *Gen.*, II, 17, Trib. 10. — *Gardeniaceæ* DC., *Prodr.*, IV, 367, Trib. 2. — *Cordiereæ* RICH., *Rub.*, 142, Trib. 7. — ENDL., *Gen.*, 545, Trib. 8. — *Hamelieæ* RICH., *Rub.*, 146, Trib. 8.—*Hamelieæ* DC., *Prodr.*, IV, 438, Trib. 5. — ENDL., *Gen.*, 545, Trib 9. — B. H., *Gen.*, II, 17, Trib. 8. — *Isertieæ* RICH., *Rub.*, 155, Trib. 9. — ENDL.. *Gen.*, 547, Trib. 10. — *Catesbeæ* B. H., *Gen.*, II, 17, Trib. 9. — *Mussaendeæ* B. H., *Gen.*, II, 15, Trib. 7.

11. Réduits à un ou deux dans certaines sections du genre *Hypobathrum* (Voy. H. BN, in *Adansonia*, XII, 203-205.)

IX. OLDENLANDIÉES [1]. — Plantes herbacées, rarement frutescentes, à stipules petites, entières ou divisées sur les bords, ou nulles. Corolle valvaire. Ovules nombreux [2], insérés sur un placenta fixé ordinairement par un pied court, à une hauteur variable de l'angle interne ou à sa base. Fruit infère ou rarement semi-infère, ou libre [3], généralement capsulaire, plus rarement indéhiscent ou charnu [4]. Graines petites, anguleuses, peltées, rarement ailées. — 15 genres.

X. PORTLANDIÉES [5]. — Plantes ligneuses. Stipules plus petites que les feuilles. Corolle valvaire, imbriquée ou tordue. Fruit capsulaire, polysperme. Graines généralement dépourvues d'aile [6]. — 17 genres.

XI. CINCHONÉES [7]. — Plantes ligneuses. Stipules plus petites que les feuilles. Corolle valvaire, imbriquée ou tordue. Fruit capsulaire, infère ou rarement supère [8]. Graines ailées ou appendiculées. — 32 genres.

XII. DIERVILLÉES [9]. — Plantes ligneuses. Feuilles opposées, sans stipules. Corolle imbriquée. Fruit capsulaire. Graines ailées. — 1 genre.

XIII. LONICÉRÉES [10]. — Plantes ligneuses, rarement herbacées [11], sans stipules ou rarement pourvues de grandes stipules interfoliaires [12]. Corolle régulière ou irrégulière. Loges ovariennes 1-ou pluriovulées. Fruit charnu. — 7 genres.

XIV. SAMBUCÉES [13]. — Plantes ligneuses, rarement herbacées. Feuilles opposées ou verticillées, simples ou imparipinnées; stipules souvent glanduliformes ou grandes, foliacées, ou nulles. Corolle imbriquée ou valvaire, rotacée ou à tube court. Fruit charnu. — 2 genres.

XV? ADOXÉES [14]. — Plantes herbacées vivaces, à feuilles alternes, ternatiséquées. Corolle rotacée, imbriquée. Étamines dédoublées. Ovules généralement solitaires et descendants. Fruit charnu. — 1 genre.

1. *Hedyotideæ* CHAM. et SCHLCHTL, in *Linnæa*, IV, 150. — DC., *Prodr.*, IV, 401, Trib. 3. — B. H., *Gen.*, 13, Trib. 6. — *Rondeletieæ* B. H., *Gen.*, II, Trib. 5 (part.).

2. Réduits à quelques-uns ou même à un seul dans plusieurs espèces d'*Oldenlandia*.

3. Notamment dans le *Synaptantha* et le *Polypremum;* ce dernier rapporté par certains auteurs aux Loganiacées.

4. Dans les *Coccocypselum*.

5. *Condamineeæ* B. H., *Gen.*, II, 12, Trib. 4 (*Condaminieæ*). — *Rondeletieæ* B. H. (part.).

6. Sauf dans quelques *Portlandia*, qui ont une bordure séminale aliforme.

7. RICH., *Rub.*, 185, Trib. 11. — *Cinchonaceæ* DC., *Prodr.*, IV, 343 (part.). — ENDL., *Gen.*, 553, Trib. 12. — B. H., *Gen.*, II, 12, Trib. 2. — *Henriqueziea* B. H, *Gen.*, II, 12, Trib. 3. — *Naucleeæ* DC., *Prodr.*, IV, 243 (*Cinchonacearum*

Subtrib.). — ENDL., *Gen.*, 557. — B. H., *Gen.*, II, 9, Trib. 1.

8. Dans les *Platycarpum*.

9. H. BN, in *Bull. Soc. Linn. Par.*, 203 (1879).

10. ENDL., *Gen.*, 366, Ord. 128 (part.). — B. H., *Gen.*, II, 4 (*Caprifoliacearum* Trib. 2). — *Caprifolia* J., *Gen.*, 210 (part). — *Caprifoliaceæ* A. RICH., in *Dict. class.*, III, 172. — DC., *Prodr.*, IV, 321, Ord. 97. — LINDL., *Introd.* (ed. 2), 247; *Veg. Kingd.* (1846), 766, Ord. 294 (part.). — H. BN, in *Adansonia*, I, 353, t. 12.

11. Les *Triosteum* sont des plantes vivaces.

12. Dans le *Pentapyxis*.

13. K., in *H. B. K. Nov. gen. et spec.*, III, 424. — DC., *Prodr.*, IV, 321, Trib. 1. — ENDL., *Gen.*, 569, Subord. 2. — B. H., *Gen.*, II, 2, Trib. 1 (part.). — *Viburneæ* BARTL., *Ord. nat.*, 214.

14. PAYER, *Organog.*, 413 (Ord.). — J. G. AG., *Theor. Syst. plant.*, 77.

On voit par ce qui précède que très-peu de caractères sont absolument constants; mais que plusieurs d'entre eux sont si fréquents et ne
font défaut que dans des cas si exceptionnels, qu'ils impriment à la
famille un cachet très-marqué. Ce sont notamment : l'opposition des
feuilles entières[1], la présence des stipules[2]; la gamopétalie de la corolle[3], sa régularité [4]; l'insertion sur elle des étamines[5]; l'ovaire infère [6]
et la présence d'un albumen dans les graines[7]. En dehors des Rubiées,
la consistance ligneuse [8] de la tige est ordinairement aussi la règle.

DISTRIBUTION GÉOGRAPHIQUE. — De tous les genres de Rubiacées
que nous avons admis, vingt-deux seulement se rencontrent à la
fois dans les deux mondes. L'Amérique en possède en propre
soixante-dix-huit, et l'ancien monde cent douze; c'est-à-dire environ la moitié du nombre total. Il est vrai qu'il y a beaucoup de genres
monotypes, notamment dans l'Afrique tropicale et à Madagascar. Les
Rubiées sont souvent des plantes des pays tempérés et froids. Le *Rubia*
(*Galium*) *Aparine* se trouve dans l'Europe entière, en Asie, en Afrique
et en Amérique, depuis l'extrême nord jusqu'à la Terre de Feu. Beaucoup de *Galium* annuels se trouvent partout dans les moissons. Le *Linnæa borealis* croît dans le nord de l'Europe, de l'Asie et de l'Amérique. Beaucoup de Caprifoliées sont des plantes des régions froides
de l'hémisphère boréal. Le Sureau noir et l'Hièble se trouvent jusqu'en
Suède. L'*Adoxa* est aussi très-répandu dans tout l'hémisphère boréal.
A part les *Mitchella*, qui remontent jusqu'au nord de l'Amérique et du

---

1. Alternes dans le *Didymochlamys* et l'*Adoxa ;*
dentées ou crénelées dans quelques rares espèces d'*Uragoga*, *Carlemannia* et *Silvianthus;*
Neurocalyx, *Heterophyllæa ;* lobées dans les *Pentagonia ;* sinuées, dit-on, dans un *Sickingia ;* souvent découpées ou composées dans les Lonicérées, Sambucées et dans l'*Adoxa.*
2. Elles marquent dans l'ancien Ordre des
Caprifoliacées en général (sauf dans le *Pentapyxis* et beaucoup de Sambucées), et dans plusieurs Hédyotidées (sur leur mode de développement et leur signification, voy. LANESS., in
Compte rend. Ass. franç.,V, 465, t. 5). Il y a aussi
dans le *Vegetable Kingdom* (769) une longue
discussion de LINDLEY, sur la valeur des stipules
des Galiacées).
3. Polypétale dans plusieurs Morindées, les
Aulacodiscus, *Synaptantha*, etc.
4. Irrégulière dans les *Platycarpum*, *Capirona*, *Ferdinandusa*, *Dichilanthe*, et plusieurs

Lonicérées (*Lonicera*, *Triosteum*, *Linnæa*).
5. Quelquefois insérées sur le réceptacle,
notamment dans les fleurs dialypétales.
6. Libre en partie dans les Guettardées, les *Platycarpum*, *Synaptantha*, *Polypremum*, *Rhachicallis*, *Mitreola*, certains *Oldenlandia*, etc.
7. Nul ou mince dans les Guettardées vraies.
8. Herbacée aussi dans les *Polypremum*,
Synaptantha, beaucoup d'*Oldenlandia*, plusieurs
Uragoga, un assez grand nombre d'Hédyotidées
et d'Anthospermées. Outre la Garance, les Quinquinas, plusieurs Rubiacées ligneuses ont été
anatomiquement étudiées : les *Pæderia* (H. MOHL,
Ueb. den Bau der Rank.-und. Schlingpfl. [1827],
§ 75), les *Sabicea* (CRUEG., in *Bot. Zeit.* [1851],
470). On a souvent cité cette singulière organisation des tiges tubériformes des *Hydnophytum*
et *Myrmecodia*, dont les renflements sont creusés
de cavités habitées par des fourmis, etc. Plusieurs Rubiacées sont épiphytes ou (?) parasites.

Japon, les Rubiacées des autres séries sont des plantes des pays chauds, et les trois quarts d'entre elles sont tropicales. Les *Cinchona*, quoique appartenant à la zone qui s'étend en Amérique de 10° N. à 22° S., s'élèvent sur les montagnes de façon à vivre souvent dans une atmosphère peu chaude. Leur zone d'altitude, fixée autrefois « de 5000 à 8000 pieds au-dessus du niveau de la mer », a été étendue par des observations plus récentes jusqu'à 2600 pieds d'une part et 11 000 de l'autre; ce qui explique qu'ils aient pu être transportés de la région andine, où ils sont demeurés si longtemps cantonnés, dans tant d'autres parties du globe, comme à Java, dans l'Inde, aux îles Mascareignes, etc. Il y a quelques genres, comme les *Spermacoce*, *Oldenlandia*, qui sont représentés par de mauvaises herbes dans tous les pays chauds du globe. Beaucoup d'autres sont extrêmement limités comme aire géographique. La moitié des Anthospermées ne se trouve qu'au cap de Bonne-Espérance et dans les pays limitrophes. On n'a vu qu'à Madagascar des *Otiophora*, *Hymenocnemis*, *Leiochilus*, *Nematostylis*, *Chapeliera*, *Canephora*. Les types diandres, comme les *Carlemannia* et *Silvianthus*, sont bornés au Bengale. Il y a aussi des genres mexicains qui n'ont été vus qu'en un seul point très-limité. Par contre, il y a des *Morinda* dans l'Afrique tropicale occidentale, à Madagascar, dans l'Asie et l'Océanie tropicales et dans l'Amérique du Sud. On sait aujourd'hui que les *Pœderia* s'étendent de l'Afrique tropicale jusqu'à l'est de l'Amérique méridionale, de même que les *Genipa* des diverses sections, les *Sabicea*, les *Lasianthus*, et les grands genres *Uragoga*, *Ixora* et *Ourouparia*.

AFFINITÉS. — Les auteurs qui ont admis la famille des Loganiacées pensent que celles-ci ne diffèrent essentiellement des Rubiacées que par l'ovaire supère et non infère. Nous avons rangé le groupe des Gærtnérées dans la série des Uragogées, malgré la situation de leur ovaire. Les Valérianacées sont très-analogues à certaines Caprifoliées; elles en ont absolument la fleur, sauf le nombre des étamines, qui n'est inférieur à celui des divisions de la corolle que dans les *Linnœa*, et la présence d'une aigrette au sommet du fruit. Les *Adoxa* ont été rangés, je ne sais pourquoi, parmi les Araliées. Il est vrai qu'en quelque endroit qu'on les place, ils constituent toujours un type fort anormal par quelques-uns de ses caractères. Il y a une grande analogie entre certaines Rubiacées et les Composées, quoique l'inflorescence des premières ne soit jamais un véritable capitule, mais bien une réunion de cymes contractées; il est vrai que cette disposition peut se rencontrer parmi les Synanthérées. Ces dernières n'ont qu'un carpelle fertile; mais le fait existe çà et là chez les Rubiacées, même chez un *Genipa*. ¡Il nous semble que le groupe qui se rapproche le plus des Rubiacées est celui des Cornacées, surtout quand ces dernières ont des feuilles opposées et des inflorescences mixtes, formées de cymes, mais capituliformes. Elles n'ont pas, il est vrai, de stipules, lesquelles font aussi défaut dans quelques Rubiacées[1]. Nous ne donnons pas comme caractère différentiel absolu la polypétalie ou la gamopétalie, parce que nous savons aujourd'hui qu'il y a des Rubiacées réellement polypétales, notamment dans la série des Morindées. Quelques Loranthacées du groupe des Olacées, dans lequel on trouve des ovaires infères, des corolles gamopétales et des ovules descendants à raphé dorsal, se rapprochent par là beaucoup des Cornacées et de certaines Rubiacées ; mais ces dernières n'ont pas normalement, sauf dans un seul cas douteux, d'étamines oppositipétales.

USAGES[2]. — Cette famille, très-riche en produits utiles, est une de celles qui démontrent le mieux l'inanité de la théorie qui veut que les propriétés des plantes soient exactement en rapport avec leurs caractères. Elle renferme à la fois, en effet, de puissants toniques-astringents, et des remèdes journellement employés comme évacuants. Les plus remarquables de ces derniers portent le nom d'Ipécacuanhas vrais, dont le plus usité chez nous est l'I. annelé. On en distingue deux sortes dans la pratique : l'I. annelé mineur, qui est la racine de l'*Uragoga Ipecacuanha*[3] (fig. 262-265), espèce brésilienne ; et l'I. annelé majeur, qui est produit en Colombie par un *Uragoga* non décrit, espèce très-voisine ou simple variété du précédent[4]. Quoiqu'on les emploie surtout en Europe comme vomitifs, on sait qu'ils y ont été introduits comme spécifiques contre les affections dysentériques. Moins actifs qu'eux, les I. striés sont aussi de deux sortes : le majeur, qui est produit par l'*Ura-*

1. Par leur ovaire infère et leur corolle gamopétale, beaucoup de Vacciniées se rapprochent aussi des Rubiacées polyspermes. L'affinité avec les Dipsacées ressort également de celle avec les Valérianacées et les Composées.

2. ENDL., *Enchirid.*, 276. — LINDL., *Veg. Kingd.* (1846), 762, 767, 770. — LINDL., *Fl. med.*, 405.— GUIB., *Drog. simpl.* (éd. 7), III, 79. —ROSENTH., *Synops. plant. diaphor*, 319, 1119.

3. Voy. p. 280, not. 1, 2. *Cephœlis Ipecacuanha* RICH., *Diss. Ipec.*, 21, t. 1 ; in *Bull. Fac. méd.* (1818). — MART., *Mat. med. bras.*, I, 4, t. 1.— A. S.-H., *Pl. us. d. bras.*, t. 6. — DC., *Prodr.*,

IV, 535, n. 25. — GUIB., *loc. cit.*, 85, fig. 599 (empr. à MOQUIN). — PEREIRA, *Elem. Mat. med.* (ed. 4), II, p. II, 55. — WEDD., in *Ann. sc. nat.*, sér. 3, XI, 193. — LINDL., *Fl. med.*, 442. — BERG et SCHM., *Darst. Off. Gew.*, t. 15 c. — FLÜCK. et HANB., *Pharmacogr.*, 331. — *C. emetica* PERS., *Enchirid.*, I, 203 (part.). — *Callicocca Ipecacuanha* BROT., in *Trans. Linn. Soc.*, VI (1801), 137, t. 11. — *Ipecacuanha officinalis* ARRUD., *Diss.* (1810).— *Ipecacuanha* PIS., *Bras.*, 231. — *Ipecacoanha* MARCGR., *Bras.*, 17.

4. Que nous proposons, pour plus de clarté, d'appeler provisoirement *U. granatensis*.

goga emetica [1], espèce colombienne, peu riche en émétine; et le mineur[2], dont on ne connaît pas la véritable origine. Les I. dits ondulés seraient fournis, l'un en Colombie, par un arbuste, l'*U. undata*[3], et l'autre au Brésil, par une plante herbacée, le *Richardia scabra*[4]. Beaucoup d'autres Rubiacées, appartenant à des séries très-diverses, sont également vomitives. Le *Genipa dumetorum* est dans ce cas; dans l'Inde et la Nubie, c'est la poudre de ses fruits qu'on emploie. Le *Quinquina Piton*, qui est l'écorce de l'*Exostema floribundum*, produit aussi des vomissements. De même, dans l'Inde, la racine du *Pæderia fœtida* [5] (fig. 248-250). On cite aussi comme très-vomitives les racines de divers *Chiococca*, tels que les *C. racemosa* [6] (fig. 282-285), *densifolia* [7], *anguifuga* [8]. Ces racines, comme l'indique le nom de la dernière espèce, jouissent en Amérique d'une grande réputation contre la morsure des serpents venimeux. On les désigne sous le nom de Racines de *Cainça*. L'infusion de leur écorce est aussi, dit-on, un violent drastique. On attribue dans l'Inde orientale les mêmes qualités au *Genipa campanulata* [9]. C'est probablement parce qu'elle purge violemment, que la racine du *Manettia cordifolia* [10] passe au Brésil pour guérir les épanchements séreux; c'est aussi, comme les Ipécacuanhas, un antidysentérique estimé. Plusieurs *Spermacoce* sont également employés comme éméto-cathartiques par les Brésiliens, notamment le *S. Poaya* [11] (fig. 235, 236). Beaucoup de Rubiacées de l'Amé-

---

1. *Psychotria emetica* MUT., ex L. F., *Suppl.*, 144 (part.). — H. B. K., *Pl. æquin.*, II, 142, t. 126; *Nov. gen. et spec.*, III, 355. — DC., *Prodr.*, IV, 504, n. 2. — A. RICH., *Diss. Ipec.*, t. 2. — GUIB., *Drog. simpl.* (éd. 7), III, 91, fig. 602, 603. — *Cephælis emetica* PERS. (part.). — *Ipecacuanha noir* RICH., in *Dict. sc. méd.*, XXVI, 4, c. icon.

2. GUIB., *loc. cit.*, 91. — *I. des mines d'or* PELLET., in *Journ. pharm.*, VI, 265.

3. JACQ., *Hort. schœnbr.*, III, 5, t. 260; *Fragm.*, n. 101. — ROSENTH., *op. cit.*, 326. — *Psychotria undulata* POIR., *Suppl.*, IV, 591.

4. L., *Spec.*, 470. — *R. pilosa* R. et PAV., *Fl. per.*, III, 50. — *R. pilosa* K., *Nov. gen. et spec.*, III, 350, t. 279. — *Richardsonia brasiliensis* GOM., *Mém. Ipéc.*, 31, t. 2. — GUIB., *Drog. simpl.* (éd. 7), III, 92, fig. 604, 605. — DC., *Prodr.*, IV, 567, n. 1. — *Spermacoce hirsuta* RŒM. et SCH., *Syst.*, III, 531; *Mantiss.*, III, 207 (*Poaya do campo* des Brésiliens. — *Ipécacuanha oinylacé* ou *blanc* MER.).

5. L., *Mantiss.*, 52. — LAMK, *Ill.*, t. 166, fig. 1. — DC., *Prodr.*, IV, 471, n. 1. — *Apocynum fœtidum* BURM., *Fl. ind.*, 71 (*Somaraji*).

6. JACQ., *Amer.*, 68. — L., *Spec.*, 246. — TRATT., *Tab.*, t. 631. — HOOK., *Ex. Fl.*, t. 93.

— ANDR., in *Bot. Repos.*, t. 284. — ROSENTH., *Syn. pl. diaph.*, 329. — H. BN, in *Dict. encycl. sc. méd.*, XVI, 227 (*Petit Brasida, Rais preta, Snowberry*).

7. MART., *Mat. med. bras.*, 17, t. 6. — CHAM. et SCHLCHTL, in *Linnæa* (1829), 13. — H. BN, *loc. cit.*, 226. — LINDL., *Veg. kingd.*, 763.

8. MART., *loc. cit.*, t. 5. — DC., *Prodr.*, IV, 482, n. 3. — ROSENTH., *loc. cit.*, 329. — H. BN, *loc. cit.*, 226. — *C. brachiata* R. et PAV., *Fl. per.*, II, t. 219, fig. b. — *C. parviflora* W. — *C. paniculata* W. — *C. racemosa* H. B. K., *Nov. gen. et spec.*, III, 352 (nec JACQ.). — *C. pubescens* W., in *Rœm. et Sch. Syst.*, V, 202 (*Cainça, Sipocruz, Serpentaria brasiliensis* off.).

9. *Gardenia campanulata* ROXB., *Fl. ind.*, II, 557. — DC., *Prodr.*, IV, 383, n. 32. — ROSENTH., *op. cit.*, 849. — KURZ, *For. Fl. brit. Burm.*, II, 40 (*Ilsay-than-poya*). La plante est aussi employée comme anthelminthique, et plusieurs autres *Gardenia* ont dans le pays la même réputation.

10. MART., *Mat. med. bras.*, I, 19, t. 7. — DC., *Prodr.*, IV, 363, n. 8. — ROSENTH., *op. cit.*, 337. — ? *M. glabra* CHAM. et SCHLCHTL, in *Linnæa* (1829), 159.

11. A. S.-H., *Pl. us. bras.*, t. 12. — *Borreria Poaya* DC., *Prodr.*, IV, 549, n. 61 (*Poaya do*

rique du Sud passent pour vénéneuses, notamment l'*Uragoga ruelliæ-folia* [1], les *U. noxia* [2] et *Marcgravii* [3], et le *Bothriospora corymbosa* [4] qui empoisonne les Indiens quand ils se servent de son bois pour embrocher les viandes et les faire rôtir. Dans l'Inde, le *Genipa dumetorum* [5] sert à intoxiquer le poisson : on jette dans les cours d'eau sa racine broyée, et elle y produit les mêmes effets que la Coque du Levant. La racine du *Morinda Royoc* [6], espèce américaine, purge, dit-on, violemment. Diverses parties du *M. citrifolia* [7] (fig. 275, 276) et du *M. umbellata* [8] servent, dans l'Asie tropicale, au traitement des dysenteries. On cite au Brésil une Garance, le *Rubia noxia* [9], comme une plante extrêmement vénéneuse.

Dans notre pays, les Garances ont des propriétés tout à fait différentes. La G. des teinturiers [10] (fig. 223-230) est astringente ; elle passe pour tonique, diurétique, apéritive, emménagogue ; on a même vanté sa racine comme souveraine contre le rachitisme, l'épilepsie et beaucoup d'autres névroses. A côté d'elle, le *Rubia cordifolia* [11], espèce d'Asie, est dit purgatif, apéritif, emménagogue. Les *Rubia* de la section *Galium* passent aussi pour guérir certaines névroses. On a vanté le *R. Mollugo* [12] contre l'épilepsie et la goutte ; le *R. vera* [13], contre l'épilepsie, l'hystérie, l'éclampsie ; le *R. græca*, contre les hémorrhagies et les flux ; le *R. Cruciata* [14], comme astringent et vulnéraire ; le *R. rigida* [15],

campo). Les *S. ferruginea* A. S.-H., *emetica* MART. (*Poaya da hasta comprida*), *aspera* AUBL., *verticillata* LINN., *rigida* SALISB., *gentianoides* A. S.-H., *glaberrima* A. S.-H., *sexangularis* AUBL., *latifolia* AUBL., *longifolia* AUBL., *prostrata* AUBL., *radicans* AUBL., *cærulescens* AUBL., servent aussi d'Ipécacuanha, dans diverses parties de l'Amérique tropicale.
1. *Cephælis ruelliæfolia* CHAM. et SCHLCHTL., in *Linnæa* (1829), 134. — DC., *Prodr.*, IV, 533, n. 4. La graine sert à tuer les rats et souris.
2. *Psychotria noxia* A. S.-H., *Pl. rem. Brés.*, 234, t. 21, fig. A. — DC., *Prodr.*, IV, 508, n. 41.
3. *Palicourea Marcgravii* A. S.-H., *Pl. rem. Brés.*, 281, t. 22, fig. A. — DC., *Prodr.*, IV, 525, n. 5. — ROSENTH., *op. cit.*, 326. — *Galvania Vellosi* ROEM. et SCH. — *Erva do rato* MARCGR., *Bras*, 60, fig. 2.
4. HOOK. F., *Icon.*, t. 1069. — *Euosmia corymbosa* BENTH., in *Hook. Journ. Bot.*, III, 219.
5. *Randia dumetorum* LAMK, *Ill.*, t. 156, fig. 4. — *R. spinosa* BL., *Bijdr.*, 981. — *Ceriscus malabaricus* GÆRTN., *Fruct.*, I, t. 28, 140. — *Posoqueria dumetorum* ROXB., *Fl. ind.*, II, 564. — *Canthium coronatum* LAMK, *Dict.*, I, 602.
6. L., *Spec.*, 250. — JACQ., *Hort. vindob.*, t. 16. — *Roioc humifusum fructu cupressino* PLUM., *Gen.*, 11, t. 26.

7. L., *Spec.*, 250. — GÆRTN., *Fruct.*, I, 144, t. 29. — ROSENTH., *op. cit.*, 331. — *M. bracteata* ROXB. (ex KURZ, *For. Fl. brit. Burm.*, II, 60). Cette plante a été transportée en Amérique.
8. L., *Spec.*, 250. — DC., *Prodr.*, IV, 449, n. 22. — *M. tetrandra* JACK. (ex KURZ).
9. A. S.-H., *Pl. rem. Brés.*, 229. — DC., *Prodr.*, IV, 592, n. 37. Espèce à feuilles trinerves.
10. *Rubia tinctorum* L., *Spec.*, 158. — LAMK, *Ill.*, t. 60, fig. 1. — HAYN., *Arzn.*, XI, t. 5. — DC., *Prodr.*, n. 11. — GREN. et GODR., *Fl. de Fr.*, II, 13. — GUIB., *op. cit.*, III, 81. — ROSENTH., *op. cit.*, 321. — BERG et SCHM., *Darst. Off. Gew.*, t. 30 b. — *R. sylvestris* MILL., *Dict.*, n. 1.
11. L., *Mantiss.*, 197. — DC., *Prodr.*, n. 1. — PALL., *Voy.*, t. L, fig. 1 ; éd. fr., t. 92.
12. *Galium Mollugo* L., *Spec.*, 155. — DC., *Prodr.*, IV, 596, n. 18. — *G. erectum* HUDS. — GREN. et GODR., *Fl. de Fr.*, II, 23. — *G. elatum* THUILL., *Fl. par.*, 76. — *G. boreale* LAPEYR. (nec L.) (*Grosse Croisette, C. noire*).
13. *Galium verum* L., *Spec.*, 155. — DC., *Prodr.*, n 77. — *G. luteum* MOENCH (*Petit Muguet, Caille-lait jaune ou vrai, Fleur de la Saint-Jean*).
14. *Galium Cruciata* SCOP., *Fl. carn.*, I, 100. — H. BN, in *Dict. enc. sc. méd.*, art. GALIUM. — *Valantia Cruciata* L., *Spec.*, 1491 (*Croisette jaune*).
15. *Galium rigidum* AIT., *Hort. kew.*, I, 144.

comme antiépileptique, et beaucoup d'autres comme astringents. Plusieurs d'entre eux ont été indiqués comme remèdes contre la rage, notamment les *R. palustris*[1], *tricornis*[2], *Aparine*[3]. Ce dernier a même été recommandé comme aphrodisiaque, antiscrofuleux et vanté contre les affections du foie, du poumon, etc. Ils sont vraisemblablement bien peu actifs. Plusieurs ont la réputation de cailler facilement le lait; d'où les noms vulgaires appliqués aux *R. Aparine, vera, Mollugo*, etc. Les *Asperula* sont parfois astringents, notamment l'*A. cynanchica*[4], jadis préconisé contre les angines. L'*A. odorata*[5] (fig. 231) ou Petit Muguet des bois, connu pour son odeur agréable, s'emploie parfois comme tonique, stimulant, diurétique, vulnéraire, se place dans le linge pour le parfumer et en écarter les insectes, et sert sur les bords du Rhin à préparer une boisson aromatique très-usitée[6]. C'est en même temps une plante tinctoriale, comme la plupart des Rubiées qui viennent d'être énumérées, notamment le *Rubia tinctorum*. Originaire d'Orient, cette plante est célèbre pour la solidité de sa couleur que ne peuvent égaler les matières colorantes d'origine minérale, et elle a été introduite depuis si longtemps dans notre pays, que STRABON nous apprend que les Aquitains la cultivaient comme espèce tinctoriale. Celle d'Orient est fort recherchée, et celle qui se cultive dans le comtat Venaissin ne lui est guère inférieure en qualité. Ses principes colorants sont l'alizarine et la purpurine. On y a aussi indiqué de la xanthine, principe jaune, sucré d'abord, puis amer. Ces principes s'extraient des racines, dans lesquelles ils paraissent ne pas préexister, mais se former par oxydation; et l'on soumet la plante au buttage pour accroître précisément le nombre des racines à récolter. D'autres *Rubia* sont tinctoriaux : chez nous, le *R. peregrina*[7], qui peut aussi fournir une couleur rouge ; dans l'Inde, le *R. cordata*[8], qui donne le *Munjeeth*[9], ou Garance du Bengale; à Tong-dong, le *R. angustissima*[10], dont les racines sont très-

---

1. *Galium palustre* L., *Spec.*, 153.
2. *Galium tricorne* WITH., *Brit.* (ed. 2), 153. — DC., *Prodr.*, n. 107. — *G. spurium* HUDS.
3. *Galium Aparine* L., *Spec.*, 157. — DC., *Prodr.*, n. 110.—*Valantia Aparine* LAMK (part.). — *Rubia tinctorum* LAP. (nec L.). (*Asprele, Gratteron, Caille-lait, Capel à teigneux, Grippe, Riéble, Réble, Rable, Gratons, Grateaux*.)
4. L., *Spec.*, 151.— — DC., *Prodr.*, IV, 582, n. 9.—*Rubia cynanchica* J. BAUH., *Hist.*, III, 723, ic. — *Galium cynanchicum* SCOP., *Fl. carn.*, n. 447 (*Garance de chien, Petite Garance, Herbe à l'esquinancie, Etrangle-chien*).
5. DOD., *Pempt.*, 355. — L., *Spec.*, 150. —

DC., *Prodr.*, IV, 585, n. 31; *Fl. franç.*, n. 3340. — GREN. et GODR., *Fl. de Fr.*, II, 47 (*Reine-des-bois, Hépatique des bois, H. odorante, H. étoilée; Herba cordialis, Matrisylva* off.).
6. *Maitrank, Maiwein.*
7. L., *Spec.*, 158. — SOW., *Engl. Bot.*, t. 851. — DC., *Prodr.*, IV, 589, n. 12.—GREN. et GODR., *Fl. de Fr.*, II, 13. — *R. anglica* HUDS. — *R. tinctorum*, var α LAMK, *Fl. fr.*, II, 605 (*G. sauvage, G. voyageuse*).
8. THUNB., *Fl. jap.*, 60. — *R. Munjista* ROXB., *Fl. ind.*, I, 383.
9. *Indian Madder* des Anglais.
10. Ex LINDL., *Veg. Kingd.*, 770.

̇colorées; au Chili, les *R. Relbun*[1] et *chilensis*[2]; aux Antilles, les *R. guadalupensis* et *hypocarpia*[3]. Dans la section *Galium*, il y a aussi un grand nombre d'espèces tinctoriales, mais moins employées : les *R. borealis*[4], *sylvatica*[5], *galioides*[6], *tatarica*[7], *Cruciata*, *Mollugo*, *Linnæana*[8] et le *R. vera*, dont les fleurs jaunes servent aussi à teindre les étoffes, et, dit-on, à colorer le fromage de Chester. Plusieurs *Asperula* sont aussi usités en teinture : l'*A. odorata* et les *A. arvensis*[9], *tinctoria*[10], *lævigata*[11], *Aparine*[12] et *cynanchica*. Les autres séries de la famille renferment aussi des plantes tinctoriales : le *Chaya-vair*, racine de l'*Oldenlandia umbellata*[13], qui est l'objet d'un grand commerce à la côte de Coromandel, et les *O. alata* et *crystallina;* les *Morinda*, souvent riches en couleurs jaune ou rouge, notamment le *M. citrifolia*, dont il a été parlé, et les *M. Royoc, scandens, tetrandra, angustifolia, umbellata, tinctoria, Mudia, Chachuca, bracteata*. A Fernando-Po, l'*Urophyllum rubens*[14] sert à teindre les étoffes en rouge. L'écorce de l'*Hydrophylax maritima*[15] donne aussi, au Malabar, une teinture rouge. De même au Pérou, celle de l'*Uragoga tinctoria*[16], à la Guyane celle de l'*U. Simira*[17]; dans l'Asie tropicale plusieurs *Genipa* de la section *Gardenia*, comme les *G. grandiflora, arborea;* en Amérique, le *G. brasiliensis* lui-même, dont la teinture est d'un bleu noirâtre; les *G. Caruto*[18] et *oblongifolia*[19], qui donnent aussi des couleurs. Plusieurs Sambucées ont des propriétés colorantes. Le bois du Sureau noir[20] (fig. 387-389) donne avec

1. CHAM. et SCHLCHTL, in *Linnæa* (1828), 229. — DC., *Prodr.*, IV, 592, n. 33. — *R. chilensis* W. (nec MOL.) — *Galium Relbun* ENDL. — C. GAY, *Fl. chil.*, III, 186. — *Rubiastrum...* FECILL., *Obs.*, III, 60, t. 45.

2. MOL., *Chil.*, 118, nec W. — DC., *Prodr.*, IV, 590, n. 21. — *Galium chilense* ENDL., ex C. GAY, *loc. cit.*, 180 (*Relbu, Relbun*).

3. DC., *Prodr.*, IV, 591, n. 32. — *R. Brownei* SPRENG. (part.), *Syst.*, 397. — *Valantia hypocarpia* L., *Spec.*, 1491. — SW., *Obs.*, 381.

4. *Galium boreale* L., *Spec.*, 156. — GREN. et GODR., *Fl. de Fr.*, II, 17.

5. L., *Spec.*, 155. — DC., *Prodr.*, n. 58. — *G. atrovirens* LAP., *Abr. pyr.*, Suppl., 22.

6. *Galium rubioides* L., *Spec.*, 152. — DC., *Prodr.*, n. 43. — BUXB., *Cent.*, II, t. 29.

7. *Galium tataricum* TREV., in *Mag. nat. cur. ber.* (1815), 146 — DC., *Prodr.*, n. 41.

8. *Galium tinctorium* L., *Spec.*, 153. — DC., *Prodr.*, n. 31. — TORR., *Fl. Unit. St.*, I, 166.

9. L., *Spec.*, 150. — DC., *Prodr.*, IV, 581, n. 1. — GREN. et GODR., *Fl. de Fr.*, II, 49. — *A. cœrulea* MŒNCH (*Aspérule bleue*).

10. L., *Spec.*, 150. — DC., *Prodr.*, n. 8. — GREN. et GODR., *loc. cit.*, 47 (*Petite Garance*).

11. L., *Mantiss.*, 38. — *A. rotundifolia* L. — *Galium rotundifolium* L.

12. BIEB., *Fl. taur.-cauc.*, 102; Suppl., 105. — *Galium uliginosum* PALL.

13. L., *Spec.*, 174. — DC., *Prodr.*, IV, 426 n. 22. — GUIB., *op. cit.*, III, 83 (*Ché, Chayroot, Saya-ver, Imburel*).

14. BENTH., in *Hook. Niger Flora*, 396. — HIERN, *Fl. trop. Afr.*, III, 73, n. 4.

15. Voy. page 444, note 7.

16. *Psychotria tinctoria* R. et PAV. — ROSENTH., *op. cit.*, 326.

17. *Psychotria Simira* RŒM. et SCH., *Syst.*, V, 187. — *P. parviflora* W., *Spec.*, I, 962. — *Simira tinctoria* AUBL., *Guian.*, I, 170, t. 65.

18. H. B. K., ex DC., *Prodr.*, IV, 378, n. 2.

19. R. et PAV., *Fl. per.*, II, 67, t. 220, fig. *a* — DC., *Prodr.*, n. 4.

20. *Sambucus nigra* L., *Spec.*, 385. — DUHAM., *Arbr.*, II, t. 65 : éd. 2, I, t. 55. — DC., *Prodr.* IV, 322, n. 9. — GREN. et GODR., *Fl. de Fr.*, II, 7. — GUIB., *op cit.*, III, 193. — BERG et SCHM., *Darst. Off. Gew.*, t. 15 *d.* — FLÜCK. et HANB., *Pharmacogr.*, 297. — *S. vulgaris* LAMK., *Fl. fr.*, III, 369 (*Sue, Séu, Suseau, Supier, Grand Sureau, Sambequier*).

l'alun une couleur jaune brun, et avec les sels de fer un gris brun. Ses feuilles et ses fleurs servent à colorer le cuir en jaune ; ses fruits, à foncer la couleur du vin. Ceux de l'Hièble [1] (fig. 382-384), cuits dans le vinaigre, teignent les peaux et les toiles en violet. Les Romains s'en servaient pour farder, les jours de fête, la face de leurs idoles. La racine de *Lonicera Periclymenum* [2] teint en bleu pâle ; les feuilles du *L.* (?) *corymbosa* [3], du Chili, en noir ; les jets des *L. cærulea* [4] et *alpigena* [5] (fig. 379), en jaune-abricot ; mais ces plantes sont aujourd'hui peu usitées.

Un grand nombre de Rubiacées sont riches en matières astringentes ou en alcaloïdes qui les rendent toniques, digestives, fébrifuges. Celles qui renferment des substances analogues au Cachou, et qu'on lui substitue souvent pour l'usage médical, sont les plantes dites à Kino et à Gambir. La plus célèbre est l'*Ourouparia Gambir* [6] (fig. 349-354), espèce des rivages du détroit de Malacca et principalement des nombreuses îles de son extrémité orientale. Elle y a peut-être été introduite et se trouve aussi à Ceylan, où elle n'est pas exploitée. On la cultive régulièrement à Singapour, depuis 1819, pour l'extraction du médicament qu'on obtient en faisant bouillir les feuilles et les jeunes branches dans des chaudrons de fer ; puis on bat le liquide d'une façon particulière avec des bâtons [7] autour desquels le Gambir se dépose sous forme de pâte qui ressemble alors à une boue jaunâtre, qu'on réunit dans des boîtes et qu'on découpe en petits cubes quand sa consistance est devenue assez solide. Ces cubes, d'un brun rougeâtre à la surface, et plus jaunes à l'intérieur, sont pleins de cristaux aciculaires : on a dit qu'ils consistent uniquement en acide catéchique, et que la couleur jaunâtre de la masse est due à du quercetin (?). Le Gambir s'extrait aussi, pense-t-on, de l'*Ourouparia acida* [8], espèce de la Malaisie, et des *O. ovalifolia* et *sclerophylla*. Les *Nauclea*, qui sont très-voisins des *Ourou-*

1. *Sambucus Ebulus* L., *Spec.*, 385. — OED., *Fl. dan.*, t. 1156. — Sow., *Engl. Bot.*, t. 475. — DC., *Prodr.*, n. 1. — LINDL., *Fl. med.*, 446. — CAZ., *Pl. méd. indig.* (éd. 3), 511. — S. *humilis* LAMK, *Fl. fr.*, III, 370 (*Petit Sureau, Sureau en herbe, Eble, Euble, Yeble*).

2. L., *Spec.*, 247. — DC., *Prodr.*, IV, 331, n. 6. — *Periclymenum vulgare* MŒNCH. — *Caprifolium Periclymenum* RŒM. et SCH — *C. sylvaticum* LAMK, *Fl. fr.*, III, 365 (*Cranquillier*).

3. L., *Spec.*, 249 (« videtur *Rubiacea* BERT. », ex DC., *Prodr.*, IV, 338, n. 51).

4. L., *Spec.*, 249. — *Chamæcerasus cærulea* DELARB. — *Caprifolium cœruleum* LAMK.

5. L., *Spec.*, 248. — DC., *Prodr.*, n. 39. — *Caprifolium alpinum* GÆRTN. — LAMK. — *Cha-*

mœcerasus alpina DELARB. — *Isika alpigena* BORCK. — *I. lucula* MŒNCH (*Petit Bois*).

6. *Nauclea Gambir* HUNT., in *Trans. Linn. Soc.*, IX, 218, t. 22. — *Uncaria Gambir* ROXB., *Fl. ind.*, II, 126. — DC., *Prodr.*, IV, 347, n. 1. — GUIB., *Drog. simpl.* (éd. 6), III, 406, fig. 720. — LINDL., *Fl. med.*, 405. — FLÜCK. et HANB., *Pharmacogr.*, 298. — *Funis uncatus angustifolius* RUMPH., *Herb. amb.*, V, 63, t. 34.

7. Souvent faits d'*Artocarpus*, dont le bois est léger, poreux et laiteux.

8. *Uncaria acida* ROXB., *Fl. ind.*, II, 129. — DC., *Prodr.*, n. 2. — BERG et SCHM., *Darst. Off. Gew.*, t. 33 c. — *Nauclea acida* HUNT. — *N. longifolia* POIR. (ex DC.). — *Cinchona Kattukambar* KŒN., in *Retz. Obs.*, IV, 6.

paria, ont des propriétés analogues. Le *N. purpurea*[1], de l'Inde, est un médicament astringent. Le bois de *Koss*[2] du Sénégal est fourni par le *N. (Mitragyne) inermis* (fig. 344) ; on emploie dans le pays son écorce comme fébrifuge. Peut-être est-ce le *N. orientalis* africain dont parle MUNGO-PARK[3], comme servant à pratiquer des fumigations qui coupent la fièvre, et qu'on a rapporté aussi au *Sarcocephalus esculentus*. Dans le *S. Cadamba*[4], de l'Inde, qui est vanté contre la diarrhée et les coliques, c'est, dit-on, le fruit qui est usité.

Parmi les Rubiées, il y a quelques plantes astringentes : le *Rubia græca*[5], qui servait à guérir les hémorrhagies et les flux ; le *R. Cruciata*, que nos pères employaient au traitement des blessures, de même que le *R. vera*. Les *Asperula odorata* (fig. 231) et *angustifolia* sont dans le même cas. Le *Putoria calabrica*[6] s'emploie dans la région méditerranéenne comme astringent léger. Aux États-Unis, le *Cephalanthus occidentalis*[7] (fig. 345-348), dont l'écorce est aussi amère et astringente, sert topiquement au traitement des affections de la peau ; on l'a même vanté comme antisyphilitique. Plusieurs *Uragoga* de la section *Palicourea* sont astringents. D'autres sont évacuants[8], à la façon des Ipécacuanhas ; d'autres encore, vénéneux[9]. Les *Ixora* sont les uns astringents, et les autres diurétiques. La racine de l'*I. (Pavetta) indica*[10] (fig. 257-259) est aromatique-amère ; elle a été préconisée au Malabar contre les dysenteries, les céphalalgies, les obstructions intestinales, l'érysipèle, les hémorrhoïdes. L'*I. stricta*[11] est renommé à Java comme stimulant. Dans l'Inde, l'*I. Bandhucca*[12] se prescrit contre les diarrhées, les fièvres

1. ROXB., *Pl. corom.*, I, 41, t. 54 ; *Fl. ind.*, II, 123. — *Cephalanthus chinensis* LAMK (part.), *Dict.*, I, 678 (ex DC., *Prodr.*, IV, 346, n. 24).
2. Ou *Xosse* des Espagnols, *Josse* GUIB., *Drog. simpl.* (éd. 6), III, 191. — H. BN, in *Bull. Soc. Linn. Par.*, 201.
3. Ex HIERN, in *Journ. Linn. Soc.*, XVI, 261.
4. KURZ, *For. Fl. brit. Burm.*, II, 62. — *Nauclea Cadamba* ROXB., *Fl. ind.*, II, 121. — DC., *Prodr.*, IV, 314, n. 8. — *Anthocephalus? Cadamba* MIQ., *Fl. ind.-bat.*, II, 135. — BEDD., *Fl. sylv. Madr.*, t. 33. — *Katon-jaka* RHEED., *Hort. malab.*, III, t. 33 (ex DC.).
5. *Galium græcum* L., *Mantiss.*, 38. — SIBTH., *Fl. græc.*, t. 136. — LODD., *Bot. Cab.*, t. 1373.
6. PERS., *Syn.*, I, 524. — DC., *Prodr.*, IV, 577, n. 1. — *Asperula calabrica* L. F., *Suppl.*, 120. — LHER., *St. nov.*, I, t. 32. — *Sherardia fœtida* LAMK, *Dict.*, IV, 326. — *Pavetta fœtidissima* CYR. — *Ernodea montana* SIBTH. et SM. — *Lonicera sicula* UCR. (ex GUSS.).
7. L., *Spec.*, 138. — DUHAM., *Arbr.*, I, t. 54. — SCHK., *Handb.*, t. 5, 21. — LOIS., *Herb. amat.*,

t. 272. — DC., *Prodr.*, IV. 538, n. 1.— *C. oppositifolius* MŒNCH, *Meth.*, 487 (*Bois-bouton*).
8. Voy. ROSENTH., *op. cit.*, 325. De même plusieurs espèces de la section *Cephœlis* (*C. muscosa* SW., *guianensis* AUBL., *asthmatica* VAHL) et les *Geophila macropoda* DC. et *reniformis* SCHLCHTL, qui sont des *Uragoga* herbacés.
9. Au Brésil, il y a un *Psychotria toxica* A. S.-H. Le *Nonatelia officinalis* AUBL., qui pour nous aussi est un *Uragoga*, passe pour un médicament évacuant, aromatique, et sert au traitement de l'asthme ; d'où son nom créole de *Acier à l'asthme*.
10. *I. Pavetta* ROXB., *Fl. ind.*, I, 395. — *I. paniculata* LAMK. — *Pavetta indica* L., *Spec.*, 160. — KER, in *Bot. Reg.*, t. 198. — *P. alba* VAHL.
11. ROXB., *Fl. ind.*, I, 384. — *I. coccinea* CURT., in *Bot. Mag.*, t. 169 (ex DC., *Prodr.*, IV, 486, n. 3). — *I. flammea* SALISB. (ex. DC.).
12. ROXB., *Fl. ind.*, I, 386. — DC., *Prodr.*, n. 2. — *I. coccinea* L. — *Bandhuca* JONES, in *As. Res.*, IV, 250. — *Schetti* RHEED., *Hort. malab.*, II, 13, t. 12 (ex HAM.).

intermittentes, les affections cutanées. L'*I. grandiflora* [1] passe dans le
même pays pour astringent, et son fruit pour diurétique. Aux Moluques,
on prescrit la racine de l'*I. lanceolata* [2] contre les pleurésies, les affections du poumon et la carie dentaire. Les *I. congesta* Roxb. et *tenui-
flora* Roxb. ont des propriétés analogues. Au Brésil, on préconise la
racine amère du *Declieuxia Aristolochia* [3] comme emménagogue. Dans
l'Inde, on emploie la décoction des feuilles du *Canthium parviflorum* [4]
contre la diarrhée, et l'on dit sa racine anthelminthique. On mange ses
jeunes feuilles. Celles du *C. Rheedii* DC. et sa racine servent au traitement des maladies hépatiques. Plusieurs *Morinda* sont aussi vantés
contre les maladies inflammatoires, notamment les *M. umbellata* et
citrifolia (fig. 275, 276). Plusieurs *Guettarda* sont également astringents, notamment le *G. speciosa* [5] (fig. 286, 287), qui sert, dans l'Inde
et l'archipel indien, au traitement des blessures, des ulcères, des abcès,
et dont l'écorce, administrée aux femmes enceintes, facilite et accélère,
croit-on, le travail; les *G. ambigua* DC. et *argentea* [6], qui, à la Guyane,
sont recommandés comme toniques; le *G. Angelica* [7], à écorce amère et
aromatique, employée surtout au Brésil dans la médecine vétérinaire; et
plus encore les *G. verticillata* [8] et *dioica* [9], des îles Mascareignes, vantés
outre mesure dans ce pays contre les fièvres, les hémorrhagies, les diarrhées et même le choléra. L'*Erithalis fruticosa* [10] passe aux Antilles pour
tonique et stimulant. Son bois contient une résine astringente, qui
guérit, dit-on, les affections des reins et de la vessie, et donne à ce bois
un parfum agréable. L'*E. polygama*, de l'Océanie tropicale, est un *Guettarda* de la section *Timonius* [11], qu'on emploie dans le traitement des
fièvres rhumatismales; son écorce sert aux mêmes usages que le Bétel.
L'*Ixora*, qui a reçu le nom de *Stylocoryne Rheedii* [12], sert au Malabar

1. Ker, in *Bot. Reg.*, t. 154. — Rosenth., *op. cit.*, 329. — *Pavetta coccinea* Bl., *Bijdr.*, 950. — *Schetti* Burm., *Thes. zeyl.*, t. 57.

2. *Dict.*, III, 343 (part.). — *I. fulgens* Roxb. (ex DC., *Prodr.*, n. 6). — ? *Bem-schetti* Rheed., *Hort. malab.*, II, t. 57 (ex DC.).

3. Mart., ex Rosenth., *op. cit.*, 330. — *Asperula cyanea* Velloz.

4. Lamk, *Dict.*, I, 602. — DC., *Prodr.*, IV, 474. — *Webera tetrandra* W., *Spec.*, I, 1224. — *Kanden-kara* Rheed., *Hort. malab.*, V, 71, t. 36.

5. L., *Spec.*, 1408 (nec Aubl.). — Lamk, *Ill.*, t. 154, fig. 2. — Roxb., *Fl. ind.*, II, 521. — Bedd., *Fl. sylv. Madr.*, t. 17, fig. 2. — *Cadamba jasminiflora* Sonner., *Voy.*, II, t. 128. — *Gardenia speciosa* Roxb., ex Rosenth., *op. cit.*, 332. — *Rava-pon* Rheed., *Hort. malab.*, IV, t. 47,48.

6. Lamk, *Dict.*, III, 54; *Ill.*, t. 154, fig. 1. — *G. speciosa* Aubl., *Guian.*, I, 320 (nec L.).

7. Mart., ex Rosenth., *op. cit.*, 332 (*Ruiz d'Angelica* des Brésiliens).

8. *Malanea verticillata* Lamk, *Ill.*, t. 66, fig 1. — Desrx, in *Lamk Dict.*, III, 688. — *Antirhœa Lostœana* Commers. (ex J.). — *A. borbonica* Gmel., *Syst.*, I, 244. — *A. verticillata* DC., *Prodr.*, IV, 459, n. 1. — *Cunninghamia verticillata* W., *Spec.*, I, 615 (*Bois de Losteau*).

9. *Anthirœa dioica* Bory, ex DC., *Prodr.*, n. 2.

10. L., *Spec.*, 251. — DC., *Prodr.*, IV, 465, n. 1. — *E. odorifera* Jacq., *Amer.*, 72, t. 173, fig. 23. — Rosenth., *op. cit.*, 332 (*Epanille*, *Lignum nephreticum*).

11. *T. Rumphii* DC., *Prodr.*, IV, 461, n. 1.

12. Kost., ex Rosenth., *op. cit.*, 333, 1120.

d'emménagogue et d'antidiarrhéique. Le *Wallichia porphyracea*
MART.[1], qui est un *Urophyllum*, est aussi à Java un astringent; on
emploie ses bourgeons. L'*Isertia coccinea*[2], de l'Amérique tropicale, a
des feuilles usitées en décoction pour fomentations et lotions toniques; son bois est amer, et son écorce a servi au traitement des fièvres
et des hépatites. Plusieurs *Oldenlandia* sont toniques et astringents,
notamment l'*O. verticillata* L. et l'*Hedyotis Auricularia* L., qui, à Java,
passe pour guérir la surdité; l'*O. umbellata*, qui sert au traitement de
l'asthme, des affections pulmonaires; l'*O. herbacea*[3], qui, uni au Santal,
au miel et au Carvi, se prescrit contre les fièvres; l'*O. lactea*, qui est
vanté comme expectorant, et les *O. alata* et *crystallina*, qu'on substitue
à l'*O. umbellata*. Les *Ophiorrhiza* tirent leur nom de leur réputation
bien établie dans l'Inde et les pays voisins, où ils passent pour guérir
les morsures des animaux venimeux; notamment l'*O. japonica*[4] (fig. 321)
et surtout l'*O. Mungos*[5], espèce commune à Java, à Sumatra et à Ceylan. A Cayenne, le *Sipanea pratensis*[6] s'administre comme astringent
contre les uréthrites, les plaies, les ulcères. Le *Wendlandia Lawso-
niæ*[7] s'emploie au Malabar comme tonique, antispasmodique, aromatique; on se sert de son écorce et de ses fruits. Les *Rondeletia* sont dans
le même cas; au Mexique et au Brésil, ils ont souvent été substitués au
quinquina comme toniques. Tels sont principalement les *R. febrifuga*[8],
odorata[9], *americana*[10], et quelques autres qui donnent, dit-on, une huile
de Sainte-Marie. Ce nom est cependant réservé de préférence à une sorte
de baume tonique, employé comme médicament, l'*Aceite Maria*, produit au Pérou par l'*Elæagia Mariæ*[11], et à la Nouvelle-Grenade par
l'*E. utilis*[12]. Les *Bouvardia Jacquini*[13] (fig. 315-317) et *triphylla*[14] ont

1. ROSENTH., *op. cit.*, 333.
2. VAHL, *Ecl. amer.*, II, 27. — DC., *Prodr.*, IV,
437, n. 1. — *Guettarda coccinea* AUBL., *Guian.*,
I, 317, t. 123. — LAMK, *Ill.*, t. 259.
3. DC., *Prodr.*, IV, 425, n. 8. — ROSENTH.,
op. cit., 331. — *Hedyotis herbacea* L., *Fl. zeyl.*, 65.
4. BL., ex DC., *Prodr.*, IV, 416, n. 13.
5. L., *Amœn.*, II, 117; *Mat. med.*, 27, icon.—
GÆRTN., *Fruct.*, I, t. 55 ? — DC., *Prodr.*, n. 1.
— ROSENTH., *op. cit.*, 335. — *Mungo* KÆMPF.,
Amœn., 573, 577 (*Hampaddu* des Malais).
6. AUBL., *Guian.*, 147, t. 56. — DC., *Prodr.*,
IV, 414, n. 1. — ROSENTH., *op. cit.*, 335. — *Virecta pratensis* VAHL, *Ecl. amer.*, II, 11.
7. DC., *Prodr.*, IV, 413. — *Lawsonia purpurea*
LAMK, *Dict.*, III, 107. — *Poutaletsje* RHEED.,
Hort. malab., IV, t. 57 (*Barsoti*). Le *W. tinctoria*
DC. n'est recherché que pour sa matière colo-
rante (*Toolalodh* des Bengalais).

8. MART., ex ROSENTH., *op. cit.*, 335.
9. JACQ., *Amer.*, 59, t. 42.—H. B. K., *Nov.
gen. et spec.*, III, 394. — DC., *Prodr.*, IV, 408,
n. 15 — *R. coccinea* SESS. et MOÇ. (ex DC.).
10. L., *Spec.*, 243. — DC., *Prodr.*, n. 12. Le
R. jasminiodora MACK. (ex ROSENTH., *op. cit.*,
335), cité comme donnant une huile de Sainte-
Marie, est peut-être un *Elæagia*.
11. WEDD., *Hist. nat. Quinq.*, 94, not. —
WALP., *Ann.*, II, 777.
12. WEDD., *loc. cit.* — *Condaminea utilis* GOUD.,
herb. (*Arbol del cera*).
13. H. B. K., *Nov. gen. et spec.*, III, 385. —
Ixora americana JACQ., *Hort. schœnbr.*, III, t. 257.
— *I. ternifolia* CAV., *Icon.*, IV, 3, t. 305 (ex DC.).
— *Houstonia coccinea* ANDR., *Bot. Repos.*, t. 106.
— *Tlacoxochitl* HERN., *Mex.*, 231, icon.
14. Var. (?) du précédent. SALISB., *Par.*, 88.—
KER, in *Bot. Reg.*, t. 107.

aussi une écorce astringente, préconisée comme tonique au Mexique et servant au traitement des ulcères et des abcès. L'*Æginetia caranifera* Cav., qui appartient aussi au genre *Bouvardia*, renferme une résine qui sert à boucaner les viandes. A Madagascar, à Maurice et à Bourbon, l'écorce du *Danais fragrans*[1], parfois substituée au quinquina, et qui est en même temps tinctoriale, servait au traitement des affections cutanées et porte le nom de *Bois à dartres*. Aux Antilles, les *Catesbæa* ont souvent pris celui de *Quinquinas épineux;* leur écorce est tonique, digestive, notamment celle du *C. spinosa* L.[2]. On préconise de même comme astringents, stomachiques, toniques : dans l'Asie tropicale, le *Cupia corymbosa* DC. et le *Stylocoryne Rheedii* Kost., qui appartiennent pour nous à une section du genre *Ixora;* plusieurs *Genipa*, tels que le *Randia longiflora*[3], employé au traitement des fièvres d'accès; le *R. dumetorum*[4]; le *Gardenia florida*[5], de la Chine et de l'Inde, célèbre par la beauté et le parfum de ses fleurs; le *Gardenia Mussaendæ*[6], de l'Amérique équinoxiale, qui sont en même temps des plantes tinctoriales; le *G. radicans*[7], du Japon; le *G. gummifera*[8], de Ceylan, qui laisse exsuder une sorte de résine comparée aux élémis; le *G. arborea*[9], de l'Inde, qui donne la résine dite *Decamali;* le *G. Pavetta*[10], du même pays, médicament astringent; le *G. Rothmannia*[11], du cap de Bonne-Espérance; le *G. malleifera*[12], de l'Afrique tropicale occidentale, riche en tannin et servant aux sauvages à se noircir la peau; le *Genipa capensis*[13], du même

1. Commers., ex Lamk, *Ill.*, t. 166, fig. 2. — DC., *Prodr.*, IV, 361, n. 1. — Gærtn. F., *Fruct.*, III, 83, t. 195. — *Pæderia fragrans* Lamk, *Dict.*, II, 260. — ? *Cinchona afro-inda* Willem., *Herb. maur.*, 16 (ex DC.).

2. L., *Spec.*. 159. — Lamk, *Ill.*, t. 67, fig. 1. — Curt., in *Bot. Mag.*, t. 131. — DC., *Prodr.*, IV, 401, n. 2. — *C. longiflora* Sw., *Prodr.*, 30 (? *China spinosa* off.).

3. Lamk, *Dict.*, III, 26; *Ill.*, t. 156, fig. 3. — *R. aculeata* L., *Spec.*, 214. — *R. mitis* L. — *Posoqueria longiflora* Roxb., *Fl. ind.*, II, 569. — *P. multiflora* Bl., *Bijdr.*, 980.

4. Lamk, *Ill.*, 227, t. 156, fig. 4. — DC., *Prodr.*, IV, 385, n. 6. — Hiern, *Fl. trop. Afr.*, III, 94; in *Journ. Linn. Soc.*, XVI, 260. — *R. spinosa* Bl., *Bijdr.*, 981. — *Gardenia dumetorum* Rctz., *Obs.*, II, 14. — Roxb., *Pl corom.*, t. 136. — *G. spinosa* L. F., *Suppl.*, 164. — Thunb., *Diss. Gard.*, t. 2, fig. 4. — *G. dumosa* Salisb. — *Posoqueria dumetorum* Roxb, *Fl. ind.*, II, 564. — *Ceriscus malabaricus* Gærtn., *Fruct.*, I, t. 28.

5. L., *Spec.*, 305. — DC., *Prodr.*, IV, 379, n. 1. — *G. jasminoides* Soland. — Ell.

6. Thunb., *Diss.*, n. 5. — *G. maritima* Vahl.

— *Mussaenda formosa* Jacq., *Amer.*, t. 48. — *Randia Mussaendæ* DC., *Prodr.*, IV, 388, n. 29.

7. Thunb., *Diss.*, n. 1, t. 1. — Andr., in *Bot. Repos.*, t. 491. — Ker, in *Bot. Reg.*, t. 73.

8. L. F., *Suppl.*, I, 64.

9. Roxb., *Fl. ind.*, II, 554.

10. Hayn., ex Rosenth., *op. cit.*, 349.

11. L. F., *Suppl.*, 165. — Harv. et Sond., *Fl. cap.*, III, 6, n. 7. — *Rothmannia capensis* Thunb., in *Act. holm.* (1776), 65, fig. 2.

12. Hook., in *Bot. Mag.*, t. 4307. — *G. Whitfieldi* Lindl., in *Bot. Reg.* (1845), sub t. 47. — *Rothmannia malleifera* Benth., *Niger Fl.*, 384. — *Randia malleifera* B. H., ex Hiern, *Fl. trop. Afr.*, III, 98, n. 11 (*Blippo* des indigènes).

13. *Thunbergia capensis* Mont., in *Act. holm.* (1773), t. 11. — *Gardenia Thunbergia* L. F., ex Thunb., *Diss.*, 11, 17, n. 3. — Hiern, *Fl. trop. Afr.*, III, 100, n. 1. — *Bot. Mag*, t. 1004. — *G. verticillata* Lamk, *Dict.*, II, 607. — *G. speciosa* Salisb. — *G. crassicaulis* Salisb. — ? *G. ternifolia* Schum. — *G. medicinalis* Vahl. — *G. lutea* Fresen. — *G. Tinneæ* Kotsch. et Heugl., in *Bot. Zeit.* (1865), 173, t. 8. — *Bergkias* Sonn. — *Caquepiria Bergkia* Gmel., *Syst.*, 651.

pays, ainsi que le *G. resinifera* [1] et le *G. Jovis tonantis*[2], dont les
rameaux se plantent au toit des cases pour les préserver des atteintes de
la foudre. Puis les *Genipa* proprement dits, tous d'origine américaine :
le *G. americana* [3] (fig. 296), très-riche en substance astringente et tan-
nante; le *G. brasiliensis* [4], employé contre les accidents inflammatoires
et syphilitiques; le *G. Caruto* [5] et le *G. oblongifolia* [6], qui, au Mexique,
aux Antilles et au Pérou, servent à des usages analogues. Les *Mussaenda* ont souvent des propriétés semblables. Ainsi, le *M. Landia* [7]
(fig. 308, 309), à Madagascar et aux îles Mascareignes, sert d'astringent et de fébrifuge; le *M. frondosa* [8] se prescrit dans l'Indo-Chine
comme tonique, expectorant, diurétique, contre les phlegmasies,
l'asthme, les hydropisies; le *M. glabra* [9], dans l'Inde; le *M. luteola* [10], en
Nubie et Arabie, contre les mêmes affections. A Sierra-Leone, le *Canthium Afzelianum* [11] sert, comme astringent, au traitement de l'enflure
des jambes et des genoux. Les *Hamelia* sont, en Amérique, employés
aussi contre certains états inflammatoires. L'*H. patens* [12] (fig. 306, 307)
se prescrit contre les dysenteries et les affections scorbutiques; on se
sert principalement d'un sirop fabriqué avec ses fruits. Les tanneurs
emploient ses tiges et ses feuilles, qui guérissent aussi la gale, de même
que les fruits. Cette plante a été considérée comme vénéneuse. En Arabie, le *Virecta lanceolata* [13] (fig. 322, 323) sert à traiter les morsures

1. *Gardenia resinifera* Roth, *Nov. spec.*, 150.
— Kurz, *For. Fl. brit. Burm.*, II, 42, n. 8. —
G. lucida Roxb., *Fl. ind.*, II, 553.
2. *Decameria Jovis tonantis* Welw., *Apun-
tam.*, 579, not. 12. — *Gardenia Jovis tonantis*
Hiern, *Fl. trop. Afr.*, III, 101, n. 2; in *Journ.
Linn. Soc.*, XVI. 260 (*N-day, Unday* des indig.).
3. L., *Spec.*, 251. — Plum. (ed. Burm.), t. 136.
— *Genipa fructu ovato* Plum. T., *Inst.*,658,t.436,
437 (1700). — *Gardenia Genipa* Sw., *Obs.*, 81.
4. Mart., ex Rosenth., *op. cit.*, 349. — *G.
americana* Velloz. (nec L.) (*Genipabeiro* des
Brésiliens).
5. H. B. K., *Nov. gen. et spec.*, 407. — DC.,
Prodr.,IV, 378, n.2. — Rosenth., *op. cit.*, 350.
6. R. et Pav., *Fl. per.*, II, 67, t. 220, a. —
DC., *Prodr.*, n. 4. — *Gardenia oblongifolia* Poir.
7. Lamk., *Ill.*, t. 157, fig. 2. — DC., *Prodr.*,
IV, 372, n. 16. — Smith, in *Rees Cyclop.*, n. 5.
— *M. Stadmanni* Micux, ex DC., *Prodr.*, n. 17.
— *M. latifolia* Poir. — *M. holosericea* Sw. —
Rondeletia Landia Spreng. (*Quinquina indigène,*
a Maurice, *Q. de Madagascar*). C'est, croit-on,
plutôt cette plante que le *Danais,* qui est le *Cinchona afro-inda* Willem. (voy. p. 379, note 1).
8. L., *Spec.*, 251. — DC., *Prodr.*, n. 3. —
Lamk., *Ill.*, t. 157. — *M. formosa* L. — *M. zey-*

lanica Burm. — *M. Belilla* Ham. — *Belilla*
Rheed , *Hort. malab.*, II, 27, t. 17.
9. Vahl, *Symb.*, III, 38. — Lodd., *Bot. Cab.*,
t. 1269. — *Folium Principissæ* Rumph., *Herb.
amboin.*, IV, t. 51 (ex DC., *Prodr.*, n. 4).
10. Del., *Cent. pl. afr. Caill.* (1826), 65 (part.),
t. 1, fig. 1 (nec Hochst.). — Hiern, *Fl. trop.
Afr.*, III, 71, n. 12. — *Vignaudia luteola*
Schweinf. et Ascr., *Enum.*, 282.
11. Hiern, *Fl. trop. Afr.*, III, 142, n. 26. —
Pavetta parviflora Afzel., *Rem. gum.*, VII, 47.
— ? *P. Smeathmanni* DC. (ex Hiern).
12. Jacq., *Amer.*, 72, t. 50.— Sm , *Exot. Bot.*,
t. 24. — Gærtn. f., *Fruct.*, III, t. 196, fig. 3.
— DC., *Prodr.*, IV, 441, n. 1. — *H. coccinea*
Sw. — *Duhamelia patens* Pers., *Syn.*, I, 203.
13. *Ophiorrhiza lanceolata* Forsk., *Fl. æg.-
arab.*, 42, n. 39. — *Manettia lanceolata* Vahl,
Symb., I, 12. — *Neurocarpœa lanceolata* R. Br.,
in *Salt. Abyss. App.*, IV, lxiv. — *Vignaldia
Quartiniana* A. Rich., *Fl. abyss. Tent.*, I, 357.
— *Pentas carnea* Benth., in *Bot. Mag.* t. 4086.
— Hiern, *Fl. trop. Afr.*, III, 46, n. 3. — *P.
Quartiniana* Oliv., in *Trans. Linn. Soc.*, XXIX,
t. 46. — *P. Klotzschii* Vatk. — *Pentanisia nervosa* Kl., in *Pet. Moss., Bot.*, 287. — *P. cymosa* Kl. — *P. suffruticosa* Kl., *loc. cit.*

des serpents et autres animaux venimeux. Le *Portlandia grandiflora* [1], des Antilles, a une écorce amère, stomachique et tonique. Le *P. speciosa* [2], de l'Amérique tropicale, a les mêmes propriétés; on dit également son écorce fébrifuge.

Le *Diervilla acadiensis* [3] ou *lutea* (fig. 356), de l'Amérique du Nord, est aussi une plante astringente, vantée comme antisyphilitique. Beaucoup de Lonicérées ont des propriétés analogues. Le *Linnæa borealis* [4] (fig. 380) sert encore en Suède au traitement de la goutte, de la sciatique et des rhumatismes. Les feuilles du Chèvrefeuille des jardins [5] (fig. 371-376) ont été employées en gargarismes astringents. Le *L. Periclymenum* [6] a les mêmes propriétés. On extrayait du *L. Xylosteum* [7] (fig. 378) une huile empyreumatique usitée contre les affections scorbutiques, syphilitiques, les tumeurs froides et la rage. Les *Symphoricarpos vulgaris* [8] et *racemosus* [9] (fig. 365-370) sont réputés fébrifuges en Amérique; on employait, dit-on, les jeunes branches réduites en poudre. Les Sambucées sont au contraire des plantes évacuantes. La racine du *Sambucus Ebulus* (fig. 382-384) est, dit-on, violemment purgative. Ses feuilles ont été vantées comme fondantes; on les a recherchées en médecine vétérinaire contre l'anasarque, la pourriture, les eaux aux jambes et le farcin. Le Sureau noir a aussi des feuilles et une écorce interne purgatives. Le *Sambucus racemosa* [10] a les mêmes propriétés, et aussi le *S. canadensis* [11] (fig. 385, 386). Le *S. peruviana* [12] est purgatif. Le *S. mexicana* [13] est vanté comme antisyphilitique. Les *S. javanica* et *australis* passent pour

1. L., *Spec.*, 244. — Jacq., *Amer.*, t. 44. — Curt., in *Bot. Mag.*, t. 286. — DC., *Prodr.*, IV, 405, n. 1. — Rosenth., *op. cit.*, 336.

2. *P. hexandra* Jacq., *Amer.*, 63, t. 182, fig. 20. — *Coutarea speciosa* Aubl., *Guian.*, I, 304, t. 122. — Lamk, *Ill.*, t. 157. — DC., *Prodr.*, IV, 350, n. 1. — Rosenth., *op. cit.*, 546 (*Quina de Pernambuco, Cortex flava fibrosa* s. *Pseudo-Carthagena* off.).

3. Duham., *Arbr.*, I, t. 87 (1755). — *D. trifida* Moench, *Meth.*, 492 (1794). — *D. Tournefortii* Michx, *Fl. bor.-amer.*, 1, 107 (1803). — *D. humilis* Pers., *Syn.*, I, 214 (1805). — *D. canadensis* W., *Enum.*, I, 222 (1809). — *D. lutea* Pursh, *Fl. Amer. sept.*, I, 162 (1814). — *Lonicera Diervilla* L., *Mat. med.*, 62.

4. L., *Spec.*, 880; *Fl. lapp.* (ed. 2), t. 12, fig. 4. — Sow., *Engl. Bot.*, t. 433. — Schkuhr, *Handb.*, t. 176. — Lamk, *Ill.*, t. 536. — Wahlenb., *Fl. lapp.*, 170, t. 9, fig. 3. — Hook., *Fl. lond.*, V, t. 199. — Rosenth., *op. cit.*, 351.

5. *Lonicera Caprifolium* L., *Spec.*, 246. — Sow., *Engl. Bot.*, t. 799. — DC., *Prodr.*, IV, 331, n. 1; *Fl. fr.*, IV, 270. — Gren. et Godr., *Fl. de Fr.*, II, 9. — *L. pallida* Host, *Fl. austr.*,

I, 298. — *Periclymenum italicum* Mill., *Dict.*, n. 5. — *Caprifolium hortense* Lamk. — *C. italicum* Roem. et Sch. — *C. rotundifolium* Moench (*Patte-de-loup, Maire, Moire*).

6. L., *Spec.*, 247. — Gren. et Godr., *Fl. de Fr.*, II, 10 (*Cranquillier*).

7. L., *Spec.*, 248. — Duham., *Arbr.*, II, t 54. — *Xylosteum dumetorum* Moench. — *X. vulgare* Roehl. — *Caprifolium dumetorum* Lamk. (*Chamécerisier, Camérisier, Soriau*).

8. Michx, *Fl. bor.-amer.*, I, 106. — *Symphoria conglomerata* Pers., *Syn.*, I, 214. — *S. glomerata* Pursh. — *Lonicera Symphoricarpos* L., *Spec.*, 249. (*Arbousier d'Amérique*).

9. Michx, *loc. cit.*, 107. — Sims, in *Bot. Mag.*, t. 2211. — *S. leucocarpa* hort. — *Symphoria racemosa* Pursh. — ? *S. heterophylla* Presl.

10. L., *Spec.*, 386. — Jacq., *Ic. rar.*, t. 59. — Duham., *Arbr.*, t. 66. — Gren. et Godr., *Fl. de Fr.*, II, 7. (*Sureau de montagne, S. à grappes*).

11. L., *Spec.*, 385. — Pursh, *Fl. Amer. sept.*, I, 203. — Schm., *Œstr. Baumz.*, t. 142.

12. H. B. K., *Nov. gen. et spec.*, III, 429. — *S. suaveolens* W., in *Sch. Syst.*, VI, 441.

13. Presl, ex DC., *Prodr.*, IV, 322, n. 7.

382 HISTOIRE DES PLANTES.

dépuratifs et diurétiques. Ces propriétés, qui se retrouvent dans le *Triosteum perfoliatum*[1], plante américaine, à racine évacuante et diurétique, sont remarquables à côté de l'astringence et de la richesse en matières tanniques d'un nombre si considérable de Rubiacées. Fait singulier, les *Viburnum*, si voisins cependant des Sureaux, sont indiqués aussi comme des plantes astringentes. Les feuilles et les fruits du *V. Lantana*[2] sont employés comme tels; ils servent en teinture et l'on en fait de l'encre. Le *V. Opulus*[3] est aussi une espèce tinctoriale.

Outre les qualités astringentes que leurs écorces possèdent aussi à un haut degré, les Quinquinas[4] sont depuis longtemps célèbres par leurs propriétés fébrifuges. Le premier connu en Europe de ces précieux végétaux a été le *Cinchona officinalis*[5] (fig. 339, 340). C'est en 1639 qu'on en fit le premier essai près de Madrid, un an après la fameuse guérison de la femme du vice-roi du Pérou, L. G. F. DE CABRERA Y BOBADILLA, quatrième comte DE CHINCHON, dont LINNÉ a donné au genre le nom quelque peu altéré. Ce n'est, paraît-il, que peu d'années avant cette époque que les Espagnols eurent connaissance des Quinquinas, quoique la conquête datât de 1513, et cela prouverait assez que les indigènes étaient dans l'ignorance la plus complète des propriétés de ces plantes, qu'aujourd'hui même beaucoup d'entre eux regardent comme plus dangereuses qu'utiles. Ils ne les connaissent guère que comme propres à la teinture, plusieurs d'entre elles étant riches en matière colorante. Ce n'est qu'en 1742 que le genre *Cinchona* fut établi, et c'est une vingtaine d'années plus tard que LOPEZ et

1. L., *Spec.*, 250. — BIGEL., *Med. Bot.*, I, 90, t. 9. — LINDL., *Fl. med.*, 445. -- DC., *Prodr.*, IV, 330, n. 1. — *T. majus* MICHX, *Fl. bor.-amer.*, I, 107. — (?) *T. angustifolium* VAHL, *Symb.*, III, 37 (*Ipécacuanha de Virginie, Wild Ipecacuanha, Fever root*).

2. L., *Spec.*, 384. — GREN. et GODR., *Fl. de Fr.*, II, 8. — *V. grandifolium* SM. — *V. tomentosum* LAMK. (*Viorne Mantanne, Moinsinne, Mansienne, Marselle, Coudre-Mansianne, Hardeau, Bardeau, Bourdaine blanche, Valinié*).

3. L., *Spec.*, 384. — GREN. et GODR., *loc. cit.*. 8. — *V. lobatum* LAMK (*Sureau aquatique, des marais, Obier, Caillebot, Rose d'iete*). Les *V. odoratissimum* KER, de Chine et *cassinoides* L., de l'Amérique du Nord, sont employés en infusions théiformes, aromatiques et stimulantes.

4. LAMB., *Cinchon.* (Lond., 1797). — ENDL., *Enchirid.*, 276. -- LINDL., *Veg. Kingd.*, 762; *Fl. med.*, 406. — PLANCH. (G.), *Des Quinq.* (Paris, 1864); in Guib. *Drog. simpl.* (éd. 7), III, 102; in *Dict. encycl. sc. méd.*, sér. 3, I, 272. —

DEL. et BOUCH., *Quinol.* (Paris, 1854). — WEDD., *Hist. nat. Quinq.* (Paris, 1849); in *Ann. sc. nat.*, sér. 5, XI, 346; XII, 24. — KARST., *Medic. Chinar. N.-Granad.* (Berlin, 1858); *Fl. colomb.* (1854), 2 vol., pass.— HUW., *Ill. Nuev. Quinol. Pav.* (Lond., 1862); *Quinol. E. Ind. plantat.* (Lond., 1869).— MARKH. (C. R.), *Chinch. spec. N.-Gran.* (Lond., 1867). — MIQ., *De Cinch. spec. quibusd*, in *Ann. Mus. ludg.-bat.* (1869).

5. L., *Syst.* (ed. 10), 929; *Spec.* (ed. 1), 172, (ed. 2), 244. — HOOK., in *Bot. Mag.*, t. 5364. — TRI., *Nouv. Etud. Quinq.* (Paris, 1870), 59. — FLÜCK. et HANB., *Pharmacogr.*, 303, 318. — MIQ., *loc. cit.*, 13. — GUIB., *loc. cit.*, 145, fig. 618, 619. — *C. Condaminea* H. B., *Pl. æquin.*, I, 33, t. 10. — DC., *Prodr.*, IV, 352, n. 1.— WEDD., *Hist. nat. Quinq.*, 32, t. 4, 4 bis, 5. — *C. Uritusinga* PAV., *loc. cit.* — TRI., *loc. cit.* — *Quina-quina* LA CONDAM., in *Act. Acad. Par.* (1738), 114 (*Q de Loxa, Cahuarguera colorado del Rey, C. amarilla del Rey, Crown-bark, Pale bark, Q. Palton*).

Mutis connurent à la Nouvelle-Grenade les *C. lancifolia*[1], *pitayensis*[2], etc. Vers la même époque, Ruiz et Pavon, un peu après Rengifo, découvrirent au Pérou un certain nombre d'autres espèces, notamment celles qui donnent les Quinquinas dits *Huanuco*, et surtout le meilleur Q. rouge connu, le *C. succirubra*[3] (fig. 341). Ce n'est qu'en 1847 que H. A. Weddell a trouvé, en Bolivie, le plus méridional et le meilleur des Q. jaunes, qu'il a nommé *C. Calisaya*[4] (fig. 333-338). Aujourd'hui, on a planté en abondance dans les possessions indiennes de la Hollande et de l'Angleterre, et l'on commence même à cultiver dans quelques-unes de nos colonies les espèces de *Cinchona*[5] les plus riches en alcaloïdes[6] actifs.

Un grand nombre d'écorces de faux-Quinquinas ont été préconisées depuis un siècle, souvent riches en principes astringents, mais ne contenant que peu ou ordinairement point d'alcaloïdes. Elles appartiennent aux genres américains *Exostema*[7], *Cascarilla*[8] *Ladenbergia*[9],

1. Mut., in *Period. S.-Fé* (1793), n. 3, 465. — H., in *Mag. Ges. Nat. Fr. Berl.* (1807), 116. — Guib., *loc. cit.*, 152. — Karst., *Fl. colomb.*, I, t. 11, 12; II, 21. — Tri., *Nouv. Étud.*, 58. — *C. amygdalifolia* Wedd. — *C. angustifolia* R. et Pav., *Suppl.*, 14 (*Quina primitiva* Mut., *Quinquina jaune orangé de Mutis*, Q. *spongieux de Carthagène*, Q. *Colombia* off.).

2. Wedd., in *Ann. sc. nat.*, sér. 3, XI, 269. — Guib., *loc. cit.*, 156. — Tri., *Nouv. Étud.*, 61. — *C. lanceolata* Benth. (nec Pav.). — *C. Trianæ* Karst., *Fl. colomb.*, t. 45 (*Quinquina Pitayo*, *Pitaya*, *Carthagène rouge* et *brun*, *Almaguer*, Q. *d'Antioquia*). Weddell rattache cette plante à la race du *C. rugosa* Pav. (*C. Mutisii*, var. *rugosa* G. Pl.), dans laquelle il comprend les *C. Mutisii* Lamb., *hirsuta* Pav., *Pahudiana* How., *carabayensis* Wedd. et *Humboldtiana* Lamb.

3. Pav., ex How., *Ill. N. Quinol.*, n. 9. — Guib., *op. cit.*, 169. — Hanb., *op. cit.*, 303, 318, — *C. ovata erythroderma* Wedd., *Quinq.*, 61 (*Cascarilla colorada de Huaranda*, *China rubra*, *Red Cinchona*, *Red bark*, *Cascarilla roxa verdadera*, *Quinquina rouge verruqueux* et *non verruqueux*, Q. *rouge vif* et *rouge pâle*).

4. Wedd., in *Ann. sc. nat.*, sér. 3, X, 6; *Hist. nat. Quinq.*, 30, t. 3, 4; 28, fig. 1-4. — Tri., *loc. cit.*, 65. — Guib., *op. cit.*, 140, fig. 617. — Berg et Schm., *Darst. Off. Gew.*, t. 146. — *C. boliviana* Wedd. (Q. *jaune royal*, *Royal yellow bark*, *Bolivian bark*, *Cortex Chinæ regius*). Weddell a aussi fait connaître sa variété *Josephiana*, qui est un arbuste peu élevé.

5. Notamment, outre celles qui viennent d'être énumérées, les *C. macrocalyx* Pav., *Pahudiana* How., *micrantha* R. et Pav., *nitida* R. et Pav.,

ovata R. et Pav., *rotundifolia* Pav., *obovata* Pav., etc.

6. Notamment la quinidine et la quinine ($C^{20}H^{24}N^2O^2$), la cinchonidine et la cinchonine ($C^{20}H^3N^2O$), la quinamine ($C^{20}H^{26}N^2O^2$). Les alcaloïdes qui ont le moins échoué dans les expériences du gouvernement de Madras pour le traitement des fièvres ont été la quinine (7 insuccès pour 100) et surtout la Quinidine (6 pour 100).

7. L'*E. angustifolium* R. et Sch. donne une écorce fébrifuge et tonique (*Cortex Chinæ angustifoliæ* v. *surinamensis*), de même que l'*E. brachycarpum*, de la Jamaïque, l'*E. lineatum* R. et Sch. (*Ecorce de Sainte-Lucie*), l'*E. peruvianum* H. B. (*Quinquina du Pérou*), l'*E. cuspidatum* A. S.-H. (*Quina do mato*), l'*E. Souzanum* Mart. (*Quina do Piauhy*), l'*E. formosum* Ch. et Schlchtl (*Quina do Rio-de-Janeiro*), l'*E. longiflorum* R. et Sch. (*China caribæa spuria* off.) et l'*E. triflorum* (*Cinchona triflora* Wright).

8. Le *C. magnifolia* Wedd. (*Cinchona magnifolia* R. et Pav. — *C. oblongifolia* Mut. — *Buena magnifolia* Wedd.) donne le *Quinquina rouge* de Mutis (Guib., *loc. cit.*, 179, fig. 625). Le *C. macrocarpa* Wedd. (*Buena macrocarpa* Wedd. — *Cinchona macrocarpa* Vahl. — ? *C. ovalifolia* Mut.) produit le Q. *blanc* de Mutis (Guib., *loc. cit.*, 182, fig. 626). M. Triana a exposé (*Nouv. Étud.*, 69) la liste des *Cascarilla* colombiens.

9. On a attribué au *L. hexandra* Kl. (*Buena hexandra* Pohl) un faux-quinquina brésilien (*China nova brasiliensis*, *C. de Rio-Janeiro*). Le *L. ovalifolia* Kl. donne le *Cascarilla peluda* de Cuença. D'autres faux-quinquinas sont produits par les *L. cava* Kl., *Lambertiana* Kl., *Riedeliana* Kl., *oblongifolia* Kl., *obtusifolia* Kl., *macro-*

Macrocnemum[1], *Hippotis*[2], *Remijia*[3], *Condaminea*[4], *Bathysa*[5]. Dans l'Inde, le *Luculia gratissima*[6] produit aussi un faux-Quinquina, vanté comme fébrifuge, ainsi que l'*Hymenodictyon excelsum*[7]; et dans l'Afrique tropicale, le *Crossopteryx febrifuga*[8] jouit d'une réputation analogue. Le genre *Exostema*, outre ses espèces américaines qui ont été jadis célèbres comme fébrifuges, l'*E. caribæum*[9] (fig. 343) et l'*E. floribundum*[10], est représenté en Océanie par le *Badusa*[11], qui a des propriétés analogues. Elles se retrouvent, dit-on, dans une autre espèce de la mer du Sud, le *Bikkia australis*[12], et dans quelques plantes congénères de la Nouvelle-Calédonie. Les *Manettia* ont été recommandés comme fébrifuges; le *M. cordifolia*[13], cependant, est évacuant, et se prescrit contre la dysenterie, l'hydropisie, etc.

Les écorces des Rubiacées sont assez rarement aromatiques. Beaucoup plus souvent l'odeur de leur corolle est suave, et elle renferme beaucoup d'essence, rappelant par son parfum celui de la fleur d'Orange. Plusieurs *Gardenia* sont dans ce cas, notamment les *G. florida* (fig. 297, 298) et *citriodora;* un grand nombre d'*Ixora*, dont quelques parfums portent le nom; les Cafés, surtout le *Coffea arabica*, dont l'odeur a été comparée à celle du Jasmin; les Quinquinas, dont les

carpa Kl., *dichotoma* Kl., *stenocarpa* Kl., et *acutifolia* Kl. (Rosenth., *op. cit.*, 344-346), dont plusieurs sont des *Cascarilla* ou des *Lasionema*.

1. Rosenth., *op. cit.*, 336.
2. Au Mexique, notre *H. arborescens* (*Sommera arborescens* Schlchtl) donne une écorce amère, succédanée du quinquina.
3. A. Saint-Hilaire les a décrits comme des *Cinchona* brésiliens et a exposé leurs vertus toniques, fébrifuges. Ce sont principalement le *R. Vellozii* DC. (*Cinchona Vellozii* A. S.-H.), le *R. ferruginea* DC. (*Cinchona ferruginea* A. S.-H.), le *R. Hilarii* DC. (*Cinchona Remijiana* A. S.-H.), vulgairement nommés *Quina da campo, da serra, da Remijo; le R. cujabensis* (*Quina da Cujaba*) et les *R. Bergeriana, firmula* et *macrocnemia* Wedd. (Rosenth., *op. cit.*, 339, 340).
4. Le *C. tinctoria* DC. donne l'Écorce de Paraguatan. Le *C. corymbosa* DC. (*Macrocnemum corymbosum* H. B.) a une écorce tonique, fébrifuge, tinctoriale.
5. A ce genre appartiennent les *Exostema australe* et *cuspidatum* A. S.-H. (*Pl. us. bras.*, t. 3).
6. Sweet, *Br. fl. gard.*, t. 145.— DC., *Prodr.*, IV, 358. — *Cinchona gratissima* Wall., in *Roxb. Fl. ind.*, II, 154; *Tent. Fl. nepal.*, I, 30, t. 21. — *Mussaenda Luculia* Ham. (*Luculi Swa, Ussakoli, Cortex Chinæ nepalensis* off.).
7. Wall., in *Roxb. Fl. ind.*, II, 149. — DC., *Prodr.*, IV, 358, n. 1. — *Cinchona excelsa*

Roxb., *Pl. corom.*, II, 3, t. 106 (*Bundaroo* en telinga).
8. Benth., *Niger Fl.*, 381. — *C. Kotschyana* Fenzl, in *Endl. Nov. st.*, 46. — Hiern, *Fl. trop. Afr.*, III, 44. — *Rondeletia febrifuga* Afzel. — *R. africana* Winterb. (*Bembee, Bellenda*).
9. R. et Sch., *Syst.*, V, 18. — DC., *Prodr.*, IV, 359, n. 1. — Grib., *op. cit.*, III, 187. — Lindl., *Fl. med.*, 430. — Rosenth., *op. cit.*, 337. — *Cinchona caribæa* Jacq., *Amer.*, t. 179, f. 65; *Obs.*, t. 17. — Lamb., *Cinch.*, t. 4. — Gærtn., *Fruct.*, I, t. 33. — *C. jamaicensis* Wright, in *Trans. Soc. Roy. Lond.*, LXVII, 504, t. 10 (*Quinquina caraïbe*).
10. R. et Sch., *Syst.*, V, 19. — DC., *Prodr.*, n. 9. — *Cinchona floribunda* Sw., *Prodr.*, 41. *Fl. Ind. occ.*, 375. — Lamb., *Cinch.*, 27, t. 7.— *C. montana* Bad. — *C. Luciana* Vitm. (*Quinquina Piton, Q. de Sainte-Lucie, Sea-side Beech*).
11. *B. corymbifera* A. Gray (p. 491, note 8).— *Cinchona corymbifera* Forst., in *Act. nov. upsal.*, III, 176. — Lamb., *Cinch.*, 25, t. 5. — *Exostemma corymbiferum* R. et Sch., *Syst.*, V, 20. — DC., *Prodr.*, n. 12. — Rosenth., *op. cit.*, 338.
12. DC., *Prodr.*, IV, 405. — *B. grandiflora* Reinw., in *Bl. Bijdr.*, 1017. — *Portlandia tetrandra* Forst., *Prodr.*, n. 86 (*Quinquina de Sanaya*).
13. Mart., *Spec. Mat. med. bras.*, I, 19, t. 7. — DC., *Prodr.*, IV, 363, n. 8. — Lindl., *Fl. med.*, 432. — Rosenth., *op. cit.*, 337.

inflorescences sont parfois très-odorantes, ainsi que fréquemment celles des *Cascarilla, Remijia, Hillia, Luculia, Platycarpum, Chimarrhis, Portlandia, Rondeletia, Uncariopsis, Cœlospermum, Amaioua, Posoqueria, Oxyanthus, Pinckneya, Cremaspora, Uragoga, Lonicera, Sambucus*, etc. Le bois de l'*Erithalis fruticosa* sert, avons-nous dit, en parfumerie. Les fleurs du Chèvrefeuille commun ont été employées à la préparation d'une essence suave, antispasmodique, dit-on. Celles des Sureaux sont quelquefois d'une odeur peu agréable. On emploie beaucoup, en infusions, décoctions, fumigations, etc., celles du *Sambucus nigra* et de quelques autres espèces; on les croit stimulantes, diaphorétiques, résolutives. Plusieurs *Rubia* de la section *Galium* ont des fleurs odorantes, parfois un peu nauséeuses. Celles du *Rubia uliginosa* passaient pour antispasmodiques, diaphorétiques [1]. Tout le monde connaît le parfum des feuilles de l'*Asperula odorata*, dont il a été question plus haut. L'*Adoxa Moschatellina* [2] (fig. 390-395) doit à sa légère odeur musquée d'avoir été préconisé comme antispasmodique et recommandé contre les affections à forme ataxique et adynamique. Sa racine a passé pour vulnéraire et résolutive. Les Rubiacées les plus riches en essence aromatique sont sans contredit les Caféiers. Le *Coffea arabica* [3] (fig. 251-256), qu'on a dit être d'origine africaine, et qui est aujourd'hui planté dans tous les pays tropicaux des deux mondes, est surtout recherché pour ses graines, dont l'albumen corné renferme de la caféine, principe azoté, cristallisable en aiguilles soyeuses, et de l'acide caféique, de la matière grasse, etc. La torréfaction y détermine la production d'une substance brune et soluble, amère, et d'une huile brune, lourde, à laquelle on a donné le nom de *caféone* et dont une quantité presque impondérable aromatise un litre d'eau, lui donnant ce parfum si recherché dans l'infusion stimulante du Café, boisson alimentaire par sa substance azotée et médicament d'épargne qui ralentit, pense-t-on, les dépenses organiques. Plusieurs succédanés du Café ont été cherchés parmi les Rubiées indigènes, la Garance et certains *Galium*. Dans les tropiques, on a essayé de substituer aux graines du Café celles de plusieurs *Hypo-*

1. Les fleurs de plusieurs *Viburnum* servent à faire des infusions théiformes, digestives (*V. cassinoides* L., *V. canadense*, etc.).

2. Voy. p. 363, not. 3. ROSENTH., *op. cit.*, 562. — H. BN, in *Dict. encycl. sc. méd.*, sér. 1, II, 41.

3. L., *Spec.*, 215. — TRATT., *Tab.*, t. 400. — TUSS., *Fl. Ant.*, t. 18. — TURP., in *Dict. sc. nat.*, Atl., t. 99. — JUSS., in *Act. Acad. par.* (1713), t. 7.

— ELL., *Monogr.* (1774). — TILL., *Pis.*, t. 32. — PLUK., *Almag.*, t. 272. — GÆRTN., *Fruct.*, I, t. 25. — SIMS, in *Bot. Mag.*, t. 1303. — LINDL., *Fl. med.*, 440. — GUIB., *Drog. simpl.* (éd. 7), III, 99, fig. 607. — MÉR. et DEL., *Dict. Mat. méd.*, II, 345. — ROSENTH., *op. cit.*, 327. — C *laurifolia* SALISB., *Prodr. st. Hort. Chap. All.* (1796), 62 (nec H. B. K.).

bathrum [1], *Uragoga* [2], *Cremaspora* [3], le *Coffea mauritiana* [4], ou *Café marron* des Mascareignes, les *C. benghalensis* [5], *stenophylla* [6], *Zanguebariæ* [7], *racemosa* [8]. La seule espèce qui puisse, dans un avenir prochain, rendre les mêmes services que le *C. arabica*, d'aussi bonne qualité, dit-on, mais avec des graines bien plus volumineuses, est le *C. liberica* [9], observé à l'état spontané dans plusieurs localités de l'Afrique tropicale occidentale, et déjà cultivé avec ardeur dans l'Inde anglaise et à Java.

À côté de ces Rubiacées à essences aromatiques, signalons celles que leur odeur fétide rapproche quelque peu des Valérianées, et qui, ainsi qu'elles, sont parfois recommandées comme antispasmodiques. Ce caractère appartient à presque toute la série des Anthospermées, notamment à l'*Anthospermum æthiopicum* [10] (fig. 237, 238) et autres du Cap, dont l'odeur est parfois stercorale. Les *Coprosma* doivent leur nom à la même cause [11]. Le *Serissa fœtida* [12], dont la racine est amère et astringente, et qui passe pour anthelminthique, a des feuilles très-fétides, de même qu'une autre espèce, également chinoise, le *S. Democritea* [13], et plusieurs *Leptodermis* [14] asiatiques. Le *Pæderia fœtida* [15] (fig. 248-250) a une odeur insupportable. Sa décoction s'emploie dans l'Inde contre les fièvres, les contusions, les vertiges, les rétentions d'urine. Quelques espèces du genre ont été préconisées contre la rage. Des plantes d'une autre série, les *Uragoga*, sont quelquefois très-fétides, et à côté d'eux les *Saprosma*, notamment le *S. arboreum* [16],

---

1. Le *Coffea salicifolia* Miq., de Java, appartient à ce genre.

2. Notamment ceux que l'on a nommés *Psychotria Brownei* Spr., *laxa* Sw., *marginata* Sw., *nervosa* Sw., *uliginosa* Sw.

3. Surtout le *C. africana* Benth., qui est le *Coffea hirsutus* G. Don, et que nous avons montré être le *C. microcarpa* DC. (*Bull. Soc. Linn. Par.*, 206).

4. Lamk, *Dict.*, I, 550; *Ill.*, t. 160, fig. 2. — DC., *Prodr.*, IV, 499, n. 2. — *C. arabica* var. β W, *Spec.*, I, 974. — *C. sylvestris* W. (ex R. et Sch., *Syst.*, V, 201).

5. Roxb., *Cat. Hort. calc.*, 15; *Fl. ind.*, II, 194. — DC., *Prodr.*, n. 3.

6. G. Don, *Gen. Syst.*, III, 581. — *C. arabica* Benth. (part.), *Niger Fl.*, 413 (nec L.).

7. Lour., *Fl. cochinch.* (ed. 1790), 145. — *Amajoua africana* Spreng., *Syst.*, II, 126.

8. Lour., *loc. cit.*, 145 (nec Pav.). — *C. ramosa* R. et Sch., *Syst.*, I, 198. — *C. mozambicana* DC., *Prodr.*, n. 18.

9. Bull., ex Hiern, in *Trans. Linn. Soc.*, ser. 2, I, 171, t. 24; *Fl. trop. Afr.*, III, 181, n. 2. — Hook. f., in *Kew Gard. Rep.* (1877), 10, c. ic. mutuata. — *C. arabica* (part.) Benth., *Niger Fl.*, 413 (nec L.).

10. L., *Spec.*, 1511; *Hort. Cliff.*, t. 27.—Harv. et Sond., *Fl. cap.*, III, 27.

11. Notamment les *C. lucida* et *fœtidissima* Forst., de la Nouvelle-Zélande.

12. Commers., in *J. Gen.*, 209 (nec W.).—DC., *Prodr.*, IV, 575. — Curt., in *Bot. Mag.*, t. 361. — Rosenth., *loc. cit.*, 322. — *Lycium fœtidum* L. r., *Suppl.*, 150. — *L. indicum* Retz., *Obs.*, II, 12. — *Dysoda fasciculata* Lour. — *D. fœtida* Salisb. — *Buchozia coprosmoides* Lhér.

13. *Democritea serissoides* DC., *Prodr.*, IV, 540. (M. Franchet a reconnu ce fait.)

14. Entre autres, les *Hamiltonia*.

15. L., *Mantiss.*, 52.—Lamk, *Ill.*, t. 166, fig. 1. — DC., *Prodr.*, IV, 471. — Rosenth., *op. cit.* 330, 1120. — *Apocynum fœtidum* Burm., *Fl ind.*, 71 (*Bedalfee sutta*).

16. Bl., *Bijdr.*, 956.—DC., *Prodr.*, IV, 493 n. 1 (*Lignum fœtidum javanicum*).

qui, à Java, a la réputation de guérir les coliques, les spasmes, plusieurs névroses : l'hypochondrie, l'hystérie, etc.

Quelques Rubiacées ont des fruits comestibles, notamment ceux des *Genipa*. Les Indiens mangent celui du *G. americana* (fig. 296), qui est astringent et peu agréable aux Européens. Ils fabriquent une sorte de vin avec ce fruit fermenté, des Ananas et des pommes d'Anacarde. Ils se tatouent avec sa pulpe. Celle du *G. Caruto* sert aux mêmes usages sur les bords de l'Orénoque. On mange au Pérou le fruit du *G. oblongifolia;* à Cayenne, celui de l'*Amaioua eriopila* [1] et celui de l'*A. edulis* [2]. Dans l'Afrique tropicale, le fruit composé du *Sarcocephalus esculentus* [3] est mangé par les habitants, de même que celui de quelques *Oxyanthus* et du *Canthium edule* [4] (fig. 290-292). Les petits fruits acides du *Catesbæa spinosa* [5] et ceux de l'*Hamelia patens*, aux Antilles, sont quelquefois utilisés, mais peu recherchés. On consomme aussi ceux de l'*Isertia coccinea* et du *Posoqueria drupacea* [6], à la Guyane; mais ils sont médiocres. Ceux des Sureaux se mangent quelquefois ou servent à faire des confitures ou des boissons; on fabrique une sorte d'eau-de-vie avec les drupes du S. noir et l'on mélange leur pulpe aux vins pour les colorer. On mange même les fruits des *Viburnum Opulus* et *Lantana*, mais ils sont détestables. Dans l'Inde, ceux du *Canthium parviflorum* passent pour comestibles, comme dans l'Amérique du Nord ceux du *Mitchella repens* [7] (fig. 294), en Océanie ceux du *Guettarda speciosa* (fig. 286, 287), qui sont astringents et désagréables.

Le bois [8] des Rubiacées est souvent de qualité médiocre, et les grands arbres ne sont pas communs dans cette famille. Mais il y a une exception remarquable pour les *Nauclea* et *Ourouparia*, dont le bois, d'une dureté extrême, pourrait servir aux mêmes usages que le Buis.

1. *Duroia eriopila* L. F., *Suppl.*, 30, 209. — *Genipa Merianæ* RICH., *Rub.*, 164.

2. *Gardenia edulis* POIR., *Suppl.*, II, 708. — *Genipa edulis* RICH. (L.-C.). — *Alibertia edulis* RICH. (A.), *Rub.*, 154, t. 11, fig. 1 (*Goyave noire*). Le fruit du *Genipa mitis* se mange et sert à préparer un rob astringent. En Cochinchine, on mange celui du *G. esculenta* LOUR.; en Amérique, celui du *Gardenia Mussaenda* THUNB.; en Asie et en Afrique, celui de quelques *Gardenia*, *Randia* et *Oxyanthus*.

3. AFZEL., ex SAB., in *Trans. Hort. Soc. Lond.*, V, 442, t. 18. — HIERN, *Fl. trop. Afr.*, III, 38. — *Cephalina esculenta* SCHUM. et THONN., *Beskr Guin.*, 105. — *Nauclea latifolia* SM., in *Rees Cyclop.*, XXIII, n. 5. — ? *N. sambucina* WINT., *Acc. S. Leone*, II, 45 (*Doy, Amellky*, à Sierra-Leone).

4. *Vangueria edulis* VAHL, *Symb.*, III, 36. — DC., *Prodr*, IV, 454, n. 1. — *V. cymosa* GÆRTN F., *Fruct.*, III, 75, t. 193. — *V. madagascarieasis* GMEL. — *V. Commersonii* DESF. — JACQ., *Hort. schœnbr.*, I, t. 44. — *V. venosa* SCHIMP. — *Vavanga edulis* VAHL, in *Act. hafn.*, II, p. I, 207, 208, t. 7. — *V. chinensis* ROHR. Le *V. spinosa* ROXB., de l'Inde, a aussi des fruits comestibles.

5. L., *Spec.*, 159. — CURT., in *Bot. Mag.*, t. 131. — *C. longiflora* Sw.

6. *Randia? drupacea* DC., *Prodr.*, IV, 389.

7. L., *Spec.*, 161. — DC., *Prodr.*, IV, 452, n. 1.

8. Celui des *Cinchona, Anthocephalus, Nauclea, Gardenia, Coffea, Sambucus, Lonicera, Viburnum, Symphoricarpos*, a été étudié spécialement par M. J. MOELLER (*Beitr. zur vergl. Anat. d. Holz.*, in *Denkschr. Wien. Akad. Wiss.*, 1876).

Celui de plusieurs espèces asiatiques est incorruptible; on cite surtout celui des *N. orientalis*, *excelsa*, *sessilifolia*, *cordifolia* [1], *rotundifolia*, etc. Celui du *N. parvifolia* est léger et peu durable. Celui de plusieurs *Genipa* africains est des meilleurs; on cite surtout le *G. Jovis tonantis*. Les branches du *G. Thunbergia* (fig. 299-301) sont assez solides pour qu'on en plante des haies qui ne laissent pas passer les éléphants. Les piques des sauvages du Bongo se font avec les branches du *G. dumetorum*, dont le bois est dur comme l'ébène. Les Niam-niams font avec celui du *Sarcocephalus Russegyeri* [2], des siéges employés lors des conjurations des sorciers. Au Cap, le *Genipa capensis* [3] donne une sorte de Bois de fer. En Amérique, on emploie celui du *G. americana* à une foule d'usages, notamment pour la fabrication des affûts de fusil. Plusieurs *Ixora* du même pays ont, comme on sait, reçu le nom de *Siderodendron*, et le *S. triflorum* donne le Bois de fer de la Martinique. Le *Burchellia bubalina* [4] (fig. 305) fournit un Bois de buffle; le *Guettarda racemosa* [5], aux Antilles, un Bois d'or; l'*Erithalis fruticosa*, un Bois de citron. On a comparé le bois de l'*Hymenodictyon excelsum*, de l'Inde, à celui des Acajous. Celui, souvent mou, des *Cinchona*, sert aux usages domestiques. Celui des *Elæagia* contient, comme nous l'avons dit, une huile résineuse. En Europe, celui du *Lonicera Periclymenum* sert à fabriquer des dents de herse, des peignes de tisserand, des tuyaux de pipe, qui se font aussi avec les rameaux du *L. Xylosteum*. Ceux des Sureaux sont creux; on en fait des tubes, des instruments de musique. Leur moelle sert à fabriquer du papier, des fleurs artificielles, des jouets, des ornements, des estompes, des moxas; les botanistes l'emploient souvent pour préparer les coupes microscopiques. En Amérique, les flèches des Canadiens se faisaient, dit-on, avec les branches du *Viburnum dentatum*. Les branches flexibles du *V. Lantana* servent à faire des liens. Celles du *V. Opulus* donnent un bon charbon pour la confection de la poudre. Beaucoup de Lonicérées se plantent en haies d'agrément, sur les berceaux, les tonnelles. Il y a beaucoup de *Lonicera*,

1. Voy. BEDD., *Fl. sylv. S.-Ind.*, cxxvij. — KURZ, *For. Fl. brit. Burm.*, II, 64.

2 KOTSCH., ex SCHWEINF., *Rel. Kotsch.*, 49, t. 33 (part.). — HIERN, *Fl. trop. Afr.*, III, 39; in *Journ. Linn. Soc.*, XVI, 260 (*Damma*).

3. *Rothmannia capensis* THUNB., in *Act. holm.* (1778), 65, fig. 2. — *Gardenia Rothmannia* L. F., *Suppl.*, 165. — HARV. et SOND., *Fl. cap.*, III, 6 n 7. — ROSENTH., *op. cit.*, 349.

4. *B. capensis* R. BR., in *Bot. Mag.*, t. 466 — HARV. et SOND., *Fl. cap.*, III, 3. — *B. parviflora* LINDL., in *Bot. Reg.*, t. 891. — *B Kraussii* HOCHST., in *Flora* (1842), 237. — *Cinchona capensis* BURM., herb. — *Canephora capitata* LAMK, *Ill.*, t. 151, fig. 2. — *Lonicer bubalina* L. F., *Suppl.*, 146. — THUNB., *Fl. cap.* 187 (*Buffeldoorn*).

5. LHER., ex ROSENTH., *op. cit.*, 332.

de *Symphoricarpos*, de *Viburnum* et de *Sambucus* cultivés pour leurs fleurs et leurs fruits ornementaux. Les *Diervilla* et les *Linnæa* de la section *Abelia* ont souvent des fleurs charmantes et sont presque tous rustiques. Dans les serres, le nombre de Rubiacées cultivées est considérable, recherchées soit pour leurs sépales ou bractées colorés, comme les *Mussaenda*, et le *Pinckneya pubens*, qu'on n'a pas encore réussi à cultiver couramment chez nous, malgré le grand intérêt qu'il présenterait comme médicament fébrifuge ; soit pour les couleurs ou l'odeur de leurs fleurs : ce sont surtout des *Uragoga*, *Ixora*, *Guettarda*, *Bouvardia*, *Portlandia*, *Condaminea*, *Rondeletia*, *Lindenia*, *Virecta*, *Oldenlandia*, *Hamelia*, et des *Genipa* de la section *Gardenia*. Les fleurs du *G. florida* sont l'objet d'un grand commerce, principalement pour la confection des bouquets ; aux qualités de celles des *Camellia* blancs, elles joignent un parfum suave, trop intense, peut-être. Les fleurs du *G. Thunbergia* (fig. 299-301), dont la longueur est de près de 2 décimètres, sont des plus remarquables par leurs panachures violacées. Les plus belles des Rubiacées cultivées sont probablement les *Luculia*, notamment le *L. gratissima*, aujourd'hui malheureusement rare dans nos serres, et qui, à l'éclat de ses fleurs d'un rose tendre, joint leur parfum suave, analogue à celui des Orangers. On dit le *L. Pinceana* plus remarquable encore. Les *Bouvardia*, aux fleurs rouges ou blanches, font en été l'ornement de nos parterres. Le *Cephalanthus occidentalis* (fig. 345-348) est rustique dans nos jardins, mais ses fleurs blanches sont peu éclatantes. La plus infecte des plantes cultivées chez nous est vraisemblablement le *Pæderia fœtida* (fig. 248-250).

GENERA

—

I. RUBIEÆ.

1. **Rubia** T. — Flores hermaphroditi v. polygami ; receptaculo valde concavo sacciformi, germen adnatum intus fovente; calyce 0. Corolla gamopetala regularis, rotata v. subcampanulata ; lobis 2, 3, v. sæpius 4 (*Galium*), v. 5 (*Eurubia*), valvatis. Stamina totidem, corollæ tubo inserta cumque lobis alternantia ; filamentis brevibus ; antheris sub-2-dymis, sæpius exsertis; loculis 2, introrsum rimosis. Germen 2-loculare, raro abortu 1-loculare, disco epigyno simplici v. rarius 2-lobo coronatum ; stylo 2-fido v. 2-partito ; ramis apice capitato stigmatosis. Ovula in loculis solitaria, plus minus complete anatropa v. amphitropa, adscendentia, ima basi affixa ; micropyle extrorsum infera, raphe ventrali. Fructus 2-dymus, carnosus (*Eurubia*, *Didymœa*) v. coriaceus siccusve (*Galium*, *Vaillantia*), abortu nunc 1-locularis, extus glaber, hispidus, tuberculatus v. longitudinaliter cristato-dentatus (*Mericarpœa*) ; coccis 1-spermis. Semen adscendens subpeltatum, intus concavum ; hilo lato ; albumine crasso corneo; embryonis curvi radicula infera. — Herbæ, basi raro frutescentes, plerumque scabræ, hispidulæ v. aculeatæ; ramis sæpius 4–gonis ; foliis oppositis ; stipulis interpetiolaribus foliis conformibus cumque eis spurie verticillatis, v. rarius parvis foliisque haud conformibus (*Didymœa*) ; floribus (parvis) in cymas axillares terminalesque plerumque valde compositas, nunc contractas, dispositis, exinvolucratis (*Eurubia*, *Didymœa*, *Mericarpœa*, *Galium*), v. singulis bracteis 4 involucratis (*Relbunium*), rarius 3-nis, pendulis ; singulis bractea accreta cymbiformi inclusis (*Callipeltis*) v. pedicellis connatis decurvis incrassatis; intermedio fructifero. (*Orbis totius reg. calid.*, *frigid. et temperat.*) — *Vid. p.* 257.

2. Asperula L.[1] — Flores[2] fere *Rubiæ*, asepali; corolla infundibu-lari v. tubuloso-infundibulari[3], valvata. Styli rami 2, æquales v. sub-æquales (*Euasperula*[4]), nunc inæquales (*Crucianella*[5]), apice capitati (*Sherardia*[6]) v. rarius brevissimi stylumque simplicem capitellatum æmulantes(*Phuopsis*[7]).— Herbæ, basi raro frutescentes; foliis, stipulis cæterisque *Rubiæ*[8]; floribus ebracteatis v. involucratis, ebracteolatis (*Euasperula*), sessilibus; v. bracteatis et 2-bracteolatis (*Crucianella*), spurieve capitatis (cymis contractis) involucratis, 2-bracteolatis (*Phuopsis*), rarius bracteis bracteolisque in involucrum spurium con-natis cinctis (*Sherardia*) spurieque capitatis. (*Orbis vet. tot. reg. temp.*[9])

II. SPERMACOCEÆ.

3. Spermacoce L. — Flores hermaphroditi v. rarius polygami; receptaculo concavo, forma vario. Calyx 2-merus, sæpius 4-merus; lobis dentiformibus æqualibus; lateralibus 2, sæpe majoribus; inter-jectis denticulis paucis v. ∞. Corolla tubulosa, infundibularis v. hypo-crraterimorpha; fauce glabra, villosa v. pilosa; lobis 4, v. rarius 5, 6, valvatis. Stamina totidem, fauci v. tubo inserta; antheris dorsifixis, introrsis, 2-rimosis, inclusis v. exsertis, plus minus elongatis. Germen 2-loculare (raro 3, 4-loculare), disco brevi v. tumido, integro v. 2-lobo, coronatum; stylo gracili plus minus elongato, apice stigmatoso integro v. sæpius plus minus alte 2-lobo. Ovulum in loculis solitarium, septo ad medium v. plus minus alte insertum, plus minus complete anatro-

1. *Gen.*, n. 121. — Juss., *Gen.*, 196. — Gærtn. F., *Fruct.*, III, 89, t. 195. — Lamk, *Dict.*, I, 297; Suppl., I, 483; *Ill.*, t. 61. — Rich., *Rub.*, 50, t. 1, fig. 1. — DC., *Prodr.*, IV, 581. — Endl., *Gen.*, n. 3103. — Spach, *Suit. à Buffon*, VIII, 473. — B. H., *Gen.*, II, 150, n. 334.

2. Parvi, albi, rosei, flavi v. cærulescentes.

3. Vid. p. 260, not. 5.

4. *Asperula* Auctt.

5. L., *Gen.*, n. 126. — Rich., *Rub.*, 51. — DC., *Prodr.*, IV, 586. — Endl., *Gen.*, n. 3102. — Gærtn., *Fruct.*, I, 111, t. 24. — B. H., *Gen.*, II, 150, n. 335. — *Laxmannia* Gmel. (ex Endl.). — *Rubeola* Mœnch, *Meth.*, 525 (ex Endl.).

6. Dill., *Gen.*, 3. — L., *Gen.*, n. 120 (nom. priorit. gaudens). — Rich., *Rub.*, 49. — DC., *Prodr.*, IV, 581. — Gærtn., *Fruct.*, I, 120, t. 24. — Endl., *Gen.*, n. 3104. — H. Bn, in *Payer Fam. nat.*, 231. — B. H., *Gen.*, II, 151, n. 337.

— *Dillenia* Heist., *Hort. helmst.*, 435 (nec L.).

7. Griseb., *Spic. Fl. rumel.*, II, 67. — B. H., *Gen.*, II, 151, n. 336.

8. Ovulum ima basi insertum habet *Phuopsis*.

9. Spec. ad 110. Reichb., *Ic. Fl. germ.*, t. 1176 (*Crucianella*). 1177-1183. — Jaub. et Spach, *Ill. pl. or.*, t. 82, 83, 196. — Sibth., *Fl. græc.*, t. 117-124, 139, 140 (*Crucianella*). — Trin., in *Mém. Acad. Pétersb.* (1818), 485, t. 11 (*Crucia-nella*). — Sm., *Ex. Bot.*, t. 109 (*Crucianella*). — Boiss., *Voy. Esp.*, t. 83, 84; *Fl. or.*, III, 19 (*Sherardia*, *Crucianella*), 25. — Benth., *Fl. austral.*, III, 443. — Hook. F., *Fl. tasm.*, t. 40; *Handb. N. Zeal. Fl.*, 121. — Willk. et Lang., *Prodr. Fl. hisp.*, II, 300, 305 (*Crucianella*). — Gren. et Godr., *Fl. de Fr.*, II, 47, 49 (*Sherardia*), 50 (*Crucianella*). — Walp., *Rep.*, II, 460; VI, 19 (*Crucianella*), 22; *Ann.*, II, 738 (*Crucia-nella*), 739; V, 102.

pum; micropyle extrorsum infera, nunc nonnihil laterali. Fructus coriaceus v. crustaceus, sæpius 2-coccus; coccis solutis, intus longitudinaliter v. apice dehiscentibus, nunc ima basi (*Hypodematium*) v. plus
minus alte (*Mitracarpum*) circumscissis; rima nunc obliqua (*Staelia*);
carpellis rarius indehiscentibus (*Diodia, Dasycephala*). Semen adscendens; albumine dense carnoso v. sæpius corneo; embryonis axilis
cotyledonibus foliaceis, raro angustis; radicula infera tereti. — Herbæ
annuæ, perennes v. frutescentes humiles, glabræ v. indumento vario
donatæ; foliis oppositis (raro 3-natis), petiolatis v. sessilibus, penninerviis v. subrectinerviis; stipulis cum foliis in vaginam varie setosam connatis; floribus in cymas v. glomerulos compositos axillares
terminalesve capituliformes dispositis, varie bracteatis, nunc involucratis, rarius (*Octodon*) paleis a basi sensim incrassatis ciliatisque
floribus intermixtis. (*Orbis totius reg. calid.*) — *Vid. p.* 262.

4. **Richardia** Houst[1]. — Flores (fere *Spermacocis*) hermaphroditi
v. polygami, 3-6-meri; receptaculo subgloboso, obovoideo v. obconico.
Calycis lobi 3-8, evoluti, persistentes. Corollæ[2] infundibularis lobi 3-6,
valvati. Stamina totidem, fauci inserta; antheris dorsifixis, inclusis v.
exsertis. Discus annularis depressus. Stylus gracilis; ramis 3, 4, apice
stigmatoso globoso-capitatis, subspathulatis v. lineari-acutis recur-
visque. Ovulum septo ad medium insertum, amphitropum; micropyle
extrorsum infera. Fructus 3, 4-coccus, calyce circumscisso v. persistente
coronatus; coccis varie papillosis v. muricatis, ab axi minuto (v. 0) solutis, superne intus dehiscentibus v. indehiscentibus; seminibus facie
sulcatis; albumine corneo; embryonis axilis cotyledonibus foliaceis;
radicula infera tereti. — Herbæ villosæ v. hispidæ, erectæ v. prostratæ;
foliis oppositis; stipulis interpetiolaribus in vaginam superne plurisetosam connatis; floribus in glomerulos terminales spurie capitatos
dispositis. (*America calid.*[3])

5. **Perama** Aubl.[4] — Flores (fere *Spermacocis*) 3, 4-meri; sepalis (?) 2, lateralibus[5], liberis v. basi connatis, elongatis, plus minus

1. Ex L., *Gen.*, ed. 1 (1737), n. 439 (nec K.).
— Gærtn., *Fruct.*, I, 123, t. 25. — *Ricardia*
Houst., *Rel.*, 5, t. 9 (1781). — *Richardsonia* K.,
in *Mem. Mus.*, IV, 430 (1818); in *H. B. K. Nov.
gen. et spec.*, III, t. 350 (nec Neck.). — Rich.,
Rub., 74, t. 4, fig. 5. — DC., *Prodr.*, IV, 567.
— Endl., *Gen.*, n. 3126. — B. H., *Gen.*, II, 147,
n. 321. — *Schiedea* Bartl. (ex DC.).
2. Albæ, roseæ v. lilacinæ, nunc majusculæ.
3. Spec. ad 6. Sweet, *Brit. Fl. Gard.*, t. 91.

— R. et Pav., *Fl. per. et chil.*, t. 279. — A. S.-H.,
Pl. us. Bras., t. 7, 8. — Griseb., *Fl. Brit. W.-
Ind.*, 351; *Cat. pl. cub.*, 143 (*Richardsonia*). —
Wawr., in *Maxim. Reis., Bot.*, t. 75 (*Richard-
sonia*). — Hiern, *Fl. trop. Afr.*, III, 242. —
Walp., *Rep.*, VI, 31 (*Richardsonia*).
4. *Guian.*, I, 54, t. 18. — Endl., *Gen.*, n. 3128.
— B. H., *Gen.*, II, 147, n. 325. — *Mattuschkœa*
Schreb., *Gen.*, 788. — DC., *Prodr.*, XI, 524.
5. An bracteolæ cum receptaculo elevatæ?

profunde pinnatisectis. Corolla infundibulari-hypocraterimorpha; tubo nunc elongato; lobis valvatis; fauce pilosa. Stamina 3, 4, fauci inserta; filamentis brevibus; antheris dorsifixis, nunc apiculatis, introrsis, plus minus exsertis v. inclusis, nunc marginibus inter se circa stylum cohærentibus; loculis introrsum rimosis, basi nunc barbatis. Disci epigyni glandulæ 2, liberæ, nunc altæ. Germen 2-4-loculare; stylo gracili exserto, apice stigmatoso subintegro v. 2-4-ramoso. Ovula in loculis solitaria, plus minus alte septo inserta; micropyle extrorsum infera. Fructus capsularis membranaceus, 2-4-locularis, supra medium circumscissus; seminibus ovoideo-3-quetris; embryone minuto tereti, dite albuminoso. — Herbæ annuæ v. perennes; caule nunc simplici v. parce ramoso; villosæ v. hirsutæ; ramis gracilibus; foliis parvis oppositis v. 3-nato-verticillatis; stipulis interpetiolaribus minimis v. subnullis; floribus[1] in spicas sæpius breves capituliformes terminales v. ramosas (*Buchia*[2]), pedunculatas, dispositis, bracteatis; bracteis 1-floris, sepalis conformibus, nunc cum iis pinnatisectis. (*America austr.* [3])

6. **Triodon** DC.[4] — Flores (fere *Spermacocis*) 4-meri; calycis epigyni lobis 2-4; lateralibus 2, majoribus; denticulis paucis interjectis. Corolla tubuloso-infundibularis, 4-loba, valvata. Stamina 4, fauci v. ori corollæ sinubus inserta; antheris ex parte exsertis. Discus concaviusculus, summo germine breviter 2-lobo insidens; stylo imo sinu inserto erecto, apice in dentes v. ramos 2 diviso. Ovula solitaria, amphitropa, septo inserta; micropyle extrorsum infera. Fructus sæpius obconicus v. obcordatus; loculis nunc superne liberis ibique sinu separatis. Semina plano-convexa, facie sulcata; albumine carnoso v. duriusculo; embryonis axilis cotyledonibus superis subfoliaceis. — Fruticuli; ramis virgatis, 4-gonis; foliis parvis oppositis v. spurie verticillatis; stipulis interpetiolaribus vaginantibus, apice ciliatis v. incisis, persistentibus; floribus[5] in cymas v. glomerulos spicatos v. composito-racemosos dispositis, subulato-bracteolatis[6]. (*America trop.*[7])

7 ? **Psyllocarpus** Mart. et Zucc. [8] — Flores hermaphroditi (fere *Spermacocis*), 4-meri; receptaculo brevi obconico. Calyx gamophyllus

1. Minimis, paleis immersis.
2. H. B. K., *Nov. gen. et spec.*, II, 269, t. 132.
3. Spec. 5, 6. A. S.-H., *Voy. distr. diam.*, II, 419. — Pœpp. et Endl., *Nov. gen. et spec.*, t. 235. — Walp., *Rep.*, II, 467; VI, 31.
4. DC., *Prodr.*, IV. 566. — Endl., *Gen.*, n. 3124. — B. H., *Gen.*, II, 143, n. 313.

5. Parvis, roseis v. albis (?).
6. An potius *Spermacocis* sectio?
7. Spec. ad 5. Cham. et Schlchtl., in *Linnæa*, III, 343 (*Diodia*). — Walp., *Rep.*, VI, 30.
8. *Nov. gen. et spec.*, I, 44, t. 28. — DC., *Prodr.*, IV, 570. — Endl., *Gen.*, n. 3131. — B. H., *Gen.*, II, 146, n. 321. — *Diodois* Pohl, in *Flora* (1825), 123.

brevis, 4-10-lobus; lobis valde inæqualibus; anticis et posticis minutis; lateralibus 2, multo majoribus elongatis acutis, persistentibus. Corollæ breviter infundibularis lobi 4, valvati. Stamina brevia, inclusa, fauci inserta. Germen 2-loculare, disco epigyno styloque brevi, apice emarginato v. 2-dentato, coronatum; ovulis in loculo 1, peltatim septo insertis; micropyle extrorsum infera. Fructus siccus, valde septo parallele compressus; ·valvis 2, solutis calyceque dimidio coronatis. Semen in singulis valde compressum, orbiculari-ellipticum; hilo punctiformi centrali; albumine copioso; embryone tereti elongato; cotyledonibus ovato-acutis; radicula infera.—Frutices (sæpius subericoidei v. subscoparii); ramis virgatis gracilibus, 4-gonis; foliis linearibus subsessilibus cum stipulis vaginantibus ciliatis connatis; floribus [1] axillaribus in glomerulos dispositis, spurie verticillatis. (*Brasilia*[2].)

8. **Gaillonia** A. RICH.[3] — Flores hermaphroditi; receptaculo ovoideo, germen adnatum intus fovente. Calyx brevis, nunc dilatatus, inæquali-2-7-crenatus v. dentatus; dentibus nunc setiformi-plumosis accrescentibus (*Jaubertia*). Corollæ tubus sæpius elongatus; lobis 4, 5, valvatis. Stamina totidem, sinubus v. fauci inserta, inclusa v. exserta. Germen 2-loculare; disco vix conspicuo; styli gracilis elongati ramis 2, brevibus recurvis. Ovula septo affixa; micropyle extrorsum infera. Fructus 2-coccus; coccis indehiscentibus. Semen oblongum; hilo ventrali; albumine duro; embryonis axilis radicula infera elongata. — Fruticuli ramosi rigidi, glabri v. rarius indumento vario donati; foliis oppositis parvis rigidis acutis; stipulis in vaginam cum foliis connatis, nunc rarius a foliis remotis, minimis v. 0; vagina integra v. in setas spinasve 2 desinente; floribus [4] solitariis, cymosis v. in cymam utrinque spicigeram dispositis[5]. (*Asia occ.*, *Africa bor.*[6])

9 ? **Crusea** CHAM. et SCHLCHTL[7]. — Flores (fere *Spermacocis*) hermaphroditi, 4-meri; lobis calycinis elongatis, persistentibus; denticulis nunc interjectis. Corolla infundibularis; tubo sæpius gracillimo;

1. Parvis, « cæruleis ».
2. Spec. 4, 5. WALP., *Rep*., II, 468.
3. *Rub*., 73, t. 5, fig. 3. — DC., *Prodr*., IV, 574. — ENDL., *Gen*., n. 3132. — JAUB. et SPACH, *Ill. pl. or*., I, 133, t. 74-80. — B. H., *Gen*., II, 114, 1229, n. 317. — *Jaubertia* GUILLEM., in *Ann. sc. nat*., sér. 2, XVI, 60. — JAUB. et SPACH. *op. cit*., I, 17, t. 8. — ? *Choulettia* POMEL, *N. matér. Fl. atl*., 81.
4. Parvis, albidis.

5. Sect. 4 (ex JAUB. et SPACH, *loc. cit.*) : 1. *Microstephus*; 2. *Hymenostephus*; 3. *Pterostephus*; 4. *Ptilostephus*.
6. Spec. 8, 9. BOISS., *Fl. or.*, III, 13. — HIERN, *Fl. trop. Afr.*, III, 232. — WALP., *Rep*., VI, 32; *Ann.*, V, 106.
7. In *Linnœa*, V, 165 (nec RICH.). — DC., *Prodr.*, IV, 566. — ENDL., *Gen.*, n. 3125. — L. NEUM., in *Rev. hort.* (1863), 311, tab. — B. H., *Gen.*, II, 144, n. 316.

fauce glabra ; limbi lobis valvatis v. subreduplicatis. Stamina ori inserta ;
antheris exsertis, nunc versatilibus. Discus crassus, nunc 2-lobus. Germen 2-loculare ; stylo apice simplici v. lineari-2-ramoso ; ovulis septo
affixis amphitropis, placenta prominula nunc dorso stipatis ; micropyle
extrorsum infera. Fructus 2-coccus ; coccis ab axi solutis, indehiscentibus. — Herbæ glabræ v. varie pubentes ; foliis oppositis ; stipulis in
vaginam ciliatam cum petiolis connatis ; floribus[1] in glomerulos terminales compositos capituliformes dispositis, bracteis 4 involucratis[2].
(*America bor. occ.-austr. et merid. centr.*[3])

10. **Emmeorhiza** POHL[4]. — Flores hermaphroditi ; calyce supero,
4-dentato ; glandulis setosis dentibus nunc interpositis. Corolla brevis
subrotata v. subcampanulata ; lobis 4, valvatis. Stamina 4, ori inserta ;
filamentis gracilibus subulatis ; antheris oblongis dorsifixis versatilibus,
sæpius exsertis. Germen 2-loculare ; disco depresso, nunc 2-lobo ; stylo
erecto gracili, superne dilatato-2-lobo stigmatoso ; lobis sæpius conicis
acutatis. Ovulum septo insertum, adscendens ; micropyle infera. Fructus obconicus compressiusculus, 2-coccus ; coccis intus dehiscentibus.
Semen oblongum peltatum ; embryonis parvi albuminosi radicula
infera. — Suffrutices debiles, sæpius volubiles ; foliis oppositis ;
stipulis cum petiolo in vaginam plurisetosam connatis ; floribus[5] in
cymas valde composito-ramosas corymbiformes dispositis. (*America
trop.*[6])

11. **Hydrophylax** L. F.[7]—Flores plerumque 4-meri (raro 5, 6-meri) ;
receptaculo ovoideo (*Ernodea*[8]) v. sæpius angulato. Calycis 4-partiti
lobi sublanceolati acuti, persistentes. Corolla tubuloso-campanulata,
intus glabra (*Ernodea*) v. plus minus villosa. Stamina 4, v. rarius 5, 6[9].
Germen 2-loculare ; stylo gracili, apice stigmatoso integro v. subintegro
capitellato. Fructus 2-coccus, subdrupaceus, parce (*Ernodea*) v. valde

1. Roseis v. purpureis.
2. Nonne potius *Spermacocis* sectio ?
3. Spec. ad 8. JACQ., *Hort. schœnbr.*, t. 256 (*Spermacoce*). — HOOK. et ARN., *Beech. Voy., Bot.*, t. 99 c. — *Bot. Mag.*, t. 1558 (*Sperma-coce*). — WALP., *Rep.*, II, 466 ; VI, 31.
4. In *Flora* (1825), 183 (*Emmeorhiza*).—ENDL., *Gen.*, n. 3135[1]. — B. H., *Gen.*, II, 146, n. 322. — *Endlichera* PRESL, *Symb.*, I, 73, t. 49.
5. Minimis, albis v. roseis.
6. Spec. ad 2. DC., *Prodr.*, IV, 575, n. 2 (*Ma-chaonia*). — GRISEB., *Fl. Brit. W.-Ind.*, 351. — WALP., *Rep.*, II, 469 ; VI. 35.

7. *Suppl.* (1781), 126. — LAMK, *Ill.*, t. 76, fig. 1 (1793). — RICH., *Rub.*, 78. — DC., *Prodr.*, IV, 576. — ENDL., *Gen.*, n. 3113. — B. H., *Gen.*, II, 142, n. 311. — *Sarissus* GÆRTN., *Fruct.*, I, 118, t. 25 (1788).
8. SW., *Prodr.*, 29 (1783) ; *Fl. ind. occ.*, I, 223, t. 4. — JUSS., in *Mém. Mus.*, VI, 373. — GÆRTN. F., *Fruct.*, III, 94, t. 196. — RICH., *Rub.*, 76, t. 5, fig. 2. — DC., *Prodr.*, IV, 575. — ENDL., *Gen.*, n. 3115. — B. H., *Gen.*, II, 142, n. 312.
9. Exserta in *Ernodea littorali* cujus fila-menta sæpius sunt elongata.

costatus; exocarpio demum suberoso; columella obscura, 2-fida; albumine duro v. carnoso. — Herbæ, nunc suffrutescentes, glabræ; foliis
oblongis oppositis; stipulis in vaginam subintegram v. laceram cum
petiolis connatis; floribus[1] axillaribus solitariis subsessilibus. (*Aren.
marit. Indiæ or., Africæ austro-or., Madagasc., Florid. et Antillarum*[2].)

III. ANTHOSPERMEÆ.

12. **Anthospermum** L. — Flores polygamo-diœci; receptaculo in
masculis brevi, in fœmineis ovoideo sacciformi v. obovoideo, germen intus adnatum fovente. Calyx superus brevissimus, 4, 5-dentatus. Corolla
gamopetala, in flore masculo evoluta subrotata v. infundibuliformis,
alte 3-5-fida; lobis valvatis, revolutis; in flore fœmineo parva v. sub-
abortiva, tubulosa, breviter 2-4-loba dentatave. Stamina 2-5 (in flore
fœmineo minima v. 0); filamentis raro crassis (*Crocyllis*) v. gracillimis,
corollæ tubo insertis; antheris introrsis dorsifixis oblongis magnis,
2-rimosis. Germen (in flore masculo minutum effœtum) 2-loculare;
locellis nunc in septo 2 vacuis (*Nenax*); disco epigyno parvo; stylo
(in flore masculo brevi v. 0) in ramos 2, longe filiformes et undique pa-
pillosos, diviso. Ovulum in loculis 1, erectum, anatropum; micropyle
extrorsum infera. Fructus parvus, sub-2-dymus; coccis 2, crustaceis,
secedentibus, intus longitudinaliter v. haud dehiscentibus; seminis
erecti albumine carnoso v. duriusculo; embryonis elongati cotyledonibus foliaceis, sæpe ellipticis; radicula infera. — Fruticuli glabri v. pubescentes; foliis (plerumque ericoideis) oppositis v. verticillatis; stipulis in vaginam membranaceam sæpe 1-3-dentatam cum foliorum basi
connatis; floribus in glomerulos axillares bracteolatos dispositis v. solitariis, nunc cymæ axibus elongatis insertis. (*Africa austr. et trop.,
Madagascaria.*) — *Vid. p.* 266.

13. **Coprosma** FORST.[3] — Flores (fere *Anthospermi*) diœci v. polygami; calyce brevissimo annulari v. 4-6-dentato, nunc subnullo. Co-

1. Majusculis, lilacinis v. nunc lutescentibus.
2. Spec. 3, 4. ROXB., *Pl. corom.*, t. 233. —
WIGHT et ARN., *Prodr.*, I, 441. — WIGHT, *Icon.*,
t. 760. — HARV. et SOND., *Fl cap.*, III, 25. —
GRISEB., *Fl. Brit. W.-Ind.*, 317 (*Ernodea*). —
WALP., *Rep.*, II, 463.

3. *Char. gen.*, 137, t. 69. — J., *Gen.*, 205; in
Mém. Mus., VI, 381. — LAMK, *Ill.*, t. 186, 854.
— GÆRTN. F., *Fruct.*, III, 17, t. 182. — RICH.,
Rub., 57. — DC., *Prodr.*, IV, 578. — ENDL.,
Gen., n. 3109. — B. H., *Gen.*, II, 139, n. 301.—
Marquisia RICH., *Rub.*, 112.

rolla infundibularis v. subcampanulata; lobis 4-6, valvatis. Stamina
4-6, imæ corollæ inserta; filamentis filiformibus; antheris ad basin
dorsifixis oblongis apiculatis exsertis (in flore fœmineo minimis inclusis
sterilibus v. 0). Germen 2-loculare (*Anthospermi*) v. rarius 4-loculare;
styli ramis 2, sæpe crassis, a basi discretis, exsertis, hispido-papillosis.
Fructus drupaceus; pyrenis 2-4, cartilagineis v. osseis, 1-spermis. Semen adscendens; albumine dense carnoso; embryonis axilis cotyledonibus superis foliaceis. Cætera *Anthospermi*. — Arbusculæ v. frutices
(fœtidissimi); foliis oppositis; stipulis in vaginam cum petiolis connatis; floribus[1] solitariis v. cymosis glomerulatisve, axillaribus v. terminalibus. (*Oceania calid. et temp., ins. J. Fernandez*[2].)

14? Normandia HOOK. F.[3] —Flores (*Coprosmæ*) polygami[4]; receptaculo obconico. Sepala 5, subulata, persistentia. Corolla infundibuliformis; fauce glabra; lobis 5, brevibus, valvatis. Stamina 5, imæ
corollæ inserta, libera; antheris dorso insertis, in flore masculo exsertis; loculis basi in acumen subulatum productis. Germen 2-loculare;
disco epigyno parvo; styli ramis 2, tenuibus, fere a basi liberis, exsertis.
Ovula in loculis solitaria erecta; micropyle extrorsum infera. Fructus
2-coccus; coccis medio intus longitudinaliter dehiscentibus; seminis
erecti albumine carnoso; embryonis axilis cotyledonibus suborbicularibus; radicula infera. — Fruticulus humilis glaber virgatus; foliis oppositis breviter petiolatis ovato-acutis subaveniis, subtus pallidioribus;
stipulis interpetiolaribus, integris v. fissis; floribus in corymbos composito-cymigeros terminales dispositis[5]. (*Nova-Caledonia*[6].)

15? Nertera BANKS et SOL.[7] — Flores hermaphroditi v. polygami
(fere *Normandiæ*), 4, 5-meri; calyce brevi subintegro v. 4, 5-fido; corollæ anguste infundibularis lobis suberectis, valvatis. Germen 2-locu-

1. Albidis v. lutescentibus.
2. Spec. ad 30. LABILL., *N. Holl.*, t. 94 (*Can-thium*), 95.—ENDL., *Icon.*, t. 111; *Prodr. Fl. nor-folk.*, 61.—A. GRAY, in *Proc. Amer. Acad.*, IV, 49, 306. — HOOK. F., *Ant. Fl.*, t. 13-16; *Fl. tasm.*, I, 165, t. 39; *Handb. N. Zeal. Fl.*, 110.— MIQ., *Fl. ind.-bat.*, II, 327. — BENTH., *Fl. aus-tral.*, III, 429.—F. MUELL., *Fragm.*, VIII, 45; IX, 69, 186. — WAWR., in *Flora* (1875), 323. — WALP., *Rep.*, II, 462; VI, 25; *Ann.*, I, 370; V, 103.
3. *Icon.*, t. 1121; *Gen.*, II, 139, n. 302.
4. « Hermaphroditi » (HOOK. F.).
5. Genus « habitu *Psychotriæ*, floribus *Co-

prosmæ et fructu fere Spermacocis* » (HOOK. F.), melius forte ad sect. *Coprosmæ* reducendum.
6. Spec. 1. *N. neo-caledonica* HOOK. F.
7. In *Gærtn. Fruct.*, I, 124, t. 26 (1788). — J., in *Mém. Mus.*, VI, 373. — RICH., *Rub.*, 139. —DC., *Prodr.*, IV, 451. — ENDL., *Gen.*, n. 3187. — B. H., *Gen.*, II, 138, n. 300. — *Nerteria* SM., *Icon. ined.*, II, t. 28. — *Erythrodanum* DUP.-TH., *Fl. Trist. d'Acugna*, 41, t. 10, 11. — *Lepto-stigma* ARN., in *Hook. Journ. Bot.*, III, 270. — *Cunina* CLOS, in *C. Gay Fl. chil.*, III, 201, t. 34. — ? *Gomosia* MUT., ex L. F., *Suppl.* (1781), 17 (nomen prioritate gaudens et forte servandum, dum demonstretur synonymia).

lare; styli ramis fere a basi liberis filiformibus, longe exsertis, papillosis. Fructus drupaceus v. coriaceus (*Corynula*[1]); pyrenis 2, nunc costatis, 1-spermis. Cætera *Normandiæ*. — Herbæ perennes graciles cespitosæ; foliis oppositis parvis ovatis; stipulis in vaginam cum foliis connatis, dentatis v. breviter lobatis; floribus[2] axillaribus solitariis, pedunculatis[3] (*Corynula*) v. subsessilibus. (*And. amer. mer., Terr. arct., Nova-Zelandia, Australia, ins. Sandwic. et Philippin.*[4])

16. **Serissa** COMMERS.[5] — Flores hermaphroditi, 4-6-meri; calycis lobis acutis v. subulato-lanceolatis, persistentibus; denticulis nunc interjectis. Corollæ infundibularis lobi 4-6, valvati subinduplicati; tubo fauceque intus dense papillosis. Stamina totidem; filamentis plus minus alte insertis inferneque cum tubo connatis, ejus usque ad basin adnatis; antheris dorsifixis inclusis. Discus orbicularis depressus. Germen 2-loculare; stylo superne dilatato; ramis subulatis exsertis undique hirsuto-papillosis. Ovulum erectum; micropyle extrorsum infera. Fructus extus carnosulus (2-pyrenus?)[6]; seminis erecti albumine « carnoso; embryone erecto centrali ». — Frutices ramosi, glabri v. puberuli (fœtidi); foliis parvis oppositis[7] acuminatis subcoriaceis; stipulis in vaginam superne setosam cum petiolis connatis; floribus[8] axillaribus v. terminalibus, solitariis sessilibus v. glomerulatis. (*China, Japonia*[9].)

17. **Galopina** THUNB.[10] — Flores polygamo-diœci, 4, 5-meri; receptaculo concavitate germen fovente obcordato v. subdidymo septoque contrarie compresso. Calyx superus brevis, integer v. 0. Corolla subrotata v. infundibularis; tubo brevi v. brevissimo; fauce glabra; lobis 4, 5, valvatis, demum revolutis. Stamina tubo inserta; antheris

1. HOOK. F., *Icon.*, t. 1123; *Gen.*, II, 138, n. 299.

2. Parvis, albidis. Fructus nunc ruber.

3. Genus vix a *Coprosma* diversum: « *Corynula* ad *Coprosmam* facillime reducenda » (F. MUELL., *Fragm.*, IX, 87).

4. Spec. 4, 5. R. et PAV., *Fl. per.*, t. 90 (*Gomezia*). — HOOK. F., *Fl. N.-Zel.*, t. 28; *Handb. N. Zeal. Fl.*, 119; *Fl. tasm.*, 167. — CLOS, *loc. cit.*, 200. — WAWR., in *Flora* (1875), 330. — MIQ., *Fl. ind.-bat.*, II, 262; *Suppl.*, 222. — BENTH., *Fl. austral.*, III, 431. — WALP., *Rep.*, II, 486; VI, 48; *Ann.*, V, 112.

5. In *J. Gen.*, 209. — LAMK., *Ill.*, t. 151. — RICH., *Rub.*, 81. — DC., *Prodr.*, IV, 575. — SPACH, *Suit. à Buffon*, VIII, 468. — ENDL., *Gen.*, n. 3117. — B. H., *Gen.*, II, 138, n. 298. — *Dy-*

soda LOUR., *Fl. cochinch.* (ed. 1790), 145. — *Democritea* DC., *Prodr.*, IV, 540. — *Buchozia* LHÉR., *Diss.* (ex DC.).

6. « Bacca » (LOUR., *loc. cit.*, 146).

7. Sæpe in ramulis abbreviatis approximatis et spurie fasciculatis.

8. Perianthio sæpius apud specimina in hortis culta multiplici, multo autem rarius apud chinenses simplici. Petala alba.

9. Spec. 2. THUNB., *Fl. jap.*, t. 17 (*Lycium*). — SALISB., *Prodr.*, 60. — *Bot. Mag.*, t. 361 (*Lycium*).

10. *Diss. gen. nov.*, I, 3. — CRUSE, *Rub. cap.*, 18. — J., in *Mém. Mus.*, VI, 371. — RICH., *Rub.*, 60. — DC., *Prodr.*, IV, 579. — ENDL., *Gen.*, n. 3107. — B. H., *Gen.*, II, 139, n. 303. — *Oxyspermum* ECKL. et ZEYH., *Enum.*, 364.

oblongis dorsifixis exsertis. Discus epigynus parvus v. 0. Germen 2-lo-
culare; styli ramis 2, e basi liberis gracilibus exsertis papillosis. Ovula
solitaria; micropyle extrorsum infera. Fructus obcordato-didymus, extus
granulato-rugosus v. muricatus; coccis 2, demum solutis, indehiscentibus; septo angusto; seminis erecti albumine carnoso; embryonis recti
cotyledonibus superis foliaceis. — Herbæ perennes erectæ; foliis oppositis; stipulis in vaginam apice utrinque 3-cuspidatam cum petiolis
connatis; floribus[1] in racemos terminales ramosos dispositis; pedicellis
gracillimis, basi bracteolatis. (*Africa austr.*[2])

18? **Kelloggia** TORR.[3] — Flores *Galopinæ*, 4-meri; corolla infundibulari, basi in tubum angustata; lobis valvatis. Stamina fauci inserta;
filamentis brevibus compressis; antheris elongatis dorsifixis introrsis
versatilibus. Stylus apice 2-cruris; ramis filiformibus undique papillosis. Fructus oblongus, ut germen undique setis uncinatis horridus;
coccis 2, 1-spermis. Cætera *Galopinæ*[4]. — Herba erecta gracilis; ramis
tenuibus; foliis oppositis sessilibus lanceolatis; stipulis late 3-angu-
laribus interpetiolaribus; floribus in cymas terminales 2-paras paucifloras dispositis, summo pedicello articulatis. (*California*[5].)

19. **Cremocarpon** BⱯN[6]. — Flores (fere *Galopinæ*) 4-meri; calycis brevis lobis ovato-acutis. Corollæ lobi 4, valvati, singuli extus sub
apice cornu conico brevi erecto aucti. Stamina 4; antheris oblongis
subsessilibus. Germen inferum, 2-loculare; stylo ad apicem 2-cruri.
Disci epigyni glandulæ 2, liberæ crassæ obtusæ. Fructus 2-coccus;
coccis plano-convexis, dorso 5-costatis[7], a columella 2-cruri solutis et
e summis cruribus marginalibus ibique furcatis demum pendulis; seminis suberecti albumine corneo; embryone axili cylindraceo. — Fruticulus; foliis oppositis elliptico-ovatis v. obovatis; petiolo gracili;
stipulis utrinque 2-nis subulatis recurvis, basi membranacea connatis; floribus in cymas axillares 2-chotomas dispositis. (*Ins. Comor.*[8])

20. **Carpacoce** SOND.[9] —- Flores polygami; receptaculo inæquali-

1. Minimis, deciduis.
2. Spec. 2. THUNB., *Prodr.*, 32 (*Anthospermum*). — CRUSE, in *Linnæa*, VI, 20 (*Phyllis*).—
HARV. et SOND., *Fl. cap.*, III, 26.
3. *Unit. St. explor. Exp.*, *Bot.*, II, 322, t. 6.
— B. H., *Gen.*, II, 137, n. 297.
4. Cujus potius sectio ?

5. Spec. 1 (v. 2 ?).
6. Ex H. BN, in *Bull. Soc. Linn. Par.*, 102.
7. *Umbelliferarum* more.
8. Spec. 1. *C. Boivinianum* H. BN.
9. *Fl. cap.*, III, 32 (fructu nunc, ex auctore,
2-spermo, 2-dymo). — B. H., *Gen.*, II, 141,
n. 307. — *Lagotis* E. MEY., in exs. *Dreg.*

turbinato. Calyx 5-lobus; lobis sæpius valde inæqualibus. Corolla infundibularis v. in flore fœmineo tubulosa; lobis 5, elongatis, valvatis,
dorso sub apice cornutis. Stamina 5; antheris magnis exsertis. Germen inferum, 2-loculare; loculo altero sterili; disco parvo; stylo elongato exserto, sub apice stigmatoso dilatato incurvo. Ovulum in loculo
fertili 1, suberectum; micropyle extrorsum infera. Fructus subclavatus, calyce coronatus, subsiccus; putamine ruguloso, 1-spermo. Semen
erectum, basi arillo carnoso brevi auctum; embryone axili; albumine
carnoso denso. — Herbæ v. suffrutices; foliis oppositis, angustis elongatis, margine revolutis; stipulis in vaginam cum foliis connatam et
dentato-setosam connatis; floribus axillaribus solitariis, pedunculatis
v. sessilibus. (*Africa austr.*[1])

21. **Otiophora** Zucc.[2] — Flores 4, 5-meri; receptaculo obconico
v. obovoideo; calycis lobis valde inæqualibus, persistentibus; majoribus 1, 2, foliaceis accretis. Corolla hypocraterimorpha; tubo gracillimo elongato; lobis 4, 5, elongatis, valvatis, patentibus. Stamina totidem, fauci inserta; filamentis gracillimis; antheris elongatis exsertis.
Germen 2-loculare; styli ramis 2, gracilibus exsertis glabris; ovulo in
loculis 1, erecto; micropyle extrorsum infera. Fructus membranaceus,
sub-2-dymus, calyce inæquali coronatus; coccis 2, solutis, indehiscentibus. Semen erectum oblongum; testa atrata; albumine dense carnoso; embryonis axilis cotyledonibus superis foliaceis. — Herbæ, nunc
suffrutescentes; foliis (parvis) oppositis, ovatis v. lanceolatis; stipulis in
vaginam setosam cum petiolis connatis; floribus in spicas terminales
laxas dispositis, ebracteatis, nunc 2-nis. (*Madagascaria*[3].)

22. **Plocama** Ait.[4] — Flores 4-7-meri; germine infero ovoideo. Calyx superus, sæpius 5, 6-dentatus, persistens. Corolla subcampanulata,
4-7-loba; lobis lanceolatis, valvatis, apice inflexis. Stamina totidem,
fauci inserta; filamentis erectis breviusculis; antheris crassis introrsis.
Germen 2-4-loculare; disco epigyno minuto; stylo apice obtuse 2-4-
dentato stigmatoso. Ovula in loculis solitaria erecta. Fructus baccatus

1. Spec. 3. Thunb., *Fl. cap.*, 158 (*Anthospermum*). — Cruse, in *Linnæa*, VI, 17 (*Anthospermum*). — Reichb., in *Spreng. Syst.*, IV, 338
(*Anthospermum*). — Harv. et Sond., *Fl. cap.*,
III, 32.
2. In *Abhandl. Baier. Akad. Wissensch.*, I, 315.
— Endl., *Gen.*, n. 3133. — B. H., *Gen.*, II, 137,
n. 295.

3. Spec., 2, 3. Walp., *Rep.*, VI, 34.
4. *Hort. kew.*, I, 292. — Gærtn. f., *Fruct.*,
III, t. 96. — J., in *Mém. Mus.*, VI, 371. — Rich.,
Rub., 81. — DC., *Prodr.*, IV, 577. — Endl.,
Gen., n. 3111. — B. H., *Gen.*, II, 136, n. 293.
— *Plocama* Gmel., *Syst.*, II, p. I, 300. — *Pla-
codium* Pers., *Synops.*, I, 210. — *Bartlingia*
Reichb, in *Flora* (1824), 241 (nec Ad. Br.).

subglobulosus pulposus; seminibus 2-4, erectis, pulpa immersis; albumine parco cartilagineo; embryonis axilis crassi cotyledonibus obtusis superis. — Frutex erectus (fœtidus); ramis crebris pendulis; foliis oppositis v. verticillatis parvis linearibus acutis ; stipulis in vaginam scariosam connatis, persistentibus; floribus [1] crebris axillaribus et terminalibus v. composito-racemosis. (*Ins. Canar.* [2])

23. Putoria PERS. [3] — Flores plerumque 4-meri; calyce supero inæquali-dentato, persistente. Corolla basi longiuscule tubulosa; fauce nuda; limbo patulo, 4-lobo, valvato. Stamina fauci inserta ; filamentis erectis ; antheris prope basin dorsifixis oblongis introrsis exsertis. Discus epigynus crassiusculus. Germen 2-loculare ; stylo gracili, apice stigmatoso 2-dentato. Fructus oblongus drupaceus; pyrenis 1, 2, demum solutis; carne parca. Semen oblongum ; albumine carnoso ; embryonis magni cotyledonibus angustis superis.—Fruticuli humiles (fœtidi), ramosi ; foliis oppositis lineari-oblongis ; petiolis brevibus; stipulis interpetiolaribus brevibus; floribus [4] in cymas terminales compositas capituliformes v. umbelliformes dispositis ; pedicellis brevibus v. brevissimis, bracteolatis. (*Europa, Asia et Africa mediterraneæ* [5].)

24. Phyllis L. [6]—Flores polygami ; receptaculo masculorum parvo ; fœmineorum et hermaphroditorum obovato-piriformi compressiusculo, superne longitudinaliter sulcato. Sepala 4, 5, dentiformia v. majora, nunc subnulla, decidua. Corolla breviter campanulata; lobis 4, 5, valvatis, revolutis. Stamina totidem, imo tubo inserta ; filamentis gracillimis; antheris ad basin affixis introrsis, exsertis, 2-rimosis. Germen 2-loculare ; ovulo in loculis 1, erecto; micropyle extrorsum infera; styli ramis 2, haud incrassatis, undique papillosis, in flore fœmineo exsertis. — Suffrutex ; ramulis herbaceis teretibus; foliis oppositis v. verticillatis, lanceolatis; stipulis cum petiolis in vaginam subintegram connatis (nigro-maculatis); floribus [7] terminalibus et axillaribus composite

1. Parvis v. minutis, eis *Anthospermi* et *Galopinæ* valde analogis.
2. Spec. 1. *P. pendula* AIT. — REICHB., *Icon. exot.*, t. 11. — WEBB et BERTH., *Phyt. canar.*, II, 191.
3. *Synops.*, I, 524. — R'CH., *Rub.*, 80. — DC., *Prodr.*, IV, 577 (part.). — ENDL., *Gen.*, n. 3110. — B. H., *Gen.*, II, 136, n. 292.
4. Roseis v. albis, parvis v. mediocribus.
5. Spec. 2, 3. LAMK, *Dict.*, IV, 326 (*Sherardia*). — LHER., *Stirp.*, t. 32 (*Asperula*). — CYRILL., *Pl. neap.*, t. 1 (*Poretta*). — SIBTH., *Fl. græc.*,

t. 143 (*Ernodea*). — REICHB., *Ic. Fl. germ.*, t. 1182. — SIBTH. et SM., *Fl. græc.*, t. 143 (*Ernodea*). — BOISS., *Fl. or.*, III, 12. — WILLK. et LANG., *Prodr. Fl. hisp.*, II, 299.
6. *Gen.*, n. 323. — J., *Gen.*, 198; in *Mém. Mus.*, VI, 370. — LAMK, *Ill.*, t. 186. — GÆRTN., *Fruct.*, I, 123, t. 25. — RICH., *Rub.*, 60, t. 2, fig. 3. — DC., *Prodr.*, IV, 578. — ENDL., *Gen.*, n. 3108. — H. BN, in *Payer Fam. nat.*, 232. — B. H., *Gen.*, II, 140, n. 305.—*Nobula* ADANS., *Fam. des pl.*, II, 145.—*Buplevroides* BOERH. (ex DC.).
7. Viridulis; stylis albidis..

cymosis; pedicellis gracilibus, ebracteolatis; fructiferis nutantibus.
(*Ins. Canar.*, *Madera* [1].)

25. **Opercularia** GÆRTN. [2] — Flores hermaphroditi v. polygami,
spurie capitati; calyce 3-6-mero, persistente. Corolla longiuscule tubulosa; limbi patentis lobis 3-6, valvatis; fauce glabra. Stamina totidem
(rarius 1-3), imo tubo inserta; filamentis gracilibus exsertis; antheris
introrsis, supra basin dorsifixis. Germen inferum (intus receptaculo concavo adnatum); styli ramis 1, v. sæpius 2, plerumque a basi liberis,
exsertis, papilloso-hirsutis. Ovulum 1, suberectum anatropum; micropyle extrorsum infera. Fructus compositus (« syncarpium »), calycibus
persistentibus plerumque auctus, e capsulis ∞, v. rarius 2, 3 (*Pomax* [3])
constans; singulis demum 2-valvibus; valvis exterioribus in cupulam
persistentem; interioribus autem in operculum spurium obconicum de-
ciduum connatis. Semina oblonga, lævia v. rugosa, plano-convexa v.
concavo-convexa; integumento tenui; embryonis axilis dite denseque
albuminosi cotyledonibus superis foliaceis. — Suffrutices v. herbæ,
raro volubiles, glabri v. pilosi (plerumque fœtidi); foliis oppositis;
stipulis in vaginam interpetiolarem cum foliis connatis; floribus [4] in
capitula spuria [5] terminalia v. lateralia, involucrata et involucellata,
stipitata v. subsessilia, nunc ramosa, multiflora v. rarius 2, 3-flora
(*Pomax*), connatis. (*Australia* [6].)

26. **Eleuthranthes** F. MUELL. [7] — Flores *Operculariæ*, 4, 5-meri,
crebri, spurie capitati; germinibus (receptaculis) liberis. Calycis lobi
4, 5, lineares, æquales v. inæquales, hirsuti, subspathulati, persistentes. Corolla [8] infundibularis tenuis; lobis 4, 5, valvatis, ciliatis, revolutis. Stamina ad basin corollæ inserta; filamentis tenuissimis longis;
antheris ovato-acutis introrsis, versatilibus. Germen inferum, 1-locu-

1. Spec. 1. *P. Nobla* L., *Spec.*, 335. — DILL.,
Hort. elth., 405, t. 299, fig. 386.—WEBB, *Phyt.
canar.*, II, 190. — *P. pauciflora* RICH.

2. *Fruct.*, I, 111, t. 21. — J., in *Ann. Mus.*,
IV, 427, t. 70, 71. — RICH., *Rub.*, 64, t. 3, fig. 2.
— DC., *Prodr.*, IV, 615. — TURP., in *Dict. sc.
nat.*, Atl., t. 102. — ENDL., *Gen.*, n. 3097. —
B. H., *Gen.*, II, 141, n. 308. — *Rubioides* SO-
LAND. (ex GÆRTN.). — *Cryptospermum* YOUNG,
in *Trans. Linn. Soc.*, III, 30, t. 5.

3. SOLAND., ex GÆRTN., *op. cit.*, 112, t. 24.—
J., in *Mém. Mus.*, IV, 426. — LAMK, *Ill.*, t. 58.
— RICH., *Rub.*, 65, t. 3, fig. 1. — DC., *Prodr.*,

IV, 615. — ENDL., *Gen.*, n. 3096.— B. H., *Gen.*,
II, 141, n. 309.

4. Parvis, albis v. violaceis.

5. E glomerulis simplicibus v. sæpius compositis constantia.

6. Spec. ad 15. LABILL., *Pl. N.-Holl.*, t. 46-
48. — BENTH., *Fl. austral.*, III, 432, 436 (*Pomax*). — F. MUELL., *Fragm.*, IX, 187 (*Pomax*).
— HOOK. F., *Fl. tasm.*, 166, t. 38. — WALP.,
Rep., II, 454; VI, 8.

7. *Fragm.*, IV, 92. — BENTH., *Fl. austral.*, III,
137. — B. H., *Gen.*, II, 142, n. 310.

8. Fere *Spermacocis*.

lare, 1-ovulatum (*Operculariæ*) ; styli ramis 2, gracilibus exsertis papillosis. Fructus liberi sicci hirsuti; exocarpio ab endocarpio soluto; semine...? — Herba annua humilis hirsuta [1]; foliis oppositis ovato-acutis, petiolatis ; stipulis in vaginam connatis ; cymis multifloris capituliformibus terminalibus, ebracteolatis. (*Australia austro-occ.* [2])

27. **Hamiltonia** Roxb. [3] — Flores hermaphroditi v. 2-morphi (fere *Serissæ*) ; calycis lobis 5 [4], ovato-acutis v. subulatis, nunc ciliatis, persistentibus. Corolla infundibularis, nunc intus pilosa, valvata v. induplicata. Stamina 5 ; antheris introrsis, exsertis v. inclusis (nunc in flore fœmineo effœtis). Germen inferum; loculis 5, oppositipetalis ; styli ramis stigmatosis 5, undique papillosis, basi (*Leptodermis* [5]) v. nunc plus minus alte connatis. Ovula in loculis solitaria adscendentia ; micropyle extrorsum infera[6]. Fructus capsularis, a basi (*Leptodermis*) v. ab apice (*Euhamiltonia*) 4, 5-valvis; endocarpio ab exocarpio soluto circaque semina in saccum reticulatum plus minus fibrosum persistente, nunc basi 3-valvi; seminibus albuminosis; embryonis recti cotyledonibus superis foliaceis, nunc induplicatis. — Frutices glabri v. varie induti ; foliis (fœtidis) oppositis, ovato-lanceolatis ; stipulis intrapetiolaribus latis, persistentibus; floribus[7] in cymas[8] terminales v. axillares, subsessiles (*Leptodermis*) v. pedunculatas pedicellatasque et racemosas, dispositis ; bracteis bracteolisque acutatis, nunc in involucrum involucellumve per paria connatis [9]. (*Asia trop. et subtrop. or.* [10])

28. **Pseudopyxis** Miq.[11] — Flores [12] hermaphroditi ; receptaculo obconico concavo, germen intus adnatum fovente ultraque in cupulam epigynam intus glandulosam producto. Sepala 5, cupulæ margini inserta, ovato-lanceolata, persistentia, demum conspicue reticulato-

1. Adspectu singulari ; inflorescentiis eas *Trifoliorum* parvorum nonnull. referentibus.

2. Spec. 1. *E. opercularina* F. Muell.

3. *Hort. calc.*, 15 (1814); *Fl. ind.*, I, 554 (nec Muehl.). — DC., *Prodr.*, IV, 462. — Endl., *Gen.*, n. 3201. — B. H., *Gen.*, II, 135, n. 289. — H. Bn, in *Bull. Soc. Linn. Par.*, 214 (1879). — *Spermadictyon* Roxb., *Pl. corom.*, III, 32, t. 236 (1819).

4. Vel rarius 4.

5. Wall., in *Roxb. Fl. ind.* (ed. Carey), II, 191. — Rich., *Rub.*, 141. — DC., *Prodr.*, IV, 462. — Endl., *Gen.*, n. 3202. — B. H., *Gen.*, II, 135, n. 290.

6. Funiculi brevis dilatatione parva nunc obturata; integumento simplici incompleto.

7. Albis, roseis v. cæruleis, nunc odoris.

8. Nunc centrifugis, 2-seriatim superpositis ; singulis 2-bracteolatis (*H. lanceolata*).

9. Genus *Serissæ*, nostro sensu, proximum, imprimis differt germine cum perianthio isomero.

10. Spec. 6, 7. Don, *Prodr. Fl. nepal.*, 137. — Lindl., in *Bot. Reg.*, t. 348, 1235. — Dcne, in *Jacquem. Voy., Bot.*, t. 91 (unde fig. 246, 247 desumptæ). — Walp., *Rep.*, II, 488; VI, 50.

11. In *Ann. Mus. lugd.-bat.*, III, 189. — B. H., *Gen.*, II, 135, n. 291.

12. Roseis, majusculis.

venosa. Corolla infundibularis; lobis 5, acutis, valvatis, intus parce pubescens. Stamina 5, sub fauce inserta; antheris subsessilibus dorsifixis,
oblongis, inclusis, introrsum 2 - rimosis. Germen inferum, 4, 5-locu-
lare; stylo basi disco prominulo cincto, apice breviter exserto, 4, 5-ra-
moso, ubique papilloso. Ovula in loculis solitaria adscendentia suberecta ; micropyle extrorsum infera [1]. Fructus calyce coronatus;
« coccis 4, 5, indehiscentibus; seminibus..... ? » — Herba [2] humilis
pilosa perennis; rhizomate repente; foliis oppositis ovato-cordatis,
petiolatis; stipulis interpetiolaribus brevibus glanduloso-dentatis; floribus terminalibus solitariis v. cymosis paucis [3]. (*Japonia* [4].)

29. **Pæderia** L. [5] — Flores hermaphroditi v. polygami, 4, 5-meri;
calycis lobis v. dentibus plus minus profundis, persistentibus. Corolla
tubulosa v. infundibularis, sæpius pubescens; fauce nuda, glabra v.
villosa; lobis 4, 5, margine attenuato plus minus induplicatis; tubo
nunc inter staminum filamenta fisso. Stamina 4, 5, plus minus alte inserta; antheris introrsis. Germen inferum, compressum, 2-loculare,
rarius 3-loculare; disco epigyno depresso v. tumido; styli (2-morphi)
ramis gracilibus papillosis, nunc exsertis, demum tortis. Ovula solitaria suberecta; micropyle extrorsum infera. Fructus subglobosus
v. sæpius septo parallele compressus; exocarpio fragili lævi a pyrenis
secedente et inæquali-rupto, ad margines nunc attenuato ibique ali-
formi; pyrenis demum solutis et inter se fasciculis fibrosis ramosis,
quoad coccos interioribus parcis v. 0, connexis; dorsalibus autem
plerumque magis evolutis; pyrenis indehiscentibus, ad nucleum
1-spermis; semine valde compresso albuminoso. — Frutices v. suffrutices scandentes (fœtidi); ramulis flexilibus; foliis oppositis v. verticillatis, petiolatis, ovato-acutis v. lanceolatis; stipulis variis, sæpius
deciduis; floribus in cymas compositas axillares et terminales dispositis; cymis nunc 1-paris; bracteis parvis v. majusculis, forma

---

1. Transverse pliciformi.
2. Adspectu *Ophiorrhizæ* v. *Coccocypselorum*
et *Gessneriacearum* parvarum nonnullarum.
3. Genus *Boraginearum* (MIQ.), certe *Rubia-
cearum* (MAXIM.).
4. Spec. 1. *P. depressa* MIQ., *loc. cit.*
5. *Mantiss.*, 7, 52. — J., *Gen.*, 205 (part.);
in *Mém. Mus.*, VI, 381. — LAMK., *Ill.*, t. 166,
fig. 1. — GÆRTN. F., *Fruct.*, III, 84, t. 195. —
RICH., *Rub.*, 114. — DC., *Prodr.*, IV, 171. —
ENDL., *Gen.* n. 3180. → B. H., *Gen.*, II, 133,
n. 286. — H. BN, in *Bull. Soc. Linn. Par.*, 190.

— *Hondbessen* ADANS., *Fam. des pl.*, II, 158. —
Lygodisodea R. et PAV., *Prodr.*, 32, t. 5; *Fl.
per. et chil.*, II, 48, t. 188. — BARTL., *Ord. nat.*,
208. — DC., *Prodr.*, IV, 470. — HOOK., *Journ.
Bot.*, II, t. 2. — ENDL., *Gen.*, n. 3182. — B. H.,
Gen., II, 134, n. 287. — *Disodea* PERS., *Sy-
nops.*, I, 210. — J., in *Mém. Mus.*, VI, 381.
— *Siphomeris* BOJ., in *Rapp. Soc. Hist. nat.
Maur.* (1826, 1829), ex BOJ., *Hort. maur.*, 170.
— *Lecontea* RICH., *Rub.*, 115, t. 10, fig. 1. —
DC., *Prodr.*, IV, 470. — ENDL., *Gen.*, n. 3181.
— B. H., *Gen.*, II, 131, n. 288.

valde variis. (*Asia et Oceania trop., America trop., Africa trop. or. cont. et insul.*[1])

IV. COFFEEÆ.

30. Coffea L. — Flores hermaphroditi, 2-morphi, regulares, plerumque 4, 5-meri; receptaculo concavo obovato v. oblongo. Calyx 5-dentatus lobatusve, nunc subinteger, brevis v. subnullus, sæpe glandulosus ceraque indutus. Corolla infundibularis v. hypocraterimorpha; tubo recto v. curvo, brevi v. elongato; fauce glabra v. villosa, nunc dense barbata (*Lachnostoma*); lobis oblongis, tortis, demum patentibus. Stamina 4, 5, fauci inserta, 2-morpha; filamentis longiusculis, brevibus v. brevissimis; antheris dorsifixis, inclusis v. exsertis, demum sæpe tortis v. recurvis; loculis linearibus introrsis, longitudinaliter rimosis. Germen inferum, 2-loculare; disco epigyno crassiusculo; styli varii 2-morphi ramis subulatis v. filiformibus (*Lachnostoma*). Ovula amphitropa in loculis solitaria; hilo ventrali; micropyle extrorsum infera; placenta circa ovuli ventrem plus minus dilatata infernequc nunc in obturatorem plus minus incrassata. Fructus drupaceus, globosus v. oblongus; pyrenis 1, 2, chartaceis, coriaceis v. lignosis, facie planis v. concaviusculis ibique longitudinaliter sulcatis v. intrusis. Semen putamini conforme, intus planum v. convexum; marginibus nunc incurvis v. involutis; albumine copioso corneo; embryonis excentrici, ad basin albuminis dorsalis et plus minus incurvi, cotyledonibus foliaceis, ellipticis v. cordatis; radicula longiuscula infera. —Frutices glabri v. rarius pubentes; foliis oppositis v. 3-natis, membranaceis v. coriaceis, penninerviis integris, petiolatis v. subsessilibus; stipulis interpetiolaribus v. intrapetiolaribus plus minus connatis acuminatis, intus ceraceo-g anduligeris; floribus axillaribus cymosis; cymis varie compositis v. contractis; bracteolis nunc in calyculum connatis. (*Asia, Oceania et Africa trop. cont. et insul.*) — *Vid. p.* 275.

31? Leiochilus HOOK. F. [2] — Flores *Coffeæ*, 5, 6-meri; calyce

1. Spec. ad 12. WALL., *Pl. as. rar.*, t. 105.— GRIFF., *Notul.*, IV, 267, t. 479. — HIERN, *Fl. trop. Afr.*, III, 228 (*Siphomeris*). — BAK., *Fl. maur.*, 158. — MIQ., *Fl. ind.-bat.*, II, 257; Suppl., 221, 545. — BENTH., *Fl. hongk.*, 161. — HANCE, in *Trim. Journ. Bot.* (1878), 228. — H. BN, in *Adansonia*, XII, 233, n. 191.

2. *Gen.*, II, 116, n. 241.

truncato. Corolla basi tubulosa ; fauce glabra ; limbi lobis arcte tortis.
Stamina 5, 6, tubo inserta ; filamentis brevissimis ; antheris dorsifixis ; connectivo crasso, utrinque convexo ; loculis linearibus submar-
ginalibus adnatis introrsis. Germen 2-loculare (*Coffeæ*) ; disco epigyno
lato ; styli ramis 2, apice sensim dilatato breviter obtuseque conicis.
Fructus oblongo-obconicus coriaceus, 1, 2-locularis ; semine septo
intus adnato oblongo ; embryone...? — Frutex glaber ; ramulis crassis,
ad apicem resinifluis ; foliis oppositis oblongis obtusis, petiolatis coriaceis reticulato-venosis ; stipulis interpetiolaribus obtusis in vaginam
connatis ; floribus [1] in cymas axillares brevissime pedunculatas dispositis ; pedicellis brevibus ; bracteis obtusis resinifluis [2]. (*Madagascaria* [3].)

32? **Psilanthus** Hook. f. [1] — Flores fere *Coffeæ* ; calycis dentibus
5, persistentibus et in foliolum lanceolatum accretis. Corollæ hypocraterimorphæ tubus longus gracilis ; lobis 5, oblongis, tortis. Stamina 5,
corollæ ori inserta ; antheris sessilibus dorsifixis elongatis, semi-exsertis ; connectivo ultra loculos in unguem producto. Germen 2-loculare ;
disco crasso ; styli gracilis ramis 2, angustis obtusis. Ovula cæteraque
Coffeæ. Fructus calyce foliaceo coronatus, oblongus, drupaceus ; carne
parca ; endocarpio duro ; seminibus.....? — Frutex glaber ; foliis oppositis coriaceis oblongo-acuminatis ; petiolo brevi ; stipulis intrapetiolaribus acutis ; ramulis ad folia ceraceo-resinosis ; floribus [5] axillaribus
solitariis, calyculatis [6]. (*Fernando-Po* [7].)

33. **Ixora** L. [8] — Flores plerumque 5-meri, rarius 4-6-meri (fere
Coffeæ) ; calyce vario, nunc integro (*Myonyma* [9]), v. deciduo (*Rutidea* [10]).
Corolla sæpius hypocraterimorpha ; tubo gracili v. latiusculo, brevi v.
plus minus elongato, nunc longissimo ; lobis tortis ; fauce nuda v. bar-

1. Minimis ; fructu minimo.
2. An potius *Coffeæ* sectio ?
3. Spec. 1. *L. resinosus* Hook. f., *loc. cit.*
4. *Icon.*, t. 1129 : *Gen.*, II, 115, n. 239.
5. Magnis (in specieb. dubiis 2 terminalibus) ; corolla (alba ?) ad 2 poll. longa lataque.
6. An *Coffeæ* sectio ? Affinitates cum *Belono-phora* indicat cl. auctor.
7. Spec. 1. *P. Mannii* Hook. f., additis dubiis 2 (Hiern, *Fl. trop. Afr.*, III, 186).
8. *Gen.* (ed. 1737), 55, n. 131. — J., *Gen.*, 203 ; in *Mém. Mus.*, VI, 375. — Gærtn., *Fruct.*, I, 117, t. 25. — DC., *Prodr.*, IV, 485. — Turp., in *Dict. sc. nat.*, Atl., t. 100. — Endl., *Gen.*, n. 3161. — B. H., *Gen.*, II, 113, n. 235. — H.

BN, in *Adansonia*, XII, 213. — *Eumachia* DC., *loc. cit.*, 478. — ? *Panchezia* (sphalmate pro *Pancheria*) Montrouz., in *Mém. Acad. Lyon*, X, 223 (ex B. H.). — *Charpentiera* Vieill., *Pl. N.-Caléd.* (1865), 16.
9. Commers., ex J., *Gen.*, 206. — Lamk., *Ill.*, t. 68, fig. 1, 2. — Gærtn. f., *Fruct.*, III, t. 195. — Rich., *Rub.*, 131. — DC., *Prodr.*, IV, 463. — Endl., *Gen.*, n. 3203. — B. H., *Gen.*, II, 115, n. 240 (part.). — H. BN, *loc. cit.*, 214.
10. DC., in *Ann. Mus.*, IX, 219 ; *Prodr.*, IV, 495. — Rich., *Rub.*, 99. — B. H., *Gen.*, II, 116, n. 242. — H. BN, in *Adansonia*, XII, 215. — *Rytidea* Spreng., *Syst.*, I. 515. — Endl., *Gen.*, n. 3155.

bata. Stamina 4-6, corollæ fauci v. ori inserta; antheris variis, exsertis
v. inclusis, nunc sessilibus, introrsum rimosis. Germen 2-loculare v.
rarius 3, 4-loculare (*Myonyma*); stylo vario, sæpius exserto, apice fusiformi subintegro v. sulcato (*Rutidea, Pavetta*[1], *Chomelia*[2]); lobis 2
v. 2-4 (*Myonyma*); nunc liberis, patentibus v. recurvis (*Euixora*[3]). Ovula
in loculis aut solitaria adscendentia; micropyle extrorsum infera, v. ad
medium inserta, nunc raro descendentia (*Siderodendron*[4] part.); micropyle introrsum supera; aut 2-∞ (*Chomelia, Enterospermum*[5]); placenta circa ovulum v. ovula producta foveolisque ovulorum numero
æqualibus excavata. Fructus baccatus v. sæpius drupaceus; pyrenis
plerumque 2, plus minus crassis, 1-∞ -spermis. Semina descendentia
v. sæpius adscendentia; albumine copioso, æquabili v. rarius (*Rutidea,
Enterospermum*) profunde ruminato et in segmenta radiantia cuneata
fisso. — Arbusculæ v. frutices, nunc scandentes, sæpe siccitate nigrescentes (*Enterospermum*); foliis oppositis v. raro verticillatis, petiolatis v. sessilibus; stipulis interpetiolaribus variis, persistentibus v. deciduis; floribus[6] terminalibus v. rarius axillaribus, lateralibus v. ligno
ramorum insertis, plerumque crebris, rarissime paucis, in cymas plus
minus compositas corymbiformes v. umbelliformes dispositis; cymis
sæpe in racemum aggregatis; pedicellis bracteolatis v. ebracteolatis;
bracteolis nunc in cupulam connatis. (*Orbis totius reg. trop.*[7])

1. L., *Gen.* (ed. 1737), n. 132. — J., *Gen.*,
203. — GÆRTN., *Fruct.*, I, 116, t. 25. — RICH.,
Rub., 100 (part.). — DC., *Prodr.*, IV, 490 (part.).
— SPACH, *Suit. à Buffon*, VIII, 445. — ENDL.,
Gen., n. 3160. — B. H., *Gen.*, II, 114, 1229,
n. 236. — *Crinita* HOUTT., *Pfl. Syst.*, VII, 361,
t. 40, fig. 1 (1773). — *Baconia* DC., *Prodr.*, IV,
485; in *Ann. Mus.*, IX, 219. — *Verulamia* DC.,
ex POIR., *Dict.*, VIII, 543 (1808). Bracteolæ pedicello plus minus alte insertæ, nec, ut plerumque
solet apud *Euixoras*, germinis basi; sed character
levioris momenti est certe inconstans.
2. L., *Gen.* (1737), 55 (nec JACQ.). — H. BN,
in *Adansonia*, XII, 214. — *Tarenna* GÆRTN.,
Fruct., I, 139, t. 28 (1788). — *Webera* SCHREB.,
Gen., 794 (1791). — B. H., *Gen.*, II, 86, n. 162.
— *Ceriscus* NEES, in *Flora* (1825), 116. — *Stylocoryne* WIGHT et ARN., *Prodr.*, 400 (nec CAV.).
— *Cupia* DC., *Prodr.*, IV, 393 (part.). — *Wah-
lenbergia* BL., *Cat. Buit.*, 14 (nec SCHRAD.). —
Coptosperma HOOK. F., *Gen.*, II, 86 (part.).
3. *Ixora* Auctt.
4. SCHREB., *Gen.*, 71. — RICH., *Rub.*, 103,
t. 6, fig. 3. — DC., *Prodr.*, IV, 478. — ENDL.,
Gen., n. 3171. — H. BN, in *Bull. Soc. Linn.
Par.*, n. 28. — *Sideroxyloides* JACQ., *Amer.*, 19,
t. 175, fig. 9.

5. HIERN, *Fl. trop. Afr.*, III, 92 (1877); in
Hook. Icon., t. 1269. — H. BN, in *Adansonia*,
XII, 215.
6. Albis, virentibus, lutescentibus, coccineis,
roseis v. purpureis, sæpe suaveolentibus.
7. Spec. ad 200, quarum paucæ neogeæ. BL.,
Bijdr., 951 (*Pavetta*). — WIGHT et ARN., *Prodr.*,
I, 427. — WIGHT, *Icon.*, t. 148-151, 153, 184-
186, 318, 584, 706-711, 827, 1035, 1065, 1066
(*Stylocoryne*). — GRISEB., *Fl. Brit. W.-Ind.*,
337. — M. ARG., in *Flora* (1875), 453. — HARV.
et SOND., *Fl. cap.*, III, 4 (*Stylocoryne*), 19 (*Pa-
vetta*). — BAK. et DALF. F., *Fl. maur.*, 149 (*Rutidea*), 150 (*Myonyma*), 151. — KL., in *Pet.
Moss., Bot.*, 289 (*Pavetta*). — HIERN, *Fl. trop.
Afr.*, III, 88 (*Tarenna*), 162, 167 (*Pavetta*), 187
(*Rutidea*). — MIQ., *Fl. ind.-bat.*, II, 202, 354
(*Stylocoryna*), 262, 356 (*Pavetta*), 300 (*Myo-
nyma*); Suppl., 546 (*Pavetta*); in *Ann. Mus.,
lugd.-bat.*, IV, 191. — SEEM., *Fl. vit.*, 133. —
BENTH., *Fl. austral.*, III, 412 (*Webera*), 413;
Fl. hongk., 156 (*Stylocoryne*), 157 (*Pavetta*),
158. — F. MUELL., *Fragm.*, IX, 182. — BEDD.,
Ic. pl. Ind. or., I, t. 97; 98-100 (*Pavetta*). —
THW., *Enum. pl. Zeyl.*, 154, 155 (*Pavetta*). —
KURZ, *For. Fl. brit Burm.*, II, 15, 46 (*Webera*).
— H. BN, in *Adansonia*, XII, 294. — *Bot. Reg.*,

34? **Strumpfia** JACQ.[1] — Flores hermaphroditi; receptaculo ob-ovoideo. Calyx 5-fidus; lobis acutiusculis; interpositis dentibus[2] totidem v. 0. Corolla breviter lateque infundibularis; lobis 5, profundis, leviter imbricatis. Stamina 5; filamentis 1-adelphis[3], in tubum imæ corollæ insertum connatis, mox dilatatum ovoideum apiceque (connectivorum) 5-crenatum; antheris intus tubo dilatato adnatis[4], introrsis, 2-rimosis. Germen inferum, 2-loculare, disco epigyno parvo coronatum; stylo gracili simplici, basi attenuato subtorto, longitudinaliter hirto, apice stigmatoso truncato. Ovula in loculis solitaria erecta; micropyle extror-sum infera. Fructus drupaceus, apice umbilicatus; putamine 1, 2-locu-lari; seminis oblongi albumine carnoso; embryonis axilis radicula tereti infera; cotyledonibus latiusculis. — Fruticulus 3-chotome ramosus; ra-mulis crebre articulatis; foliis[5] 3-natim verticillatis linearibus rigidis, margine revolutis; stipulis parvis interpetiolaribus; floribus[6] in race-mos terminales v. ad folia superiora axillares dispositis, bracteatis et 2-bracteolatis. (*Antillæ marit.*[7])

V. URAGOGEÆ.

35. **Uragoga** L. — Flores hermaphroditi v. rarius polygami, 5-meri v. rarius 4-6-meri; receptaculo brevi concavo obconico, ovoideo v. ob-ovoideo, germen intus adnatum fovente. Calyx varius, brevis v. amplus, integer, dentatus lobatusve, deciduus v. rarius persistens et accretus; lobis sæpe ciliatis, raro pinnatisectis. Corolla tubulosa, infundibularis, subcampanulata v. subrotata; tubo brevi v. longo, recto v. rarius curvo; fauce glabra, pilosa v. barbata; lobis 4-6, v. rarius 7-8, valvatis, apice sæpe incurvis, nunc subcucullatis v. cornu dorsali auctis. Stamina to-tidem, fauci v. tubo plus minus alte inserta; filamentis brevibus v. lon-giusculis; antheris inclusis v. exsertis; loculis introrsis, raro margina-libus, rimosis; connectivo nunc dorso incrassato. Germen inferum,

---

t. 119 (*Stylocoryne*), 198 (*Pavetta*). — *Bot. Mag.*, t. 3580 (*Pavetta*), 4191, 4332, 4399, 4482, 4513, 4523, 4586, 5197. — WALP., *Rep.*, II, 480 (*Pa-vetta*), 481, 484 (*Siderodendron*), 516 (*Styloco-ryne*), 942 (*Pavetta*); VI, 45 (*Pavetta*); *Ann.*, I, 373, 380 (*Stylocoryne*); II, 753 (*Pavetta*), 754, 792 (*Stylocoryne*); V, 111, 134 (*Stylocoryne*).

1. *St. amer.*, 218. — LAMK, *Ill.*, t. 731. — POIR., *Dict.*, VII, 474. — PERS., *Syn.*, 211 (*Strum-phia*). — A. RICH., *Rub.*, 138, t. 19. — DC., *Prodr.*,

IV, 469. — ENDL., *Gen.*, n. 3218. — B. H., *Gen.*, 117, n. 245.

2. Stipularibus ?.
3. *Meliacearum* nonnullarum more.
4. Fere *Compositearum*.
5. Fere *Rosmarini*.
6. Minutis, albis ?.
7. Spec. 1. *S. maritima* JACQ. — L., *Spec.*, II, 1316. — W., *Spec.*, 1152. — GRISEB., *Fl. Brit. W.-Ind.*, 336.

2-loculare v. rarius 3-8-loculare ; disco epigyno vario, integro v. lobato ; styli inclusi v. exserti ramis 2, v. rarius 3-8, forma valde variis. Ovula in loculis solitaria, erecta, anatropa, dorso ventreque sæpe compressa ; micropyle extrorsum infera. Fructus drupaceus ; exocarpio carnoso v. demum subsicco ; pyrenis forma valde variis, dorso sæpius longitudinaliter costatis, nunc anguste alatis ; facie plana, convexa v. concava, nunc locellis spuriis aucta ; columella varia v. 0. Semen pyrenis conforme ; albumine copioso carnoso v. corneo, æquabili v. rarius ruminato ; embryonis (sæpius parvi) cotyledonibus angustis v. latiusculis ; radicula infera. — Frutices, v. rarius arbores, arbusculæ, suffrutices v. herbæ, raro scandentes, nunc epiphytici ; foliis oppositis v. raro verticillatis ; stipulis interpetiolaribus v. sæpius intrapetiolaribus, liberis v. connatis, nunc plurisetosis, raro late membranaceis ; floribus raro axillaribus, sæpissime terminalibus, solitariis, glomerulatis cymosisve ; cymis sæpe in racemos compositos dispositis v. in capitulum spurium congestis ; bracteis involucrantibus nunc foliaceis v. coloratis. (*Orbis totius reg. trop. et calid.*) — *Vid. p.* 280.

36? **Mesoptera** Hook. f. [1] — Flores (fere *Uragogæ*) 5-meri ; calyce brevi dentato. Corolla breviter tubulosa, valvata. Stamina 5, fauci inserta ; antheris apiculatis. Discus epigynus orbicularis. Germen 2-loculare ; ovulo in loculis 1, ascendente ; funiculo brevi ; micropyle extrorsum infera. Stylus brevis ; « stigmate magno capitato-10-lobo. Fructus sub-2-dymus, 2-coccus ; coccis..... ? ». Cætera *Uragogæ* [2]. — Arbor robusta ; foliis oppositis, petiolatis amplis ovato-ellipticis coriaceis, supra nitidis, subtus fuscato-tomentosis ; stipulis late aliformibus ; floribus [3] in cymas densas axillares « ebracteolatas » dispositis. (*Malacca* [4].)

37. **Thiersia** H. Bn [5]. — Flores (fere *Uragogæ*) 4-meri ; receptaculo ovoideo. Calyx brevis subinteger v. sinuato-dentatus [6]. Corolla anguste tubulosa, parce intus pubescens ; limbi vix dilatati lobis 4, valvatis. Stamina 4, fauci inserta ; filamentis brevissimis ; antheris oblongis subinclusis, introrsum 2-rimosis. Germen 2-loculare ; disco epigyno alte conico ; styli inclusi ramis 2, brevibus obtusis, intus stigmatosis. Ovula in loculis 1 ; micropyle extrorsum infera. Fructus..... ? — Arbor (?) ;

1. *Gen.*, II. 130, n. 277.
2. Cujus forte mera sectio, stylo 10-lobo?
3. Minutis.
4. Spec. 1. *M. Maingayi* Hook. f., *loc. cit.*
5. In *Adansonia*, XII, 335.
6. Post anthesin nonnihil accrescens.

ramis ancipiti-compressis; foliis oppositis oblongis penninerviis dentatis, basi inæqualibus; stipulis bracteisque ciliatis ; floribus in cymas
axillares contractas compositas dispositis; cymulis singulis 2- v. sæpius
3-floris, 4-bracteatis ; bracteis 2, basi dilatatis, apice cuspidato sub-
spinescentibus; 2 autem, cum præcedentibus alternantibus, late membranaceis (coloratis ?) cucullato-concavis venosis[1]. (*Guiana gall.*[2])

38. **Declieuxia** H. B. K. [3] — Flores 4-meri ; receptaculo extus
orbiculari-compresso v. obcordato. Calycis foliola 2 (*Congdonia*[4]), v. 4,
libera v. plus minus alte connata, æqualia, v. lateralia 2 multo majora,
persistentia. Corollæ infundibularis lobi 4, valvati; faucis indumento
vario. Stamina 4; filamentis gracilibus, fauci insertis; antheris oblongis, sæpe exsertis, versatilibus, introrsum 2-rimosis. Germen inferum,
2-loculare, septo contrarie valde compressum; disco epigyno crassiusculo, minimo v. 0 ; styli gracilis ramis 2, tenuibus, exsertis, undique
papillosis. Ovula in loculis solitaria adscendentia; micropyle extrorsum
infera[5]. Fructus subdidymus, demum siccus v. exocarpio carnosulo
donatus ; seminis suberecti compressi raphe ventrali v. laterali; albumine carnoso; embryonis parvi radicula infera. — Fruticuli v. herbæ
ramosi, glabri v. scaberuli ; foliis oppositis v. rarius verticillatis, petiolatis v. sessilibus, coriaceis, venosis, nunc cordatis; stipulis brevibus
setigeris v. 0 ; floribus[6] in inflorescentiæ terminalis ramis scorpioideo-
cymosis 1-lateralibus, 2-bracteolatis v. ebracteolatis[7]. (*America centr.
et trop.*[8])

39. **Lasianthus** JACK.[9] — Flores hermaphroditi v. 1-sexuales (fere
Uragogæ), 4-6-meri ; corollæ infundibularis, hypocraterimorphæ v.
subcampanulatæ lobis valvatis. Stamina 4-6, fauci corollæ v. inter lobos
inserta; antheris inclusis v. subexsertis, nunc rarius in flore masculo
valde exsertis (? *Allæophania*[10]). Germen 2-loculare (*Saldinia*[11]) v. 4-10-

1. Flores juniores cymulæ axillantibus.
2. Spec. 1. *T. insignis* H. BN (ad *Sabiceam* a
NAUDIN relata, sed certe ovulo solitario discrepans).
3. *Nov. gen. et spec.*, III, 352. t. 281. — RICH.,
Rub., 113. — DC., *Prodr.*, IV, 479. — ENDL.,
Gen., n. 3169. — B. H., *Gen.*, II, 126, n. 268.
— *Psyllocarpus* POHL (ex ENDL.).
4. M. ARG., in *Flora* (1876), 437.
5. Funiculus in *D. cærulea* paulo longior al-
tiusque insertus, basi papillis inæqualibus (ovulis abortivis ??) cinctus.
6. Parvis v. minimis.
7. Genus *Mitreolæ* inter *Hedyotideas* nonnihil
analogum.
8. Spec. ad 20. MART. et ZUCC., in *Rœm. et*

Sch. Mantiss., III, 111. — CHAM. et SCHLTL, in
Linnæa, IV, 4. — GARDN., in *Hook. Lond. Journ.*,
Febr. 1845. — M. ARG., in *Flora* (1876), 433. —
WALP., *Rep.*, II, 483; VI, 46; *Ann.*, II, 756.
9. In *Trans. Linn. Soc.*, XIV, 125. — BL.,
Bijdr., 995. — RICH., *Rub.*, 130. — B. H.,
Gen., II, 129, n. 272. — *Mephitidia* REINW., ex
BL., *Bijdr.*, 995. — ENDL., *Gen.*, n. 3190. —
DC., *Prodr.*, IV, 452. — *Octavia* DC., *Prodr.*,
IV, 464. — ENDL., *Gen.*, n. 3205.
10. THW., *Enum. pl. Zeyl.*, 147. — B. H.,
Gen., II, 129, n. 273. — *Hedyotis* Auctt.
11. RICH., *Rub.*, 126. — DC., *Prodr.*, IV, 483.
— ENDL., *Gen.*, n. 3165. — B. H., *Gen.*, II,
129, n. 274.

loculare (*Allæophania, Eulasianthus*); disco epigyno vario; styli ramis loculorum numero æquali. Ovula cæteraque *Uragogæ*. Fructus drupaceus, 1-10-pyrenus; carne nunc parca; seminibus adscendentibus albuminosis. Frutices v. fruticuli (sæpe fœtidi), glabri v. sæpius scabri, tomentosi strigosive; foliis oppositis oblique v. transverse nervosis; stipulis interpetiolaribus variis, sæpe latis, deciduis v. persistentibus; floribus [1] in axillis foliorum cymosis, breviter pedicellatis v. sæpius glomerulatis crebris [2]. (*Asia, Oceania, Africa et America trop.* [3])

40. **Saprosma** BL.[4] — Flores fere *Lasianthi;* calyce 4-6-lobo v. dentato. Corollæ infundibularis v. subcampanulatæ lobi sæpius 4, valvati; marginibus attenuatis crispatisve induplicatis. Stamina 4, germen 2-loculare, 2-ovulatum, cæteraque *Lasianthi.* Fructus [5] 2-pyrenus; seminibus albuminosis. — Frutices (fœtidi) glabri v. rarius pubescentes; foliis oppositis v. raro verticillatis; stipulis interpetiolaribus, deciduis, 1-3-cuspidatis; floribus [6] axillaribus et terminalibus, glomeratis v. cymosis, solitariis v. 3-nis; bracteolis plerumque in calyculum [7] connatis [8]. (*Asia et Oceania trop.* [9])

41? **Myrmecodia** JACK.[10] — Flores (fere *Uragogæ*) hermaphroditi, 4-meri; calyce sæpius subintegro truncato; corolla infundibulari. hypocraterimorpha v. suburceolata, valvata. Stamina 4; antheris subsessilibus. Fructus drupaceus; carne sæpius parca; pyrenis 2, plano-convexis (*Hydnophytum* [11]) v. 3-5, 3-gonis. Cætera *Uragogæ* [12]. — Frutices epiphytici glabri, carnosuli v. coriacei; caule tuberoso brevi, echinato

---

1. Parvis, albidis, lutescentibus, virescentibus v. pallide purpureis.

2. Genus, mediante *Allæophania* (necnon *Uragogis* axillifloris), *Oldenlandiis* valde affine.

3. Spec. ad 75. POIR., *Dict.*, IV, 315 (*Morinda*). — WIGHT, *Icon.*, t. 1032. — GRISEB., *Cat. pl. cub.*, 124 (*Sabicea*). — MIQ., *Fl. ind.-bat.*, II, 314; Suppl., 548. — BENTH., *Fl. austral.*, III, 425; *Fl. hongk.*, 160. — BEDD., *Ic. pl. Ind. or.*, t. 9, 13, 21, 22; *Fl. sylv. Madr.*, cxxxxiv-10, t. 17 V. — THW., *Enum. pl. Zeyl.*, 145 (*Mephitidia*). — KURZ, *For. Fl. brit. Burm.*, II, 30. — HIERN, *Fl. trop. Afr.*, II, 228. — H. BN, in *Adansonia*, XII, 232. — WALP., *Rep.*, VI, 49; *Ann.*, II, 759.

4. *Bijdr.*, 956. — RICH , *Rub.*, 98. — DC., *Prodr.*, IV, 493. — ENDL., *Gen.*, n. 3159. — B. H., *Gen.*, II, 131, n. 278. — *Dysosmia* MIQ., *Fl. ind.-bat.*, II, 325. — *Dysodidendron* GARDN., in *Calc. Journ. Nat. Hist.*, VII, 56.

5. Parvus, purpurascens.

6. Parvis, albidis v. lutescentibus.

7. Sæpe denticulatum.

8. Genus hinc *Lasiantho*, inde *Serissæ* et *Hamiltoniæ* proximum.

9. Spec. 7, 8. WALL., in *Roxb. Fl. ind.* (ed. CAREY), II, 517 (*Pæderia*). — MIQ., *Fl. ind.-bat.*, II, 302; Suppl., 223. — BEDD., *Icon. pl. ind. or.*, I, t. 14-17, IV (*Serissa*); *Fl. sylv. Madr.*, cxxxiv-11. — KORTH., in *Ned. Kruidk. Arch.*, II, 224. — THW., *Enum. pl. Zeyl.*, 150 (*Serissa*). — KURZ, *For. Fl. brit. Burm.*, II, 28. — WALP., *Rep.*, VI, 45; *Ann.*, II, 752.

10. In *Trans. Linn. Soc.*, XIV, 122. — RICH., *Rub.*, 144. — DC., *Prodr.*, IV, 450. — ENDL., *Gen.*, n. 3184. — B. H., *Gen.*, II, 132, n. 280. — *Lasiostoma* SPRENG. (part.).

11. JACK, *loc. cit.*, 124. — DC., *Prodr.*, IV, 450. — ENDL., *Gen.*, n. 3185. — B. H., *Gen..*, II, 132, n. 280.

12. Stigma nunc plus minus distincte 2-lobum, nunc autem orbiculare et ciliato-marginatum.

v. rugoso, intus excavato (ibique a formicis [1] habitato); foliis [2] oppositis, sessilibus v. petiolatis [3]; stipulis interpetiolaribus, integris, deciduis (*Hydnophytum*) v. plus minus persistentibus, 2-fidis; floribus [4]
axillaribus solitariis, glomeratis v. cymosis [5]. (*Oceania trop.* [6])

42. Gærtnera LAMK. [7] — Flores fere *Uragogæ*, 5-meri; receptaculo
parum concavo v. subcampanulato; calycis lobis v. dentibus 5, nunc
amplis v. accrescentibus. Corollæ tubus plus minus elongatus, subhy-
pogyne v. nonnihil perigyne insertus; limbi varii lobis 5, valvatis. Stamina cæteraque *Uragogæ;* filamentis plerumque brevibus. Germen
omnino v. maxima ex parte liberum, 2-loculare, ovatum, obovatum
v. obcordatum; stylo apice 2-lobo. Ovula in loculis solitaria; micropyle
extrorsum infera [8]. Fructus drupaceus subglobosus, obovoideus, 2-dy-
mus, oblongus v. longiuscule fusiformis, imo receptaculo insertus,
liber v. subliber; putaminibus 1, 2; seminis adscendentis albumine
copioso, carnoso v. cartilagineo; embryonis axilis brevis recti radicula
infera. — Arbores v. frutices, sæpius glabri; foliis, adspectu cæterisque *Uragogæ;* stipulis variis, sæpe connatis vaginantibus intrapetiolaribus setosis; floribus [9] in cymas terminales composito-ramosas
dispositis; inflorescentia aut nunc valde elongata, aut contracta
subcapituliformi [10]. (*Africa. trop. or. insul. et occ.; India or.* [11])

43? Pagamea AUBL. [12] — Flores fere *Gærtneræ*, 4, 5-meri; calyce
dentato v. breviter lobato. Corolla subrotata, alte 4, 5-loba, valvata,
sæpe intus dense barbata. Stamina fauci inserta. Germen nisi ima basi
liberum (*Gærtneræ*); loculis 2, v. rarius 3-5; styli ramis totidem papillosis. Fructus drupaceus, ovoideus v. sæpe obcordatus; pyrenis 1-5,

1. Vel et ab animalibus variis.
2. Adspectu *Rhizophorearum* nonnullarum.
3. Nunc peltatim insertis.
4. Parvis, albis.
5. An potius *Uragogæ* sectio ?
6. Spec. ad 5. RUMPH., *Herb. amb.*, VI, 119,
t. 55 (*Nidus germinans*). — SPRENG., *Syst.*, 1.
123 (*Lasiostoma*). — BL., *Bijdr.*, 955 (*Hydnophytum*), 1001. — GAUDICH., in *Freycin. Voy.*,
Bot., 472, t. 95, 96. — A. GRAY, in *Proc. Amer.
Acad.*, IV, 43. — MIQ., *Fl. ind.-bat.*, II, 308
(*Hydnophytum*), 309; Suppl., 224. — CAR., in
N. Giorn. bot. ital., IV, 170, t. 1.
7. *Ill.*, II, 273, t. 167 (nec RETZ., nec SCHREB.,
nec ROXB.). — GÆRTN. F., *Fruct.*, III, 58, t. 191.
— DC., *Prodr.*, IX, 32, 35. — BOJ., in *Nouv.
Mém. Soc. helv.*, VIII, t. 1, 2 (Neuchât., 1847).
— ENDL., *Gen.*, n. 3370. — BUR., *Loganiac.*, 57,
fig. 35, 36. — BENTH., in *Journ. Linn. Soc.*, I,

111. — B. H., *Gen.*, II, 798, n. 28. — H. BN,
in *Bull. Soc. Linn. Par.*, 209. — *Andersonia* W.,
ex ROEM. et SCH., *Syst.*, V, 21. — *Fructesco* DC.,
in *Meissn. Gen.*, 259; *Comm.*, 168. — *Sykesia*
ARN., in *Nov. Acta nat. cur.*, XVIII, 351.
8. Hilo plerumque perianthii insertionem paulo
infra sito. Hypogynia inde spuria.
9. Albis.
10. Sect. 4 (ENDL., *Gen.*, Suppl., I, 1395).
11. Spec. ad 20. WIGHT, *Icon.*, t. 1318.— MIQ.,
Fl. ind.-bat., II, 382; Suppl., 227, 551. — BAK.,
Fl. maur., 230. — TRW., *Enum. pl. Zeyl.*, 201.
— H. BN, in *Adansonia*, XII, 237, 238. — WALP.,
Ann., III, 76.
12. *Guian.*, I, 112, t. 44.— ENDL., *Gen.*, n. 3371.
— BUR., *Loganiac.*, 57, fig. 37-42. — BENTH.,
in *Journ. Linn. Soc.*, I. 109. — B. H., *Gen.*, II,
798, n. 29. — H. BN, in *Bull. Soc. Linn.
Par.*, 210.

1-spermis; seminis suberecti albumine crasso sulcato-ruminato; embryonis parvi radicula infera. Cætera *Gærtneræ*[1].—Arbores v. frutices; foliis oppositis, integris penninerviis, sæpius coriaceis; nervis secundariis obliquis prominulis; floribus[2] in cymas axillares v. compositas cymigeras capituliformes dispositis; pedunculis nunc complanatis. (*Guiana, Brasilia bor. or.*[3])

44? **Hymenocnemis** Hook. f.[4]—Flores (fere *Uragogæ*) hermaphroditi, 4-meri; germinis inferi loculis 2, 1-ovulatis (*Uragogæ*). Calyx 4-phyllus; foliolis inæqualibus forma variis, obtusis patentibus; dentibus[5] minutis interpositis. Corolla infundibulari-hypocraterimorpha; lobis 4, sublanceolatis, valvatis; « marginibus subcrispatis induplicatis ». Stamina 4, inclusa; connectivo breviter producto. Discus epigynus crenulatus. Stylus gracilis; ramis 2, recurvis. Fructus...? — Frutex gracilis divaricato-ramosus pubescens; foliis oppositis (parvis) ovato-ellipticis apiculatis, brevissime petiolatis; stipulis in vaginam membranaceam villosulam summum ramulum obtegentem demumque superne ruptam connatis; floribus[6] axillaribus solitariis; pedunculo brevi bracteolato[7]. (*Madagascaria*[8].)

45? **Fergusonia** Hook. f.[9] — Flores hermaphroditi, 4-meri (fere *Uragogæ* v. *Lasianthi*); sepalis ovato-lanceolatis, ciliatis, persistentibus. Corollæ infundibularis faux glabra lobique 4, apice ciliati, valvati. Stamina 4, fauci inserta; filamentis brevibus; antheris dorsifixis introrsis. Germen inferum; locellis 4, 1-ovulatis (*Uragogæ*); disco 4-lobo; « styli ramis 2, linearibus, hirsutis, interdum connatis. » Fructus 4-coccus; coccis subangulatis; singulis sepalo coronatis; seminibus dense albuminosis cæterisque *Uragogæ*. — Herba[10] procumbens ramosa scabrida; ramis 4-gonis, inferne radicantibus et ad nodos ciliatis; foliis oppositis lanceolatis acuminatis venosis; stipulis lanceolatis connatis, persistentibus; floribus[11] axillaribus subsessilibus, 2-bracteolatis[12]. (*India or.*[13])

---

1. Cujus potius sectio americana ?
2. Parvis, albis.
3. Spec. ad 8. Prog., in *Mart. Fl. bras.*, VI, 285, t. 81.
4. *Gen.*, II, 132, n. 283.
5. Stipularibus (?)
6. Majusculis, albis (?).
7. Genus vix ab *Uragoga* distinctum forteque ejus sectio, ob florem axillarem solitarium speciebus nonnullis austro-caledonicis analogum.
8. Spec. 1. *H. madagascariensis* Hook. f., *l. c.*

9. *Icon.*, t. 1124; *Gen.*, II, 133, n. 84.
10. Adspectu *Spermacocis*, cui genus certe valde affine.
11. Minutis, virescentibus (?)
12. Genus *Hedyotidi* imprimisque *Alleophaniæ* certe proximum, adspectu et foliorum indole valde analogum. Germinis loculi forte 2-ovulati; septo spurio ovulis 2 ejusdem loculi interposito.
13. Spec. 1. *F. tetracocca.—F. Thwaitesii* Hook. f. — *Borreria tetracocca* Thw., *Enum. pl. Zeyl.*, 142. — Bidd., *Ic. pl. Ind. or.*, t. 39.

46. Coussarea AUBL.[1] — Flores plerumque 4-meri (fere *Uragogæ*); loculis germinis 2, sæpe superne v. fere ad basin incompletis; septo brevi v. 0. Calyx brevis integer dentatusve (*Faramea*[2]), v. cupularis (*Eucoussarea*[3]), nunc rarius amplior membranaceus (*Homaloclados*[3]). Corollæ lobi breves v. elongati; marginibus plus minus crassis, valvatis. Ovula suberecta, libera v. dorso cum septi basi plus minus alte connata (*Eucoussarea*). Fructus carnosus v. coriaceus cæteraque *Uragogæ*[4]. — Arbores, frutices v. suffrutices, nunc subscandentes; ramis nunc compressis v. 4-gonis; foliis oppositis, sæpius glabris integris; stipulis intrapetiolaribus plerumque in vaginam connatis; floribus[5] terminalibus in cymas ramoso-compositas, nunc corymbiformes v. capituliformes, dispositis. (*America trop.*[6])

VI. MORINDEÆ.

47. Morinda VAILL. — Flores hermaphroditi v. rarius polygami; receptaculo sacciformi, germen adnatum intus fovente extusque cum florum vicinorum receptaculis omnino connato. Calyx superus gamophyllus, integer, nunc brevissimus v. plus minus alte sinuatus, dentatus lobatusve. Corolla infundibularis, hypocraterimorpha v. subcampanulata, nunc fere omnino dialypetala (*Chorimorinda*); foliolis staminum filamentorum ope coalitis; limbi plus minus expansi lobis 4, 5, rarius ultra, crassiusculis, valvatis. Stamina totidem alterna; filamentis brevibus v. elongatis, a fauce ad imum tubum corollæ v. receptaculo insertis, aut liberis, aut cum lobis corollæ alternis coadunatis;

1. *Guian.*, I, 98, t. 38 (nec *alior.*). — J., *Gen.*, 203. — LAMK, *Ill.* t. 65. — RICH.. *Rub.*, 97, t. 8, fig. 1, 2. — DC., *Prodr.*, IV, 493. — ENDL., *Gen.*, n. 3158. — B. H., *Gen.*, II, 120, 1229, n. 256. — *Frœlichia* VAHL, *Ecl. Præf.*, 3 (nec MOENCH, nec WULF.). — *Billardiera* VAHL, *Ecl.*, I, 13, t. 10, fig. 3 (nec MOENCH, nec SM.). — *Pecheya* SCOP., *Introd.*, 143.]
2. AUBL., *Guian.*, 102, t. 40. — J., *Gen.*, 209; in *Mém. Mus.*, VI, 376. — LAMK, *Ill.*, t. 63. — RICH., *Rub.*, 95, t. 7, fig. 1, 2. — DC., *Prodr.*, IV, 496. — ENDL., *Gen.*, n. 3151. — B. H., *Gen.*, II, 121, 1229, n. 257. — *Tetramerium* G.ERTN. F., *Fruct.*, III, 90, t. 196. — *Potima* PERS., *Syn.*, I, 209. — ? *Darluca* RAFIN., in *Ann. gén. sc. phys.*, VI, 87 (ex DC.).
3. HOOK. F., *Icon.*, t. 1128 (*Omaloclados*). — B. H., *Gen.*, II, 122, n. 258.

4. A qua genus nimium artificial. distinctum; septo interloculari nunc certe completo.
5. Parvis v. sæpius majusculis, haud indecoris, albis, sæpe fragrantibus.
6. Spec. ad 60. R. et PAV., *Fl. per.*, t. 214, 215 (*Coffea*). — H. B. K., *Nov. gen. et spec.*, III, t. 287 (*Tetramerium*). — POEPP. et ENDL., *Nov. gen. et spec.*, t. 231 (*Coussarea*), 234, sinistr.— JACQ., *St. amer.*, 67, t. 47. — PRESL, *Symb.*, t. 40 (*Faramea*). — KARST., *Fl. colomb.*, t. 107 (*Coussarea*). — GRISEB., *Fl. Brit. W.-Ind.*, 338. — M. ARG., in *Flora* (1875), 465, 468 (*Faramea*). — BENTH., in *Linnœa*, XXIII, 452 (*Faramea*). — WALP., *Repert.*, II, 478 (*Faramea*), 480; VI, 43 (*Faramea*), 44 (?); *Ann.*, II, 750 (*Faramea*, part.). C *Frœlichia* A. RICH. (*Rub.*, 97), planta in caldariis longis abhinc annis culta, est *Ixora*.

antheris dorsifixis, inclusis v. exsertis, introrsum 2-rimosis. Germen 2-loculare; disco epigyno vario; styli ramis 2, brevibus v. elongatis angustis stigmatosis. Ovula in loculis 1, v. 2, septo plus minus alte inserta, adscendentia, plus minus complete anatropa; micropyle extrorsum infera v. demum laterali; septo spurio in loculis 2-ovulatis plus minus inter ovulum utrumque prominulo; locellis nunc completis. Fructus in syncarpium carnosum plerumque concreti; putaminibus 2-locularibus, 2-locellatis, v. pyrenis pro floribus singulis 1-4, 1-spermis. Seminum adscendentium albumen copiosum carnosum; embryonis axilis plus minus elongati radicula infera tereti v. dilatata. — Arbusculæ v. frutices, erecti v. scandentes, nunc epiphytici; foliis oppositis v. rarius verticillatis, integris; stipulis interpetiolaribus v. intrapetiolaribus, connatis v. liberis, forma variis; floribus in capitula spuria (cymas contractas) congestis, nunc in inflorescentiis singulis ∞, rarius 3 (*Tribrachya*), v. 2 (*Dibrachya*), rarissime autem paucissimis v. solitariis (*Imantina*); capitulis axillaribus v. terminalibus, solitariis, 2-nis v. spurie corymbosis. (*Orbis utriusque reg. trop.*) — *Vid. p.* 291.

48. Appunia HOOK. F.[1] — Flores *Morindæ*, 5-meri; germinibus liberis. Calyx brevis, nunc integer v. membranaceo-ampliatus. Corolla elongata; lobis elongato-acutis, crassis, valvatis. Germen 2-loculare; loculis 2-ovulatis, inter ovula nunc spurie septatis. Ovula cæteraque *Morindæ*. Fructus liberi drupacei, 2-4-pyreni; pyrenis 1, 2-spermis. — Arbusculæ v. frutices; foliis oppositis v. « supremis raro subalternis »; stipulis interpetiolaribus; floribus in capitula spuria axillaria longe pedunculata dispositis, jure glomeratis, paucis bracteolatis[2]. (*Venezuela, Guiana, Brasilia bor. or.*[3])

49. Cœlospermum BL.[4] — Flores (fere *Appuniæ* v. *Morindæ*) 4, 5-meri; calyce truncato v. dentato. Corolla infundibularis, hypocraterimorpha v. subrotata; lobis valvatis, nunc fere omnino v. per tubum

1. *Gen.*, II, 120, 1229, n. 254. — *Bellynxia* M. ARG., in *Flora* (1875), 465.

2. Genus a *Morinda* floribus haud connatis tantum discrepans.

3. Spec. 2-4. BENTH., in *Hook. Journ. Bot.*, III, 232 (*Coffea*). *Ixora angulata* SPRUCE (exs., n. 3337), ad genus alienum relata, videtur nobis *Appuniæ* species; foliis omnibus oppositis in specimin. herb. Mus. par.; germinibus liberis: locellis 4; ovulo in singulis 1, adscendente.

4. *Bijdr.* (1825-26), 994 (*Cœlospermum*). — RICH., *Rub.*, 129. — DC., *Prodr.*, IV, 468. — ENDL., *Gen.*, n. 3211. — B. H., *Gen.*, II, 119, n. 251. — H. BN, in *Bull. Soc. Linn. Par.*, 195. — *Olostyla* DC., *Prodr.*, IV, 440. — B. H., *Gen.*, II, 66, n. 103. — H. BN, in *Bull. Soc. Linn., Par.*, 183. — *Holostyla* ENDL., *Gen.*, n. 3225. — *Pogonolobus* F. MUELL., *Fragm. Phyt. Austral.*, I, 55. — *Trisciadia* HOOK. F., *Gen.*, II, 68, n. 111.

paulo supra basin liberis ; fauce nuda, pilosa v. barbata. Stamina 4, 5, fauci inserta ; antheris dorsifixis introrsis, versatilibus, nunc acuminatis ; loculis basi sæpius discretis. Germen 2-loculare cæteraque *Morindæ ;* ovulis in loculis 2, adscendentibus ; micropyle extrorsum infera[1] ; septo spurio inter ovulum utrumque plus minus evoluto, v. 0. Fructus drupaceus ; putaminibus plerumque 4, 1-spermis ; seminis adscendentis albuminosi integumento duriusculo, nunc in alam brevem membranaceam inferne producto. — Arbusculæ v. frutices, flexuosi v. scandentes, plerumque glabri ; ramulis nunc compressis ; foliis[2] oppositis coriaceis, sæpe venosis reticulatis ; stipulis interpetiolaribus v. intrapetiolaribus variis ; floribus[3] in cymas terminales axi communi subumbellatim insertas dispositis ; bracteis nunc amplis membranaceis[4] ; pedicellis articulatis. (*Oceania trop., Australia, Nova-Caledonia*[5].)

50. Gynochtodes BL.[6] — Flores hermaphroditi v. sæpius 1-sexuales (fere *Cœlospermi*), 4, 5-meri ; calyce brevi integro, sinuato v. 5-dentato. Corolla varia coriacea ; tubo nunc brevi ; fauce pilosa ; limbi lobis valvatis, patentibus v. reflexis. Stamina cæteraque *Morindæ*. Germen 2-loculare ; ovulis in loculis singulis 2, adscendentibus v. rarius subhorizontalibus (*Tetralopha*[7]) ; micropyle extrorsum infera ; disco epigyno crassiusculo ; stylo nunc brevissimo (*Tetralopha*). Fructus drupaceus, 2-4-pyrenus ; seminibus dite albuminosis. — Frutices glabri, nunc scandentes ; foliis oppositis coriaceis[8] ; stipulis connatis, nunc majusculis, deciduis ; floribus[9] in cymas axillares parvas pedunculatas v. nunc contractas dispositis ; bracteis nunc (*Tetralopha*) in annulum connatis[10]. (*Archip. ind.*[11])

51. Cruckshanksia HOOK. et ARN.[12] — Flores hermaphroditi ; receptaculo subgloboso v. breviter ovoideo, germen intus adnatum

---

1. Nunc demum laterali.

2. Nunc sæpe lutescentibus.

3. Parvis v. majusculis, albis v. pallide lutescentibus, sæpissime suaveolentibus.

4. In *C. decipiente* H. BN (quod *Morinda reticulata* BENTH.). Plantæ hujus germina libera ; loculis 2-ovulatis ; singulis 2-locellatis.

5. Spec. ad 10. LABILL., *Sert. austro-caled.*, 18, t. 18 (*Stylocoryna*). — WALL., in *Roxb. Fl. ind.* (ed. CAR.), II, 538 (*Webera*). — DC., *Prodr.*, IV, 394, n. 7 (*Cupia*). — MIQ., *Fl. ind.-bat.*, II, 301, 356. — F. MUELL., *Fragm.*, V, 19. — BENTH., *Fl. austral.*, III, 424 (*Morinda*, n. 4 ; *Cœlospermum*). — H. BN, in *Bull. Soc. Linn. Par.*, n. 28 ; in *Adansonia*, XII, 236.

6. *Bijdr.*, 993. — RICH., *Rub.*, 128. — DC.,

Prodr., IV, 477. — ENDL., *Gen.*, n. 3210. — B. H., *Gen.*, II, 119, n. 252.

7. HOOK. F., *Icon.*, t. 1072 ; *Gen.*, II. 120, n. 253.

8. Siccitate plerumque fuscescentibus.

9. Parvis, albis.

10. Genus *Cœlospermo* perquam affine. Germinis loculi inter ovula in *Eugynochtode* spurie septati ; in *Tetralopha* haud septati.

11. Spec. 3, 4. MIQ., *Fl. ind.-bat.*, II, 313 ; *Suppl.*, 224, 518.

12. In *Hook. Bot. Misc.*, III, 361. — ENDL., *Gen.*, n. 3137. — B. H., *Gen.*, II, 97, n. 190. — H. BN, in *Bull. Soc. Linn. Par.*, 187. — *Rotheria* MEYEN, *Reis.*, I, 102. — WALP., in *Pl. Meyen.*, 355.

fovente. Calyx gamophyllus; lobis forma magnitudineque valde variis; 1, 2, v. rarius 3 in folium membranaceum venosum sæpius petiolatum coloratumque expansis; cæteris v. rarius omnibus (*Oreopolus*[1]) brevioribus inæqualibus, integris v. dentatis. Corolla hypocraterimorpha; tubo elongato; fauce glabra v. pubescente; lobis 4, 5, valvatis, demum reflexis. Stamina 4, 5, corollæ fauci inserta; antheris inclusis v. semiexsertis. Germen 2-loculare; disco epigyno depresso; styli[2] gracilis ramis stigmatosis 2, brevibus revolutis. Ovula in loculis 2[3], collateraliter adscendentia; incomplete anatropa; micropyle extrorsum infera, demum laterali; septo spurio incompleto[4] inter ovulum utrumque nunc producto. Fructus capsularis, calyce accreto plus minus coronatus; valvis 2-4, a septo membranaceo solutis. Semina ovoidea v. subcochleata; hilo ventrali latiusculo; albumine carnoso v. duro; embryonis curvi cotyledonibus foliaceis; radicula tereti infera.—Herbæ v. suffrutices humiles ramosi foliosi, erecti v. prostrati, glabri v. sæpius sericei tomentosive; foliis oppositis subcoriaceis; stipulis persistentibus in vaginam cum petiolis plus minus connatis; floribus[5] in cymas terminales umbelliformes v. corymbiformes dispositis; bracteis involucrantibus integris v. plus minus lobatis. (*Chili*[6].)

52. Carphalea J.[7] — Flores (fere *Cruckhsanksiæ*) 4, 5-meri; calycis gamophylli membranacei demum accreti subscariosi venosi (colorati[8]) lobis plus minus profundis, obtusis, sinuatis, v. altius subspathulatis[9], æqualibus v. inæqualibus; intermixtis nunc denticulis angustis (stipularibus?). Corollæ longe v. longissime tubulosæ lobi 4, 5, valvati v. induplicato-valvati; fauce plus minus dilatata varie pilosa. Stamina 4, 5; filamentis gracilibus fauci insertis v. usque ad basin tubi liberis (pilorumque ope cum eo coalitis); antheris inclusis v. exsertis introrsis dorsifixis, plerumque versatilibus. Germen 2-loculare; disco epigyno parvo v. 0; styli gracillimi ramis 2, exsertis, undique papillosis. Ovula in

1. SCHLCHTL, in *Lechl. Pl. exs.*, n. 2895. — B. H., *Gen.*, II, 97, n. 191.

2. Dimorphi.

3. Nunc rarius 3, subcollateralia; placentæ apice tum libero leviter prominulo.

4. E placenta orta nunc et e pariete, raro valde evoluta.

5. Luteis v. flavis.

6. Spec. 5, 6. PŒPP. et ENDL., *Nov. gen. et spec.*, III, 31, t. 236. — CL., in *C. Gay Fl. chil.*, III, 192, t. 33 — WALP., *Rep.*, II, 469; *Ann.*, I, 984.

7. *Gen.*, 198; in *Mém. Mus.*, VI, 383. — LAMK, *Ill.*, t. 59, fig. 3. — POIR., *Dict.*, Suppl., II, 119. — RICH., *Rub.*, 195. — DC., *Prodr.*, IV, 413. — ENDL., *Gen.*, n. 3249. — B. H., *Gen.*, II, 52, n. 69. — H. BN, in *Bull. Soc. Linn. Par.*, 186. — *Dirichletia* KL., in *Monatsb. Akad. Wiss. Berl.* (1853), 494; in *Pet. Moss., Bot.*, t. 47, 48. — B. H., *Gen.*, II, 56, n. 80.

8. Sæpius rosei v. violacei.

9. In *C. madagascariensi* angustis subæqualibus et subliberis, at membranæ annularis ope ima basi connatis.

loculis 2, 3 (rarius ultra), summæ placentæ erectæ et imo angulo interno affixæ inserta, plus minus complete anatropa; micropyle extrorsum infera. Fructus capsularis v. coriaceus, inæquali-dehiscens, oligospermus; seminibus adscendentibus; albumine...? — Frutices v. suffrutices, erecti v. ramosi; foliis oppositis nervosis, nunc linearibus; stipulis cuspidatis v. setosis cum petiolis plus minus connatis; floribus in cymas terminales compositas corymbiformes v. rarius capituliformes dispositis. (*Africa trop. or. cont.*, *Madagascaria* [1].)

53. Jackia WALL. [2] — Flores fere *Carphaleæ;* receptaculo obconico; calycis lobis 3-5, quorum plerumque 3 majores patentes excrescentes foliacei scariosi venosi; cæteri multo minores dentiformes intermixti. Corollæ tubus gracilis; fauce pubescente; limbi lobis 5, induplicato-valvatis. Stamina 5; antheris subsessilibus semi-exsertis. Germen 2-loculare; disco. piloso; styli gracillimi lobis stigmatosis 2, liberis v. connatis. Placenta suberecta (*Carphaleæ*), apice 2-ovuligera. Fructus coriaceus, calyce accreto coronatus; seminibus 1, 2, erectis; albumine...? — Arbor « excelsa ramosa » ; foliis (magnis) oppositis oblongo- v. obovato-lanceolatis nervosis; petiolis brevibus; stipulis interpetiolaribus magnis vaginantibus piloso-setosis; floribus in racemos longe pedunculatos pendulos opposite ramosos dispositis, subsessilibus; ramis dite cymigeris; cymis secundis, superne 1-paris; bracteis subfoliaceis sub-2-stichis, basi nunc connatis [3]. (*Malaisia, Borneo* [4].)

54. Phyllomelia GRISEB. [5] — Flores hermaphroditi; receptaculo longe obconico. Calyx late membranaceus orbicularis, superne vix concavus, margine integer v. obtuse lobatus, demum super fructum accretus reticulatus. Corolla subinfundibularis; tubo brevi, basi nonnihil dilatato; limbo 4-6-lobo, imbricato [6]. Stamina totidem, tubo inserta; filamentis breviusculis; antheris apice latioribus obtusatis, basi 2-fidis, demum exsertis. Germen inferum, 2-loculare; disco depresse orbiculari hispido; stylo crassiusculo, superne in ramos 2, papilloso-stigma-

---

1. Spec. 8, 9. WALP., *Ann.*, V, 107 (*Dirichletia*). — H. BN, *loc. cit.*, 188.

2. In *Roxb. Fl. ind.* (ed. CAR.), II, 321 (nec BL., nec SPRENG.). — RICH., *Rub.*, 119. — DC., *Prodr.*, IV, 621. — ENDL., *Gen.*, n. 3329. — B. H., *Gen.*, II, 99, n. 195. — H. BN, in *Bull. Soc. Linn. Par.*, 185. — *Zuccarinia* SPRENG., *Syst.*, *Cur. post.*, 50 (nec BL.).

3. Genus cum *Carphalea* quoad char. nat. omnino congruens; floribus fere iisdem placenta-

tionisque indole omnino congruente; imprimis differt adspectu et partium magnitudine.

4. Spec. 1 v. 2 (?). WALL., *Pl. as. rar.*, t. 293. — MIQ., *Fl. ind.-bat.*, II, 237; Suppl., 220, 543; in *Ann. Mus. lugd.-bat.*, IX, 135. .

5. *Cat. pl. cub.*, 139. — B. H., *Gen.*, II, 116, n. 224.

6. Lobi potius, ubi 6 sint, 2-seriati: exterioribus 3, primum inter se valvatis; alternisque 3, interioribus.

tosos, revolutos, diviso. Ovula in loculis 1, erecta elongata. Fructus coriaceus, calyce coronatus; coccis 2, cartilagineis, 1-spermis. Semina erecta « albuminosa; embryonis axilis cotyledonibus linearibus »; radicula infera. — Frutex glaber; foliis oppositis subobovatis; stipulis intrapetiolaribus connatis; floribus[1] in cymas axillares pendulas dispositis[2]. (Cuba[3].)

55? **Retiniphyllum** H. B.[4] — Flores hermaphroditi; receptaculo poculiformi v. subgloboso brevi, germen adnatum intus fovente. Calyx tubulosus gamophyllus, apice subinteger v. 5-dentatus, persistens. Corolla hypocraterimorpha crassa; tubo elongato; limbi lobis 5, arcte contortis, demum summo tubo reflexis. Stamina 5, ad faucem intus villosam inserta[5]; filamentis crassis subulatis villosis; antheris introrsis ovatis dorsifixis, apice acuminatis; loculis basi in laminam v. processum angustum productis, rimosis, versatilibus. Discus epigynus annularis v. longe productus basin styli exserti apiceque breviter 5-lobi cingens. Germen inferum, 5-8-loculare; ovulis in loculo 2, incurvis, placentæ prominulæ funiculiformi collateraliter insertis; micropyle extrorsum infera. Drupa 5-pyrena; pyrenis cartilagineis, 1-spermis. Semen incurvum; hilo ventrali lineari; albumine carnoso; embryonis teretis elongati cotyledonibus brevibus; radicula infera. — Frutices glabri v. pilosi, sæpe resinoso-verniciflui; foliis oppositis coriaceis crebre nervosis; stipulis in vaginam brevem connatis; floribus[6] spicatis terminalibus; bracteis in cupulam v. involucellum connatis. (Brasilia bor., Guiana[7].)

VII. CHIOCOCCEÆ.

56. **Chiococca** P. Br. — Flores hermaphroditi v. raro polygami; receptaculo obconico v. obovoideo, nunc costato, concavitate germen intus adnatum fovente, margine perianthium gerente. Calyx gamophyllus; dentibus 5 (rarius 4 v. 6). Corolla infundibularis v. subcampanulata; fauce glabra; limbi obtuse 5-goni lobis 5, margine attenuato

1. « Virescentibus ».
2. Genus, ut videtur, haud obstante corollæ æstivatione, præcedentibus proximum; germinis loculis 1-ovulatis.
3. Spec. 1. *P. coronata* GRISEB., *loc. cit.*
4. *Pl. æquin.*, I, 86, t. 25.— RICH., *Rub.*, 128. — DC., *Prodr.*, IV, 466. — ENDL., *Gen.*, n. 3208. — B. H., *Gen.*, II, 98, n. 192. — *Commianthus*

BENTH., in *Hook. Journ. Bot.*, III, 223. — ? *Ammianthus* SPRUCE, *Exs.*, n. 2248 (ex HOOK. F., *loc. cit.*).
5. Nunc corollæ imis sinubus inserta.
6. Mediocribus, « albis v. roseis ».
7. Spec. 5, 6. H. B. K., *Nov. gen. et spec.*, III, 421. — WALP., *Rep.*, II, 488; VI, 50 (*Commianthus*); *Ann.*, V, 114 (*Commianthus*).

imbricatis. Stamina 5, imo corollæ tubo inserta et sæpius ab eo fere libera; filamentis in tubum brevem connatis, mox liberis, subulatis; antheris ad basin dorsifixis; loculis 2, extrorsum v. ad marginem rimosis. Germen plerumque 2-loculare (raro 3, 4-loculare); disco epigyno crasso; stylo gracili, apice stigmatoso truncato v. leviter dilatato, integro v. breviter 2-lobo. Ovula in loculis solitaria, descendentia; micropyle introrsum supera; funiculo brevi, nunc supra micropylen in obturatorem parvum dilatato. Fructus drupaceus compressus, orbicularis, obcordatus v. 2-dymus; exocarpio nunc tenui coriaceo; pyrenis 2, chartaceis, 1-spermis. Semen descendens, lateraliter compressum; albumine coriaceo v. carnoso; embryonis axilis cotyledonibus ovatis v. ellipticis, sæpius angustis; radicula tereti supera. — Frutices erecti v. scandentes, plerumque glabri; foliis oppositis petiolatis ovatis v. lanceolatis integris coriaceis; stipulis latiusculis, 3-angularibus acutis, persistentibus; floribus in cymas, simpliciter v. composite racemosas, nunc sæpe 1-laterales, dispositis, breviter pedicellatis, ebracteatis. (*America trop*.) — *Vid. p*. 297.

57? **Asemnantha** HOOK. F. [1] — Flores (fere *Chiococcæ*) 4-meri; corollæ oblongo-urceolatæ lobis 4, subvalvatis (vix imbricatis). Stamina 4 (*Chiococcæ*); filamentis basi 1-adelphis, supra liberis, hirsutis; antheris extrorsis, rimosis. Germen 2-loculare; ovulis *Chiococcæ*; stylo gracili, apice incrassato simplici v. brevissime 2-sulco; disco epigyno orbiculari tenuissimo. Fructus pubescens...? — Frutex tomentosus; foliis oppositis parvis; stipulis interpetiolaribus acutis; floribus [2] axillaribus paucis cymosis; pedicellis 2-bracteolatis [3]. (*Yucatan* [4].)

58. **Scolosanthus** VAHL. [5] — Flores (fere *Chiococcæ*) 4-meri; calycis lobis variis, persistentibus. Corolla infundibularis; tubo recto v. curvo; fauce glabra; lobis 4, imbricatis; interioribus 2 [6], nunc margine incurvis. Stamina 4; filamentis ima basi corollæ v. receptaculo ipso insertis, inferne in tubum brevem connatis, sæpe puberulis; antheris basifixis v. subbasifixis sagittatis, inclusis; loculis extrorsum v. ad margines rimosis. Germen 2-loculare; disco parvo v. vix conspicuo; stylo vario, apice stigmatoso dilatato, subintegro v. 2-lobo. Ovula

1. *Gen*., II, 106, n. 215.
2. Parvis, flavis.
3. An potius *Chiococcæ* sectio?
4. Spec. 1. *A. pubescens* HOOK. F., *loc. cit*.
5. *Ecl*., I, 11, t. 10. — RICH., *Rub*., 125. —

DC., *Prodr*., IV, 484. — ENDL., *Gen*., n. 3164. — B. H., *Gen*., II, 107, n. 217. — *Anthacanthus* RICH. (ex ENDL.) — *Echinodendrum* RICH., *Fl. cub*., t. 47bis (ex B. H.).
6. Nunc paulo quam cæteris angustioribus.

solitaria descendentia ; micropyle introrsum supera. Fructus drupaceus, 1, 2-pyrenus; semine albuminoso cæterisque *Chiococcæ*[1]. — Frutices inermes v. ramulis spinescentibus; foliis [2] oppositis, breviter petiolatis, coriaceis, superne nitidis; stipulis parvis interpetiolaribus; floribus [3] axillaribus pedunculatis solitariis v. cymosis paucis. (*Antillæ*[4].)

59. **Ceratopyxis** HOOK. F. [5] — Flores 5-meri; calycis gamosepali
lobis elongato-subulatis, persistentibus. Corollæ infundibularis limbus
in alabastro 5-gonus; lobis lanceolatis, apice incurvis, imbricatis, revolutis. Stamina 5; filamentis imo corollæ tubo insertis; antheris exsertis,
prope basin affixis; loculis linearibus subextrorsis. Germen 2-loculare;
stylo gracili, apice stigmatoso 2-fido. Ovula in loculis solitaria descendentia elongata; micropyle introrsum supera. Fructus brevis, calyce
coronatus, coriaceus, pubescens, septo contrarie compressus; seminibus oblongis albuminosis; embryonis axilis radicula elongata supera.
Cætera *Chiococcæ*[6]. — Frutex « resinifluus » ; foliis oppositis petiolatis
oblongis acuminatis coriaceis dite nervosis; stipulis majusculis subulatis in vaginam connatis, demum solutis; floribus [7] in racemos axillares et terminales pedunculatos cylindricos dense cymigeros bracteatos
v. nunc foliatos dispositis, bracteolatis. (*Cuba*[8].)

60. **Machaonia** H. B.[9] — Flores 4, 5-meri; receptaculo sæpius
oblongo, lateraliter plus minus compresso. Calyx varius, persistens ;
lobis 4, 5, sæpius inæqualibus, imbricatis. Corolla plus minus longe
infundibularis v. subcampanulata; lobis æqualibus v. inæqualibus,
nunc brevissimis, parce v. stricte imbricatis; fauce nunc villosa. Stamina 4, 5, fauci inserta; filamentis sæpe brevibus; antheris dorsifixis
oblongis, inclusis v. exsertis, nunc brevibus v. sub-2-dymis, introrsis.
Discus epigynus varius, nunc minimus, sæpe 2-lobus [10]. Stylus sæpe a
basi ad apicem incrassatus ; lobis plerumque 2[11], brevibus acutis levi-

1. Cui genus proximum. Proxima quoque sunt
Chione, Erithalis et *Machaonia*.
2. Sæpe minimis.
3. Parvis v. minimis.
4. Spec. 4, 5. LAMK, *Ill.*, t. 67, fig. 2 (*Catesbæa*). — GRISEB , *Fl. Brit. W.-Ind.*, 335 ;
Cat. pl. cub., 122 (*Catesbæa*).
5. *Icon* , t. 1125; *Gen.*, II, 105, n. 210.
6. Cui genus hinc simul et inde *Machaoniis*
nonnullis proximum.
7. Parvis, luteis (?).
8. Spec. 1. *C. verbenacea* HOOK. F. — *Rondeletia? verbenacea* GRISEB.

9. *Plant. æquin.*, I, 101, t. 29. — RICH., *Rub.*,
82. — DC., *Prodr.*, IV, 574. — ENDL., *Gen.*,
n. 3135. — B. H., *Gen.*, II, 102, n. 202. — H. BN,
in *Bull. Soc. Linn. Par.*, 203. — *Schiedea*
A. RICH., *Rub.*, 100 (nec alior.). — *Tertrea* DC.,
Prodr., IV, 481. — ENDL., *Gen.*, n. 3168. —
B. H., *Gen.*, II, 108, n. 219. — H. BN, in *Bull.
Soc. Linn. Par.*, 198. — *Microsplenium* HOOK. F.,
Gen., II, 4, n. 4. — H. BN, in *Bull. Soc. Linn.
Par.*, 203.
10. Lobo altero antico; postico autem altero.
11. Rarissime 3; denticulis nunc 2, cum ramis
stigmatiferis veris alternantibus.

ter recurvis. Germen inferum, nunc 3-v. plerumque 2-loculare; ovulo
in loculis solitario descendente elongato, inferne sæpe acutato; funiculo nunc longiusculo cum raphe dorsali continuo; micropyle introrsum supera. Fructus oblongus v. obovoideus laterali-compressus,
calyce coronatus, plerumque obtuse costatus, parce carnosus; coccis
indehiscentibus, sæpe demum a columella pendulis; seminis elongati
albumine sæpe tenui; embryonis recti radicula elongata supera. —
Arbores v. frutices, erecti v. sarmentosi; ramulis nunc spinescentibus; foliis oppositis v. rarius confertis, petiolatis, oblongis v. ovato-
ellipticis, nunc parvis paucisve; stipulis interpetiolaribus, sæpe 3-an-
gularibus, nunc minimis; floribus [1] in racemos plerumque terminales
compositos corymbiformes cymigerosque, nunc paucifloros, dispositis, sæpe bracteolatis. (*America trop. utraque* [2].)

61? Placocarpa HOOK. F. [3] — Flores (fere *Scolosanthi*) 4- v. rarius
5-meri; sepalis lineari-subspathulatis coriaceis, persistentibus. Corollæ anguste infundibularis leviter incurvæ lobi obtusi imbricati;
fauce glabra. Stamina 4, 5, fauci inserta, inclusa; antheris oblongis.
Germen 2-loculare; styli gracilis ramis 2, recurvis stigmatosis; disco
depresso subintegro v. 2-lobo. Ovula solitaria descendentia; funiculo
longiusculo cum raphe dorsali continuo. Fructus subellipticus, septo
contrarie compressus; coccis 2, indehiscentibus; seminibus compressis...? — Frutex ramosus puberulus; foliis parvis oppositis,
oblongis v. obovatis, breviter petiolatis; stipulis parvis interpetiolaribus, 3-angularibus, sæpe nigrescenti-apiculatis; floribus axillaribus
solitariis, 2-bracteolatis, v. 2, 3, cymosis [4]. (*Mexicum* [5].)

62. Erithalis P. BR. [6] — Flores 5-10-meri; receptaculo subgloboso. Calyx gamophyllus, subinteger v. 5-10-dentatus, persistens. Corollæ subrotatæ v. breviter hypocraterimorphæ lobi 5-10, oblongi, apice
tantum leviter imbricati. Stamina 5-10, ad imam corollam inserta;
filamentis brevibus v. longiusculis, nunc ima basi connatis; antheris

---

1. Parvis, albis v. flavis.
2. Spec. ad 12. H. B. K., *Nov. gen. et spec.*, III, 350. — CHAM. et SCHLCHTL, in *Linnœa*, IV, 2. — GRISEB., *Fl. Brit. W.-Ind.*, 348; *Cat. pl. cub.*, 139. — H. BN, in *Bull. Soc. Linn. Par.*, 204. — WALP., *Rep.*, VI, 35.
3. *Gen.*, II, 107, n. 218.
4. Videtur potius sectio *Machaoniæ*, inflore-scentiis valde depauperatis.

5. Spec. 1. *P. mexicana* HOOK. F., *loc. cit.*
6. *Jam.*, 165, t. 17, fig. 3. — L., *Gen.*, n. 238, — J., *Gen.*, 206; in *Mém. Mus.*, VI, 396. — Sw., *Obs.* 80. — LAMK, *Dict.*, II, 388; Suppl., II. 580 (part.); *Ill.*, t. 159. — GÆRTN., *Fruct.*, I, 129, t. 26. — DC., *Prodr.*, IV, 465. — ENDL., *Gen.*, n. 3207. — B. H., *Gen.*, II, 105, n. 209. — *Herrera* ADANS., *Fam. des pl.*, II, 158 (nec PAV.).

oblongis basifixis, nunc subexsertis, sæpe apiculatis. Germen inferum, 5-10-loculare; loculis oppositipetalis, 1-ovulatis; disco epigyno depresso; stylo basi intra discum angustato, apice crassiusculo integro sulcato. Ovula e summo angulo loculorum descendentia; micropyle introrsum supera. Fructus drupaceus; pyrenis 5-10. Semina descendentia; funiculo nunc incrassato; albumine carnoso; embryonis axilis parvi radicula supera. — Frutices glabri; foliis oppositis petiolatis coriaceis integris; stipulis intrapetiolaribus in vaginam connatis; floribus in corymbos terminales pedunculatos composito-cymigeros dispositis. (*Antillæ, Florida, Venezuela*[1].)

63. **Chione** DC.[2] — Flores (fere *Erithalis*) 4, 5-meri; calyce dentato v. lobato. Corolla breviter infundibulari-campanulata; lobis obtusis, basi nunc subauriculatis, stricte imbricatis. Stamina 4, 5; filamentis crassiusculis supra basin corollæ insertis; antheris dorsifixis, introrsis, 2-rimosis. Germen 2-loculare; disco epigyno crassiusculo; styli crassiusculi ramis 2, obtusis divaricatis. Ovula in loculis solitaria descendentia; funiculo crassiusculo; raphe dorsali. Fructus oblongus drupaceus; putamine durissimo, 2-loculari. Semina cylindracea, inferne acutata; albumine sæpius tenui; embryonis carnosi macropodi cotyledonibus parvis inferis; radicula crassa supera. — Arbores v. frutices glabri; foliis oppositis integris coriaceis petiolatis; stipulis ovatis, nunc connatis, caducis; floribus[3] in cymas terminales compositas nunc subcorymbosas dispositis, bracteolatis. (*Antillæ*[4].)

64. **Guettarda** L.[5] — Flores hermaphroditi v. sæpius polygamodiœci; calyce cupulari, tubuloso v. campanulato, integro v. dentato,

1. Spec. 4, 5. P. BR., *loc. cit.* — GRISEB., *Fl. Brit. W.-Ind.*, 336; *Cat. pl. cub.*, 133 (*Chione*), 134. — CHAPM., *Fl. S. Unit. St.*, 178.
2. *Prodr.*, IV, 461. — B. H., *Gen.*, II, 107, n. 216. — *Sacconia* ENDL., *Gen.*, n. 541. — *Crusea* RICH., *Rub.*, 124, t. 9, fig. 1 (nec DC.).
3. Parvis, « albidis ».
4. Spec. 3, 4. VAHL, *Ecl.*, III, t. 21 (*Psychotria*). — GRISEB., *Fl. Brit. W.-Ind.*, 335; *Cat. pl. cub.*, 133 (part.).
5. *Gen.*, n. 1064. — J., *Gen.*, 207. — RICH., *Rub.*, 121. — DC., *Prodr.*, IV, 455. — ENDL., *Gen.*, n. 3192. — B. H., *Gen.*, II, 99, n. 196. — *Matthiola* L., *Gen.*, n. 1231 (nec DC.). — *Cadumba* SONN., *Voy.*, II, 228, t. 128 (1776). — *Halesia* P. BR., *Jam.*, 205 (1756). — *Antirrhœa* COMMERS., in *J. Gen.*, 204; in *Mém. Mus.*, VI,

377 (*Antirhœa*). — DC., *Prodr.*, IV, 459. — ENDL., *Gen.*, n. 3194. — B. H., *Gen.*, II, 100, n. 197. — *Stenostomum* GÆRTN. F., *Fruct.*, III, 69. — *Sturmia* GÆRTN. F., *loc. cit.*, t. 192. — *Stenostemum* J., in *Mém. Mus.*, VI, 377. — *Dicrobotryum* W., ex SCH., *Syst.*, V, 221. — *Laugeria* VAHL, *Ecl.*, 26, t. 10 (1796). — B. H., *Gen.*, II, 101, n. 198. — *Bobea* GAUDICH., in *Freycin. Voy., Bot*, 473, t. 93. — B. H., *Gen.*, II, 101, n. 200. — *Bobœa* RICH., *Rub.*, 135. — *Guettardella* CHAMP., in *Hook. Kew Journ.*, IV, 197. — *Pittoniotis* GRISEB., in *Bonplandia* (1858), 8. — *Donkelaaria* LEM., in *Ill. hort.*, II, *Misc.*, 72. — *Obbea* HOOK. F., *Icon.*, t. 1070; *Gen.*, II, 102. — *Burneya* (part.) CH. et SCHLCHTL, in *Linnæa*, IV, 190. — *Rhytidotus* HOOK. F., *Icon.*, t. 1071 (*Rytidotus*). — H. BN, in *Adansonia*, XII, 242.

persistente v. deciduo; dentibus æqualibus v. inæqualibus. Corolla infundibularis v. hypocraterimorpha; tubo plus minus elongato v. longissimo, recto v. arcuato; fauce glabra v. pilosa; limbi varii lobis 3-10, imbricatis margineque plus minus attenuatis v. crispatis, valvatis v. subvalvatis (*Timonius*[1], *Chomelia*[2], *Malanea*[3]). Stamina petalorum numero æqualia[4]; filamentis longiusculis, brevibus v. 0; antheris dorsifixis introrsis, sæpius elongatis. Germen 2-∞-loculare[5]; styli lobis 2-∞, plus minus alte liberis, acutatis v. incrassatis[6]. Ovula in loculis solitaria descendentia elongata cylindracea; raphe dorsali[7]. Fructus drupaceus; putaminibus 2-∞, v. 1, ∞-loculari; loculis inordinatis v. nunc radiatim 2-∞-seriatis. Semen descendens cylindraceum; albumine membranaceo v. 0; embryonis axilis carnosi semini conformis sæpius cylindracei radicula tereti supera. — Arbusculæ v. frutices, glabri v. sæpius pilosi; foliis oppositis v. raro verticillatis, sessilibus v. petiolatis; stipulis variis, plerumque intrapetiolaribus, deciduis v. caducis; floribus[8] raro solitariis v. paucis, sæpius crebris cymosis; cymis nunc spurie capitatis, sæpe 1-paris, secundis, bracteatis v. ebracteatis, nunc (*Hodgkinsonia*) spurie superposite umbellatis. (*Orbis totius reg. trop.* [9])

1. RUMPH., *Herb. amboin.*, III, 216 (1741). — DC., *Prodr.*, IV, 461. — ENDL., *Gen.*, n. 3197 (part.). — B. H., *Gen.*, II, 102, n. 203. — *Erithalis* FORST., *Prodr.*, n. 17 (nec L.). — *Nelitris* GÆRTN., *Fruct.*, I, 134, t. 27 (1788). — DC., *Prodr.*, III, 231. — ENDL., *Gen.*, n. 3192. — B. H., *Gen.*, I, 716, n. 52 (in vol. VI, 350 not. delendum). — *Porocarpus* GÆRTN., *Fruct.*, III, 473, t. 178. — *Helospora* JACK, in *Trans. Linn. Soc.*, XIV, 127, t. 4, fig. 3. — *Polyphragmon* DESF., in *Mém. Mus.*, VI, 5, t. 2. — *Pyrostria* ROXB., *Fl. ind.*, I, 388 (nec COMMERS.). — *Burneya* CHAM. et SCHLCHTL., *loc. cit.* (part.). — *Eupyrena* WIGHT et ARN., *Prodr.*, 422. — ENDL., *Gen.*, n. 3198.

2. JACQ., *St. amer.*, 18, t. 13 (nec L.). — RICH., *Rub.*, 102. — DC., *Prodr.*, IV, 484. — ENDL., *Gen.*, n. 3163. — B. H., *Gen.*, II, 103, n. 205. — *Anisomeris* PRESL, *Symb.*, II, 5, t. 51.

3. AUBL., *Guian.*, I, 106, t. 41. — J., in *Mém. Mus.*, VI, 376. — LAMK, *Ill.*, t. 66, fig. 2. — RICH., *Rub.*, 122 (part.). — DC., *Prodr.*, IV, 459. — ENDL., *Gen.*, n. 3193. — B. H., *Gen.*, II, 103, n. 206. — *Cunninghamia* SCHREB., *Gen.*, 789 (nec R. BR.).

4. In fœmineis sæpe pauciora, v. sterilia, ananthera v. antheris effœtis donata.

5. Loculis sæpe in flore masculo quam in fœmineo paucioribus v. effœtis.

6. Sæpe in flore masculo elongato-subulatis, glabris v. tomentellis, nunc longissimis flexuosis, ut in *Hodgkinsonia* (F. MUELL., *Fragm.*, II, 132; — BENTH., *Fl. austral.*, III, 420; — B. H., *Gen.*, 106, n. 214) quæ nobis *Guettardæ* mera sectio videtur. Corollæ suburceolatæ lobi valvati v. leviter imbricati. Germinis loculi 4, 1-ovulati. Ovulum, ut in *Guettardis* genuinis, sub summo loculo insertum, cylindraceum, inferne conoideum; raphe dorsali; micropyle introrsum supera; hilo utrinque in arillum rudimentarium incrassato.

7. Hilo sæpe incrassato et in semine arilloso.

8. Albis, parvis v. mediocribus.

9. Spec. ad 140. RHEEDE, *Hort. malab.*, IV, t. 47, 48. — JACQ., *St. amer.*, 64, t. 177 (*Laugieria*). — R. et PAV., *Fl. per. et chil.*, II, 22, t. 145 (*Laugeria*). — VAHL, *Symb.*, III, 40, t. 57 (*Laugeria*). — BENTH., *Fl. austral.*, III, 419; *Fl. hongkong.*, 158 (*Guettardella*). — SEEM., *Fl. vit.*, 130 (*Timonius*), 131. — GRISEB., *Fl. Brit. W.-Ind.*, 331, 333 (*Stenostomum*), 334 (*Chomelia*), 337 (*Malanea*); *Cat. pl. cub.*, 131, 132 (*Stenostomum*). — A. GRAY, in *Proc. Amer. Acad.*, IV, 35 (*Timonius*). — M. ARG., in *Flora* (1875), 449, 450 (*Chomelia*), 453 (*Malanea*). — BAK., *Fl. maur.*, 143, 144 (*Antirrhœa*, *Timonius*). — BALF. F., *Bot. Rodrig.*, 46 (*Antirrhœa*). — MIQ., *Fl. ind.-bat.*, II, 234 (*Polyphragmon*), 260; 355 (*Bobea*), 261, 303 (*Antirrhœa*); Suppl., 221, 545 (*Bobea*). — F. MUELL., *Fragm.*, IX, 183. — BEDD., *Ic. pl. Ind. or.*, I, t. 190 (*Timonius*); *Fl. sylv. S.-Ind.*, t. 16, IV (*Timonius*), 17, II,

65. **Canthium** LAMK.[1]—Floreshermaphroditi v. rarius 1-sexuales; receptaculo obovoideo, obconico v. hemisphærico. Calyx superus gamophyllus, integer, dentatus v. lobatus, sæpe deciduus. Corolla tubulosa, infundibularis v. hypocraterimorpha, subcampanulata v. urceolaris; tubo nunc elongato (*Cyclophyllum*[2]), raro plus minus curvato (*Ancylanthus*[3]); limbi lobis 4, 5, rarius 3, 6, v. ultra, valvatis, nunc crassis acuminatis induratis (*Cuviera*[4]); fauce glabra v. sæpius plus minus dense pilosa; pilis plerumque in annulum densum tubi loco vario congestis, deflexis. Stamina corollæ loborum numero æqualia, fauci v. ori, rarius tubo corollæ inserta; filamentis plerumque brevibus; antheris introrsis, 2-rimosis, apiculatis; connectivo crasso (sæpe nigrescente); loculis inferne plerumque liberis. Germen 2-loculare, v. rarius 3 - ∞ -loculare (*Pyrostria*[5], *Fadogia*[6], *Vangueria*[7], *Cuviera*, *Peponidium*[8], *Clusiophyllea*[9]); loculis 1-ovulatis. Ovulum plerumque descendens; raphe dorsali; micropyle introrsum supera; hilo plus minus utrinque incrassato[10]; v. raro subadscendens adscendensve; micropyle extrorsum infera (*Psydracium*[11]). Discus varius, sæpe crassus; stylo erecto, simplici, nunc arcuato, apice stigmatoso plerumque mitriformi, superne conico integro v. tenuiter lobulato. Fru-

cxxxiv, 3, 4 (*Timonius*). — THW., *Enum. pl. Zeyl.*, 153. — HIERN, *Fl. trop. Afr.*, III, 125. — CHAPM., *Fl. S. Unit. St.*, 178. — H. BN, in *Adansonia*, XII, 238. — WALP., *Rep.*, II, 486, 487 (*Stenostomum, Sacconia, Eupyrena*), 942 (*Chomelia*); VI, 49; *Ann.*, II, 755 (*Chomelia*), 764, 765 (*Timonius*); V, 113 (*Guettardella*). Hujus quoque generis est, nostro sensu (vid. *Bull. Soc. Linn. Par.*, 200), *Abbottia singularis* F. MUELL. (*Fragm. Phyt. Austral.*, IX, 181), *Timonio* proxima, cujus stamina haud monadelpha sunt et putamina verisimiliter pro seminibus descripta.

1. *Dict.*, I, 602 (1783); *Ill.*, t. 146. — J., *Gen.*, 204; in *Mém. Mus.*, VI, 380. — GÆRTN. F., *Fruct.*, III, 93, t. 196. — RICH., *Rub.*, 107 (part.). — DC., *Prodr.*, IV, 473. — ENDL., *Gen.*, n. 3175. — H. BN, in *Adansonia*, XII, 179. — *Psydrax* GÆRTN., *Fruct.*, I, 125, t. 26. — RICH., *Rub.*, 110. — DC., *Prodr.*, IV, 476. — *Dondisia* DC., *Prodr.*, IV, 469. — ENDL., *Gen.*, n. 3216.— *Phallaria* SCHUM. et THÖNN., *Beskr.*, 112. — *Mitrastigma* HARV., in *Hook. Lond. Journ.*, I, 20. — *Plectronia* DC., *Prodr.*, IV, 475. — B. H., *Gen.*, II, 110, n. 227 (nec L., nec LOUR.).

2. HOOK. F., *Icon.*, t. 1158; *Gen.*, II, 1229, n. 237 a. — H. BN, in *Adansonia*, XII, 183.

3. DESF., in *Mém. Mus.*, IV, 5, t. 2. — RICH., *Rub.*, 129. — DC., *Prodr.*, IV, 468. — B. H., *Gen.*, II, 112, n. 232.

4. DC., in *Ann. Mus.*, IX, 222, t. 15; *Prodr.*, IV, 468. — RICH., *Rub.*, 130. — J., in *Mém. Mus.*, VI, 396 — ENDL., *Gen.*, n. 3215. — B. H., *Gen.*, II, 112, n. 131. — H. BN, in *Adansonia*, XII, 193.

5. COMMERS., in *J. Gen.*, 206; in *Mém. Mus.*, VI, 397. — LAMK, *Ill.*, t. 68. — RICH., *Rub.*, 136. — DC., *Prodr.*, IV, 464. — ENDL., *Gen.*, n. 3204.—B. H., *Gen.*, II, 111, n. 130. — H. BN, in *Adansonia*, XII, 189, 195.

6. SCHWEINF., *Rel. Kotschs.*, 47, t. 32. — B. H., *Gen.*, II, 111, n. 229. — H. BN, in *Adansonia*, XII, 192. — *Lagynias* E. MEY., ex SOND., *Fl., cap.*, 14, n. 4. — H. BN, loc. cit., 191. — *Pachystigma* HOCHST., in *Flora* (1842), 234 (part.).

7. COMMERS., in *J. Gen.*, 206. — J., in *Mém. Mus.*, VI, 396. — LAMK, *Ill.*, t. 159. — POIR., *Dict.*, VIII, 331. — GÆRTN. F., *Fruct.*, III, 75, t. 193. — RICH., *Rub.*, 137. — DC , *Prodr.*, IV, 454. — ENDL., *Gen.*, n. 3191.— B. H., *Gen.*, II, 111, n. 228. — H. BN, in *Adansonia*, XII, 189, 191. — *Vanguiera* PERS., *Synops.*, I, 205. — *Vavanga* ROHR, in *Act. Soc. hafn.*, II, 208, t. 7. — *Meynia* LINK, *Jarb.*, III, 32. — *Rytigynia* BL., *Mus. lugd.-bat.*, I, 178.

8. H. BN, in *Adansonia*, XII, 196.

9. H. BN, loc. cit., 197.

10. Arilli tenuis origo.

11. H. BN, in *Adansonia*, 199. Sectionis typus est *Psydrax major* A. RICH. (*Rub.*, 111).

ctus 2-∞ - locularis, drupaceus ; putaminibus 1-∞ ; sæpe 2-dymo-
obcordatus; carne sæpe parca; epicarpio glabro, sericeo v. hirto.
Seminis plerumque descendentis, raro plus minus adscendentis albumen copiosum, carnosum v. densum, nunc raro ruminatum; embryonis recti v. arcuati plerumque elongati cotyledonibus brevibus;
radicula supera.—Arbusculæ v. frutices, raro herbæ (*Fadogia*), sæpe
glabri, v. indumento vario; caule nunc scandente, inermi v. sæpe
spinoso; foliis oppositis v. verticillatis; stipulis inter- v. intrapetiolaribus, cuspidatis v. acuminatis, connatis, persistentibus; floribus [1] in cymas v. glomerulos dispositis, sæpius axillaribus, pedicellatis v. subsessilibus, raro paucis v. solitariis ; inflorescentia bracteis 2,
plus minus connatis (*Psydrax*) v. alte in cupulam late obconicam
connatis (*Scyphochlamys*[2]), involucrata. (*Orbis vet. tot. reg. trop.*[3])

66? **Craterispermum** BENTH.[4] — Flores (fere *Canthii*) 5-meri;
calyce cupulari, dentato sinuatove, ampliato coriaceo. Corollæ infundibularis v. hypocraterimorphæ lobi 5, valvati; fauce pilosa. Stamina
5, fauci inserta; filamentis brevibus; antheris oblongis introrsis
dorsifixis, inclusis v. exsertis. Germen 2-loculare; ovulo descendente
cæterisque *Canthii*[5]; disco epigyno crasso; styli ramis 2, recurvis v. in
massam subfusiformem connatis. Fructus drupaceus; endocarpio
chartaceo; seminis descendentis albuminosi ventre exsculpto; embryonis parvi radicula supera. Frutices[6] glabri; foliis oppositis oblongis coriaceis venosis; stipulis interpetiolaribus cum petiolis connatis
latis, persistentibus; floribus in cymas axillares v. supra-axillares
pedunculatas sæpe capituliformes dispositis, bracteolatis. (*Africa
trop. occ. et or. insul.*[7])

1. Plerumque parvis, rarius majusculis speciosis, albis, virescentibus, lutescentibus v. roseis,
nunc suaveolentibus.
2. BALF. F., in *Bak. Fl. maur.*, 149; in *Journ.
Linn. Soc.*, XVI, 13; *Bot. Rodrig.*, 48, t. 25.
3. Spec. ad 140. — JACQ., *Hort. schœnbr.*,
t. 44 (*Vangueria*).—WIGHT, *Icon.*, t. 826, 1034,
1064 bis (*Plectronia*). — ROXB., *Pl. coromand.*,
t. 51 (*Plectronia*). — HARV. et SOND., *Fl. cap.*,
III, 13 (*Vangueria*), 16, 17 (*Plectronia*).—BALF.
F., in *Journ. Linn. Soc.*, XVI, 14 (*Pyrostria*);
Bot. Rodrig., 47, t. 24 (*Pyrostria?*). — BAK.,
Fl· maur., 145 (*Plectronia*), 147 (*Vangueria*),
184 (*Pyrostria*). — KL., in *Pet. Moss., Bot.*,
291. — HIERN, *Fl. trop. Afr.*, III, 132, 146
(*Vangueria*), 152 (*Fadogia*), 156 (*Cuviera*), 158
(*Ancylanthos*). — WAWR., in *Flora* (1875), 273.

— MIQ., *Fl. ind.-bat.*, II, 248 (*Vangueria*), 252,
313 (*Pyrostria*); Suppl., 544 (*Vangueria*), 221,
545.—BENTH., *Fl. austral.*, III, 420; *Fl. hongk.*,
158. — F. MUELL., *Fragm.*, IX, 185 (*Plectronia*).
-- BEDD., *Ic. pl. Ind. or.*, t. 238, 239; *Fl. sylv.*,
t. 221 ; cxxxiv, 5 (*Plectronia*). — THW., *Enum.
pl. Zeyl.*, 152. — H. BN, in *Adansonia*, XII,
220, 226. — WALP., *Rep.*, II, 475 (*Mitrastigma*),
484, 942 (*Vangueria*); VI, 46 (*Mitrastigma*), 47;
Ann., I, 374; II, 756, 764 (*Vangueria*), 765
(*Pachystigma, Cuviera, Dondisia*), 766 (*Rytigynia*); V, 112.
4. *Niger Fl.*, 411. — B. H., *Gen.*, II, 112,
n. 233.
5. Cujus potius forte sectio?
6. Lutescenti-virides.
7. Spec. 4, 5. POIR., *Dict.*, Suppl., II, 14

67? **Prismatomeris** Tw.[1] — Flores polygamo-diœci; receptaculo oblongo-obovoideo (in flore masculo breviore). Calyx cupularis, sub-integer v. 4, 5-dentatus. Corollæ hypocraterimorphæ tubus teres, fauce glaber; limbi lobis 4, 5, elongatis crasse 3-gonis, valvatis v. sub-reduplicatis, demum patentibus. Stamina totidem inclusa (in flore fœmineo effœta v. 0); filamentis brevibus; antheris prope basin dorsi-fixis elongatis introrsis, 2-rimosis. Germen (in flore masculo effœ-tum) 2-loculare; disco vario crasso obconico v. depresso concaviusculo; stylo gracili, superne fusiformi-2-lobo stigmatoso incluso. Ovula in loculis solitaria descendentia, incomplete anatropa; micropyle in-trorsa ventrali, nunc infera. Fructus baccatus globosus v. ovoideus; loculis 1, 2, 1-spermis. Semen subglobosum, sæpius inæquale, ventre affixum; albumine copioso denso; embryonis verticalis v. plus minus obliqui cotyledonibus ovatis v. reniformibus; radicula elongata in-fera. — Frutices sæpius glabri; ramis sub-4-gonis (pallidis); foliis oppositis, oblongo-lanceolatis coriaceis, breviter petiolatis; stipulis intrapetiolaribus latiusculis majusculis cuspidatis; floribus[2] in cy-mas axillares v. subterminales umbelliformes dispositis[3]. (*Asia trop. austro-or., Arch. ind.*[4])

68. **Damnacanthus** GÆRTN. F.[5] — Flores hermaphroditi v. rarius polygami, 4, 5-meri; calycis lobis acutatis, persistentibus. Corollæ infundibularis faux glabra; lobis 4, 5, crasse 3-gonis, valvatis. Sta-mina exserta cæteraque *Prismatomeridis*. Germen 2-4-loculare; disco epigyno crassiusculo; styli gracilis ramis 2-4, recurvis obtusis papil-losis. Ovula in loculis solitaria, descendentia, incomplete anatropa v. suborthotropa. Fructus drupaceus[6]; putaminibus 1-4, chartaceis, 1-spermis. Semina descendentia; albumine corneo copioso; embryo-nis plus minus obliqui radicula infera. — Frutices ramosissimi; ramulis ex parte sterilibus spinescentibus; foliis oppositis (parvis), vix petiolatis, ovato-acuminatis coriaceis rigidis glabris; stipulis intra-petiolaribus, 2, 3-cuspidatis; floribus[7] axillaribus v. subterminalibus,

(*Coffea*). — HIERN, *Fl. trop. Afr.*, III, 160. — BAK., *Fl. maur.*, 145. — BENTH., in *Hook. Icon.*, t. 1235. — WALP., *Ann.*, II, 758.

1. In *Hook. Kew Journ.*, VIII, 268, t. 7; *Enum. pl. Zeyl.*, 154, 421. — B. H., *Gen.*, II, 111, n. 250. — H. BN, in *Adansonia*, XII, 200.

2. Mediocribus, albis.

3. Genus *Canthio* proximum (cujus forte sec-tio?), styli apice imprimis diversum, indole ovuli et seminis insigne.

4. Spec. 1, 2. ROXB., *Fl. ind.*, I, 538 (*Coffea*). — BEDD., *Icon. Fl. Ind. or.*, t. 39; *Fl. sylv. S. Ind.*, t. 29, IV; cxxxiv-9.

5. *Fruct.*, III, 18, t. 182, fig. 7. — DC., *Prodr.*, IV, 473. — ENDL., *Gen.* n. 3178. — B. H., *Gen.*, II, 118, n. 249. — H. BN, in *Adansonia*, XII, 322. — *Baumannia* DC., *Pl. rar. Jard. Genev.*, VI, 1, t. 1, 25. — ENDL., *Gen.*, n. 3189.

6. « Ruber ».

7. Albis, mediocribus, odoris.

solitariis v. 2, 3-nis, breviter pedunculatis, liberis, bracteolatis[1].
(*India mont.*, *China*, *Japonia*[2].)

69. **Mitchella** L.[3] — Flores[4] *Damnacanthi*, 4, 5-meri (v. rarius
3-6-meri), summo pedunculo axillari v. terminali 2-nati gernini-
busque (receptaculis) connati. Germen 4-loculare; styli ramis totidem;
ovulis in loculo solitariis descendentibus suborthotropis; micropyle
introrsum subapicali. Fructus extus carnosus[5], e drupis 4-pyrenis
2 constans; pyrenis inde 8, crassiusculis, 1-spermis; embryonis dite
albuminosi radicula infera. Cætera *Damnacanthi*. — Herbæ v. suffrutices repentes; foliis (parvis) oppositis, ovatis v. suborbicularibus; petiolo brevi; stipulis parvis interpetiolaribus. (*America bor.*,
Japonia[6].)

70. **Dichilanthe** THW.[7] — Flores 5-meri; receptaculo oblongo,
sæpe curvo. Calyx gamophyllus; lobis 5, nunc inæqualibus, elon-
gato-acuminatis rigidis, integris v. denticulatis; denticulis et minutis nunc interjectis. Corolla irregularis, 2–labiata, valvata; fauce
villosa. Stamina 5, fauci inserta, inclusa; antheris oblongis, basi
producta obtusis, apice acutatis. Germen 2-loculare; disco epigyno
crasso, nunc crenato; stylo exserto, ad apicem incrassato; summo apice
stigmatoso, 2-lobo. Ovulum in loculis 1, descendens, cylindraceum.
Fructus « calyce inæquali coronatus coriaceus, dorso gibbus; seminibus elongatis cylindraceis albuminosis »; embryone…? — Arbores
rigidæ resinosæ; foliis oppositis coriaceis acuminatis reticulato-
venosis; stipulis intrapetiolaribus connatis; floribus in capitulum spurium dispositis, glomerulatis sessilibus liberis; « calycibus fructiferis
resinosis prominulis rigidis ». (*Zeylania*, *Borneo*[8].)

71. **Salzmannia** DC.[9] — Flores sæpius hermaphroditi, 4-meri;

1. Ad sect. forte *Mitchellæ* reducendum, uti
Lonicereæ floribus 2 connatis donatæ ad species
congener. germinibus liberis donatas. Affinitatem
cum *Anthospermis* notaverunt auctores.

2. Spec. 2. WALP., *Ann.*, I, 984.

3. *Gen.*, n. 134. — J., *Gen.*, 205; in *Mém.
Mus.*, VI, 373. — LAMK, *Ill.*, t. 63. — GÆRTN. F.,
Fruct., III, t. 192. — RICH., *Rub.*, 140. — DC.,
Prodr., IV, 452. — ENDL., *Gen.*, n. 3188. —
B. H., *Gen.*, II, 137, n. 296. — H. BN, in *Adan-
sonia*, XII, 321. — *Chamædaphne* MITCH., *Gen.*,
17 (nec BUXB.).

4. Albi, odori, parvi.

5. « Coccineus ».

6. Spec. 2. LODD.. *Bot. Cub.*, t. 979. — A. GRAY,
Man. (ed. 2), 172. — CHAPM., *Fl. S. Unit. St.*,
176. — WALP., *Ann.*, I, 985.

7. In *Hook. Kew Journ.*, VIII, 279, 376, t. 8
A (*Caprifoliaceæ*); *Enum. pl. Zeyl.*, 136. —
B. H., *Gen.*, II, 103, n. 204. — BEDD, *Fl. sylv.*,
t. 15, IV; cxxxiv, 5.

8. Spec. 2 : altera *D. arborea* THW.; altera
hucusque, ut videtur, haud descripta, scil.
D. borneensis (BECC., exs., n. 3431).

9. *Prodr.*, IV, 617. — ENDL., *Gen.*, n. 3143.
— B. H., *Gen.*, II, 106, n. 213.

calyce brevi, 4-dentato, persistente. Corolla infundibulari-tubulosa; lobis 4, valvatis v. subimbricatis; fauce glabra. Stamina 4; filamentis imo tubo insertis, basi inter se et cum stylo in tubum brevem connatis, superne liberis; antheris basifixis elongatis inclusis subsagittatis, ad margines rimosis v. leviter extrorsis. Germen 2-loculare; disco epigyno brevi; styli gracilis ramis 2, linearibus stigmatosis. Ovula in loculis solitaria; raphe dorsali, cum funiculo longiusculo nunc dilatato continuo; micropyle introrsum supera. Fructus drupaceus, abortu 1-pyrenus, 1-spermus; seminis descendentis embryone...?— Frutex glaber ramosus; ramis apice resinosis; foliis (parvis) oblongis v. ovatis nitidis coriaceis; stipulis interpetiolaribus brevibus; floribus[1] in cymas densas axillares dispositis; pedicellis brevissimis, bracteolatis[2]. (*Brasilia*[3].)

72? **Phialanthus** GRISEB.[4]—Flores fere *Salzmanniæ*[5], 4, 5-meri; calycis lobis subspathulaceis foliaceis obtusis venosis, subæqualibus v. inæqualibus, imbricatis, persistentibus, nonnihil accrescentibus. Corolla infundibulari-subcampanulata; lobis 4, 5, valvatis v. ad apicem vix imbricatis. Stamina ad basin corollæ inserta; filamentis compressis; antheris ad basin dorsifixis ovato-oblongis, exsertis. Germen obconicum, 2-loculare; disco epigyno annulari parvo; stylo gracili, apice stigmatoso clavellato. Ovula cæteraque *Salzmanniæ*. Fructus « drupaceus; seminibus...? » — Fruticuli (resiniflui); foliis oppositis (parvis) coriaceis elliptico-lanceolatis; stipulis intrapetiolaribus connatis; floribus[6] axillaribus cymosis v. glomerulatis; bracteis nunc in involucellum connatis. (*Antillæ*[7].)

73. **Cremaspora** BENTH.[8] — Flores 4, 5-meri; receptaculo obconico v. obovoideo. Calyx tubulosus v. campanulatus, persistens; lobis v. dentibus 4, 5. Corolla infundibularis v. hypocraterimorpha; lobis acutatis, stricte contortis; fauce glabra v. pilosa. Stamina 4, 5; filamentis brevibus; antheris dorsifixis elongatis, acutis v. acuminatis apiculatisve. Discus epigynus parvus v. crassiusculus. Stylus gracilis exsertus hirsutus; ramis 2, liberis v. connatis. Germen 2-loculare;

1. Minutis, flavis?
2. Genus hinc *Cremasporæ* inflorescentia proximum, inde char. flor. *Scolosantho*, *Erithali* nec-non *Chiococcæ* potius valde affine.
3. Spec. 1. *S. nitida* DC., *loc. cit.*
4. *Fl. Brit. W.-Ind.*, 335; *Cat. pl. cub.*, 130. — B. H., *Gen.*, II, 106, n. 212.

5. Cui genus proximum; *Chiococcæ* quoque et *Chioni* valde affine videtur.
6. Minutis, crebris.
7. Spec. 3, 4.
8. *Niger Fl.*, 112. — B. H., *Gen.*, II, 108. n. 220. — H. Bn, in *Bull. Soc. Linn. Par.*, 206; in *Adansonia*, XII, 321.

ovulo in loculis solitario descendente; micropyle introrsa supera
v. plus minus ventrali inferave; raphe dorsali. Fructus globosus
v. ovoideus, parce carnosus, 1, 2-locularis, 1, 2-spermus, rarius 3, 4-
spermus. Semina descendentia; albumine corneo, continuo (*Eucre-
maspora*) v. sæpius (*Polysphæria*[1]) profunde ruminato; embryonis
verticalis v. obliqui radicula supera v. infera. Cætera *Coffeæ*[2].—Frutices ramosi, glabri v. varie pubescentes; foliis oppositis, breviter petiolatis, ovatis v. oblongis, membranaceis v. coriaceis; stipulis intrapetiolaribus, sæpe cuspidatis, deciduis; floribus in cymas v. glomerulos axillares dispositis; bracteis per paria 1 v. plura superposita in
calycula connatis[3]. (*Africa trop. austr., occ. et or. cont. et insul.*[4])

74. **Aulacocalyx** Hook. f.[5] — Flores hermaphroditi; receptaculo
obconico. Calyx 4, 5-fidus; lobis imbricatis elongatis-lanceolatis v. obtusis (*Belonophora*[6]). Corolla infundibularis v. hypocraterimorpha,
extus sericea; tubo gracili; lobis 4, 5, stricte contortis. Stamina 4, 5;
antheris sessilibus dorsifixis introrsis, inclusis (*Belonophora*) v. semi-
exsertis. Germen 2-loculare; disco epigyno plus minus crasso; styli
ramis 2, erectis v. recurvis papillosis. Ovula solitaria descendentia; micropyle introrsa. Fructus subglobosus coriaceo-carnosus; seminis descendentis albumine corneo; embryonis parvi curvi cotyledonibus subcordatis; radicula supera. — Arbores v. frutices; foliis
oppositis petiolatis, ellipticis v. oblongis acuminatis; stipulis interpetiolaribus rigidis acuminatis, persistentibus v. deciduis; floribus[7]
axillaribus cymosis v. glomerulatis, nunc subsolitariis, bracteolatis[8].
(*Africa trop. occ.*[9])

75? **Galiniera** Del.[10]— Flores 5-meri v. nunc rarius 4-meri (*Octotropis*[11]); receptaculo obovoideo v. obconico. Calyx superus gamo-

1. Hook. f., *Gen.*, II, 108, n. 221.
2. Cui genus proximum, ovulo descendente tantum discrepans.
3. *Tricalysiarum* more, cui genus quoque valde affine videtur.
4. Spec. ad 10. Schum. et Thönn., *Beskr.*, 108 (*Psychotria*). — DC., *Prodr.*, IV, 499, n. 4 (*Coffea*). — G. Don, *Gen. Syst.*, III, 581 (*Coffea*). — Didr., in *Kjøb. Vid. Medd.* (1854), 187, n. 5. — Hiern, *Fl. trop. Afr.*, III, 126, 127 (*Poly-sphæria*). — H. Bn, in *Adansonia*, XII, 234, 283. — Walp., *Ann.*, II, 750.
5. *Icon.*, t. 1126. — B. H., *Gen.*, II, 109, n. 223.

6. Hook. f., *Icon.*, t. 1127. — B. H., *Gen.*, n. 222.
7. Albis, mediocribus.
8. Genus *Coffeæ* valde affine, imprimis differt ovulo descendente. Sect. in genere, sensu nostro, 2 : 1. *Belonophora*; 2. *Euaulacocalyx*.
9. Spec. 2. Hiern, *Fl. trop. Afr.*, III, 129.
10. In *Ann. sc. nat.*, sér. 2, XX, 92, t. 1; in *Ferr. et Galin. Voy. Abyss.*, III, 138, t. 6. — B. H., *Gen.*, II, 91, n. 172. — *Ptychostigma* Hochst., in *Schimp. pl. abyss. exs.*, n. 1586.
11. Bedd., *Fl. sylv.*, 13, c. tab.; cxxxiv. — B. H., *Gen.*, II, 1229, n. 224 a

phyllus dentatus, persistens. Corolla subrotata v. breviter campanulata; fauce pubescente v. villosula; limbi lobis 4, 5, stricte tortis. Stamina 4, 5, ori corollæ inserta; filamentis brevibus; antheris introrsis dorsifixis acuminatis, 2-rimosis, exsertis. Germen 2-loculare; disco annulari v. depresso; stylo brevi crasse fusiformi, in alas verticales angustas 8-10 producto; sulcis longitudinalibus totidem[1]; ramis 2, solutis v. coalitis. Ovula in loculis solitaria, descendentia; hilo plus minus dilatato carnoso; micropyle introrsum supera (addita nunc massa laterali ovulo minore[2], descendente). Fructus parvus subsphæricus v. breviter ovoideus, coriaceo-carnosus, 2-locularis. Semina in loculis 1, « 2 », descendentia, superne arillata; albumine ruminato[3]; embryonis obliqui radicula laterali. — Arbusculæ glabræ; foliis oppositis petiolatis, ellipticis v. lanceolatis; stipulis intrapetiolaribus, 3-angularibus acutis, persistentibus; floribus in cymas axillares v. laterales compositas dispositis; ramis brevibus v. nunc elongatis gracilibus (*Rhabdostigma*[4]), bracteolatis[5]. (*Asia trop. or.*, *Travancoria*[6].)

76. **Alberta** E. MEY. [7] — Flores 5-meri; receptaculo obconico v. turbinato, 10-costato v. lævi. Calyx 5-sepalus; foliolis inæqualibus; accrescentibus 1-4, in fructu membranaceis venosis[8]. Corolla elongata; tubo recto v. leviter curvato; fauce nuda; lobis brevibus acutis tortis. Stamina 5, tubo inserta; antheris subsessilibus inclusis elongatis dorsifixis, apice acuminatis, introrsum 2-rimosis. Germen inferum, 2-loculare; disco epigyno crasso v. depresso; stylo gracili exserto, apice fusiformi longe acutato, recto v. arcuato. Ovula in loculis solitaria, descendentia, inferne attenuata, superne in arillum (?) planum incrassata. Fructus receptaculo conformis, 10-costatus, sepalis coronatus, coriaceus, indehiscens; seminibus 1, 2, tenuiter albuminosis; embryonis teretis cotyledonibus parvis; radicula supera. — Arbores v. frutices; foliis oppositis; stipulis intrapetiolaribus latis, deciduis; floribus in racemos valde composito-ramosos cymigeros terminales dispositis. (*Africa austr.*, *Madagascaria*[9].)

---

1. Antherarum impressione.
2. An ovulum sterile?
3. In specie una (africana) noto.
4. HOOK. F., *Gen.*, II, 109, n. 224.
5. Genus *Hypobathro*, ut videtur, proximum.
6. Spec. 3, 4. RICH., *Fl. abyss.*, I, 355 (*Pouchetia*). — HIERN, *Fl. trop. Afr.*, II, 114, 130 (*Rhabdostigma*). — WALP., *Rep.*, VI, 43.

7. In *Linnœa*, XII, 258. — ENDL., *Gen.*, n. 3327; Suppl., I, 1394, n. 1313[1]. — B. H., *Gen.*, II, 109, n. 225.
8. Coloratis.
9. Spec. 2. HARV. et SOND., *Fl. cap.*, III, 15. — HARV., *Thes. cap.*, t. 45. — H. BN, in *Adansonia*, XII, 247. Sepala in specie madagascariensi plerumque subæqualia.

77. Nematostylis HOOK. F.[1] — Flores hermaphroditi, 5-meri (*Pavettæ*); calycis lobis dissimilibus; minoribus 4, inæqualibus, subulatis; quinto autem foliaceo. Corolla tubulosa, intus pilosa, torta v. raro imbricata. Stamina 5, inclusa. Germen 2-loculare; disco epigyno parvo; stylo longe exserto gracili, apice stigmatoso capitellato truncato vix 2-dentato. Ovulum in loculis 1, descendens; hilo incrassato; micropyle introrsum supera. Fructus...? — Fruticulus puberulus; foliis oppositis ellipticis coriaceis; petiolo brevi; stipulis...?; floribus[2] in cymas terminales corymbiformes dispositis et foliaceobracteatis[3]. (*Madagascaria*[4].)

78. Lamprothamnus HIERN[5]. — Flores (fere *Cremasporæ* v. *Coffeæ*) 4-7-meri; calyce imbricato. Corolla infundibularis; fauce pubescente; limbi lobis 4-7, stricte tortis. Stamina totidem; antheris elongato-fusiformibus, filamento brevissimo dorsifixis, versatilibus, 2-rimosis. Germen 2-loculare; disco epigyno glabro; stylo elongato-fusiformi exserto, apice 2-fido v. 2-dentato. Ovula in loculis 1, descendentia brevia; hilo valde dilatato arilliformi; raphe dorsali. Fructus...? — Frutex; foliis oppositis ovalibus subsessilibus lucidis; stipulis interpetiolaribus apiculatis; floribus[6] in cymas terminales corymbiformes breviter pedicellatas dispositis[7]. (*Zanzibaria*[8].)

79. Knoxia L.[9] — Flores hermaphroditi v. polygami, 2-morphi, 4,5-meri; calycis superi dentibus v. lobis 4, 5, plus minus inæqualibus; anterioribus 1, 2, nunc majoribus foliaceo-lanceolatis (*Pentanisia*[10]). Corolla infundibulari-campanulata v. hypocraterimorpha; lobis 4, 5, valvatis; fauce varie pilosa. Stamina 4, 5, fauci inserta, inclusa v. exserta; antheris introrsis, sæpe subsessilibus. Germen 2-loculare; disco epigyno orbiculari; stylo gracili longe exserto, apice stigmatoso truncato v. capitellato (*Pentanisia*) sæpiusve 2-lobo. Ovula in loculis solitaria, descendentia; raphe dorsali, nunc compressa. Fructus

1. *Gen.*, II, 110, n. 226. — H. BN, in *Bull. Soc. Linn. Par.*, 198.

2. Majusculis, nutantibus.

3. Genus quo ad gynæcei fabricam *Machaoniæ* omnino analogum.

4. Spec. 1. *N. anthophylla* H. BN. — *N. loranthoides* HOOK. F. — *Pavetta anthophylla* RICH., *Rub.*, 101.

5. *Fl. trop. Afr.*, III, 130; in *Hook. Icon.*, t. 1220.

6. Albis, majusculis, odoris.

7. Genus *Coffeæ* valde analogum; ovulo autem descendente.

8. Spec. 1. *L. zanguebaricus* HIERN, *loc. cit.*

9. L., *Gen.*, n. 123. — G.ERTN., *Fruct.*, I, 121, t. 215. — RICH., *Rub.*, 72, t. 5, fig. 1. — DC., *Prodr.*, IV, 569. — ENDL., *Gen.*, n. 3131. — B. H., *Gen.*, II, 104, n. 207. — *Cuncea* HAM., ex DON, *Prodr. Fl. nepal.*, 135.

10. HARV., in *Hook. Lond. Journ.*, I, 21. — B. H., *Gen.*, II, 104, n. 208. — *Diotocarpus* HOCHST., in *Flora* (1843), 70.

subglobosus v. oblongus; coccis 2 ab axi gracili v. 0 (*Pentanisia*) solutis. Semen descendens, superne arillatum; albumine carnoso; embryonis axilis cotyledonibus foliaceis; radicula tereti supera. — Herbæ, nunc suffrutescentes, glabræ v. indumento vario; foliis oppositis, petiolatis v. sessilibus, ovatis v. lanceolatis; stipulis in vaginam sæpius setosam connatis; floribus [1] in cymas terminales, nunc plus minus contractas et sæpe demum spiciformes (ad apicem 1-paras), dispositis. (*Africa, Asia et Oceania trop.* [2])

80? **Synisoon** H. Bn [3]. — Flores hermaphroditi; receptaculo ovoideo. Calyx tubulosus subinteger, hinc demum longitudinaliter fissus. Corolla tubuloso-infundibularis; limbi lobis 5, stricte tortis. Stamina 5; filamentis sinubus corollæ insertis, subulatis, basi dilatata complanatis; antheris exsertis dorsifixis, introrsum rimosis, versatilibus; connectivo apiculato; loculis inferne in laminam foliaceam productis. Germen 5-loculare; disco epigyno crassiusculo; stylo gracili, apice exserto globoso stigmatoso, superne 5-lobulato; lobis parvis acutis, demum reflexis. Ovula in loculis 2, e funiculo brevi apiceque incrassato collateraliter pendula; micropyle introrsum supera. Fructus...?— Arbor (?); foliis oppositis oblongis petiolatis; stipulis interpetiolaribus brevibus connatis; floribus [4] in cymas terminales corymbiformes dispositis [5]. (*Guiana angl.* [6])

VIII. GENIPEÆ.

81. **Genipa** Plum. — Flores hermaphroditi v. 1-sexuales, 4, 5-meri, v. rarius 6-10-meri; calyce epigyno vario, integro, dentato, lobato, partito, v. spathaceo, nunc late foliaceo, persistente v. deciduo. Corolla infundibularis v. hypocraterimorpha campanulatave (*Amaralia*); tubo nunc brevi, v. rarius longo angusto (*Griffithia*) longissimove gracili (*Leptactinia, Tocoyena, Rothmannia*), nunc ori constricto (*Byrso-*

1. Roseis v. lilacinis, parvis.
2. Spec. 8-10. Wall., *Pl. as. rar.*, t. 32. — Wight, *Ill.*, II, t. 128. — Harv. et Sond., *Fl. cap.*, III, 24 (*Pentanisia*). — Hiern, *Fl. trop. Afr.*, III, 131 (*Pentanisia*). — Kl., in *Pet. Moss., Bot.*, 286 (*Pentanisia*). — Miq., *Fl. ind.-bat.*, II, 329; Suppl., 225, 550. — Benth., *Fl. austral.*, III, 438; *Fl. hongk.*, 164. — F. Muell., *Fragm.*,

IX, 187. — Thw., *Enum. pl. Zeyl.*, 151. — Walp., *Rep.*, II, 468; *Ann.*, III, 906.
3. In *Bull. Soc. Linn. Par.*, 208.
4. Majusculis, albis?
5. Genus nulli arcte affine, *Retiniphylla* nonnihil referens. Ovula autem descendentia; micropyle introrsum supera.
6. Spec. 1. *S. Schomburgkianum* H. Bn.

phyllum) v. sensim attenuato (*Sphinctanthus*); fauce glabra v. varie
pilosa; limbi lobis 4-10, stricte tortis. Stamina totidem, inclusa vel
exserta, fauci vel tubo corollæ inserta; loculis introrsis, rimosis, continuis v. plus minus locellatis (*Anomanthodia, Dictyandra*), obtusis v.
apiculatis. Germen 2-loculare; loculis incompletis (*Gardenia*), v. completis (*Randia*), rarius 1, v. ultra 2 (*Morelia*), ∞-ovulatis; disco epigyno
vario; stylo simplici, apice stigmatoso varie dilatato et 2-lobo, nunc
sæpe fusiformi v. integro (*Mitriostigma*). Fructus (magnus v. parvus)
carnosus, coriaceus (*Heinsia*), indehiscens v. irregulariter ruptus, nunc
endocarpio indurato 2-5-valvi. Semina varia, aut ovoidea, aut sæpius
inæquali-angulata, nunc breviter alata (*Genipella, Paragenipa*); albumine carnoso v. corneo; embryonis axilis cotyledonibus angustis v.
latiusculis. — Arbores v. frutices, nunc scandentes; foliis plerumque
oppositis petiolatis integris coriaceis, sæpius glabris, venis nunc crebris
obliquis lineolatis (*Casasia*); stipulis intrapetiolaribus v. raro interpetiolaribus, nunc amplis, integris, obtusis v. acuminatis cuspidatisve;
floribus axillaribus v. terminalibus, solitariis v. paucis cymosis, raro
numerosis, sæpe magnis v. majusculis, rarius parvis v. (*Paragenipa,
Randiella*) minimis. (*Orbis totius reg. trop.*) — *Vid. p.* 305.

82. **Amaioua** AUBL. [1] — Flores *Genipæ*, diœci v. polygami; calyce
truncato, dentato v. lobis calycinis tubo exterioribus donatis. Corollæ
lobi 4-8, stricte torti staminaque totidem. Germen 2-8-loculare; loculis
completis v. incompletis. Fructus baccatus, nunc corticatus, glaber
v. hispidus; seminibus ∞, albuminosis. Cætera *Genipæ*. — Arbores
v. frutices, glabri, sericei v. hispidi; foliis oppositis v. raro 3-nis, sessilibus v. petiolatis; stipulis interpetiolaribus; floribus [2] terminalibus
solitariis v. in cymas plus minus contractas corymbiformes v. capituliformes dispositis [3]. (*America trop.* [4])

1. *Guian.*, Suppl., 13, t. 375. — J., in *Mém.
Mus.*, VI, 391. — RICH., *Rub.*, 169. — DC., in
Ann. Mus., IX, 218; *Prodr.*, IV, 369. — ENDL.,
Gen., n. 3314. — B. H., *Gen.*, II, 81, n. 149.
— H. BN, in *Bull. Soc. Linn. Par.*, 200. —
Duroia L. F., 30, 209. — B. H., *Gen.*, II, 82,
n. 150. — *Ilexactina* W., *Rel.*, ex *Sch. Syst.*,
VII, 91. — *Alibertia* RICH., *Rub.*, 154, t. 11,
fig. 1. — ENDL., *Gen.*, n. 3229. — *Melanopsi-
dium* POIT. (ex RICH.). — *Genipella* L.-C. RICH.
(ex ENDL.). — B. H., *Gen.*, II, 81, n. 148. —
Cordiera RICH., *loc. cit.*, 142, t. 10, fig. 2. —
DC., *Prodr.*, IV, 445. — ENDL., *Gen.*, n. 3220.
— *Gardeniola* CHAM., in *Linnæa* IX, 247. —

Scepseothamnus CHAM., *loc. cit.*, 248. — *Thieleodoxa* CHAM., *loc. cit.*, 251. — ? *Ehrenbergia*
SPRENG., *Syst.*, II, 12 (ex ENDL.). —? *Garapa-
tica* KARST., *Fl. colomb.*, I, 57, t. 28 (ex B. H.).
2. Majusculis, albis v. stramineis, nunc « suaveolentibus ».
3. An melius sectio *Genipæ*, floribus plerumque
haud hermaphroditis?
4. Spec. ad 40. H. B. K., *Nov. gen. et spec.*,
III, t. 294. — DESF., in *Mém. Mus.*, VI, t. 4, 5.
— POEPP. et ENDL., *Nov. gen. et spec.*, III, t. 230.
— BENTH., in *Hook. Journ. Bot.*, III, 221. —
GRISEB., *Fl. Brit. W.-Ind.*, 318, 319 (*Cordiera*);
Cat. pl. cub., 123 (*Alibertia*). — C. DE MELLO,

83? Rhyssocarpus ENDL. [1] — Flos masculus...? Floris fœminei solitarii pedunculati receptaculum globosum, longitudinaliter 10-12-costatum ; « costis validis transversim rugosis. Calyx 10-12-partitus; lobis lineari-spathulatis erecto-patentibus. Corolla hypocraterimorpha coriacea; tubo brevi; fauce hirsuta; limbi lobis 5, acutis, puberulis, contortis. Staminodia 5, 6. Discus carnosus. Germen globosum, 4-loculare; styli brevis ramis 4, linearibus erectis. Ovula ∞ , placentis tumidis peltatis inserta, amphitropa. Bacca subglobosa toruloso-costata... — Arbuscula v. frutex ramosus; foliis oppositis petiolatis elliptico-oblongis acuminatis; stipulis intrapetiolaribus in vaginam « demum fissam » connatis, amplis, deciduis [2]. » (*America trop.* [3])

84. Chapeliera A. RICH. [4] — Flores parvi (fere *Genipæ*), 5-meri ; receptaculo obconico. Calycis lobi rigidi acuti, persistentes. Corolla stricte contorta, intus glabra. Stamina 5, fauci inserta ; antheris dorsifixis introrsis, inclusis. Germen 2-loculare ; disco epigyno annulari; stylo fusiformi longitudinaliter sulcato. Ovula ∞ , sæpius pauca [5], secus margines placentæ longe ovatæ septoque affixæ inserta. Fructus ovoideus (parvus) baccatus coriaceus, calyce coronatus; seminibus paucis, dite albuminosis; testa crassa curvo-sulcata denseque fibrosa [6]. — Frutex glaber (sempervirens); foliis oppositis, breviter petiolatis elliptico- v. oblongo-acutis coriaceis penninerviis; stipulis interpetiolaribus cuspidatis, plerumque persistentibus; floribus [7] in cymas axillares v. paulo supra-alares contractas dispositis, bracteolatis; bracteolis stipulis conformibus [8]. (*Madagascaria* [9].)

85. Posoqueria AUBL.[10]—Flores fere *Genipæ*, 5-meri ; corollæ tubo longissimo gracili ; fauce glabra v. varie pilosa ; limbo ante anthesin refracto-gibbo longe ovoideo ; lobis æqualibus v. inæqualibus, contortis

in *Trans. Linn. Soc.*, XXVIII, 519, t. 45 (*Alibertia*). — WALP., *Rep.*, II, 489 (*Cordiera*), 523 (*Scepseothamnus*), 524 (*Gardeniola, Thieleodoxa*); VI, 77.

1. In. *Bot. Zeit.* (1843), 459; *Gen.*, Suppl., 73.—B. H., *Gen.*, II, 29, 81, n. 148 a. — *Pleurocarpus* KL., in *Bonplandia* (1850), 3.

2. Genus nobis ignotum. An potius *Amaiouæ* sectio, germine fructuque costatis?

3. Spec. 1. *R. pubescens* ENDL.

4. *Rub.*, 172 (part.). — DC., *Prodr.*, IV, 389. — ENDL., *Gen.*, n. 3301. — B. H., *Gen.*, II, 96, n. 188. — H. BN, in *Bull. Soc. Linn. Par.*, 200. — *Tamatavia* HOOK. F., *Gen.*, II, 92, n. 173.

5. Nonnunquam 5.

6. Lutescente v. aurata.

7. « Albis. »

8. An sectio *Genipæ, Paragenipæ* proxima. imprimis ob testæ fibrosæ indolem distinguenda?

9. Spec. 1. *C. madagascariensis* RICH. — *Tamatavia Melleri* HOOK. F.

10. *Guian.*, I, 133, t. 51.—J., in *Mém. Mus.*, VI, 389. — RICH., *Rub.*, 168 (nec WALL.). — DC., *Prodr.*, IV, 375. — ENDL., *Gen.*, n. 3308. — B. H., *Gen.*, II, 83, n. 153. — *Solena* W., *Spec.*, I, 961.—*Cyrtanthus* SCHRED., *Gen.*, 122.—*Kyrtanthus* GMEL., *Syst.*, 362. — *Posoria* RAFIN., in *Ann. gén. sc. phys.*, VI, 80. — *Stannia* KARST., *Ausw. N. Gew.*, 27, t. 9; *Fl. colomb.*, t. 16, 25.

v. imbricatis. Stamina 5, ori corollæ inserta ; filamentis rectis v. curvis,
glabris v. hispidis ; antheris introrsis, inter se nunc coalitis ; loculis
nunc inæqualibus ; connectivo inferne in laminam simplicem v. 2-lo-
bam sub loculis producto. Germen 2-loculare ; loculis completis v. incompletis, ∞-ovulatis ; disco epigyno vario, nunc valde producto ;
stylo gracili, nunc brevi, apice stigmatoso 2-fido. Fructus[1] baccatus,
calyce sæpe coronatus ; loculis 1, 2, ∞ - spermis. Semina angulata,
exappendiculata, dense albuminosa. — Arbores v. frutices glabri ; foliis
oppositis petiolatis coriaceis ; stipulis intrapetiolaribus majusculis,
deciduis ; floribus[2] in cymas terminales corymbiformes dispositis.
(*America trop.*[3])

86. **Oxyanthus** DC.[4] — Flores fere *Genipæ ;* calyce breviter tubuloso v. urceolari, 5 - dentato. Corollæ hypocraterimorphæ tubus
longus v. sæpius longissimus gracilisque ; fauce glabra ; limbi lobis
5, æqualibus, stricte tortis. Stamina 5, ori v. fauci corollæ inserta ;
filamentis brevibus ; antheris exsertis, ad basin dorsifixis ; connectivo
acuminato basique plerumque in lobos 2 producto. Germen 2-locu-
lare ; loculis sæpe incompletis ; disco epigyno annulari ; stylo elongato gracillimo, superne clavato v. anguste fusiformi ; lobis stigmatosis 2. Ovula in loculis ∞ , placentæ axili v. sæpius parietali 2-lobo
insertis. Fructus baccatus, 1 - locularis, calyce coronatus ; seminibus ∞ , plus minus angulatis v. compressis ; albumine carnoso ; embryonis axilis cotyledonibus foliaceis ; radicula elongata. Cætera
Genipæ. — Arbores v. frutices ; foliis oppositis, basi nunc inæqualibus ;
petiolo brevi ; stipulis intrapetiolaribus variis, deciduis ; floribus[5] axillaribus in cymas corymbiformes dispositis ; pedicellis bracteolatis[6].
(*Africa trop. et austr.*[7])

87? **Kotchubea** Fisch.[8] — Flores diœci ; receptaculo masculorum

1. Plerumque majusculus.

2. Albis, lutescentibus, roseis v. coccineis,
magnis, speciosis, odoratis.

3. Rudg., *Guian.*, t. 40, 41 (*Solena*). — Lindl.
et Paxt., *Fl. Gard.*, I, 185, fig. 114. — Pl., in
Fl. serr., VI, 169, t. 587. — Lindl., in *Bot.
Reg.* (1841), t. 26. — Walp., *Rep.*, II, 520 ; VI,
76 ; *Ann.*, II, 797.

4. In *Ann. Mus.*, IX, 518 ; *Prodr.*, IV, 376. —
J., in *Mém. Mus.*, VI, 390. — Endl., *Gen.*,
n. 3307. — B. H., *Gen.*, II, 91, n. 171. — *Can-
dellaria* Smeathm., herb. — *Megacarpha* Hochst.,
in *Flora* (1844), 551.

5. Albis v. flavis, odoratis, nunc longissimis.

6. Genus hinc *Posoqueriæ*, inde *Genipæ* sec-
tioni *Tocoyenæ* proximum, *Exostemæ* cæterum
nonnihil affine.

7. Spec. ad 15. Andr., *Bot. Repos.*, t. 183
(*Gardenia*). — Schum. et Thönn., *Beskr.*, 107
(*Ucriana*). — Lindl., *Collect.*, t. 13. — Harv.
et Sond., *Fl. cap.*, III, 3. — Kl., in *Pel. Moss.,
Bot.*, 292. — *Fl. serr.*, II, t. 148. — Hook.,
Icon., t. 785, 786. — Benth., *Nig. Fl.*, 388. —
Hiern, *Fl. trop. Afr.*, III, 106. — *Bot. Mag.*,
t. 1992, 4636. — Walp., *Rep.*, VI, 73 (*Megacarpha*).

8. Ex DC., *Prodr.*, IV, 373 (*Kutchubæa*). —
Endl., *Gen.*, n. 3312. — B. H., *Gen.*, II, 98,
n. 193.

obconico solido. Calyx tubulosus coriaceus crassus, margine truncato subinteger. Corolla longe infundibularis coriacea; tubo elongato, ad faucem dilatato tomentoso; limbi (in alabastro acuti) lobis sæpius 8, acuto-acuminatis, stricte tortis, demum reflexis. Stamina 8, fauci inserta; filamentis brevissimis; antheris ad basin dorsifixis oblongis, utrinque acutatis, basi 2-fidis; connectivo crasso; loculis linearibus introrsis, longitudinaliter rimosis. Discus epigynus brevis annulari-depressus. Stylus erectus; lobis 2, oblongis papillosis. Flos fœmineus...? — « Drupa pisiformis, calyce coronata, 6, 7-pyrena; pyrenis crustaceis, dorso lateraliterque carinatis, 1-spermis; seminibus...? » — Arbor procera glabra; foliis oppositis oblongis membranaceis, in petiolum angustatis; stipulis intrapetiolaribus in cupulam connatis; floribus[1] in cymas corymbiformes parce ramosas dispositis[2]. (Guiana[3].)

88? **Phitopis** Hook. f.[4] — Flores fere *Genipæ*; calyce gamosepalo campanulato inæquali-lobato v. dentato, sericeo v. hirsuto, valvato, persistente (?). Corolla subcampanulata; lobis 5 (rarius 4, 6), obtusis, stricte tortis, sericeis; fauce pilosa. Stamina totidem, fauci inserta; filamentis brevibus v. subnullis; antheris oblongis introrsis semi-exsertis, 2-rimosis. Germen 2-loculare; disco epigyno crasso depresso; styli ramis 2, brevibus obovatis obtusis. Ovula in loculis∞, placentæ crassæ verticali obpyramidatæ 2-lobæ inserta. Fructus...? — Arbusculæ hispido- v. sericeo-villosæ; foliis oppositis subsessilibus obovato-lanceolatis acutis; nervis subparallele divergentibus; stipulis 2, liberis, deciduis; floribus[5] in cymas compositas racemiformes 3-chotomas dispositis; cymulis 3-floris; bracteis latis subinvolucrantibus spathaceis sericeis; bracteolis minoribus conformibus[6]. (*Peruvia or.*[7])

89? **Billiottia** DC.[8] — Flores fere *Genipæ* (v. *Amaiouæ*), diœci; calyce[9] masculorum campanulato; lobis 5 (v. rarius 4), acutis recurvis, æqualibus v. inæqualibus; denticulis totidem alternis. Corollæ

---

1. Magnis, speciosis.
2. Genus male notum; floribus masculis a nobis solis examinatis; *Genipæ*, ut videtur, proximum. An congener *Rhyssocarpus?*
3. Spec. 1. *K. insignis* Fisch. — *Gardenia integra* Rich., *Rub.*, 161. — *Patima? laxiflora* Benth., in *Hook. Journ. Bot.*, III, 220.
4. *Icon.*, t. 1093; *Gen.*, II, 84, n. 157.
5. Albis, mediocribus.

6. Genus *Genipæ*, ut videtur, proximum.
7. Spec. 1 (v. 2?). Spruce, exs., n. 4319, 4834 (*Hippotis*).
8. *Prodr.*, IV, 618 (nec Coll., nec R. Br.). — B. H., *Gen.*, II, 80, n. 145. — *Melanopsidium* Cels (nec Poit.). — Endl., *Gen.*, n. 3328. — *Viviania* Coll., in *Mém. Soc. Linn. Par.*, IV, 25, t. 2 (nec alior.).
9. Siccitate nunc nigrescente.

tubuloso-hypocraterimorphæ lobi 5 (v. 6, 7), obtusi, torti, demum
patentes; fauce villosa. Stamina totidem alterna, tubo inserta; filamentis brevibus; antheris dorsifixis, apiculatis; loculis 2, inferne liberis; connectivi dorso incrassato. Discus germini sterili impositus cupularis. Stylus fusiformis, apice 2-5-dentatus. Flos fœmineus...? Fructus carnosus, calyce accreto coronatus; loculis 4, ∞ - spermis. Semina
(immatura) compressa; embryone...? — Arbuscula pubescens; foliis
oppositis glabris v. varie indutis oblongo-lanceolatis; stipulis intrapetiolaribus in vaginam demum fissam connatis; floribus [1] masculis
in cymas terminales corymbiformes dispositis; fœmineis solitariis [2].
(*Brasilia* [3].)

90? **Schachtia** KARST. [4] — Flores diœci (fere *Amaiouæ*). « Calyx
masculus tubulosus, ore truncato cilia 5 distantia erectaque gerens,
persistens. Corollæ hypocraterimorphæ lobi 6-9, torti, lanceolati, patentes. Stamina 6-9 (in flore fœmineo sterilia), tubo inserta; antheris
dorsifixis sessilibus subacutis inclusis. Discus annularis. Germen in
flore fœmineo 2-loculare, ∞ - ovulatum; placentis axilibus tumidis;
styli brevis ramis 2, crassis. Bacca corticata hispida; loculis 2, polyspermis. Semina lenticularia lævia, in pulpa nidulantia; albumine
copioso; embryonis minuti cotyledonibus foliaceis. — Arbor hirsuta;
internodiis ad apicem tumidis; foliis oppositis obovato-lanceolatis;
petiolo brevi; stipulis intrapetiolaribus in vaginam demum hinc fissam
deciduamque connatis; floribus [5] ad summos ramulos axillares breves
terminalibus; masculis solitariis; fœmineis cymosis, breviter pedicellatis [6]. » (*Colombia* [7].)

91. **Stachyarrhena** HOOK. F. [8] — Flores diœci (fere *Amaiouæ*);
calyce masculo cupulari truncato v. obtuse 5-lobo. Corollæ tubulosæ
subcampanulatæ coriaceæ lobi 5, torti; fauce villosa. Stamina 5,
fauci inserta; antheris subsessilibus apiculatis. Germen sterile; stylo
brevi fusiformi piloso. « Floris fœminei germen 4-∞-loculare; ovulis ∞, lamellis revolutis placentarum extus insertis. Bacca [9] breviter
pedicellata, calyce coronata; pedicellis involucello cupulari 2-plici

1. Masculis mediocribus.
2. An potius *Amaiouæ* sectio?
3. Spec. 1. *B. psychotrioides* DC. — *Viviania psychotrioides* COLL. — *Melanopsidium nigrum* CELS (ex DC.).
4. In *Linnæa*, XXX, 156; *Fl. colomb.*, I, 89, t. 44. — B. H., *Gen.*, II, 80, n. 147.

5. Albis, majusculis.
6. Genus nobis penitus ignotum; an *Amaiouæ* v. *Billiottiæ* sectio?
7. Spec. 1. *S. dioica* KARST., *loc. cit.*
8. *Icon.*, t. 1868; *Gen.*, II, 80, n. 146.
9. « Diametro *Cerasi* », ex icone, calyce tu-buloso coronata.

basi cinctis; pericarpio 4-loculari[1], ∞-spermo. Semina majuscula horizontalia plana; testa tenui subfibroso-cellulosa. » — Arbusculæ glabræ; foliis[2] oppositis oblongis petiolatis obtusis coriaceis; nervis divaricatis; stipulis intrapetiolaribus in cupulam connatis; floribus[3] in spicas terminales erectas glomeruligeras dispositis[4]. (*Reg. amazonica*[5].)

92. **Pouchetia** A. Rich.[6] — Flores parvi (fere *Genipæ*) hermaphroditi, 5-meri; calyce brevi, acute dentato. Corolla infundibularis, torta; fauce glabra. Stamina 5, fauci inserta; antheris subsessilibus elongatis inclusis v. semi-exsertis acuminatis; loculis introrsis, rimosis, basi liberis. Germen 2-loculare; loculis superne incompletis, ∞-ovulatis; ovulis in placentis singulis 2-seriatis; disco epigyno annulari; styli gracilis ramis 2, crassiusculis, exsertis v. inclusis. Fructus baccatus; seminibus ∞, compressis, inæquali- 3-angularibus; testa extus fibrosa, longitudinaliter filamentoso-sulcata; embryone parvo, dite albuminoso. — Frutices glabri; ramulis virgatis; foliis oppositis oblongis petiolatis; stipulis intrapetiolaribus connatis, 3-angularibus; floribus[7] in racemos cymigeros dispositis, pedicellatis; bracteolis minutis[8]. (*Africa trop. occ.*[9])

93. **Petunga** DC.[10] — Flores parvi, hermaphroditi v. raro 1-sexuales (fere *Genipæ* v. *Pouchetiæ*), 4, 5-meri; calyce dentato, persistente. Corolla infundibularis; limbi lobis oblongis, tortis; fauce villosa. Stamina 4, 5, fauci inserta; antheris subsessilibus dorsifixis exsertis; connectivo apice crassiusculo; loculis inferne liberis, rimosis. Germen 2-loculare; loculis completis v. incompletis. Ovula pauca, nunc 2, v.∞, descendentia. Discus integer v. 2-lobus; styli gracilis ramis 2, dense pilosis. Bacca (parva); seminibus paucis imbricatis; testa sulcata; albumine carnoso. —Frutices virgati glabri; foliis oppositis petiolatis; stipulis intrapetiolaribus connatis, 3-angularibus; floribus[11] in spicas

1. « An semper? » (Hook. F.).
2. « Sub lente granulatis, siccitate rufo-brunneis. »
3. « Albis v. flavidis », parvis.
4. Genus *Amaiouæ* proximum, imprimis differt inflorescentia spiciformi.
5. Spec. 2, 3. Spruce, exs., n. 661, 2696, 2891, 3142, 3322, 3346 (*Schradera*).
6. *Rub.*, 171. — DC., *Prodr.*, IV, 393. — Endl., *Gen.*, n. 3294. — B. H., *Gen.*, II, 92, n. 175.

7. Parvis, « albo-virentibus ».
8. Genus hinc *Chapelieræ*, inde *Coffeæ* affine; ab hoc imprimis differt loculis ∞-ovulatis.
9. Spec. 2. G. Don, *Gen. Syst.*, III, 159, n. 20 (*Wendlandia*). — Hiern, *Fl. trop. Afr.*, III, 116. — Walp., *Ann.*, II, 793 (part.).
10. *Prodr.*, IV, 398. — Endl., *Gen.*, n. 3289. —B. H., *Gen.*, II, 93, n. 178. — *Higginsia* Bl., *Bijdr.*, 988 (nec Pers.). — *Spicillaria* Rich., *Rub.*, 172.
11. Albis.

axillares simplices v. parce ramosas dispositis, in axillis bractearum solitariis v. cymosis paucis, 2-bracteolatis. (*India, Malaisia, Arch. ind.*[1])

94. **Fernelia** COMMERS.[2]—Flores parvi (fere *Genipæ* v. *Pouchetiæ*), 1-sexuales, sæpius 4-meri ; calycis dentibus elongatis; corolla breviter hypocraterimorpha, torta. Stamina fauci corollæ v. paulo inferius inserta; antheris subsessilibus introrsis acutis (in flore fœmineo sterilibus, nunc subsphæricis, v. 0). Germen 1-loculare ; disco annulari; styli brevis ramis 2, lineari-oblongis stigmatosis (in flore masculo minutis v. 0). Ovula ∞ . Bacca parva coriacea; seminibus ∞ , obtuse angulatis, dense albuminosis. Cætera *Pouchetiæ* v. *Petungæ.* — Frutices glabri ramosissimi; foliis oppositis (parvis) coriaceis, orbicularibus, obovatis v. oblongis; stipulis interpetiolaribus parvis; floribus (parvis) axillaribus, solitariis, 2-nis v. paucis cymosis; pedicellis brevibus v. subnullis; bracteolis in calyculum dentatum sub flore connatis. (*Ins. Mascaren.* , *Seychell.*[3], ?*Archip. ind.*[4])

95. **Morindopsis** HOOK. F.[5] — Flores parvi , diœci; receptaculo masculorum brevi subhemisphærico. Calyx brevis , 4-dentatus, alternatim imbricatus[6]. Corollæ subcampanulatæ lobi 4, torti; fauce villosa. Stamina 4, fauci inserta; antheris sessilibus dorsifixis inclusis acuminatis, 2-rimosis. Germen minutum sterile; disco crasso convexo; styli brevis ramis 2, pubentibus. Floris fœminei receptaculum oblongum, sulcatum costatumque; calycis cupularis persistentis dentibus 4, acutis. Corolla marium. Staminodia 4, corollæ inserta. Germen 2-loculare; ovulis ∞ , peltatis; stylo crasso discoque marium. Fructus calyce coronatus, rectus v. arcuatus, oblongo-fusiformis; pericarpio tenui subcoriaceo obtuse sulcato, indehiscente. Semina ∞ , compressa, imbricata; embryone...?—Frutices glabri v. vix pubescentes; foliis oppositis ellipticis v. lanceolatis subcoriaceis; petiolo brevi v. 0; stipulis interpetiolaribus brevibus coriaceis cuspidatis, persistentibus; floribus[7] axillaribus v. nonnihil supra-axillaribus pedunculatis; masculis summo pedunculo in cymas contractas capituliformes dispositis;

1. Spec. 3, 4. ROXB., *Fl. ind.*, I, 144 (*Randia*). — MIQ., *Fl. ind.-bat.*, II, 200; Suppl., 217 : in *Ann. Mus. lugd.-bat.*, IV, 130, 262. — WALP., *Ann.*, II, 792.

2. In *J. Gen.*, 199; in *Mém. Mus.*, VI, 393.— LAMK, *Dict.*. II, 452; *Ill.*, t. 67, fig. 1. — GÆRTN. F., *Fruct.*, III, 61, t. 191, 197.—RICH., *Rub.*, 177. — DC., *Prodr.*, IV, 398. — ENDL.,

Gen., n. 3290. — B. H., *Gen.*, II, 92, n 176.— *Nivernenia* COMMERS. (ex LAMK).

3. Spec. 2, 3. BAK., *Fl. maur.*, 142. — BALF. F., *Bot. Rodrig.*, 46, t. 23.

4. MIQ., *Fl. ind.-bat.*, II, 218.

5. *Gen.*, II, 93, n. 179.

6. Foliolis lateralibus exterioribus.

7. Albis, parvis.

fœmineis solitariis decussato-4-bracteatis[1] v. cymosis paucis. (*India or.*, *Cochinchina*, *Malaisia*[2].)

96. **Scyphostachys** Thw.[3] — Flores parvi hermaphroditi (fere *Pouchetiæ* v. *Petungæ*), 4-meri; corolla anguste infundibulari; limbi lobis 4, tortis, recurvis; fauce villosa. Stamina 4; filamentis brevissimis v. 0; antheris inclusis; corollæ faucis pilis in massas compressas cum staminibus alternantes confertis. Germen 2-loculare; ovulis paucis (sæpe ad 4). Bacca ovoideo-oblonga; seminibus paucis, descendentibus, dite albuminosis; testa sulcata; « embryonis excentrici cotyledonibus parvis ». — Frutices erecti ramosi; foliis oppositis oblongo-lanceolatis acuminatis coriaceis; stipulis intrapetiolaribus acuminatis, basi connatis; floribus[4] in spicas amentiformes axillares vel supra-alares dispositis, sessilibus junioribusque bracteis connatis obliquis imbricatis mox deciduis involucratis[5]. (*Zeylania*[6].)

97. **Canephora** J.[7] — Flores parvi hermaphroditi (fere *Genipæ*); receptaculo obovato; calycis dentibus 5, v. rarius 3-6, acutis. Corollæ subinfundibularis lobi 5 (v. 4, 6) torti; fauce glabra v. parce pubescente. Stamina totidem, fauci inserta; antheris subsessilibus, introrsis. Germen 2-loculare; styli crassiusculi lobis 2, approximatis stigmatiferis. Ovula in loculis∞, sæpe pauca, compressa. Fructus « baccati pisiformes coriacei »; seminibus...? — Frutex; foliis oppositis elliptico-acuminatis coriaceis glabris; stipulis cum petiolis connatis, 3-angularibus; floribus[8] in summo pedunculo compresso-alato phyllodineo composite cymosis; pedicellis brevissimis; bracteis bracteolisque stipuliformibus sub floribus in involucrum breve imbricatis. (*Madagascaria*[9].)

98. **Hypobathrum** Bl.[10] — Flores parvi, hermaphroditi v. rarissime 1-sexuales; receptaculo obconico v. obovoideo. Calyx brevis

1. Bracteis calycis lobis oppositis.
2. Spec. 2, 3. WALL., *Cat.*, n. 8433 (part), 8434 (*Morinda*). — KURZ, *For. Fl. brit. Burm.*, II, 52.
3. *Enum. pl. Zeyl.*, 157. — B. H., *Gen.*, II, 94, n. 181.
4. Parvis v minimis.
5. Genus adspectu *Lasianthi*, germine imprimis differt pluriovulato.
6. Spec. « 2 ». BEDD., *Icon. pl. Ind. or.*, t. 240; *Fl. sylv.*, t. 16, VI; cxxxiv.

7. *Gen.*, 208. — LAMK, *Ill.*, t. 151, fig. 1 (nec 2). — POIR., *Suppl.*, II, 77. — J., *Gen.*, 208; in *Mém. Mus.*, VI, 401. — RICH., *Rub.*, 181. — DC., *Prodr.*, IV, 617. — ENDL., *Gen.*, n. 3284. — B. H., *Gen.*, II, 74, n. 129. — H. BN, in *Bull. Soc. Linn. Par.*, 199.
8. Parvis, albis?
9. Spec. 1. *C. axillaris* LAMK.
10. *Bijdr.*, 1007 (1826). — RICH., *Rub.*, 118. — DC., *Prodr.*, IV, 451. — ENDL., *Gen.*, n. 3186. — B. H., *Gen.*, II, 93, n. 177. — H. BN, in

gamophyllus, integer, dentatus v. lobatus. Corolla infundibularis, hypocraterimorpha v. subcampanulata; tubo intus glabro v. varie piloso;
limbi lobis 4-6 (sæpe 5), stricte tortis; fauce glabra v. villosa, nunc
densissime barbata (*Empogona, Eriostoma*). Stamina totidem, fauci
v. ori corollæ inserta; filamentis brevibus v. subnullis, raro longiusculis; antheris dorsifixis, basi 2-fidis, plerumque elongatis, versatilibus, exsertis v. semi-inclusis; connectivo nunc in laminam oblongam
v. subspathulatam ultra loculos producto (*Kraussia, Empogona*). Germen inferum (intus receptaculo adnatum), 2-loculare v. raro 3-locu-
lare; loculis nunc incompletis; disco epigyno vario, sæpius depresso,
nunc minuto; stylo gracili, crassiusculo v. raro crasso fusiformi, longitudinaliter sulcato (*Nargedia*); ramis rarissime 3, v. plerumque 2, plus
minus alte connatis, recurvis, sæpius linearibus, papillosis v. hispidis, ventre nunc glabris (ibique nigrescentibus); altero nunc minore
v. abortivo, alterove apice 2-dentato (*Zygoon*). Ovula in loculis pauca,
raro 6-10 (*Diplospora, Hyptianthera*), v. sæpius 2-5, raro 1 (*Kraussiella*[1],
Nescidia), incomplete anatropa[2], verticalia v. obliqua, nunc 2-seriata;
micropyle plerumque extrorsa inferaque; placenta circa ovula nidulantia incrassata v. rarius haud v. parce dilatata (*Zygoon, Nescidia,
Feretia*). Fructus baccatus (parvus); seminibus 1 v. paucis; albumine
copioso carnoso; embryonis varii radicula varia, sæpius infera. — Frutices erecti v. raro scandentes, glabri v. varie induti; foliis oppositis,
sæpius ellipticis v. oblongis; petiolo plerumque brevi; stipulis interpetiolaribus v. intrapetiolaribus (*Feretia*), sæpius parvis acutis, deciduis
v. persistentibus; floribus[3] axillaribus solitariis v. sæpius ∞, cymosis

Adansonia, XII, 201. — *Nescidia* Rich., *Rub.*, 112. — DC., *Prodr.*, IV, 477. — Endl., *Gen.*, n. 3172. — H. Bn, *loc. cit.*, 204. — *Tricalysia* Rich., *Rub.*, 144. — DC., *Prodr.*, IV, 445. — — Endl., *Gen.*, n. 3221. — B. H., *Gen.*, II, 95, n. 185. — H. Bn, *loc. cit.*, 206. — *Bunburya* Meissn., in *Flora* (1844), 553. — *Natalanthe* Sond., in *Linnæa*, XXIII, 52. — *Rosea* Kl., in *Monatsb. Akad. Wiss. Berl.* (1853), 501; *Pet. Moss.*, *Bot.*, 293, t. 45, 46. — *Kraussia* Harv., in *Hook. Lond. Journ.*, I, 21. — B. H., *Gen.*, II, 95, n. 184. — H. Bn, *loc. cit.*, 206. — *Carpothalis* E. Mey., in exs. *Dreg.* (ex Harv. et Sond.). — *Feretia* Del., in *Ann. sc. nat.*, sér. 2, XX, 92, t. 1, fig. 4. — B. H., *Gen.*, II, 95, n. 183. — H. Bn, *loc. cit.*, 211. — *Hyptianthera* Wight et Arn., *Prodr.*, I, 399 (1834). — Endl., *Gen.*, n. 3303. — B. H., *Gen.*, II, 94, 1228, n. 180. — *Diplospora* DC., *Prodr.*, IV, 477 (1830). — Endl.,

Gen., n. 3176. — B. H., *Gen.*, II, 96, n. 186. — H. Bn, *loc. cit.*, 211. — *Discospermum* Dalz., in *Hook. Kew Journ.*, II, 257. — *Empogona* Hook.f., *Icon.*, t. 1091; *Gen.*, II, 94, n. 182. — H. Bn, *loc. cit.*, 204. — *Diplocrater* Hook. f., *Gen.*, II, 96, n. 187. — *Zygoon* Hiern, *Fl. trop. Afr.*, III, 113 (1877). — H. Bn, *loc. cit.*, 204. — *Nargedia* Bcdd., *Fl. sylv.*, t. 328, cxxxiv. — *Penta-spora* Bvn (ex H. Bn, *loc. cit.*, 208). — *Eriostoma* Bvn (ex H. Bn, *loc. cit.*).

1. H. Bn, in *Adansonia*, XII, 204.
2. Raphe ventrali superaque, plerumque bre-
vissima, ita ut ovulum sæpe spurie descendens
videatur. Ovula (?) nunc (*Zygoon*) sterilia 1, 2,
fertilis lateri inserta.
3. Parvis v. minimis, nunc præcocibus (*Zy-goon, Feretia*), albis v. lutescentibus, nunc valde, ut aiunt, odoris. Omnia autem fere ut in *Coffeis*.

v. glomerulatis; bracteolis 2, v. 4-8, liberis, parvis v. evolutis, sæpius in calyculos 1-4, superpositos, integros v. dentatos, per paria sub floris germine connatis[1]. (*Africa, Asia et Oceania trop.* [2])

99. Burchellia R. BR.[3] — Flores hermaphroditi; receptaculo turbinato. Calyx profunde 5-lobus, persistens; lobis subulatis subæqualibus. Corolla tubulosa; lobis 5, acutis obliquis, tortis; tubo annulo brevi pilorum intus munito; fauce pilosa. Stamina 5, ad medium tubum inserta; filamentis brevibus subulatis; antheris elongatis subbasifixis, apice unguiculatis, introrsum 2-rimosis. Germen 2-loculare; disco epigynó crassiusculo; styli ad medium incrassati apice minute denticulato stigmatoso. Ovula ∞, placentæ subpeltatæ crassæ inserta. Fructus carnosus, calyce nonnihil accreto coronatus; seminibus ∞, compresso-angulatis; albumine dense carnoso; embryonis axilis cotyledonibus complanatis; radicula longa tereti. — Arbuscula v. frutex; foliis oppositis oblongis obtusis coriaceis penninerviis, breviter petiolatis; stipulis interpetiolaribus acutatis: floribus[4] in cymas contractas terminales capituliformes dispositis. (*Africa austr.* [5])

100? Flagenium H. BN[6]. — Flores hermaphroditi; receptaculo oblongo. Calyx profunde 5-lobus; lobis lineari-subulatis, persistentibus (?). Corolla[7] infundibularis (?); lobis 5, stricte tortis. Stamina 5, corollæ inserta. Germen 2-loculare; stylo...? Ovula in loculis pauca (numero indefinita), placentæ axili parvæ ellipsoideæ inserta; superiora ascendentia; inferiora autem descendentia[8], anatropa. Fructus carnosus (?), «glaber, oblongus, calyce coronatus eoque paulo longior.»

1. Genus hinc *Genipis* parvifloris, *Chapelieræ*, *Petungæ*, etc., inde *Galmieræ*, mediante *Nargedia*, affine; imprimis a *Coffea* speciebus 1-ovulatis vix distinguendum.
2. Spec. ad 45. HARV. et SOND., *Fl. cap.*, III, 22 (*Kraussia*), 23 (*Bunburya*). — MIQ., *Fl. ind.-bat.*, II, 236, 237 (*Diplospora*); 304 (*Coffea*, part.). — BENTH., *Fl. austral.*, III, 413 (*Diplospora*); *Fl. hongk.*, 157 (*Diplospora*). — BEDD., *Icon. pl. ind.*, I, t. 40 (*Discospermum*); *Fl. sylv.*, t. cxxxiv, 3 (*Diplospora*). — THW., *Enum. pl. Zeyl.*, 158 (*Discospermum*).—KURZ, *For. Fl. brit. Burm.*, II, 50. — HIERN, *Fl. trop. Afr.*, III, 114 (*Empogona*), 115 (*Feretia*), 117. — H. BN, in *Adansonia*, XII, 225. — WALP., *Rep.*, II, 518 (*Hyptianthera*), 525 (*Kraussia*); VI, 38 (*Bunburya*), 47 (*Kraussia*), 701 (*Hyptianthera*); *Ann.*, I, 757 (*Kraussia, Diplospora*), 796 (*Discospermum*); V, 132 (*Rosea*).

3. In *Bot. Reg.*, t. 466, 891. — RICH., *Rub.*, 180. — DC., *Prodr.*, IV, 368. — ENDL., *Gen.*, n. 3315. — B. H., *Gen.*, II, 85, n. 158. — *Bubalina* RAFIN., in *Ann. gén. phys.*, VI, 86. — *Canephora* LAMK (part., nec J.).
4. Coccineis v. aurantiacis.
5. Spec. 1. *B. bubalina* SIMS, in *Bot. Mag.*, t. 2339.—*B. capensis* R. BR.—HARV. et SOND., *Fl. cap.*, III, 3.— *B. parviflora* LINDL., in *Bot. Reg.*, t. 891. — *B. Kraussii* HOCHST., in *Flora* (1842), 237. — *Lonicera bubalina* L. F., *Suppl.*, 146. — THUNB., *Fl. cap.*, 181. — *Canephora capitata* LAMK, *Ill.*, t. 151, fig. 2. — *Cephælis bubalina* PERS., *Syn.*, I, 202, n. 12.
6. In *Bull. Soc. Linn. Par.*, 216.
7. Adulta ignota.
8. Uno sæpe cito cætera superante, adscendente v. descendente; micropyle placentæ constanter contigua.

— Frutex, caule virgato velutino; foliis breviter petiolatis, oblongo-lanceolatis acuminatis, subtus pallidis villosis; stipulis lanceolato-subulatis indivisis, basi dilatata cum petiolis connatis; floribus in cymas axillares contractas 2-paras dispositis, sæpe 3-nis, nunc numerosioribus[1]; bracteolis stipulis conformibus[2]. (*Madagascaria*[3].)

101. **Scyphiphora** GÆRTN. F.[4] — Flores hermaphroditi v. polygami; receptaculo tubuloso, basi obconico. Calyx brevis, summo tubo insertus, gamophyllus, inæquali-dentatus v. truncatus, sub anthesi plerumque hinc longitudinaliter fissus, persistens. Corolla hypocraterimorpha; tubo cylindrico; limbi lobis 4, 5, tortis, mox patenti-recurvis. Stamina 4, 5, fauci corollæ parce pilosæ inserta; filamentis brevibus; antheris ad medium dorsifixis; loculis 2, introrsis, connectivo producto apiculatis, inferne liberis, acutatis, longitudinaliter rimosis (in flore fœmineo nunc effœtis v. 0). Germen inferum, 2-loculare, disco epigyno orbiculari v. lobato coronatum; stylo erecto, ad apicem 2-cruri; ramis lineari-subulatis papillosis. Ovula in loculis 2, 3, quorum superiora 1, 2, plerumque adscendentia, nunc raro oblique descendentia; inferiore autem 1, sæpius descendente; raphe dorsali; funiculo brevi supra micropylen incrassato. Fructus drupaceus oblongus, cylindraceo-compressus; carne parca; pyrenis crustaceis, 5-costatis. Semina in singulis 1-3, parce albuminosa; aut fertilia omnia, aut ex parte sterilia; superiorum embryone sæpius erecto; radicula infera; inferioris autem supera; cotyledonibus plano-convexis carnosis; endocarpio inter semina in dissepimenta spuria transverse incrassato. — Frutex glaber[5]; ramis teretibus nodosis, ad apicem gummosis; foliis oppositis, petiolatis integris, coriaceis brevibus; stipulis brevibus interpetiolaribus; floribus[6] in cymas densas axillares breviter pedunculatas dispositis, basi articulatis. (*Zeylania, Arch. ind., Australia, N.-Caledonia littor.*[7])

1. Nomen unde specificum improprium.
2. Genus ob flores imperfectos fructumque immaturum male notum, corolla certe haud (ut in *Sabicea*) valvata.
3. Spec. 1. *F. triflorum* H. BN. — *Triosteum triflorum* VAHL, *Symb.*, III, 37. — POIR., *Dict.*, VIII, 109, n. 3. — *Sabicea? triflora* DC., *Prodr.*, IV, 439, n. 5.
4. *Fruct.*, III, 91, t. 196. — RICH., *Rub.*, 79. — DC., *Prodr.*, IV, 577. — ENDL., *Gen.*, n. 3112. — B. H., *Gen.*, II, 99, n. 194. — H. BN, in *Bull. Soc. Linn. Par.*, 174. — *Epithinia* JACK, in *Ma-*

lay. *Misc.*, I, n, v, 12. — *Hydrophylax* BANKS (ex DC.), nec L. F.
5. Adspectu et foliis *Rhizophoracearum* nonnullarum.
6. Parvis, albidis?
7. Spec. 1. *S. hydrophilacea* GÆRTN. F. — BL., *Bijdr.*, 955. — BENTH., *Fl. austral.*, III, 417. — A. GRAY, in *Proc. Amer. Acad.*, IV, 307. — MIQ., *Fl. ind. bat.*, II, 238; Suppl., 220, 543. — F. MUELL., *Fragm.*, IX, 187. — *Epithinia malayana* JACK. — GRIFF., *Ic. pl. as.*, IV, 478. — THW., *Enum. pl. Zeyl.*, 157.

102. **Bertiera** AUBL.[1]—Flores hermaphroditi v. polygami; receptaculo obconico v. subsphærico. Calyx cupularis integer v. 5-dentatus lobatusve. Corolla[2] infundibularis; tubo sæpe sericeo; limbi lobis 5, ovato-acutis, stricte tortis v. rarius imbricatis (interiore 1; exteriore quoque 1). Stamina 5, fauci v. tubo, nunc prope basin corollæ inserta; filamentis brevibus v. subnullis; antheris inclusis introrsis, tenuiter apiculatis v. appendiculatis; loculis rimosis, basi liberis. Germen 2-loculare; disco annulari v. cupulari; stylo fusiformi subintegro v. in ramos stigmatiferos 2 crassos tenuesve diviso. Ovula ∞, placentæ prominulæ v. nunc crasse stipitatæ septoque affixæ inserta. Fructus oblongus v. fusiformis, carnosus v. coriaceus. Semina ∞, angulata, extus granulata v. foveolata; albumine carnoso; embryonis recti v. curvi cotyledonibus ovatis. — Arbusculæ v. frutices, glabri v. indumento vario; foliis oppositis petiolatis oblongo-acuminatis; stipulis intrapetiolaribus connatis; vagina nunc ampla inæquali-fissa; floribus[3] in racemos axillares, sæpe nutantes, pedunculatos, composito-cymigeros, dispositis, nunc sessilibus; cymis nunc 1-paris. (*America trop.*, *Africa trop. cont. et ins. trop. or.*[4])

103. **Hamelia** JACQ.[5] — Flores plerumque hermaphroditi; receptaculo ovoideo v. obconico, nunc costato. Calyx gamophyllus; foliolis basi v. vix connatis, nunc majusculis[6], persistentibus. Corollæ anguste tubulosæ v. subcampanulatæ, basi nunc dilatatæ pauloque supra nunc angustatæ, longitudinaliter costatæ, limbus 5, 6-lobus, sæpe brevis, imbricatus. Stamina 5, 6, alterna, tubo corollæ, nunc ad basin, inserta; filamentis liberis v. brevissime ad basin connatis; antheris elongatis angustis basifixis introrsis, 2-rimosis, inclusis v. superne exsertis; connectivo ultra loculos leviter producto. Germen[8] 2-6-loculare; loculis 2-6[7], ∞-ovulatis; disco epigyno crasse conico v. tumido; stylo

1. *Guian.*, I, 180, t. 69. — LAMK, *Ill.*, t. 165. — GÆRTN. F., *Fruct.*, III, t. 192. — J., in *Mém. Mus.*, VI, 390. — RICH., *Rub.*, 173, t. 13, fig. 1. — DC., *Prodr.*, IV, 391 (part.). — ENDL., *Gen.*, n. 3295. — B. H., *Gen.*, II, 77, n. 138. — *Pomatium* GÆRTN. F., *Fruct.*, III, 252, t. 225. — DC., *Prodr.*, IV, 391. — ENDL., *Gen.*, n. 3296. — *Zaluzania* COMMERS. (ex GÆRTN. F., *Fruct.*, t. 192, f. 6).

2. In alabastro acuta.

3. Parvis, albis v. viridulis.

4. Spec. ad 15. GRISEB., *Fl. Brit. W.-Ind.*, 321. — G. DON, *Gen. Syst.*, III, 519 (*Wendlandia*). — BAK., *Fl. maur.*, 141. — HIERN, *Fl.*

trop. Afr., III, 82. — WALP., *Rep.*, II, 517; VI, 73; *Ann.*, II, 793.

5. *St. amer.*, 71, t. 50; *Ic. rar.*, t. 335. — GÆRTN. F., *Fruct.*, III, 63, t. 191, 196. — RICH., *Rub.*, 147. — DC., *Prodr.*, IV, 441. — ENDL., *Gen.*, n. 3228. — B. H., *Gen.*, II, 75, n. 134. — H. BN, in *Adansonia*, I, 374. — *Tangaraca* ADANS., *Fam. pl.*, II, 147 (1763). — *Duhamelia* PERS., *Synops.*, I, 203. — ? *Tepesia* GÆRTN. F., *Fruct.*, III, 72, t. 192.

6. Nunc coloratis.

7. Corollæ lobis, dum numerus idem sit, oppositis.

8. Nunc extus coloratum.

ad apicem anguste fusiformi, nunc sulcato torto ; lobis stigmatiferis 2-6, sæpe brevissimis. Ovula ∞, placentæ axili prominulæ inserta. Fructus carnosus, disco calyceque coronatus; seminibus ∞, parvis angulatis reticulatis ; embryone subclavato, dite albuminoso. — Frutices glabri v. pubescentes ; foliis oppositis v. verticillatis, petiolatis, ovato-oblongis membranaceis; stipulis interpetiolaribus acutatis, deciduis; floribus[1] in cymas terminales plus minus ramosas et 1-paras dispositis, nunc sessilibus; bracteis minutis v. 0. (*America calid. utraque*[2].)

104. **Bothriospora** HOOK. F.[3]—Flores hermaphroditi; receptaculo obconico. Calycis lobi 4, 5, membranacei obtusi, imbricati persistentes. Corollæ subrotatæ tubus brevis; fauce villosa ; limbi demum patuli lobis 4, 5, nonnihil inæqualibus, imbricatis (exterioribus 1 v. 2). Stamina 4, 5, fauci inserta; filamentis gracilibus, basi pilosis; antheris dorsifixis oblongis, introrsis, demum exsertis, recurvis, 2-rimosis. Germen 4, 5-loculare; disco epigyno annulari; styli erecti ramis 4, 5, linearibus obtusis stigmatiferis. Ovula in loculis ∞, placentæ axili subpeltatæ inserta. Fructus « baccatus (parvus) subglobosus succulentus, 4, 5-locularis polyspermus; seminibus minutis oblongis; testa foveolata ; albumine carnoso; embryone subcylindrico ». — Arbuscula ; « cortice deciduo[4] » ; ramulis ultimis puberulis; foliis oppositis ovato-oblongis petiolatis; stipulis intrapetiolaribus lanceolatis, deciduis; floribus[5] in cymas terminales 3-chotomas compositas umbelliformes dispositis[6]. (*Guiana, Brasilia bor.* [7])

105. **Hoffmannia** SW.[8] — Flores plerumque 4-meri[9]; receptaculo obovoideo v. obconico, nunc costato. Calyx gamophyllus; lobis brevibus v. elongatis recurvis (*Xerococcus*) ; interjectis nunc laciniis parvis,

---

1. Majusculis v. mediocribus, luteis, flavis, aurantiacis v. rubicundis.
2. Spec. ad 10. PLUM., *Gen.*, 17, t. 33 (*Lonicera*). — R. et PAV., *Fl. per.*, II, t. 221. — SW., *Exot. Bot.*, t. 24. — LHER., *Sert.*, t. 7. — SALISB., *Par.*, t. 55. — GRISEB., *Fl. Brit. W.-Ind.*, 320. — CHAPM., *Fl. S. Unit. St.*, 178. — CLOS, in C. *Gay Fl. chil.*, III, 204 (*Tepesia*). — *Bot. Reg.*, t. 1195. — *Bot. Mag.*, t. 1894, 2533. — WALP., *Rep.*, VI, 51.
3. *Icon.*, t. 1069; *Gen.*, II, 76, n. 136.
4. Ligno « venenoso ».
5. Albis, parvis; fructu « flavo ».
6. Genus hinc *Sabiceæ* et *Patimæ* proximum, at corolla imbricata nec valvata; inde *Machaoniæ* propinquum, sed ovula haud solitaria.
7. Spec. 1. *B. corymbosa* HOOK. F. —*Evosmia*

corymbosa BENTH., in *Hook. Journ. Bot.*, III, 219. — WALP., *Rep.*, II, 489.
8. *Prodr.*, 30 (1788); *Fl. ind. occ.*, I, 241, t. 5.—RICH., *Rub.*, 179. — ENDL., *Gen.*, n. 3287. —B. H., *Gen.*, II, 76, n. 135.—*Ohigginsia* R. et PAV., *Fl. per.*, I, 55, t. 85. — *Higginsia* PERS., *Synops.*, I, 133. — *Euosmia* H. B., *Pl. æquin.*, II, 165, t. 134 (1809). — RICH., *Rub.*, 152. — DC., *Prodr.*, IV, 138. — ENDL., *Gen.*, n. 3222. — B. H., *Gen.*, II, 71, n. 118. — H. BN, in *Bull. Soc. Linn. Par.*, 190. — *Campylobotrys* LEM., *Fl. serres*, III, *Misc.*, n. 37; V, t. 427 ; *Jard. fleur.*, I, t. 42. — *Xerococcus* OERST., in *Vidensk. Meddel. Kjob.* (1852), 52. — B. H., *Gen.*, II, 70, n. 116. — *Ophryococcus* OERST., *loc. cit.*, 70.
9. Raro 5-meri.

solitariis v. 2-natis (stipularibus?), interdum glandulosis. Corolla infundibularis v. subcampanulata; tubo brevi; fauce glabra; limbi lobis margine plerumque attenuatis (*Euosmia*), imbricatis, dorso nunc costatis. Stamina totidem alterna, fauci v. ori corollæ, nunc prope ad basin tubi inserta; filamentis brevibus, sæpe complanatis; antheris dorsifixis oblongis introrsis, 2-rimosis. Germen 2, 3-loculare[1]; disco epigyno annulari v. pulvinari; styli gracilis superne plus minus dilatati lobis stigmatosis brevibus v. plus minus alte connatis, nunc vix distinctis. Ovula in loculis ∞ , placentis prominulis nunc 2-lobis inserta. Fructus obovoideus v. oblongus, carnosus v. nunc siccus coriaceus (*Xerococcus*), costatus v. sulcatus, 2-4-locularis; seminibus crebris, nunc angulatis, reticulatis foveolatisve; albumine carnoso; embryone parvo recto, nunc clavato. — Frutices, suffrutices v. herbæ, nunc pseudo-parasitici (*Xerococcus, Ophryococcus*), glabri v. villosi (*Ophryococcus*); foliis oppositis v. rarius verticillatis, ovatis v. oblongis lanceolatisve, membranaceis; petiolo vario, nunc elongato; stipulis intrapetiolaribus, sæpe parvis v. caducis deciduisve; floribus[2] in cymas terminales, nunc axillares dispositis, aut longe gracileque stipitatis (*Euosmia*), aut subsessilibus; cymis contractis multifloris (*Xerococcus*) v. paucifloris (*Ophryococcus*); pedunculo nunc brevi subcarnoso (*Xerococcus*); bracteis parvis v. 0, nunc (*Xerococcus*) cum floribus subconcretis[3]. (*America trop. utraque*[4].)

106. **Catesbæa** L.[5] — Flores (parvi) 4-meri; receptaculo obconico v. subcampanulato, nunc 4-gono. Calycis cupularis lobi 4, subulati, persistentes. Corolla infundibularis v. cylindraceo-campanulata; tubo nunc 4-gono, brevi v. longiusculo; fauce glabra; limbi lobis 4, brevibus, imbricatis[6]. Stamina 4, ad basin corollæ inserta; filamentis brevibus v. longiusculis; antheris parvis angustis v. majusculis (*Phyllacantha*[7]), introrsis. Germen 2-loculare; loculis completis v. incompletis; disco epigyno annulari; stylo gracili ad apicem stigmatosum elongato,

---

1. Nunc in *Euosmia* « 4-loculare ».

2. Parvis, albis, flavis v. rubris purpurascentibusve, nunc suaveolentibus.

3. Hujus generis certe *Euosmia aggregata* SPRENG., cui inflorescentia pauciflora.

4. Spec. ad. 25. LINK, KL. et OTT., *Ic. pl.*, t. 23 (*Higginsia*). — H. B. K., *Nov. gen. et spec.*, III, 418 (*Evosmia*). — GRISEB., *Fl. Brit. W.-Ind.*, 321. — HEMSL., *Diagn. pl. nov. mex.*, 30. — HÉR., in *Hort. fr.* (1863), t. 8 (*Higginsia*). — *Bot. Mag.*, t. 5280, 5346, 5383 (*Higginsia*). —

WALP., *Rep.*, II, 515; *Ann.*, V, 133 (*Higginsia, Xerococcus*), 134 (*Ophryococcus*).

5. *Gen.*, n. 130. — J., *Gen.*, 199; in *Mém. Mus.*, VI, 393. — G.ERTN. F., *Fruct.*, III, 67, t. 192. — RICH., *Rub.*, 176. — DC., *Prodr.*, IV, 400. — ENDL., *Gen.*, n. 3286. — B. H., *Gen.*, II, 78, n. 140.

6. Marginibus nunc oblique sectis et repente attenuatis, nec jure valvatis.

7. HOOK. F., *Gen.*, II, 78, n. 141; *Icon.*, t. 1095. — H. BN, in *Bull. Soc. Linn. Par.*, 182.

recto v. curvo, 2-dentato. Ovula in loculis ∞, nunc pauca[1], e placenta descendentia, nunc 2-seriata. Fructus ovoideus v. globosus (parvus), baccatus coriaceus; seminibus compressis v. angulatis; testa sæpe granulata; albumine carnoso; embryone parvo. — Frutices glabri spinosi; ramis spinescentibus rigidis teretibus v. nunc (*Phyllacantha*) strictis, verticaliter compressis, 3-angularibus[2]; basi longissima lineari; foliis oppositis parvis, minimis v. 0 (*Phyllacantha*); stipulis interpetiolaribus minutis, deciduis; floribus[3] axillaribus solitariis, pedunculatis, erectis v. sæpius pendulis[4]. (*Antillæ*[5].)

107. **Gonzalagunia** R. et Pav.[6] — Flores hermaphroditi v. polygami, 2-morphi; receptaculo campanulato v. subgloboso. Calycis sæpe brevis dentes 4, 5, æquales v. inæquales. Corollæ infundibularis vel hypocraterimorphæ tubus brevis v. longus; fauce constricta v. dilatata, pubescente v. villosa; limbi lobis 4, 5, varie imbricatis, nunc basi valvatis, demum patentibus. Stamina 4, 5, tubo v. fauci inserta; filamentis brevibus; antheris dorsifixis; loculis basi liberis, introrsum rimosis. Germen 2-4-loculare; loculis completis v. incompletis; disco plus minus elevato, sæpe crenato; stylo gracili, apice stigmatoso incluso v. exserto, 2-4-lobo. Ovula ∞, placentæ axili peltatæ inserta. Fructus carnosus v. coriaceus subglobosus[7]; loculis v. pyrenis 2-4, ∞-spermis. Semina parva, varie foveolata reticulatave; embryone brevi dite albuminoso. — Arbusculæ, frutices v. herbæ, erecti v. volubiles, glabri v. indumento vario obsiti; foliis oppositis, integris v. subcrenulatis; stipulis interpetiolaribus; floribus[8] in spicas v. racemos terminales, simplices v. ramosos, plerumque elongatos, dispositis; pediçellis bracteolatis[9]. (*America trop. utraque*[10].)

108. **Isertia** Schreb.[11] — Flores hermaphroditi; receptaculo sub-

1. Ad 8 in *C. parviflora*.
2. Ut in *Colletiis* nonnullis.
3. Magnis v. minimis, albis.
4. Flores quoad perianthium eis *Chiococcarum* analogi, sicut germen ∞-ovulatum.
5. Spec. 6, 7. Lamk., *Ill.*, t. 67. — Poir., *Dict.*, Suppl., VII, 10 (*Scolosanthus*). — Vahl, *Ecl. amer.*, t. 10. — Griseb., *Fl. Brit. W.-Ind.*, 317; *Cat. pl. cub.*, 122. — Lindl., in *Bot. Reg.*, t. 858. — Sims, in *Bot. Mag.*, t. 131.
6. *Prodr.*, 12, t. 3; *Fl. per. et chil.*, I, 56, t. 86 (1794). — *Gonzalea* Pers., *Synops.*, I, 132 (1805). — J., in *Mém. Mus.*, VI, 400. — Rich., *Rub.*, 156. — DC., *Prodr.*, IV, 436. — Endl., *Gen.*, n. 3235. — B. H., *Gen.*, II, 65, n. 102.—

Buena Cav., in *Anal. cienc. nat.*, II, 279 (nec Pohl); *Icon.*, VI (1801), 50, t. 571 (1801).
7. Nunc demum septicidus.
8. Parvis; colore vario.
9. Genus, adspectu excepto, cum *Isertiis* sat bene congruit et ab eis ratione artificiali tantum distinguendum. Flos enim minor nunc fere totus idem est.
10. Spec. 10-12. Pav., *Suppl. Quinol.*, 84, t. 1, f. a. — H. B., *Pl. æquin.*, t. 64 (*Buena*). — H. B. K., *Nov. gen. et spec.*, III, 406 (*Coccocypselum*). — Griseb., *Fl. Brit. W.-Ind.*, 321 (*Gonzalea*). — Walp., *Rep.*, II, 490; VI, 53 (*Gonzalea*).
11. *Gen.*, 234. — Gærtn. f., *Fruct.*, III, 60,

globoso, obconico v. subcampanulato. Calyx brevis, integer, sinuatus,
dentatus v. breviter 4-6-lobus. Corolla tubulosa, coriacea crassa, nunc
extus granulata v. valde plicata tuberculatave; fauce barbata v. villosa ;
limbi lobis brevibus 4-6[1], valvatis v. imbricatis, intus nunc barbatis;
sinubus alternis nunc plus minus extus prominulis, 3-angularibus
v. auriculiformibus. Stamina corollæ lobis numero æqualia, fauci
v. tubo inserta; filamentis brevibus; antheris dorsifixis[2] introrsis, acutis v. acuminatis, sæpius inclusis, 2-rimosis. Germen 2-loculare (Cassupa[3]) v. sæpius 4-6-loculare ; disco annulari v. cupulari, nunc crasso ;
stylo gracili, apice stigmatoso 2-6-lobo; lobis tenuibus v. sæpius crassis, obovoideis v. plano-convexis. Ovula ∞ , placentæ axili nunc 2-lobæ
inserta. Fructus baccatus v. drupaceus; loculis v. pyrenis 2-6, oligo-
v. polyspermis. Semina parva, sæpe foveolata; albumine carnoso; embryone tereti v. clavato. — Arbores v. frutices, glabri v. varie induti ;
foliis oppositis v. raro 3, 4-natis, magnis coriaceis acuminatis, subtus
sæpe pallidis; stipulis interpetiolaribus connatis, intrapetiolaribus
v. subliberis; floribus[4] in racemos terminales composito-cymigeros
dispositis; pedicellis bracteatis et bracteolatis[5]. (America trop.[6])

109. **Mussaenda** L.[7] — Flores hermaphroditi v. raro polygami;
receptaculo obconico v. oblongo, nunc subhæmisphærico. Calycis sæpius vix gamophylli lobi 5, 6, breves v. elongati, erecti v. recurvi, persistentes v. sæpius decidui; uno nunc sæpe in laminam foliiformem
(coloratam) petiolatam producto. Corolla infundibularis; tubo elongato,
extus sæpe sericeo v. hirsuto, nunc superne ampliato (Polysolenia[8]) ;
fauce villosa v. glabra; limbi lobis 5, v. rarius 6, valvatis, sæpe v. nunc
valde (Acranthera[9]) reduplicatis. Stamina totidem; filamentis plus

t. 191. — J., in *Mém. Mus.*, VI, 399. — Rich., *Rub.*, 155, t. 11, fig. 2. — DC., *Prodr.*, IV, 437. — Endl., *Gen.*, n. 3234. — B. H., *Gen.*, II, 65, n. 101. — *Phosanthus* Rafin., in *Ann. phys.*, VI, 82. — *Brignolia* DC., *Prodr.*, IV, 414. — *Bruinsmania* Miq., in *Linnæa*, XVII, 72.

1. Raro numerosioribus.
2. Nunc ad summum connectivum, anthera unde quasi pendula, insertis.
3. H. B., *Pl. æquin.*, I, 43, t. 12. — Rich., *Rub.*, 170. — DC., *Prodr.*, IV, 373. — Endl., *Gen.*, n. 3311. — B. H., *Gen.*, II, 65, n. 100 (corolla valvata).
4. Albis, flavis, v. plerumque rubris cocci-neisve, sæpe majusculis speciosis.
5. Genus *Mussaendeas* et *Hamelieas* auctt. evidenter connectens.

6. Spec. ad 15. Vahl, *Ecl.*, t. 15. — Aubl., *Guian.*, t. 123 (*Guettarda*). — Miq., *St. suri-nam.*, t. 48, 49 (*Bruinsmania*). — Grises., *Fl. Brit. W.-Ind.*. 319. — Walp., *Rep.*, II, 490 ; VI, 52 ; *Ann.*. II, 768.
7. *Gen.*, n. 241. — J., in *Mém. Mus.*, VI, 386. — Gærtn., *Fruct.*, I, t. 28. — Lamk, *Ill.*, t. 157. — Rich., *Rub.*, 165. — DC., *Prodr.*, IV, 370. — Endl., *Gen.*, n. 3313. — B. H., *Gen.*, II, 64, n. 98. — *Landia* Commers. (ex Rich.). — *Belilla* Rheed., *Hort. malab.*, II, 27, t. 17. — *Spallanzania* DC., *Prodr.*, IV, 406 (nec Poll., nec Neck.).
8. Hook. f., *Gen.*, II, 68, n. 109.
9. Arn., in *Ann. Nat. Hist.*, III, 20. — B. H., *Gen.*, II, 64, n. 99. — *Androtropis* B. Br., in *Wall. Cat.*, n. 8398.

minus alte tubo corollæ v. nunc ejus ad basin insertis, pilorumque
ope usque ad faucem plus minus cum tubo coalitis[1]; antheris dorsifixis v. subbasifixis[2], inclusis, introrsis, 2-rimosis, liberis v. margine
cohærentibus (*Acranthera*); connectivo apice acuto v. calcarato. Discus
epigynus annularis, conicus v. tumidus; stylo gracili, apice clavato,
obtuso v. acuminato, integro (*Acranthera*), nunc rarius 2-lobo. Germen 2- v. raro 3-loculare; loculis completis v. incompletis; ovulis ∞,
placentæ subpeltatæ v. 2-lobæ insertis. Fructus oblongus, indehiscens, carnosus coriaceusve, rarius siccus et loculicidus. Semina ∞,
parva, plerumque foveolata; albumine carnoso v. corneo; embryone
tereti v. clavato. — Frutices, suffrutices v. herbæ, sæpe pilosæ, nunc
raro scandentes; foliis oppositis v. raro verticillatis; petiolo sæpe brevi;
stipulis interpetiolaribus, liberis v. connatis, integris v. laceris, deciduis v. persistentibus; floribus[3] rarissime solitariis terminalibus,
plerumque in racemos terminales plus minus composito-ramosos
cymiferos dispositis; cymis nunc contractis (*Polysolenia*) et in capitulum spurium congestis; bracteis bracteolisque variis, nunc deciduis, raro amplis v. laceris. (*Orbis vet. reg. trop.*[4])

110. **Adenosacme** WALL.[5] — Flores[6] (fere *Mussaendæ*) 4-6-meri;
receptaculo subgloboso. Calycis lobi angusti acutati, nunc glanduloso-
serrati. Corolla tubulosa; tubo intus piloso; fauce glabra v. pilosa;
limbi lobis 4-6, 3–angularibus, valvatis v. reduplicatis. Stamina totidem, tubo v. fauci inserta; filamentis brevibus; antheris dorsifixis
oblongis obtusis, 2-rimosis. Germen 2-5-loculare; disco epigyno tumido; styli gracilis superne incrassati ramis 2-5, linearibus, lateribus
stigmatoso-papillosis. Ovula ∞, placentis peltatis inserta[7]. Fructus
baccatus, carnosus v. coriaceus; loculis 2-5,∞-spermis; pericarpio indehiscente v. demum superne loculicido. Semina parva, cuneata v. sub-

---

1. In *Acranthera zeylanica* filamenta, basi
nonnihil dilatata liberaque, altius in tubum circa
stylum coalita fiunt. *M. Landiæ* filamenta usque
ad imum tubum corollæ prosequi facile licet.
Idem fit in *M. Reinwardtiana* Miq. et *philip-
pica* Rich. (spec. *Acrantheras* cum *Mussaendis*
legitimis arcte connectente).

2. Nunc versatilibus.

3. Albis v. sæpius luteis, ochraceis, purpurascentibus v. cæruleis.

4. Spec. ad 50. WALL., *Pl. as. rar.*, t. 180. —
WIGHT, *Ill.*, t. 124. — SEEM., *Fl. vit.*, 123. —
MIQ., *Fl. ind.-bat.*, II, 211; Suppl., 218, 541;
in *Ann. Mus. lugd.-bat.*, IV, 187. — BAK., *Fl.
maurit.*, 140. — BENTH., *Fl. hongk.*, 152. —

BEDD., *Ic. pl. Ind. or.*, I, t. 23-25 (*Acranthera*);
Fl. sylv., t. 16, III; cxxx. — THW., *Enum. pl.
Zeyl.*, 138. — KURZ, *For. Fl. brit. Burm.*, II, 55.
— OLIV., *Fl. trop. Afr.*, III, 65. — *Bot. Reg.*,
t. 517; XXXII, t. 24. — *Bot. Mag.*, t. 2099,
5573. — WALP., *Rep.*, II, 77 (*Acranthera*), 521;
VI, 76; *Ann.*, II, 798; V, 136.

5. *Cat.*, n. 6280-6282. — ENDL., *Gen.*, n. 3253.
— B. H., *Gen.*, II, 69, n. 112. — *Lawia* WIGHT,
in *Calc. Journ. Nat. Hist.*; *Icon.*, t. 1070. —
Mycetia (sect. *Berlieræ*) DC., *Prodr.*, IV, 392.
— *Menestoria* DC., *Prodr.*, IV, 390 (part.).

6. Parvi vel minimi, albi, flavidi vel vire-
scentes, nunc, ut in *Randia*, 2-morphi (CLARKE)

7. Integumento simplici brevissimo.

cubica punctulata; embryone minuto ovoideo albuminoso. — Frutices debiles; cortice albido secedente; foliis oppositis oblongis acuminatis petiolatis, membranaceis, ∞-nerviis; stipulis interpetiolaribus integris v. 2-dentatis, persistentibus v. deciduis; floribus in racemos axillares et terminales composito- 2-chotomos patentes cymigeros v. glomeruligeros dispositis; pedicellis sæpius gracilibus; bracteis nunc glandulosis. (*Asia trop. mont., Arch. ind.* [1])

111. Sabicea AUBL. [2] — Flores hermaphroditi v. raro polygami; receptaculo obconico v. hemisphærico. Calyx integer truncatus (*Patima* [3]), v. 3-6-dentatus lobatusve; lobis nunc inæqualibus, obtusis v. elongatis acutis; denticulis (stipularibus?) nunc interpositis. Corolla infundibularis v. hypocraterimorpha; tubo brevi v. elongato; fauce villosa v. pubescente; limbi lobis 4-6, intus nunc sericeis, brevibus, obtusis v. longiusculis acutis (*Patima*), valvatis. Stamina totidem, fauci v. tubo corollæ inserta; filamentis longiusculis, brevibus v. 0; antheris dorsifixis lineari-oblongis, introrsum 2-rimosis. Germen 2-6-loculare; loculis [4] completis v. incompletis; styli erecti ramis totidem stigmatiferis linearibus obtusiusculis. Ovula ∞, placentis tumidis axilibus v. parietalibus 2-lobis inserta. Fructus baccatus, coriaceus v. carnosus; loculis 2-6, polyspermis; seminibus minutis, nunc angulatis; embryone clavato v. tereti albuminoso. — Frutices v. suffrutices, erecti v. sæpius volubiles, sæpius tomentosi; foliis oppositis oblongis, petiolatis v. subsessilibus; stipulis intrapetiolaribus, rectis v. recurvis, sæpe persistentibus; floribus [5] axillaribus cymosis v. glomerulatis; cymis sessilibus v. pedunculatis, sæpe corymbiformibus, bracteatis; bracteolis nunc 0 [6]. (*America calid., Africa trop. occ. et insul. or.* [7])

112? Stipularia P. BEAUV. [8] — Flores fere *Sabiceæ* [9], 5-meri;

1. Spec. 3. 4. WALL., in *Roxb. Fl. ind.*, II, 138 (*Rondeletia*). — MIQ., *Fl. ind.-bat.*, II, 215; Suppl., 218; in *Ann. Mus. lugd.-bat.*, IV, 239.— KURZ, *For. Fl. brit. Burm.*, II, 54. — WALP., *Ann.*, I, 376 (*Lawia*); V, 135 (*Bertiera*).

2. *Guian.*, I, 192, t. 75, 76. — J., in *Mém. Mus.*, VI, 400. — LAMK, *Ill.*, t. 165. — RICH., *Rub.*, 147. — DC., *Prodr.*, IV, 439. — ENDL., *Gen.*, n. 3224. — B. H., *Gen.*, II, 72, n. 121. — *Schwenkfelda* SCHREB., *Gen.*, 123.— *Schwenkfeldia* W., *Spec.*, I, 982. — *Paiva* VELL., *Fl. flum.*, III, t. 163 (ex ENDL.).

3. AUBL., *Guian.*, I, 196, t. 77. — RICH., *Rub.*, 150, t. 15, fig. 2. — DC., *Prodr.*, IV, 444. — ENDL., *Gen.*, n. 3232. — B. H., *Gen.*, II, 73, n. 125.

4. Corollæ lobis, dum numerus idem sit, oppositis.

5. Albis, luteis, parvis.

6. Genus inde *Manettias* referens.

7. Spec. ad 30. R. et PAV., *Fl. per.*, II, t. 200, fig. a (*Schwenkfelda*). — HOOK., *Icon.*, t. 247. — DON, *Gen. Syst.*, III, 605 (*Cephœlis*). — GRISEB., *Fl. Brit. W.-Ind.*, 322; *Cat. pl. cub.*, 124. — HIERN, *Fl. trop. Afr.*, III, 74.—WALP., *Rep.*, II, 489; *Ann.*, II, 766.

8. *Fl. ow. et ben.*, II, 26, t. 75 (nec HAW.). — RICH., *Rub.*, 117. — DC., *Prodr.*, IV, 619.— ENDL., *Gen.*, 566, 2. — B. H., *Gen.*, II, 74, n. 128.

9. Cujus forte potius sectio, bracteis in involucrum dilatatis.

calyce subæquali-fido. Corollæ infundibularis lobi 5, valvati. Stamina
ad faucem pubescentem inserta; antheris sessilibus inclusis. Germen
2-5-loculare; loculis ∞-ovulatis; disco tubuloso; styli ramis 2-5,
linearibus. Fructus carnosus v. coriaceo-membranaceus, 2-5-locu-
laris; seminibus ∞, lævibus, nunc in pulpa nidulantibus; embryone
subclavato albuminoso cæterisque *Sabiceæ*.—Frutices tomentosi v. sericei; foliis breviter petiolatis oppositis elongatis, ∞-nerviis, subtus
albidis v. fulvis; stipulis interpetiolaribus evolutis; floribus axillaribus
glomerulatis, bracteis membranaceis in involucrum campanulatum
approximatis involucratis. (*Africa trop. occ.* [1])

113. **Schizostigma** ARN. [2] — Flores sæpius 5-meri; receptaculo
subsphærico v. obovoideo. Calycis lobi foliacei inæquales lanceolati,
nunc longe petiolati (*Pentaloncha* [3]), v. alii breviores inæquales subulati
v. sublanceolati; alii dilatati foliacei venosi petiolati (*Temnopteryx* [4]),
persistentes. Corolla tubulosa v. infundibulari-hypocraterimorpha;
limbi lobis 5, valvatis; fauce pubescente v. rigide barbata (*Temnopteryx*); tubo nunc infra medium annulo barbato munito (*Pentaloncha*). Stamina 5, ad medium v. summum tubum inserta; filamentis
brevibus v. subnullis; antheris dorsifixis, lineari-oblongis, introrsis,
2-rimosis. Discus epigynus annularis, nunc depressus v. hemisphæ-
ricus. Germen 5-loculare (v. raro 2-7-loculare); stylo gracili, superne
in ramos totidem lineares obtusos stigmatosos diviso. Ovula ∞, placentis plus minus tumidis axi germinis affixis breviterque stipitatis
inserta. Fructus subsphæricus v. ovoideus, carnosus v. coriaceus.
Semina ∞, parva, extus reticulata, foveolata v. mucilaginosa; albumine carnoso oleoso; embryone parvo subclavato. — Herbæ glabræ,
fuscato-sericeæ v. hirsutæ, nunc decumbentes; foliis oppositis, oblongis, lanceolatis v. obovatis, petiolatis; stipulis interpetiolaribus, nunc
latis, integris v. laceris (*Temnopteryx*), nunc chartaceis (*Pentaloncha*),
sæpe persistentibus; floribus [5] axillaribus cymosis v. glomerulatis,
paucis v. crebris. (*Zeylania, Africa trop. occ.* [6])

114. **Urophyllum** JACK. [7] — Flores hermaphroditi v. 1-sexuales;

---

1. Spec. 3. HIERN, *Fl. trop. Afr.*, III, 79.
2. In *Ann. Nat. Hist.*, III, 20 (nec DC.). —
ENDL., *Gen.*, n. 3224¹. — B. H., *Gen.*, II, 72,
n. 122.
3. HOOK. F., *Gen.*, II, 73, n. 124.
4. HOOK. F., *ibid.*, 72, n. 123.

5. Majusculis v. nunc (*Pentaloncha*) parvis.
6. Spec. 3. BEDD., *Icon. pl. Ind. or.*, I, t. 95.
— TBW., *Enum. pl. Zeyl.*, 132. — HIERN, *Fl.
trop. Afr.*, III, 78 (*Temnopteryx*), 79 (*Pentaloncha*). — WALP., *Rep.*, VI, 50.
7. Ex WALL., in *Roxb. Fl. ind.* (ed. CAR), II,

receptaculo subgloboso v. obconico. Calyx cupularis, 5- v. rarius 6, 7-dentatus. Corolla breviter infundibularis, subrotata v. suburceolata (*Pauridiantha*[1]); lobis valvatis, 3-angularibus, plerumque 5 (rarius 6, 7); fauce villosa. Stamina 5-7, fauci inserta; filamentis brevibus; antheris parvis dorsifixis oblongis apiculatis, inclusis v. rarius exsertis (in flore fœmineo minoribus v.-sterilibus). Germen (in flore masculo parvum effœtum) subinferum; loculis 3-5-7, v. nunc rarius 2 (*Pauridiantha*); disco epigyno vario, sæpius tumido, sulcato v. obtuse lobato; stylo erecto, nunc ad medium v. ad basin tumido, apice stigmatoso plus minus dilatato, subgloboso, ovoideo v. clavato, obtuse v. plus minus alte 2-7-lobo. Ovula ∞, minuta, placentis axi ovarii affixis, breviter stipitatis, nunc adscendentibus, inserta. Fructus parvus, baccatus v. coriaceus, 2-7-locularis; seminibus crebris parvis subglobosis, foveolatis v. reticulatis, dite albuminosis. — Frutices glabri, tomentosi v. strigosi; foliis oppositis petiolatis, elliptico- vel oblongo-lanceolatis, sæpe acuminatis; stipulis variis, intrapetiolaribus v. interpetiolaribus, nunc amplis; floribus[2] in cymas axillares sessiles v. pedunculatas, multifloras v. nunc 1-paucifloras (*Pauridiantha*), dispositis. (*Asia et Oceania trop.*, *Africa trop. occ.*, *Madagascaria*[3].)

115? Aulacodiscus HOOK. F.[4] — Flores 1-sexuales v. polygami, 6-16-meri; receptaculo cupulari, germinis basin adnatam intus fovente. Calyx brevis truncatus, obtuse sinuatus v. dentatus. Corollæ subrotatæ brevis petala 6-16, plerumque sublibera, 3-angularia, filamentorum staminum ope cohærentia, valvata; apice inflexo. Stamina totidem alterna; filamentis subperigynis, in alabastro valde incurvis, subliberis; antheris brevibus dorsifixis, introrsum 2-rimosis (in floribus fœmineis sterilibus minimis v. 0). Germen magna ex parte inferum, disco crasso supero protruso-6-16-lobo coronatum, 6-16-loculare (in flore fœmineo minus, sterile); stylo ima concavitate disci inserto et subincluso, late obconico, apice late peltato-6-16-lobo. Ovula ∞, minuta, placentis crassis axilibus prominulis inserta. Fructus

184. — RICH., *Rub.*, 212. — DC., *Prodr.*, IV, 441. — ENDL., *Gen.*, n. 3227. — B. H., *Gen.*, II, 71, n. 120. — *Axanthes* BL., *Bijdr.*, 1002. — DC., *Prodr.*, IV, 440. — ENDL., *Gen.*, n. 3226. — *Wallichia* REINW., ex BL., in *Flora* (1825), 107 (nec DC.). — ? *Axanthopsis* KORTH., in *Ned. Kruidk. Arch.*, II, 195 (ex MIQ.).

1. HOOK. F., *Gen.*, II, 69, n. 114.
2. Parvis v. minimis.

3. Spec. ad 30. WIGHT, *Icon.*, t. 1163-1165 (*Axanthes*). — MIQ., *Fl. ind.-bat.*, II, 222, 355; Suppl., I, 219, 542. — BEDD., *Fl. sylv.*, t. 16, V; cxxxi. — THW., *Enum. pl. Zeyl.*, 139 (*Axanthes*). — KURZ, *For. Fl. brit. Burm.*, II, 52. — HIERN, *Fl. trop. Afr.*, III, 71 (*Pauridiantha*), 72. — WALP., *Ann.*, I, 375 (*Axanthes*); II, 767 (*Axanthopsis*).

4. *Gen.*, II, 71, n. 119.

baccatus, disco coronatus. Semina ∞, parva globosa, extus foveolata;
albumine carnoso ; « embryone parvo piriformi ». — Arbusculæ glabræ
v. tomentosæ; foliis oppositis oblongis petiolatis; stipulis interpetiolaribus sub-3-angularibus acutatis, caducis; floribus [1] in cymas pedunculatas axillares ramosos corymbiformes dispositis [2]. (*Malacca, Java* [3].)

116. Lecananthus JACK. [4] — Flores spurie capitati; receptaculo
ovoideo v. obconico. Calyx late campanulatus gamophyllus valde irregularis, 2-labiatus ; labiis subintegris v. inæquali-2, 3-lobis. Corollæ
infundibularis tubus basi dilatatus ; fauce glabra v. pilosa ; limbi
lobis 5, superne crassis, valvatis. Stamina 5, ad summum tubum
inserta; filamentis brevibus; antheris dorsifixis angustis; loculis
introrsis, basi liberis. Germen 2-loculare ; disco crassiusculo ; styli
gracilis apice stigmatoso incrassato, 2-lobo. Ovula ∞, placentis
crassis axilibus inserta. Fructus « membranaceus, intus mucilagi-
nosus, 2-locularis; placentis crassis undique polyspermis. Semina
obovoideo-cuneiformia, obtuse angulata ; testa crassiuscula lævi ;
albumine carnoso ; embryone parvo clavato, 2-fido. » — Frutices
scandentes glabri; foliis oppositis, petiolatis, lanceolato-acuminatis ;
stipulis majusculis per paria connatis; floribus [5] composito-glomerulatis et in capitula spuria axillaria pedunculata v. sessilia nutantia
dispositis; involucro « monophyllo ». (*Archip. ind.* [6])

117. Schradera VAHL [7]. — Flores spurie capitati; receptaculo
obconico v. hemisphærico. Calyx breviter tubulosus integer truncatus.
Corollæ hypocraterimorphæ crasse coriaceæ tubus plus minus elongatus ; fauce villosa ; limbi lobis 4-10, valvatis, apice incurvis, sæpe
demum patentibus. Stamina 4-10, fauci inserta ; filamentis brevibus
v. subnullis; antheris linearibus dorsifixis, inclusis v. exsertis; loculis introrsum rimosis, nunc basi liberis. Germen 2-4-loculare ; disco
crasso ; styli plus minus incrassati ramis stigmatosis conniventibus
2-4. Ovula ∞, placentæ crassæ intus axi affixæ inserta. Fructus baccatus fusiformis, 2-4-locularis. Semina ∞, parva granulata, albu-

1. Parvis, « cbracteatis ».
2. Genus *Urophyllo* proximum.
3. Spec. 2, 3.
4. In *Malay. Misc.*, II, n. VII, 83. — WALL.,
in *Roxb. Fl. ind.* (ed. CAR.), II, 319. — RICH.,
Rub , 213. — ENDL., *Gen.*, n. 3323. — B. H.,
Gen., II, 73, n. 127.
 5. « Pallide rubentibus »,

6. Spec. 2, 3. MIQ., *Fl. ind.-bat.*, II, 153, 199;
in *Ann. Mus. lugd.-bat.*, IV, 132.
7. *Ecl. amer.*, I, 35, t. 5. —RICH., *Rub.*, 149.
— DC., *Prodr.*, IV, 443.-- ENDL , *Gen.*, n. 3230.
— B. H., *Gen.*, II, 66, n. 101. — *Fuchsia* Sw.,
Prodr., 62; *Fl. Ind. occ.*, 674 (nec L.). —
Urceolaria COTH., *Disp. veg.*, 10 (ex W., *Spec.*,
II, 238).

minosa. — Frutices [1] glabri crassi; foliis oppositis petiolatis, elliptico-oblongis coriaceis crassis; stipulis intrapetiolaribus oblongis, in vaginam deciduam connatis; floribus[2] in cymas contractas compositas capituliformes terminales crasse pedunculatas dispositis; bracteis crassis sub inflorescentia in involucrum dilatatum v. parvum connatis[3]. (*America trop.* [4], « *ins. Gorgona* ».)

118. Lucinæa DC. [5] — Flores (fere *Schraderœ*) spurie capitati; calyce integro, nunc brevissimo. Corolla infundibularis, fauce barbata; limbi lobis 4, 5, crasse 3-gonis, valvatis. Stamina 4, 5, inclusa; filamentis brevibus; antheris dorsifixis, apice obtusis v. 2-dentatis; loculis introrsum rimosis, basi liberis. Germen 2-loculare; styli ramis stigmatosis 2; disco epigyno crasso; ovulis ∞, placentæ subpeltatæ ovatæ insertis. Fructus baccatus; seminibus ∞, lævibus, albuminosis. — Frutices [6] glabri, erecti v. scandentes; foliis oppositis petiolatis oblongis coriaceis; stipulis interpetiolaribus brevibus v. intrapetiolaribus oblongis connatis; floribus[7] in cymas compositas contractas capituliformes axillares et terminales, solitarias v. umbellatas, dispositis[8]. (*Archip. ind.* [9])

119. Leucocodon GARDN. [10] — Flores spurie capitati (fere *Schraderœ*), 5-meri; calyce gamophyllo tubuloso, superne irregulari-fisso), persistente. Corollæ infundibularis lobi 5, valvati, induplicati; fauce glabra. Germen 2-loculare; disco orbiculari; styli gracilis ramis 2 obtusis, intus et marginibus revolutis stigmatosis. Ovula ∞, placentæ subpeltatæ inserta. Fructus « baccatus » oblongus. Semina ∞, compressa v. hinc concava, albuminosa. — Frutex epiphyticus, scandens, radicans; foliis oppositis oblongis petiolatis; stipulis intrapetiolaribus oblongis amplis, basi connatis, 2-dentatis; floribus [11] in cymas con-

---

1. « Subepiphytici (pseudoparasitici) » ; ramis radicantibus fragilibus, cum planta tota siccitate nigrescentibus.

2. « Albis », parvis.

3. An huj. gen. sect. *Uncariopsis* (KARST., *Fl. colomb.*, I, 181, t. 90. — B. H., *Gen.*, II, 67, n. 106), frutex venezuelanus, nobis ignotus, « habitu *Morindœ* », inflorescentiis globosis capituliformibus, longe pedunculatis; germine 2-loculari; fructu ignoto?

4. Spec. 3, 4. BENTH., *Sulph. Bot.*, 106, t. 40. — GRISEB., *Fl. Brit. W.-Ind.*, 319; *Cat. pl. cub.*, 123. — WALP., *Rep.*, VI, 51.

5. *Prodr.*, IV, 368. — B. H., *Gen.*, II, 67, n. 107. — *Lucianea* ENDL., *Gen.*, n. 3283.

6. Siccatione nigrescentes.

7. Albis, mediocribus.

8. Inflorescentia adspectusque *Morindœ*, at flores ut in *Appunia* liberi ovulaque ∞. Genus et *Schraderœ* proximum.

9. Spec. 2, 3. MIQ., *Fl. ind.-bat.*, II, 197; Suppl., 217, 540; in *Ann. Mus. lugd.-bat.*, IV, 187.

10. In *Calc. Journ. Nat. Hist.*, VII, 5.—B. H., *Gen.*, II, 67, n. 108.

11. Parvis, albis.

tractas capituliformes terminales dispositis; bracteis sub inflorescentia in involucrum[1] amplum late campanulatum connatis. (*Zeylania*[2].)

120. **Didymochlamys** HOOK. F.[3] — Flores spurie capitati; receptaculo obconico. Calycis 5-partiti foliola subinæquali-lanceolata acuminata. Corolla tubuloso-campanulata; tubo annulo pilorum intus aucto; fauce glabra; limbi lobis 5, valde induplicatis marginibusque introflexis undulatis. Stamina 5, tubi corollæ ad basin inserta; filamentis valde inæqualibus (longioribus 2); antheris introrsis ad basin dorsifixis apiculatis inclusis, 2-rimosis. Germen 2-loculare; disco breviter conico; stylo gracili ad apicem stigmatosum 2-dentatum clavato. Ovula ∞, placentis crassiusculis adscendentibus inserta. Fructus...?— Herba humilis glabra; foliis alternis, 2-stichis, obliquis lanceolatis acuminatis « carnosulis »; petiolo brevi; stipulis « 2-formibus; aliis minutis unguiformibus basi bulbosis, ad basin petioli insertis, integris v. 2-cuspidatis; aliis (?) a petiolo remotis lanceolatis solitariis v. 2-nis »; floribus[4] in cymas terminales pedunculatas contractas capituliformes dispositis; involucro sub floribus e bracteis 2 ovato-cuspidatis amplis membranaceis (coloratis?) constante et bracteolis paucis anguste lanceolatis immixtis. (*Columbia*[5].)

121. **Hippotis** R. et PAV.[6] — Flores plerumque hermaphroditi; receptaculo obovoideo. Calyx gamophyllus spathaceus, hinc fissus v. inæquali-2, 3-lobus, nunc amplus foliaceus et inæquali-2-lobus (*Tammsia*[7]), v. inæquali-3-5-lobus (*Sommera*[8]), persistens. Corollæ infundibulari-campanulatæ lobi 4-6, valvati v. plus minus reduplicati. Stamina totidem, tubo plus minus alte inserta; filamentis nunc villosis, plus minus inæqualibus; antheris plus minus alte dorsifixis, introrsum 2-rimosis, inclusis v. exsertis. Germen 2-loculare; loculis completis v. incompletis; disco epigyno orbiculari v. breviter cupulari; styli erecti ramis v. lobis stigmatosis obtusis 2, plus minus dilatatis. Ovula ∞, placentis plus minus tumidis sæpeque 2-lobis inserta. Fructus baccatus, nunc calyce coro-

1. Membranaceum, « album ».
2. Spec. 1. *L. reticulatum* GARDN. — THW., *Enum. pl. Zeyl.*, 138. — BEDD., *Icon. pl. Ind. or.*, I, t. 94.
3. *Icon.*, t. 1122; *Gen.*, II, 67, t. 105.
4. Parvis, subsessilibus.
5. Spec. 1. *D. Whitei* HOOK. F.
6. *Prodr.*, 33; *Fl. per.*, II, 55, t. 201. — J.,

in *Mém. Mus.*, VI, 393. — RICH., *Rub.*, 175. — DC., *Prodr.*, IV, 391. — ENDL., *Gen.*, n. 3297. — B. H., *Gen.*, II, 70, n. 115.
7. KARST., *Fl. colomb.*, 179, t. 89. — B. H., *Gen.*, II, 79, n. 144.
8. SCHLCHTL, in *Linnæa*, IX, 602. — ENDL., *Gen.*, n. 3316. — B. H., *Gen.*, II, 79, n. 143 (semina haud magna v. majuscula).

natus. Semina ∞, in massam plus minus conferta, parva, inæquali-angulata; albumine carnoso; embryonis recti v. curvi radicula elongata; cotyledonibus suborbicularibus, ovatis v. obovatis. — Arbusculæ v. frutices, sæpe pilosi; foliis oppositis petiolatis obovatis v. ovato-lanceolatis, venulis crebris striolatis; stipulis interpetiolaribus, elongatis v. lanceolatis, sæpius caducis v. deciduis; floribus[1] axillaribus in cymas pedunculatas, sæpius paucifloras, nunc 1-floras, dispositis. (*America trop. utraque* [2].)

122. Pentagonia BENTH. [3] — Flores 5, 6-meri (fere *Genipæ*); receptaculo cylindraceo v. subcampanulato. Calyx spathaceo-4-6-lobus; lobis æqualibus v. inæqualibus, imbricatis. Corollæ infundibulari-tubulosæ, intus glabræ v. cum tubo varie pilosæ, faux glabra; limbi lobis 4-6, obtusis crassis, valvatis. Stamina totidem, ad imum tubum inserta; filamentis inæqualibus, basi sæpe villosis, rectis, flexuosis v. valde recurvis; antheris ovato-oblongis dorsifixis, sæpe demum reflexis; loculis introrsum rimosis, inferne liberis. Germen 2-loculare; disco annulari v. cupulari; stylo apice inæquali-2-lobo; lobis subovatis obtusis complanatis stigmatiferis. Ovula ∞, placentis oblongis septo adnatis inserta, ∞-seriata. Fructus « baccatus », sphæricus v. ovoideus. Semina ∞, obtuse angulata, albuminosa. — Frutices, nunc raro volubiles; foliis oppositis (magnis), integris v. nunc pinnatifidis[4], venoso-lineatis, petiolatis; « stipulis amplis lanceolatis »; floribus[5] in cymas axillares sessiles v. pedunculatas compositas corymbiformes dispositis, bracteatis[6]. (*America trop.*[7])

123. Gouldia A. GRAY[8]. — Flores plerumque 4-meri; receptaculo obconico v. obovoideo. Calyx brevis dentatus. Corolla hypocraterimorpha; lobis 4, crassis, 3-angularibus, valvatis[9]. Stamina 4, tubo v. fauci inserta; filamentis brevibus v. longiusculis; antheris dorsifixis elongatis introrsis, 2-rimosis; connectivo apiculato, sæpius exserto. Germen 2-loculare; disco annulari; styli gracilis ramis 2, lineari-acutis stigma-

---

1. Majusculis, albis, sæpe odoris; corolla plerumque extus sericea, pilosa v. pubescente.
2. Spec. ad 10. KARST., *loc. cit.*, I, t. 17. — WALP., *Rep.*, VI, 77 (*Sommera*).
3. *Sulph. Bot.*, 105, t. 39. — B. H., *Gen.*, II, 78, n. 142. — *Megaphyllum* SPRUCE, Herb., n. 6230.
4. Fere *Artocarpi incisæ*.

5. Magnis, rubris, flavis v. virescentibus.
6. Genus *Genipas* referens; corolla valvata.
7. Spec. 5, 6. SEEM., *Her. Bot.*, t. 28; in *Hook. Lond. Journ.*, VII, t. 18. — HOOK. F., in *Bot. Mag.*, t. 5230. — WALP., *Ann.*, II, 798.
8. In *Proc. Amer. Acad.*, IV, 310. — B. H., *Gen.*, II, 77, n. 139.
9. Lobo uno nunc nonnihil exteriore.

tosis. Ovula ∞ , placentæ oblongæ septo affixæ brevissimeque stipitatæ
inserta. Fructus baccatus v. drupaceus; putamine tenui; elongatus,
nunc apice breviter dehiscens. Semina ∞ , parva, compressa v. angulata
nunc subulata, foveolata v. lævia, albuminosa. — Arbusculæ v. frutices
glabri v. puberuli; foliis oppositis petiolatis coriaceis; stipulis intrapetiolaribus brevibus cum petiolis connatis; floribus[1] in cymas
axillares composito-ramosas dispositis, nunc paucis v. solitariis[2].
(*Ins. Sandwic.*[3])

124. **Myrioneuron** R. Br.[4] — Flores hermaphroditi; receptaculo
subovoideo. Calycis lobi 5, elongato-subulati rigidi, erecti v. demum
patentes, persistentes. Corollæ (calyce brevioris) tubulosæ faux villosa;
limbi lobis 5, valvatis, erectis, extus hispidulis. Stamina 5, tubo inserta;
filamentis brevibus; antheris dorsifixis angustis obtusis introrsis inclusis. Germen 2-loculare; disco depresso suborbiculari; styli brevis ramis stigmatosis 2, oblongis, cohærentibus. Ovula ∞ , placentæ crassius-
culæ septo affixæ inserta. Fructus baccatus v. siccus coriaceus, calyce
coronatus; coccis 2, demum intus dehiscentibus. Semina ∞ , angulata
foveolata albuminosa; embryone subclavato. — Fruticuli; « cortice
spongioso » ; foliis oppositis amplis petiolatis dite nervosis venosisque;
stipulis interpetiolaribus elongatis; floribus[5] in cymas terminales v. axillares cernuas plus minus capituliformes dispositis; bracteis crebris
lanceolatis rigidis. (*India*, « *Borneo* »[6].)

125. **Payera** H. Bn[7]. — Flores (fere *Myrioneuri*) sæpius 5-meri;
receptaculo oblongo. Calycis lobi 5, magni foliacei, persistentes, imbricati? Corollæ tubulosæ lobi 5, valvati. Stamina 5, inclusa. Germen
2-loculare; styli gracilis ramis 2 stigmatosis filiformibus, haud dilatatis. Ovula ∞ , placentæ septo affixæ brevissime stipitatæ et adscendenti
inserta. Fructus siccus (?) coriaceus; seminibus ∞, adscendentibus
compressis subulatis, imbricatis[8]; albumine...? — Frutex (?) glaber
glaucescens; foliis oppositis magnis, lanceolatis (pallidis), petiolatis;

1. Parvis v. mediocribus.
2. Genus *Oldenlandiæ* sect. *Kaduæ* proximum, vix fructu haud v. ægre dehiscente discrepans. Generis forte diversi (B.H., *loc. cit.*, 78) *G. Ro-manzoffiana*, floribus solitariis, bacca magna.
3. Spec. 4, 5? Hook. et Arn., *Beech. Voy., Bot.*, 64 (*Pelesia*). — Wawr., in *Flora* (1875), 274, 291.

4. In *Wall. Cat.*, n. 6225. — Endl., *Gen.*, 566 (in observ. ad « genera vix nota »). —B. H., *Gen.*, II, 69, n. 113.
5. Albis; fructu albo.
6. Spec. 5, 6. Kurz, *For. Fl. brit.*'*Burm.*, II, 54.
7. In *Bull. Soc. Linn. Par.*, 178.
8. Immaturis nigrescentibus.

stipulis interpetiolaribus foliaceis magnis; floribus cymosis, brevissime pedicellatis; cymis contractis in summo ramulo axillari ad medium folia pauca v. bractearum paria 2 stipulis conformium gerente termina-libus; involucro sub floribus majusculo e paribus bractearum 3 con-stante; inferioribus 2, minoribus; intermediis 2, majoribus foliaceis; superioribus autem 2, brevioribus subcoloratis[1]. (*Madagascaria*[2].)

126? **Gonianera** KORTH.[3] — « Flores 5-meri, calycis 5-partiti lobis ovatis acutis, patentibus. Corollæ tubus brevis; limbo 5-partito, valvato. Stamina 5, tubo corollæ inserta; filamentis brevibus; antheris linearibus conniventibus acutis, exsertis. Germen elongatum angula-tum; disco...?; stylo tereti, superne clavato stigmatoso; ovulis ∞, pla-centis cylindraceis laminæ ope septo affixis insertis. Bacca 2-locularis; seminibus ∞, parvis compressis.— Arbuscula; foliis oppositis ellipticis, longe petiolatis; stipulis vaginantibus; floribus axillaribus bracteatis. » (*Sumatra*[4].)

127? **Lasiostoma** BENTH.[5] — Flores 4-meri; « receptaculo urceo-lato. Calyx integer, persistens. Corollæ infundibularis tubus brevis; fauce paleis membranaceis hispida; limbi lobis 4, basi intus paleaceis, valvatis. Stamina 4, tubo inserta, subinclusa. » Germen inferum, 2-lo-culare; ovulis ∞ ; disco crasso. « Stylus filiformis; stigmate clavato. » Fructus drupaceus[6], ∞-spermus. — Frutices[7] glabri; ramulis crassis carnosis; foliis oppositis, breviter petiolatis, oblongis v. obovatis integris coriaceis crassis, vix nervatis; stipulis brevibus vaginantibus, demum ruptis evanidis; « floribus in capitula nodiformia axillaria sessilia dispo-sitis; germinibus cum bracteis intra capitulum immersis[8]. » (*Nova-Hibernia, Nova-Guinea*[9].)

128? **Praravinia** KORTH.[10] — Flores polygami v. monœci; recepta-culo subcampanulato. Calyx 4-6-partitus; foliolis late ovatis foliaceis,

1. Genus imperfecte notum, *Myrioneuro*, ut videtur, proximum; floribus fere *Pentanisiæ*, at loculis ∞-ovulatis.

2. Spec. 1. *P. conspicua* H. BN.

3. In *Ned. Kruidk. Arch.*, II, 183. — B. H., *Gen.*, II, 75, n. 131. — ? *Gardeniopsis* MIQ., in *Ann. Mus. lugd.-bat.*, IV, 250, 262, (ex MIQ.).

4. Spec. 1. *G. glauca* KORTH. -- MIQ., *Fl. ind.-bat.*, II, 200.

5. In *Hook. Lond. Journ. Bot.*, II, 224. — B. H., *Gen.*, II, 74, n. 130.

6. Ex cl. auct. baccatus; putamen tamen du-riusculum pericarpio intus sat distinctum, tenue licet, vidimus.

7. Adspectu *Loranthorum* nonnullorum vel *Æschynanthi*.

8. Genus valde dubium; speciminibus in her-bario kewensi servatis floribus destitutis et cæ-terum omnino mancis.

9. Spec. 2. WALP., *Rep.*, II, 944; VI, 75.

10. *Verhandl. Nat. Geschied.* (1839-42), 180, t. 41. — B. H., *Gen.*, II, 75, n. 133.

imbricatis, excrescentibus. Corollæ infundibulari-campanulatæ pilosæ tubus brevis; limbi lobis 4-6, crassis, 3-gonis, valvatis. Stamina 8-12[1], sub fauce corollæ inserta; filamentis brevibus; antheris (in flore fœmineo parvis v. cassis) oblongis basifixis acuminatis. Germen inferum, 4-10-loculare (in flore masculo sterile); disco hemisphærico rugoso; styli[2] erecti ramis 4-10, linearibus radiantibus recurvis. Ovula ∞, placentæ angulo interno loculorum singulorum affixæ ramosæ inserta. Fructus « baccatus »; loculis mucilagine impletis pilosis; placentis ramosis, ∞-spermis; seminum minutorum testa crustacea foveolata; epidermide tenui; albumine carnoso; embryone piriformi. — Arbuscula; ramulis ultimis pilosis; foliis oppositis sublanceolatis, junioribus pilosis, petiolatis; stipulis intrapetiolaribus oblongis (majusculis), persistentibus; floribus[3] axillaribus; masculis cymosis, 3-6-natis; fœmineis solitariis; bracteis bracteolisque sub floribus latis foliaceis imbricatis sepalisque conformibus[4]. (*Borneo*[5].)

<hr>

IX. OLDENLANDIEÆ.

129. **Oldenlandia** PLUM. — Flores hermaphroditi; receptaculo concavo. Calyx gamophyllus, integer v. sæpius 5-dentatus lobatusve; dentibus nunc 4, v. rarius 6. Corolla rotata, infundibularis v. breviter hypocraterimorpha; lobis 4-6, valvatis v. raro reduplicatis; fauce glabra v. varie pilosa. Stamina 4-6, fauci v. altius inserta; filamentis brevibus; antheris dorsifixis, sæpius brevibus, exsertis, introrsis, 2-rimosis. Germen intus receptaculo adnatum, inferum v. apice plus minus alte liberum; disco epigyno vario; styli brevis v. elongati ramis 2, stigmatosis, variis, obtusis v. acutatis, nunc recurvis. Ovula in loculis ∞, rarius pauca v. nunc 1, 2, placentæ septorum ad basin v. rarius altius affixæ, plerumque adscendenti et brevissime stipitatæ, globosæ, obovoideæ v. breviter clavatæ, inserta. Fructus 2-coccus, capsularis vel coriaceus, rarius extus carnosulus subglobosus, sub-2-dymus, oblongus v. turbinatus, indehiscens v. loculicide septicideve dehiscens; coccis nunc indehiscentibus, solutis. Semina 1-∞, globosa, angulata, alata marginatave, extus lævia, punctulata v. granulata; albumine copioso

<hr>

1. Quorum 4-6 alternipetala, totidemque oppositipetala.
2. Fere *Sabiceæ*.
3. « Albis », mediocribus.

4. Genus nulli nisi *Sabiceæ* analogum; capitulis spuriis fere iisdem ac in *Morinda*, etc.
5. Spec. 1. *P. densiflora* KORTH. — MIQ., *Fl. ind.-bat.*, II, 225.

corneo v. carnoso; embryonis parvi recti v. arcuati cotyledonibus ovatis v. oblongis. —Frutices, suffrutices v. herbæ; foliis oppositis v. raro
verticillatis, valde variis, parvis v. magnis, nervatis v. enerviis; stipulis
variis, sæpe cum petiolis in vaginam connatis, integris, dentatis v. ci-
liato-dentatis; floribus in cymas nunc 1-paras, varie ramosas spicatasve,
terminales v. axillares, dispositis, nunc cymosis paucis v. solitariis.
(*Orbis totius reg. calid.*) — *Vid. p.* 323.

130? **Bouvardia** SALISB.[1] — Flores 4-meri v. rarius 5-meri; receptaculo obovoideo v. obconico. Calycis lobi 4, 5, ovati v. lanceolati, spa-
thulative; interjectis nunc denticulis solitariis v. 2-nis (stipularibus?).
Corollæ tubulosæ, infundibularis hypocraterimorphæve lobi 4, v. rarius
5, valvati; tubo recto v. lente curvo (*Heterophyllæa*[2]), intus glabro,
sparseve piloso, nunc pilorum annulo munito; fauce nunc ampliata.
Stamina 4, v. rarius 5, fauci v. tubo, nunc ad imum tubum (*Heterophyllæa*) inserta; filamentis brevissimis, brevibus v. elongatis; antheris
dorsifixis, sæpius oblongis, introrsum v. ad margines rimosis. Germen
inferum, 2-loculare; disco vario, nunc piloso; stylo gracili, apice 2-den-
tato, 2-fido v. 4-ramoso, undique sæpius papilloso. Ovula ∞, placentæ
breviter stipitatæ ad medium v. sæpius ad basin septi affixæ, obovoideæ v. subpeltatæ breviterve clavatæ, inserta. Fructus capsularis, sæpius sub-2-dymus, coriaceus, loculicidus v. rarius septicidus (*Hindsia*[3]).
Semina ∞, peltata, imbricata, in alam membranaceam v. crassius-
culam expansa; albumine carnoso; embryone parvo subclavato. —
Herbæ v. sæpius frutices, nunc pustulati (*Heterophyllæa*); foliis oppositis v. rarius verticillatis, integris v. raro crenatis; stipulis integris,
dentatis, fissis v. ciliatis; floribus[4] in cymas terminales plerumque
corymbiformes dispositis. (*America trop. utraque*[5].)

131. **Coccocypselum** P. BR.[6] —Flores dimorphi (fere *Oldenlandiæ*),

1. *Par. lond.*, II, 88, t. 88. — J., in *Mém. Mus.*, VI, 383. — RICH., *Rub.*, 191 (part.). — DC., *Prodr.*, IV, 365. — ENDL., *Gen.*, n. 3265. — B. H., *Gen.*, II, 36, n. 22. — ?*Christima* RAFIN., in *Ann. gén. sc. phys.*, V, 224. — *Ægi- nelia* CAV., *Icon.*, VI, 51, t. 572 (nec L.).
2. HOOK. F., *Icon.*, t. 1134. — B. H.,,*Gen.*, II, 37, n. 23 (stirps male nota et hic non sine dubio relata).
3. BENTH., in *Lindl. Bot. Reg.* (1844), t. 40. — B. H., *Gen.*, II, 37, n. 25. — *Macrosiphon* MIQ., in *Linnæa*, XIX, 442.
4. Majusculis v. magnis, plerumque speciosis,

albis, flavis, roseis, violaceis v rubris, nunc suaveolentibus.
5. Spec. ad 30. JACQ., *Hort. schœnbr.*, t. 257 (*Ixora*). --H. B. K., *Nov. gen. et spec.*, III, 383, t. 288.— LINDL., in *Journ. Hort. Soc.*, III, 246. — ANDR., *Bot. Repos.*, t. 106 (*Houstonia*). — *Bot. Reg.* (1810), t. 37; (1816), t. 32. — *Bot. Mag.*, t. 1854, 3781, 3953, 3977 (*Rondeletia*), 4135 (*Rondeletia*), 4223, 4579. — WALP., *Rep.*, II, 507; VI, 60 (*Hindsia*), 62; *Ann.*, I, 377; II, 778; V, 125.
6. *Jam.*, 144, t. 6, fig. 2 (*Coccocypselum*). — SW., *Fl. Ind. occ.*, I, 245. — RICH., *Rub.*, 179

4-meri; calycis lobis acutatis v. lanceolatis, persistentibus. Corollæ breviter infundibularis lobi 4, valvati. Stamina 4, fauci inserta; filamentis brevibus; antheris oblongis, supra basin dorsifixis; loculis basi liberis, introrsum rimosis, inclusis v. breviter exsertis. Germen 2-loculare; disco epigyno 2-lobo; styli gracilis ramis 2. Ovula in loculis∞, placentæ subglobosæ septo ad medium v. ad basin affixæ, breviter v. longe stipitatæ, transversæ v. adscendenti, inserta. Fructus[1] baccatus v. subsiccus, nunc demum 2-partibilis. Semina ∞, planoconvexa; hilo ventrali; testa lævi v. granulata; albumine carnoso; embryone parvo, obliquo v. transverso. — Herbæ repentes diffusæ ramosæ, glabræ v. sæpius tomentosæ villosæve; foliis oppositis; petiolis brevibus v. elongatis; stipulis utrinque solitariis; floribus[2] summo pedunculo axillari spurie capitatis, composito-glomerulatis, bracteatis. (America trop.[3])

132. **Synaptantha** HOOK. F.[4] —Flores (fere Oldenlandiæ) 4-meri; receptaculo concavo hemisphærico. Calycis margini inserti lobi 4, lineares, persistentes. Corolla rotata; tubo brevissimo; petalis ovatoacutis, liberis v. vix ima basi connatis, valvatis. Stamina 4, alternipetala; filamentis subliberis, receptaculo insertis, subulatis; antheris ovatis dorsifixis introrsis, 2-rimosis. Germen ad medium receptaculo intus adnatum, superne liberum, 2-loculare; stylo erecto, apice minute capitato-2-lobo stigmatoso. Ovula∞, placentæ subglobosæ peltatæ stipitatæ et ad medium septum affixæ inserta. Fructus capsularis, ad medium liber, calyce corollaque persistentibus ad medium cinctus, loculicide 2-valvis. Semina ∞, parva angulata plano-convexa lævia, albuminosa; embryonis teretis cotyledonibus oblongis. — Herba[5] perennis ramosa puberula; foliis oppositis lineari-oblongis; stipulis parvis, 2-dentatis, cum petiolis connatis; floribus[6] axillaribus, solitariis, 2-nis v. cymosis paucis. (Australia subtrop.[7])

133. **Mitreola** L.[8] — Flores (fere Oldenlandiæ v. Hekistocarpæ)

(Coccocypsilum). — DC., Prodr., IV, 396. — ENDL., Gen., n. 3291. — B. H., Gen., II, 73, n. 126. — Sicelium P. BR., loc. cit., 144. — Tontanea AUBL., Guian., I, 108, t. 42. — Bellardia SCHREB, Gen., n. 1723. — Condalia R. et PAV., Prodr., 11, t. 2 (nec CAV). — Lipostoma DON, in Edinb. Phil. Journ. (1830), I, 168.

1. Cæruleus v. violaceus.
2. Purpureis v. cærulescentibus.
3. Spec. ad 15. H. B. K., Nov. gen. et spec., III, 403. — CHAM. et SCHLCHTL, in Linnæa, IV,

138. — GRISEB., Fl. Brit. W.-Ind., 322. — Bot. Mag., t. 2840 (Hedyotis). — WALP., Rep., II, 516; VI, 72.
4. Icon., t. 1146. — B. H., Gen., II, 61, n.89.
5. « Saginæ facie ».
6. Minutis, « albo-rubescentibus ».
7. Spec. 1. S. tillæacea HOOK. F. — Hedyotis tillæacea F. MUELL, Fragm. Phyt. Austral. IV. 39. — BENTH., Fl. austral., III, 405, n. 7.
8. Hort. Cliff., 492; Gen., n. 932 (ed. 1737) — R. BR., Prodr. Fl. Nov.-Holl., 450, not. —

5-meri; receptaculo minuto brevissime cupulari. Sepala 5, lanceolata.
Corolla urceolata v. subrotata, tubo brevi nunc ventricoso, superne
nunc leviter contracto; limbi lobis 5, brevibus, valvatis. Stamina 5,
parva, tubo inclusa; filamentis brevibus; antheris ovato-cordatis. Germen basi tantum v. ad medium cupulæ receptaculari intus adnatum,
cæterum liberum, ad apicem latiusculum, 2-loculare; styli brevis
ramis 2, apice stigmatoso capitellatis, demum patentibus v. recurvis.
Placentæ et ovula ∞ (*Oldenlandiæ*). Fructus capsularis subomnino
liber, septo contrarie compressus, obcordatus v. apice truncatus lateve
2-lobus v. sub-2-dymus; loculis 2, apice divergentibus et margine intus
dehiscentibus. Semina parva, globosa, ovoidea v. compressa, tubercu-
lato- v. papilloso-rugosa; albumine carnoso; embryonis linearis cotyledonibus parvis. Cætera *Oldenlandiæ*. — Herbæ annuæ v. perennes,
erectæ v. basi reptantes; foliis oppositis membranaceis; petiolis basi
in membranam cum stipulis obtusis v. prominulis connatam dilatatis;
floribus in cymas terminales[1] dispositis; cymis 2-paris v. superne
1-paris; floribus sessilibus v. breviter pedicellatis, 1-lateralibus[2].
(*America, Asia et Oceania calid.*[3])

134? **Polypremum** L.[1] — Flores (fere *Oldenlandiæ* v. *Mitreolæ*)
5-meri v. sæpius 4-meri; receptaculo breviter cupulari. Sepala ovato-
lanceolata rigidula. Corolla cum calyce perigyna eique subæqualis
v. brevior tubulosa subcampanulata; fauce villosula v. subglabra; lobis
brevibus obtusis, imbricatis. Stamina 4, v. rarius 5, tubo corollæ inserta inclusa; filamentis brevibus; antheris ovatis dorsifixis introrsis,
2-rimosis. Germen basi receptaculo intus adnatum, superne magna
ex parte liberum, 2-loculare; stylo brevi, apice stigmatoso obtuso
integro v. brevissime 2-lobo. Ovula ∞, placentæ ad basin septi affixæ
adscendentique inserta. Fructus capsularis, septo contrarie leviter compressus, loculicidus demumque plerumque septicidus; seminibus ∞,

A. Rich., in *Mém. Soc. hist. nat. Par.*, I, t. 3.
— Endl., *Gen.*, n. 3567. — A. DC., *Prodr.*,
IX, 8. —Bur., *Logan.*, 60. — Bexth., in *Journ.
Linn. Soc.*, I, 90. — B. H., *Gen.*, II, 790, n. 5.
— *Cynoctonum* Gmel., *Syst.*, 443 (part.).

1. Parvis, albis (?).

2. Genus *Oldenlandiæ* proximum et *Ophiorrhizæ* (cujus forte sectio?) a quibus, ut ab *Uragoga Gærtnera*, differt fructu sublibero (i. e. concavitate receptaculi minore).

3. Spec. 3, 4. L., *Spec.*, 213 (*Ophiorhiza*). —
Ell., *Sketch*, I, 238 (*Ophiorrhiza*). — Don, *Gen.*

Syst., IV, 171. — Lamk, *Ill.*, t. 107 (*Ophiorrhiza*). — Wight, *Icon*, t. 1600. — Benth., *Fl.
austral.*, IV, 349. — Hook., *Icon.*, t. 827, 828.
— Progc., in *Mart. Fl. bras.*, VI, 266, t. 71,
82, fig. 1. — Walp., *Rep.*, VI, 496.

4. In *Act. upsal.* (1741), t. 78; *Gen.*, n. 137.
— J., *Gen.*, 122 (*Scrofulariæ*); in *Ann. Mus.*,
V, 255; in *Mém. Mus.*, VI, 382. — Lamk, *Ill.*,
t. 71. — G.ertn., *Fruct.*, I, 204, t. 62. — DC.,
Prodr., IV, 431; IX, 12, 560. —Torr. et Gr., *Fl.
N.-Amer.*, II, 16. —Endl., *Gen.*, n. 3241. —Bur.,
Logan., 61. — B. H., *Gen.*, II, 794, n. 7.

subglobosis lævibus albuminosis ; embryone parvo recto. — Herba ramosa humilis glabra ; foliis oppositis linearibus, basi in laminam membranaceam superne integram v. obscure dentatam[1] dilatatis ejusque
ope connatis ; floribus[2] in dichotomiis plerumque solitariis, brevissime
pedunculatis. (*America centr. et bor.*[3])

135. **Ophiorrhiza** L.[4] — Flores hermaphroditi v. polygami ; receptaculo subgloboso (*Polyura*[5]), turbinato v. compresso-cymbiformi,
nunc obconico (*Pakenhamia*[6]). Calyx brevis ; dentibus 5, remotius-
culis, acutis v. obtusis(*Polyura*), circa fructum persistentibus. Corolla
tubuloso-infundibularis ; lobis nunc dorso alatis, valvatis. Stamina,
discus cæteraque *Oldenlandiæ*. Germen intus receptaculo adnatum,
summo apice nunc liberum, 2-loculare ; styli gracilis ramis 2 stigmatosis obtusis v. oblongis, nunc capitellatis. Ovula in loculis ∞ , placentæ subglobosæ v. obovoideæ ad imum septum affixæ adscendentique
inserta. Fructus capsularis subglobosus (*Polyura*), obconicus (*Pakenhamia*), v. sæpius septo contrarie valde compressus, mitriformis, late
2-lobus v. 2-alatus, nunc obcordatus, superne truncatus v. sub-2-dymus,
septicide (*Polyura*) v. loculicide superne dehiscens ; loculis nunc
demum solutis. Semina ∞ , minuta angulata, lævia, granulata v. papil-
losa, dite albuminosa ; embryone clavato, 2-fido v. 2-lobo. — Herbæ
erectæ v. decumbentes, nunc suffrutescentes ; foliis oppositis[7] petiolatis membranaceis, nunc inæqualibus ; stipulis interpetiolaribus,
solitariis v. 2-nis ; floribus[8] in cymas 2-chotomas v. nunc 1-paras recurvas dispositis ; bracteis parvis v. subfoliaceis. (*Asia et Oceania trop.
et subtrop.*[9])

136. **Spiradiclis** BL.[10] — Flores hermaphroditi vel polygami
(fere *Ophiorrhizæ*), 4-5-meri ; receptaculo subtubuloso v. obconico,

1. Stipularem (?).
2. Parvis, albidis.
3 Spec. 1. *P. procumbens* L. — *P. Linnæi*
MICHX, *Fl. amer.-bor.*, I, 83. —? *P. Schlechten-
dalii* WALP., in *Nov. Acta nat. curios.*, XIX,
Suppl. 1, 351. — *Linum carolinianum* PLTIV.
Gaz., 9, t. 5.
4. *Fl. zeyl.*, 402 ; *Gen.*, n. 210. — J., *Gen.*,
143 (*Gentianæ*). — GÆRTN., *Fruct.*, I, 264, t. 55.
— RICH., *Rub.*, 189. — DC., *Prodr.*, IV, 415. —
ENDL., *Gen.*, n. 3245. — B H., *Gen.*, II, 63, n. 95.
5. HOOK. F., *Icon.*, t. 1049. — B. H., *Gen.*,
II, 62, n. 94.
6. CLARKE *mss*, ex communic. orali.
7. Nunc spurie verticillatis

8. Parvis v. raro majusculis, albis, virescen-
tibus, roseis v. aurantiacis.
9. Spec. ad 45. BL., *Bijdr.*, 976. — GAU-
DICH., in *Freycin. Voy.*, *Bot.*, t. 97. — WIGHT,
Icon., t. 1067-1069, 1162. — A. GRAY, in *Proc.
Amer. Acad.*, IV, 311. — SEEM., *Fl. vit.*, 126.—
MIQ., *Fl. ind-bat.*, II, 166, 350 ; Suppl., 539 ; in
Ann. Mus. lugd.-bat., IV, 230. — BENTH., *Fl.
austral.*, III, 407 ; *Fl. hongkong.*, 147. — THW.,
Enum. pl. Zeyl., 139. — HANCE, in *Trim. Journ.
Bot.* (1877), 334. — WALP., *Rep.*, II, 502 ; VI,
57 ; *Ann.*, I, 376 ; II, 773.
10. *Bijdr.*, 975. — RICH., *Rub.*, 208. — DC.,
Prodr., IV, 418. — ENDL., *Gen.*, n. 3243. —
B. H., *Gen*, II, 1228, n. 93. — *Pleotheca* WALL.,

costato. Calycis persistentis lobi 4, 5, obṭusi. Corollæ tubuloso-infundibularis lobi 4,5, valvati, nunc induplicati; fauce glabra v. pilosa. Stamina 4, 5, tubo inserta inclusaque. Germen 2-loculare ; disco epigyno
tumido, 2-4-lobo; stylo gracili, apice stigmatoso capitato-2-lobo. Ovula
in loculis (completis v. incompletis) ∞ , placentæ adscendenti stipitatæ
inserta. Fructus capsularis, cylindráceus v. obovoideus, loculicidus;
valvis nunc 2-partibilibus. Semina ∞ , angulata reticulata; embryone
parvo, dite albuminoso. —Herbæ annuæ, glabræ v. pubescentes; foliis
oppositis [1], lanceolatis membranaceis ; stipulis subulatis, utrinque solitariis; floribus[2] in cymas racemiformes axillares v. terminales longe
pedunculatas dispositis, 1-lateralibus. (*Java, Asia trop. austr.* [3])

137. **Lerchea** L. [4] — Flores (fere *Oldenlandiæ*) 4, 5-meri ; receptaculo subgloboso v. obconico. Calycis dentes v. lobi erecti, persistentes. Corolla tubuloso-infundibularis ; tubo nunc breviusculo ; fauce
barbata v. glabra (*Xanthophytum* [5]) ; lobis valvatis, patentibus. Stamina 4, 5, fauci v. tubo corollæ plus minus alte inserta, inclusa; antheris dorsifixis inclusis, nunc apice tenuiter penicillatis ; loculis basi
v. et apice liberis [6]. Germen 2-loculare ; disco tumido, cylindrico v. obconico; styli brevis lobis stigmatosis 2, brevibus crassis (*Xanthophytum*) v. rarius lineari-subulatis undique papillosis. Ovula in loculis ∞ ,
placentæ subglobulosæ septo plus minus late affixæ inserta. Fructus
globosus v. sub-2-dymus, in coccos 2 crustaceos v. coriaceos solutus.
Semina ∞ , parva angulata; testa reticulata , punctata v. foveolata;
embryone parvo albuminoso. — Fruticuli v. suffrutices, glabri v. rufo-
sericei ; foliis oppositis, petiolatis ovato- v. oblongo-lanceolatis membranaceis; stipulis interpetiolaribus, persistentibus; floribus [7] cymosis,
breviter pedicellatis v. glomerulatis; cymis aut ad folia axillaribus
sessilibus v. pedunculatis (*Xanthophytum*), aut ad bracteas ramuli
elongati filiformis, axillaris v. sæpius terminalis, axillaribus, bracteolatis. (*Java, Borneo, ins. Viti* [8].)

Cat., n. 6215. — *Selenocera* Zipp., in *Linnœa*,
XV, 316.

1. Vel spurie verticillatis.
2. Minutis, albis v. flavis.
3. Spec. 2. Miq., *Fl. ind.-bat.*, II, 160.
4. *Mantiss.*, 155. — Benn., in *Horsf. Pl. jav.
rar.*, 98, t. 23. — Endl., *Gen.*, n. 3251 [1]. —
B. H., *Gen.*, II, 53, n. 72. — *Codaria* L., *mss.*
5. Reinw., in *Bl. Bijdr.*, 989. — Rich., *Rub.*,
195. — DC., *Prodr.*, IV, 413. — B. H., *Gen.*, II,

53, n. 73. — *Metabolos* DC. (part , nec Bl.). —
Sclerococcos Bartl., *mss.* (ex DC.).
6. Connectivo nunc in laminam dorsalem
parvam oblongo-subspathulatam dilatato.
7. Parvis v. minimis.
8. Spec. 5, 6. Bl., *Bijdr.*, 958 (*Chiococca*). —
DC., *Prodr.*, IV, 436, n. 10 (*Metabolos*). — Miq.,
Fl. ind.-bat., II, 175 (*Xanthophytum*), 176;
Suppl., 216; in *Ann. Mus. lugd.-bat.*, IV, 128,
223. — A. Gray, in *Proc. Amer. Acad..* IV, 311,

138. Neurocalyx Hook.[1] — Flores 5-meri; receptaculo obconico v. subsphærico, nunc 5-costato. Calyx amplus membranaceus, 5-lobus, subpetaloideus, reticulato-venosus. Corollæ rotatæ lobi 5, calyce breviores, valvati. Stamina 5; filamentis brevibus v. brevissimis; antheris[2] in conum coalitis, intus dehiscentibus. Germen 2-loculare; disco depresso; stylo gracili, apice stigmàtoso capitellato. Ovula ∞, placentis peltatim septo affixis inserta. Fructus siccus, coriaceus v. nunc carnosulus, tarde 2-coccus v. inæquali-ruptus. Semina ∞, minuta foveolata; embryone minuto albuminoso. — Herbæ annuæ, glabræ v. valde pilosæ[3]; caule simplici, nunc brevissimo; foliis oppositis, nunc confertis rosulatis, integris v. dentatis, venosis; stipulis interpetiolaribus membranaceis, 2-plurifidis; floribus[4] in racemos axillares nutantes nunc brevissimos dispositis; bracteis integris v. 2-partitis. (*India penins., Zeylania, Borneo*[5].)

139. Argostemma Wall.[6] — Flores 4, 5-meri (fere *Neurocalycis*); receptaculo hemisphærico, subcampanulato v. obconico. Calyx gamophyllus subrotatus v. breviter campanulatus; lobis 4, 5, v. raro 6, 7, 3-angularibus. Corolla rotata; lobis 4, 5, patentibus v. recurvis, 3-angularibus, valvatis. Stamina 4, 5, ad imam corollam inserta; filamentis brevibus; antheris[7] supra basin dorsifixis, in conum approximatis v. cohærentibus, ovato-oblongis acuminatis v. rostratis, intus rimosis v. rostro 1, 2-poricidis. Germen 2-loculare; disco epigyno crasso; stylo gracili, apice stigmatoso capitellato. Ovula in loculis ∞, placentæ ad medium septum affixæ inserta. Fructus capsularis, membranaceus v. coriaceus, apice lacerus v. pyxidatim dehiscens. Semina ∞, parva, compressa v. angulata, granulata v. reticulata; embryone minuto albuminoso. — Herbæ parvæ v. nunc minimæ, glabræ v. pilis articulatis conspersæ; foliis oppositis[8], nunc paucissimis, in paribus singulis æqualibus v. valde inæqualibus, oblongis v. lanceolatis, membranaceis v. carnosulis; stipulis interpetiolaribus integris, persistentibus; floribus[9] in umbellas spurias (cymas) terminales v. sæpius

1. *Icon.*, t. 174. — Arn., in *Ann. Nat. Hist.*, III, 20. — Endl., *Gen.*, n. 3287[?] — B. H., *Gen*, II, 54, n. 76.
2. Fere, ut corolla, *Solanorum* quorumdam.
3. Adspectu nunc foliisque *Acrotremæ*.
4. Majusculis, « pallide purpureis ».
5. Spec. 4, 5. Wight, *Icon.*, t. 52. — Thw., *Enum. pl. Zeyl.*, 138. — Walp., *Rep.*, II, 515.
6. In *Roxb. Fl. ind.* (ed. Car.), II, 324; *Pl.*

as. *rar.*, t. 185. — Rich., *Rub.*, 169. — DC., *Prodr.*, IV, 417. — Endl., *Gen.*, n. 3244, 3287[1] (Suppl., 1, 1394). — B. H., *Gen.*, II, 54, n. 75. — *Pomangium* Reinw. (ex Bl.). — *Cortusoides* Afz., in lib. *Banks*.
7. Nunc fere *Solani*.
8. Vel spurie verticillatis.
9. Parvis, albis, eos *Solanacearum*, *Ardisiarum* v. *Sonerilarum* nonnullarum referentibus.

axillares, nunc in cymas spiciformes dispositis. (*Asia trop.*, *Arch. ind.*, *Guinea*[1].)

140. Virecta SM.[2] — Flores 4, 5-meri v. rarius 6, 7-meri; recepta-culo ovoideo v. obconico. Calycis lobi æquales v. inæquales, lineares v. foliacei, nunc subspathulati; denticulis (stipularibus) interjectis nunc 1, 2. Corollæ infundibularis pilosæ tubus elongatus v. gracilis; fauce glabra v. villosa[3] (*Pentas*[4]); limbi lobis 4-7, oblongis, valvatis, demum patentibus. Stamina totidem ad faucem inserta; filamentis brevibus v. longis; antheris dorsifixis, sæpius versatilibus oblongis; loculis in-trorsum rimosis, basi nunc liberis. Germen 2-loculare; disco epigyno vario, simplici, integro v. lobato, v. e glandulis 2 liberis constante; styli gracilis ramis stigmatosis brevibus obtusis v. linearibus undique papillosis (*Pentas*). Ovula ∞, placentis prominulis septi ad medium affixis sessilibus v. stipitatis inserta. Fructus capsularis, coriaceus v. membranaceus; exocarpio ab endocarpio corneo soluto loculicido; valvis 2, aut persistentibus (*Pentas*), aut persistente altera; altera au-tem decidua. Semina ∞, parva, angulata, sæpe reticulata; embryone parvo clavato; albumine carnoso. — Herbæ v. suffrutices, varie pilosi; foliis oppositis, petiolatis oblongo- v. ovato-lanceolatis; stipulis integris, 2-nis v. sæpius ∞-sectis; floribus[5] in cymas terminales corymbi-formes v. umbelliformes dispositis, bracteatis. (*Africa trop. or. et occ.*, *Madagascaria*[6].)

141? Otomeria BENTH.[7] — Flores (fere *Virectæ*) 4, 5-meri; caly-cis lobis inæqualibus (1, 2 majoribus foliaceis). Corollæ tubus graci-lis elongatus, superne dilatatus ibique staminiger; fauce varie villosa v. annulo pilorum aucta; limbi lobis valvatis v. induplicatis. Stamina

1. Spec. ad 25. WICHT, *Icon.*, t. 1160. — BENN., *Pl. jav. rar.*, 92, t. 22. — MIQ., *Fl. ind.-bat.*, II, 160, 348, t. 61; Suppl. I, 215, 539; in *Ann. Mus. lugd.-bat.*, IV, 228. — HIERN, *Fl. trop. Afr.*, III, 44. — WALP., *Rep.*, VI, 72; *Ann.*, II, 791; V, 132.

2. In *Rees Cyclop.*, XXXVI (nec L. F.). — DC., *Prodr.*, IV, 414. — ENDL., *Gen.*, n. 3247. — B. H., *Gen.*, II, 55, n. 78. — *Phyteumoides* SMEATHM., *mss.* (ex DC.).

3. Pilis nunc rigidis, in coronam erectam pro-minulis, oblique striatis, obtusis, pollen colli-gentibus.

4. BENTH., in *Bot. Mag.*, t. 4086 (1844). — B. H., *Gen.*, II, 54, n. 77. — *Orthostemma* WALL. (ex VOIGT, *Hort. calc.*, 384). — *Vignaldia*

A. RICH., *Fl. abyss.*, I, 357. — *Neurocarpæa* R. BR., in *Salt. Abyss. App.*, IV, 64 (part.). — ENDL., *Gen.*, n. 3313, a.

5. Majusculis, speciosis, albis, roseis, purpu-rascentibus, lilacinis v. flavis.

6. Spec. ad. 10. FORSK., *Fl. æg.-arab.*, 42 (*Ophiorrhiza*). — VAHL, *Symb.*, I, 12 (*Manettia*). — KL. in *Pet. Moss.*, *Bot.*, 286 (*Pentanisia*). — OLIV., in *Trans. Linn. Soc.*, XXIX, 82, t. 46 (*Pentas*). — VATK, in *Œst Bot. Zeitschr.*, XXV, 232 (*Pentas*). — HIERN, *Fl. trop. Afr.*, III, 45 (*Pentas*), 47. — LINDL., in *Bot. Reg.* (1844), t. 32 (*Pentas*). — WALP., *Rep*, II, 57 (*Pentas*), 503; *Ann.*, II, 773 (*Vignaldia*).

7. *Niger Fl.*, 405. — B. H., *Gen.*, II, 55, n. 79.

inclusa v. exserta; antheris dorsifixis elongatis introrsis. Germen 2-lo-
culare; disco crasso; styli gracilis ramis 2 stigmatosis, brevibus v. longis. Ovula ∞, placentis prominulis oblongis septo affixis inserta. Fructus capsularis, obconicus v. oblongus, septicide 2-coccus; coccis
intus dehiscentibus, calycis lobis 2, 3 coronatis. Semina ∞ cæteraque
Virectæ. — Herbæ suffrutescentes, ramosæ v. subsimplices; foliis
oppositis, petiolatis, ovatis, cordatis v. oblongis membranaceis; stipulis interpetiolaribus, ∞ - setosis; floribus[1] in spicis terminalibus simplicibus v. furcatis glomerulatis; glomerulis pauci- v. 2-floris, bracteatis[2]. (*Africa trop.*, *Madagascaria*[3].)

142. **Carlemannia** BENTH. [4] — Flores 4, 5-meri (fere *Oldenlandiæ*); receptaculo subgloboso. Calycis lobi 4, 5, oblongo-lanceolati
inæquales. Corollæ tubulosæ lobi 4, 5, breves, imbricati. Stamina 2,
tubo medio inserta; filamentis brevibus; antheris introrsis; loculis
basi liberis, longitudinaliter rimosis. Germen 2-loculare; disci glandulis epigynis 2, cum loculis alternantibus, v. 4; styli gracilis superne
clavati lobis stigmatosis 2, obtusis. Ovula ∞, placentæ ad imum
septum affixæ adscendenti subpeltatæ inserta. Fructus capsularis
subglobosus, nunc sub-4-lobus, membranaceus, loculicide 2-valvis.
Semina ∞, minuta lævia punctulata; embryone parvo ovoideo; albumine copioso corneo (v. «granulari»).—Herbæ ramosæ, glabræ vel
pilosæ; foliis oppositis, petiolatis oblique ovato-lanceolatis crenatis;
stipulis 0, v. transverse linearibus cumque petiolis connatis, brevissimis; floribus[5] in cymas terminales dispositis; ramis inflorescentiæ
oppositis v. ultimis alternis. (*India mont.*[6])

143. **Silvianthus** HOOK. F. [7] — Flores (fere *Carlemanniæ*) 4, 5-meri;
receptaculo obconico. Calycis lobi 4, 5, magni foliacei inæquales, post
anthesin accrescentes. Corollæ infundibularis lobi 4, induplicati[8];
fauce vix dilatata pilosa. Stamina 2, tubo inserta, inclusa; antheris
dorsifixis apiculatis inclusis[9]. Germen 2-loculare; disco epigyno amplo
conico; stylo ad apicem papilloso fusiformi. Ovula ∞, placentis pro-

1. Parvis, roseis (?).
2. Genus *Virectæ* proximum (cujus forte potius sectio?).
3. Spec. 4, 5. OLIV., in *Trans. Linn. Soc*, XXIX, 83, t. 47. — THOMS., in *Spek. Journ. App.*, 636. — ? R. BR., in *Tuck. Cong. App.*, 448 (ex HIERN). — HIERN, *Fl. trop. Afr.*, III, 49. -- WALP., *Ann.*, II, 778.

4. In *Hook. Kew Journ.*, V, 307. — B. H., *Gen.*, II, 63, n. 96.
5. Parvis, albis, « flavescentibus v. roseis ».
6. Spec. 2, 3. WALP., *Ann.*, V, 115.
7. *Icon.*, t. 1048. — B. H., *Gen.*, II, 64, n. 97.
8. Ad apicem subimbricati. Sinus corollæ le-viter dilatatus.
9. Filamento brevissimo stipatis.

minulis septo medio affixis inserta. Fructus capsularis carnosulus,
calyce coronatus, « inter ejus lobos in valvas 5, placentam nudantes,
ad basin dehiscens ». Semina ∞ , oblonga imbricata albuminosa ;
« embryonis parvi cylindracei cotyledonibus subconnatis ». — Frutex
ramosus glaber ; ramulis teretibus ; foliis[1] oppositis, petiolatis, oblongo-
lanceolatis acuminatis inæquidentatis, exstipulatis ; floribus[2] in cymas
axillares densas subsessiles dispositis, breviter pedicellatis, bracteatis ;
bracteis oblongis obtusis[3]. (*India mont.*[4])

X. PORTLANDIEÆ.

144. Portlandia P. Br. — Flores hermaphroditi, 4, 5-meri ; receptaculo sacciformi obconico, obovoideo v. campanulato, germen
intus adnatum fovente. Calycis lobi 4-6, elongato-subulati v. subfoliacei, marginibus nunc inferne incurvis glanduloso-denticulati, persistentes v. decidui (*Coutarea, Coutaportla*), valvati v. induplicati.
Corolla infundibulari-campanulata v. subclavata ; tubo plerumque
5-gono, recto v. nunc curvo ; limbi recti v. nunc obliqui lobis 4, 5,
rarius 6, margine attenuato imbricatis v. subvalvatis (*Isidorea*) redu-
plicatisve ; fauce glabra. Stamina 4-6, imo tubo corollæ v. altius inserta ; filamentis plerumque nisi ima basi in annulum brevem connata
liberis ; antheris basifixis lineari-elongatis apiculatis v. muticis, introrsis, inclusis v. breviter exsertis. Germen inferum ; loculis 2, completis
v. incompletis ; disco epigyno integro v. 2-lobo ; stylo filiformi, apice
stigmatoso integro, 2-dentato v. breviter 2-lobo. Ovula in loculis ∞ ,
v. pauca, descendentia alia ; alia adscendentia (*Coutaportla*), placentæ
prominulæ septo plus minus late affixæ inserta. Fructus capsularis,
obovoideus v. obconicus, nunc obcordatus, septo contrarie plus minus compressus, septicidus (*Tacourea, Isidorea*) v. loculicidus ; valvis
superne plerumque 2-fidis v. 2-partibilibus. Semina ∞ , v. pauca, compressa v. obtuse angulata ; margine attenuato (*Euportlandia, Isidorea,
Coutaportla*) v. alato-marginato (*Coutarea, Tacourea*) ; albumine carnoso ; embryonis majusculi cotyledonibus ovatis v. suborbiculatis. —
Arbores v. frutices glabri ; foliis oppositis, nunc pungentibus (*Isidorea*),

1. « Amplis ».
2. Majusculis, « purpurascentibus ».
3. An potius *Carlemannia* sectio ?

4. Spec. 1. *S. bracteatus* Hook. f. – *Psychotria*
Wall., *Cat.*, n. 8367. — ? *Neurocalyx* Griff.,
herb. n. 2880.

petiolatis; stipulis interpetiolaribus v. intrapetiolaribus, sæpius acutis; floribus terminalibus axillaribusve, solitariis v. cymosis paucis. (*America utraque trop.*) — *Vid. p.* 331.

145. Bikkia REINW. [1] — Flores (fere *Portlandiæ*) 4, 5-meri; receptaculo subcampanulato v. plus minus longe obconico. Calycis lobi æquales v. inæquales. Corolla clavata v. infundibulari-campanulata, 4, 5-gona; lobis 3-angularibus, reduplicato-valvatis [2]. Stamina totidem, imæ corollæ inserta; antheris elongatis basifixis, inclusis v. exsertis. Germen 4, 5-angulatum, 2-loculare; disco epigyno sæpius lobato; stylo gracili, superne sæpe torto, apice stigmatoso obtuso clavato v. 2-lobo. Ovula in loculis completis v. incompletis ∞, placentarum laminis brevibus v. elongatis revolutis extus v. intra extusque inserta, 2-∞-seriata, adscendentia. Fructus capsularis obovoideus v. clavatus, septicidus; exocarpio [3] ab endocarpio soluto; putaminibus corneis v. pergamentaceis, demum 2-partibilibus. Semina ∞, compressa v. margine alata; embryone majusculo albuminoso. Cætera *Portlandiæ*. — Arbusculæ v. frutices glabri; foliis oppositis, petiolatis, obovatis v. oblongo-lanceolatis coriaceis; nervis remotis v. vix conspicuis; stipulis intrapetiolaribus in vaginam cum petiolis connatis; floribus [4] axillaribus terminalibusve, solitariis v. cymosis paucis. (*Oceania trop. et subtrop.* [5])

146. Moriĕrina VIEILL. [6] — Flores (fere *Bikkiæ*) 5-meri; calycis dentibus acutis remotis. Corolla longe tubuloso-infundibularis coriacea; limbi lobis elongatis, valvatis, recurvis v. revolutis. Stamina imo tubo inserta; filamentis nisi ima basi liberis; antheris subbasifixis longissimis exsertis. Germen 2-loculare; disco crasse conico obtuse lobato carnosulo; stylo gracili subintegro, basi attenuato, superne torto exserto, apice brevissime 2-dentato. Ovula in loculis ∞, placentis

---

1. In *Bl. Bijdr.*, 1017. — DC., *Mém. Omb.*, 10; *Prodr.*, IV, 405. — RICH., *Rub.*, 150. — ENDL., *Gen.*, n. 3257. — B. H., *Gen.*, II, 46, n. 52. — *Cormigonus* RAFIN., in *Ann. gén. sc. phys.*, VI, 83. — *Bikkiopsis* BR. et GR., in *Bull. Soc. bot. Fr.*, XII, 404; in *Ann. sc. nat.*. sér. 5, VI, 254. — *Tatea* SEEM., *Fl. vit.*, 125. — *Grisia* AD. BR., in *Bull. Soc. bot. Fr.*, XII, 405; in *Ann. sc. nat.*, sér. 5, VI, 255; XIII, 400; in *Nouv. Arch. Mus.*, IV, 38, t. 15.

2. Sinubus nunc prominulis.

3. Membranam pericarpii exteriorem pro car-

pellis inepte sumebat DUCHARTRE (*Elém.*, éd. 2, 673), indeque de germinis inferi indole verba absonissima faciebat.

4. Magnis, speciosis, albis, lutescentibus, aurantiacis roseisve.

5. Spec. ad 10. FORST., *Prodr.*, n. 86 (*Portlandia*). — W., *Spec.*, I, 935 (*Portlandia*). — SPRENG., *Syst.*, I, 416 (*Hoffmannia*). — MIQ., *Fl. ind.-bat.*, II, 156.—A. GRAY, in *Proc. Amer. Acad.*, IV, 307.

6. In *Bull. Soc. Linn. Normand.* (1865). — B. H., *Gen.*, II, 47, n. 53.

2-lamellatis inserta, 2-seriata, transverse compressa superpositaque. Fructus capsularis clavatus; exocarpio demum ab endocarpio soluto. Semina ∞, orbicularia compressa subtransversa reticulata, margine crasse alata, albuminosa. — Frutices glabri; foliis oppositis obovato-lanceolatis coriaceis subaveniis petiolatis; stipulis brevibus cum petiolis in vaginam connatis; floribus [1] in cymas terminales corymbiformes dispositis, minute bracteatis [2]. (*Nova-Caledonia* [3].)

147. Condaminea DC. [4] — Flores hermaphroditi; receptaculo subcampanulato. Calyx gamophyllus, late tubulosus v. campanulatus, inæquali 2-6-dentatus lobatusve, coriaceus, basi circumscisse deciduus. Corolla infundibulari-campanulata coriacea; fauce villosa; limbi lobis 5, 6, apice incrassatis, valvatis, recurvis. Stamina 5, 6, tubo inserta; filamentis crassis; antheris dorsifixis oblongis introrsis exsertis. Germen 2-loculare; disco epigyno orbiculari-depresso; styli exserti nunc subclavati ramis undique papilloso-stigmatosis recurvis. Ovula ∞, placentæ longitudinali prominulæ inserta. Fructus capsularis turbinatus coriaceus, apice areolatus, ab apice loculicidus; valvis demum recurvis. Semina ∞, parva subtransversa cuneata; testa laxe reticulata; embryonis clavati cotyledonibus plano-convexis; radicula obtusa; albumine carnoso. — Arbusculæ v. frutices; ramis compressis; foliis oppositis (amplis), petiolatis, oblongis acuminatis, basi plerumque cordatis, coriaceis nervosis; stipulis intrapetiolaribus magnis chartaceis venosis, 2-partitis; floribus [5] in cymas longe pedunculatas composito-3-paras dispositis, ebracteolatis; pedicellis crassis. (*America trop. austr.* [6])

148. Rustia KL. [7] — Flores 5-meri (fere *Condamineæ*); receptaculo obconico v. campanulato. Calyx cupularis brevis, dentatus lobatusve, nunc subinteger. Corollæ infundibulari-campanulatæ lobi 5, glabri v. tomentosi, valvati, recurvi v. patentes; fauce glabra v. villosa. Stamina sub fauce inserta; filamentis subulatis v. 3-angularibus, basi sæpe barbatis; antheris basifixis, sæpe 4-gonis, elongatis, poricidis v. bre-

1. Magnis, speciosis, albis.
2. Genus *Bikkiæ* (cujus melius forte sectio) proximum.
3. Spec. 1 (v. 2?). AD. BR. et GR., in *Ann. sc. nat.*, sér. 5, VI, 255; XIII, 401.
4. *Prodr.*, IV, 402. — ENDL., *Gen.*, n. 3262. — B. H., *Gen.*, II, 44, n. 47.
5. Magnis, albis, purpurascentibus v. badiis, sæpe speciosis.

6. Spec. ad 4. R. et PAV., *Fl. per. et chil.*, II, t. 188-190 (*Macrocnemum*). — H. B. K., *Nov. gen. et spec.*, III, 399 (*Macrocnemum*). — POEPP. et ENDL., *Nov. gen. et spec.*, III, 30. — WALP., *Rep.*, II, 507.
7. In *Hayn. Arzn.*, XIV, sub t. 14. — B. H., *Gen.*, II, 45, n. 49. — *Tresanthera* KARST., *Fl. colomb.*, 37, t. 19. — *Henlea* KARST., *loc. cit.*, 157, t. 78.

viter rimosis, inclusis v. exsertis. Germen 2-loculare; disco crasso integro v. obtuse lobato; styli crassiusculi clavati obtusi lobis stigmatosis
brevissimis v. vix conspicuis. Ovula ∞, placentis longitudinalibus
∞-seriatim inserta, minuta. Fructus capsularis, clavatus v. oblongo-
obovoideus, loculicidus. Semina ∞, conferta subhorizontalia (minima),
compressa v. marginata; embryone parvo albuminoso. — Arbores
glabræ; foliis oppositis lanceolatis coriaceis, petiolatis; stipulis intrapetiolaribus (magnis) oblongis v. sublanceolatis, caducis; « axillis
glandulosis »; floribus[1] in cymas terminales composito-racemosas
dispositis, bracteolatis. (America trop.[2])

149. **Pinckneya** L.-C. Rich.[3] — Flores 5-meri; receptaculo turbinato. Calyx brevis; lobis v. dentibus 5, valde dissimilibus; minoribus
3, 4, nunc vix conspicuis; majoribus autem 1, 2 (raro 3) in laminam
foliaceam petiolatam coloratam productis. Corolla tubulosa elongata,
intus pilosa villosave, inferne nunc glabra (Pogonopus[4]); limbi lobis 5,
brevibus, valvatis, recurvis, intus glabris (Pogonopus) v. tomentosis.
Stamina 5; filamentis ad medium (Pogonopus) tubi v. ad basin insertis; antheris oblongis introrsis, exsertis, versatilibus. Germen 2-locu-
lare; disco epigyno crassiusculo; styli gracilis exserti ramis 2, linearibus, oblongis, obtusis v. brevissimis. Ovula ∞, placentis 2-lamellatis
inserta. Fructus capsularis obovoideus, subglobosus (Pogonopus) vel
obcordato-sub-2-dymus (Eupinckneya), loculicide 2-valvis; valvis
2-partibilibus. Semina ∞, parva compressa v. subcuneata'; testa crassiuscula nunc laxe reticulata, spongioso-dilatata; embryonis longiusculi cotyledonibus elliptico-ovatis; radicula obtusiuscula. — Arbusculæ v. frutices, glabri v. tomentosi (Eupinckneya); foliis oppositis
(amplis), petiolatis, membranaceis; stipulis interpetiolaribus acutatis,
deciduis v. caducis; floribus[5] in cymas terminales et axillares compositas corymbiformes dispositis, bracteolatis. (America bor. et trop.[6])

150. **Rondeletia** Plum.[7] — Flores 4, 5-meri v. rarius (Steven-

1. Majusculis, speciosis (eos Cinchonarum sæpe nonnihil referentibus).
2. Spec. 5, 6. Walp., Rep., VI, 68.
3. In Michx Fl. bor.-amer., I, 103, t. 13. — Gærtn. F., Fruct.,III, 80, t. 194.— Rich., Rub., 197. — B. H., Gen., II, 47, 1228, n. 54.— Pinknea Pers., Synops., I, 197. — Pinkneya DC., Prodr., IV, 366. — Endl., Gen., n. 3264.
4. Kl., in Mon. Akad. Wiss. Berl. (1853), 500. — B. H., Gen., II, 47, 1228, n. 55.— Howardia

Wedd., in Ann. sc. nat., sér. 4, I, 60, t. 10. — Chrysoxylon Wedd., Hist. nat. Quinq., 100.
5. Corollis roseis, purpureo-maculatis, speciosis; sepalis foliaceis roseis.
6. Spec. 5, 6. Kl., loc. cit. (1859), t. 2 (Howardia). — Oerst., Amer. centr., t. 13. — Chapm., Fl. S. Unit. St., 179. — Hook., in Bot. Mag., t. 5110 (Howardia). — Walp., Ann., V, 124 (Pogonopus), 129 (Howardia).
7. Gen., 15, t. 12. — L., Gen., n. 224 (part.).

sia[1]) 6-8-meri; receptaculo subgloboso v. rarius obovoideo. Calycis lobi lanceolati v. lineares acuti, æquales v. inæquales, persistentes; interpositis nunc denticulis (stipularibus?). Corolla infundibularis v. hypocraterimorpha; tubo plerumque elongato gracili; fauce glabra v. varie villosa, sæpe in annulum glandulosum plus minus prominulum incrassata; limbi lobis obovato-obtusis, imbricatis, patentibus. Stamina loborum numero æqualia, fauci inserta; filamentis brevibus v. brevissimis; antheris inclusis oblongis dorsifixis, introrsum 2-rimosis. Germen 2-loculare; disco epigyno crasso annulari v. depresse conico; styli gracilis lobis stigmatosis 2, brevibus, linearibus v. ellipticis, patulis. Ovula in loculis ∞, placentis crassis nunc subglobosis septo affixis et nunc breviter stipitatis inserta. Fructus capsularis varius, oblongus v. globosus, coriaceus v. chartaceus, loculicidus; valvis 2-partibilibus. Semina ∞, minuta, forma varia, angulata, subcubica v. nunc compressa, marginato-alata fusiformiave; integumento utrinque in acumen producto; embryone parvo albuminoso. — Arbores v. frutices glabri, pubescentes v. arachnoideo-albo-villosuli (*Arachnothryx*[2]); foliis oppositis v. raro verticillatis, sessilibus v. petiolatis, membranaceis v. coriaceis; stipulis interpetiolaribus, simplicibus v. 2-nis (*Rogiera*[3]), nunc minute glanduligeris, deciduis v. persistentibus; floribus[4] in cymas compositas racemosas v. corymbiformes, axillares v. raro terminales, dispositis. (*America trop. utraque*[5].)

151? **Rhachicallis** DC.[6] — Flores *Rondeletiæ*, 4-meri; receptaculi tubo brevi. Calycis persistentis lobi 4, elongati; denticulis minutis interpositis. Corolla hypocraterimorpha; tubo recto v. leviter arcuato; fauce glabra; limbi lobis 4, crassis, imbricatis. Stamina 4, inclusa; filamentis brevibus fauci insertis; antheris dorsifixis oblongis. Germen intus receptaculo inferne adnatum, superne liberum, 2-locu-

— LAMK, *Ill.*, t. 162. — GÆRTN. F., *Fruct.*, III, 38, t. 184. — RICH., *Rub.*, 190. — DC., *Prodr.*, IV, 406 (part.). — ENDL., *Gen.*, n. 3254. — B. H., *Gen.*, II, 224, 1228, n. 58. — *Petesia* P. BR., *Jam.*, 143, t. 2, 3 (part.). — DC., *Prodr.*, IV, 395. — *Lightfootia* SCHREB., *Gen.*, 122 (nec LHÉR.). — *Willdenowia* GMEL., *Syst.*, II, 362 (nec CAV., nec THUNB.).—*Arachnimorpha* DESVX, in *Ham. Prodr.*, 28.

1. POIT., in *Ann. Mus.*, IV, 235, t. 60 (nec NECK.). — GÆRTN. F., *Fruct.*, III, t. 97. — DC., *Prodr.*, IV, 349. — RICH., *Rub.*, 205. — ENDL., *Gen.*, n. 3279. — TURP , in *Dict. sc. nat.*, Atl., t. 101. — GRISEB., *Fl. Brit. W.-Ind.*, 528.

2. PL., in *Fl. des serres*, V, sub t. 442.

3. PL., *loc. cit.*, t. 442.

4. Mediocribus, speciosis, albis, roseis, flavis, coccineis v. rubris, nunc odoratis.

5. Spec. ad 50. JACQ., *Amer.*, t. 42. — VAHL, *Symb.*, III, t. 54. — H. B. K., *Nov. gen. et spec.*, III, t. 290, 291. — GRISEB., *Fl. Brit. W.-Ind.*, 325; *Cat. pl. cub.*, 127. — HEMSL., *Diagn. pl. mex.*, 25.—KARST., *Fl. colomb.*, t. 96.—LINDL., in *Bot. Reg.*, t. 1905. — *Bot. Mag.*, t. 3953, 3977, 4579, 5069, 6290. — WALP., *Rep.*, II, 505, 943; VI, 59; *Ann.*, I, 377; V, 117.

6. *Prodr.*, IV, 434, n. 2 (excl. 1, 3). — B. H., *Gen.*, II, 49, n. 59.

lare; disco epigyno tenui, albo-sericeo; styli ramis stigmatosis 2, recurvis obtusiusculis. Ovula ∞, v. pauca, placentæ pateriformi septo peltatim affixæ inserta. Capsula oblonga, semi-supera, septicida. Semina ∞, angulata foveolata, albuminosa (?). — Fruticulus [1] humilis ramosus incanus; foliis oppositis (parvis), carnosulis, imbricatim confertis; stipulis cum petiolis in vaginam coriaceam superne ciliatam connatis; floribus [2] axillaribus solitariis subsessilibus, vaginæ ex parte immersis; bracteis 2, lateralibus, calycis laciniis similibus [3]. (*Antillæ* [4].)

152. **Bathysa** PRESL[5]. — Flores hermaphroditi v. polygami; receptaculo obovoideo. Calyx brevis cupularis, 4, 5-dentatus, persistens v. deciduus. Corollæ infundibularis tubus brevis; fauce villosa; lobis 4, 5, oblongis, imbricatis. Stamina totidem, ori corollæ inserta; filamentis subulatis elongatis, glabris (*Voightia*[6]) v. barbatis (*Schœnleinia*[7]); antheris brevibus dorsifixis exsertis, introrsum 2-rimosis; connectivo nunc dorso incrassato. Germen inferum, 2-loculare; disco epigyno annulari v. 2-lobo; stylo crasso, ad basin attenuato; ramis 2 stigmatosis brevibus. Ovula ∞, placentæ septo adnatæ inserta. Fructus capsularis (parvus) obovoideo-truncatus, ab apice septicidus; valvis superne 2-fidis. Semina ∞, placentis demum liberis inserta, parva compressa v. angulata reticulata, anguste nunc marginata; embryone parvo clavato, albuminoso. — Arbores v. frutices, glabri v. sæpius tomentosi[8]; foliis oppositis, petiolatis, ovatis v. lanceolatis; stipulis interpetiolaribus variis, deciduis; floribus[9] in ramis brachiatis racemi compositi terminalis sessilibus v. vix pedicellatis, solitariis v. glomerulatis. (*Brasilia*[10].)

153. **Wendlandia** BARTL.[11] — Flores[12] hermaphroditi v. polygami (fere *Rondeletiæ*); receptaculo parvo subgloboso. Calycis lobi 4, 5,

1. Habitu *Passerinæ*.
2. Parvis, flavis, sericeis.
3. An melius sectio *Rondeletiæ*, adspectu ob stationem singulari germineque haud omnino infero, mediante *R. phyllanthoide* GRISEB. cui fructus omnino inferus et semina utrinque acutata data?
4. Spec. 1. *R. rupestris* DC. — GRISEB., *Fl. Brit. IV.-Ind.*, 330. — *Hedyotis rupestris* SW., *Prodr.*, 29. — H. B. K., *Nov. gen. et spec.*, III, 391. — *H. americana* JACQ., *Amer.*, 20.
5. *Bot. Bem.*, 84. — B. H., *Gen.*, II, 49, n. 60.
6. KL., in *Hayn. Arzn.*, XIV, sub t. 15 (nec ROTH, nec SPRENG.).

7. KL., *loc. cit.*
8. Folia, calyces, bracteæ fructusque tomento eodem induti.
9. Parvis, indecoris.
10. Spec. 5, 6. A. S.-H., *Pl. us. bras.*, t. 3, A, B (*Exostema*). — VELL., *Fl. flum.*, 63, Ad., II, t. 17 (*Coffea*). — RICH., *Rub.*, 200, 201 (*Macrocnemum*). — WALP., *Rep.*, VI, 59, 69 (*Voightia*), 70 (*Schœnleinia*)
11. Ex DC., *Prodr.*, IV, 411 (part., nec W.).— ENDL., *Gen.*, n. 3252. — B. H., *Gen.*, II, 50, n. 62. — *Rhombospora* MIQ., *Fl. ind.-bat.*, II, 345. — *Sestinia* BOISS. et HOREN., in *Kotsch. pl. exs.*, n. 571.
12. Sæpe 2-morphi.

æquales v. inæquales, elongati v. subulati. Corollæ infundibularis
v. hypocraterimorphæ tubus angustus, intus parce pilosus, brevis
longusve; fauce glabra pilosave; limbi lobis 4, 5, oblongis obtusis, imbricatis, v. raro tortis, demum patentibus. Stamina 5, fauci inserta;
filamentis longis, brevibus v. subnullis; antheris parvis dorsifixis versatilibus, introrsum rimosis, inclusis v. exsertis. Germen 2-loculare[1];
stylo gracili, apice stigmatoso dilatato, ovoideo v. subpiriformi, subintegro, 2-dentato v. 2-lobo. Ovula ∞, placentæ subglobosæ septo
affixæ inserta. Fructus capsularis subglobosus, loculicidus v. septicidus.
Semina ∞, compressa reticulata, albuminosa, nunc anguste alata.
Cætera *Rondeletiæ*[2].—Arbusculæ v. frutices; foliis oppositis v. 3-natis,
petiolatis v. sessilibus, ovatis v. oblongis; stipulis interpetiolaribus
v. intrapetiolaribus, integris, nunc foliaceis, v. 2-lobis, deciduis v. persistentibus; floribus[3] in racemos terminales valde ramosos glomeruligeros dispositis, 1-3-bracteolatis. (*Asia calid.*[4])

154? **Chalepophyllum** HOOK. F.[5] — Flores 5-meri; receptaculo
longe obovoideo. Calycis lobi 5, inæquales oblongo-subspathulati obtusi
coriacei, persistentes. Corollæ infundibularis faux villosa; limbi lobis 5,
oblongis obtusis, margine attenuatis, imbricatis v. tortis (?). Stamina
fauci inserta; filamentis subulatis; antheris lineari-acutis, ad basin
dorsifixis, inclusis; connectivo dorso incrassato. Germen 2-loculare;
disco epigyno crasso; styli gracilis ramis 2, stigmatosis brevibus.
Ovula ∞, placentis medio septo adnatis inserta. Fructus « capsularis,
calyce coronatus, crustaceus, septicide 2-valvis. Semina ∞, angulata
compressiuscula subalata reticulata »; embryone...? — Fruticulus
rigidus; ramulis puberulis, apice resinosis; foliis oppositis, petiolatis
elliptico-obovatis coriaceis subtus fusco-tomentellis, nervatis crasseque
reticulatis; stipulis interpetiolaribus brevibus, persistentibus; floribus
axillaribus solitariis; pedunculo brevi, 2-bracteolato[6]. (*Guiana*[7].)

155. **Augusta** POHL[8]. — Flores 5-meri; receptaculo plus minus

1. Raro 3-loculare.
2. Cui genus proximum.
3. Parvis, flavis, albis v. roseis.
4. Spec. ad 12. ROXB., *Fl. ind.*, II, 133, 140,
141, 142 (*Rondeletia*). — BL., *Bijdr.*, 974 (*Rondeletia*). — DON, *Prodr. Fl. nepal.*, 138 (*Rondeletia*). — WIGHT et ARN., *Prodr.*, I, 402. —
WIGHT, *Icon.*, t. 1033. — MIQ., *Fl. ind.-bat.*, II,
157, 345; in *Ann. Mus. lugd-bat.*, IV, 221. —
BEDD., *Fl. sylv.*, t. 224, CXXX. — KURZ, *For. Fl.
brit. Burm.*, II, 73. — THW., *Enum. pl. Zeyl.*,

159. — BOISS., *Fl. or.*, III, 10. — WALP., *Rep.*,
II, 504; VI, 58.
5. *Icon.*, t. 1148. — B. H., *Gen.*, II, 50, n. 63.
6. Genus, ut videtur, *Rondeletiæ* proximum,
adspectu imprimis diversum.
7. Spec. 1. *C. guianense* HOOK. F., *loc. cit.*
8. *Pl. bras. Icon.*, II, 1, t 101-105 (nec
LEANDR.). — B. H., *Gen.*, II, 51, n. 66. — *Au-
gustea* DC., *Prodr.*, IV, 404. — *Schreibersia*
POHL, in *Flora* (1825), 183 (nec *Schreibera*
RETZ.) — ENDL., *Gen.*, n. 3259.

longe obovoideo, costato v. angulato; calycis lobis subulatis, persistentibus. Corolla longe infundibularis; tubo recto v. sæpius curvo, intus
glabro; limbi lobis 5, tortis, patentibus. Stamina 5; antheris subsessilibus dorsifixis oblongis, exsertis. Germen 2-loculare; disco epigyno
annulari; styli tenuis apice incrassati lobis 2 ovato-obtusis. Ovula ∞,
placentis septo longitudinaliter adnatis inserta. Fructus capsularis
oblongo-cylindricus, loculicidus; valvis 2-partibilibus; exocarpio ab
endocarpio duro solubili. Semina ∞, placentis crassis foveolatis inserta, angulata, albuminosa. — Arbores v. frutices glabri; foliis oppositis
oblongo-lanceolatis coriaceis; stipulis in vaginam intrapetiolarem
connatis, deciduis; floribus[1] in cymas axillares et subterminales, 3-flo-
ras, dispositis; pedicellis bracteolatis. (*Brasilia calid.*[2])

156. Lindenia BENTH.[3] — Flores 5-meri; receptaculo obconico,
angulato v. costato. Sepala 5, sublibera, lanceolata v. subulata. Corolla
longe hypocraterimorpha; tubo gracili valde elongato; fauce glabra;
limbi lobis oblongis, contortis, ¦patentibus. Stamina fauci inserta;
antheris subsessilibus oblongis, introrsum 2-rimosis, exsertis. Germen
2-loculare; disco epigyno orbiculari vix conspicuo; styli gracilis superne
subclavati lobis 2, intus stigmatoso-papillosis. Ovula ∞, placentis
breviter stipitatis elongatis septo affixis inserta. Fructus capsularis clavatus, sepalis coronatus, septicidus; exocarpio ab endocarpio soluto;
valvis margine placentiferis. Semina ∞, inæquali-angulata, albuminosa.
— Frutices glabri v. pubescentes; foliis oppositis, lanceolatis; petiolo
brevi; stipulis intrapetiolaribus subfoliaceis, oblongis v. lanceolatis,
nunc cuspidatis, liberis, persistentibus, v. in vaginam connatis; floribus[4] in cymas terminales breves paucifloras dispositis; pedicellis bracteolatis. (*Mexicum, ins. Viti, Nova-Caledonia*[5].)

157. Elæagia WEDD.[6] — Flores hermaphroditi; receptaculo parvo
hemisphærico v. breviter obconico. Calyx cupularis gamophyllus, persistens; lobis brevibus obtusis. Corolla brevissime infundibularis

1. Eos *Gardeniarum* referentibus; tubo longius obconico; speciosis, coccineis v. purpureis. *Exostema* quoque, ut videtur, valde affine.
2. Spec. 3, 4. SPRENG., *Syst.*, 1, 761, ex CHAM. et SCHLCHTL, in *Linnæa* (1819), 181 (*Ucriana*).
3. *Pl. Hartweg.*, 84, 351. — ENDL., *Gen.*, n. 3259¹ (Suppl., III, 53). — B. H., *Gen.*, II, 51, n. 64. — *Siphonia* BENTH., *loc. cit.* (nec RICH.).
4. Longis, speciosis, albis, fere *Exostematis*, at corolla haud imbricata.
5. Spec. 2. HOOK., *Icon.*, t. 475, 476; in *Bot. Mag.*, t. 5258. — SEEM., *Fl. vit.*, t. 24. — AD. BR., in *Bull. Soc. bot. Fr.*, XII, 407; in *Ann. sc. nat.*, sér. 5, VI, 258.
6. *Hist. nat. Quinq.*, 94, not. — B. H., *Gen.*, II, 50, n. 61.

v. subrotata ; fauce villosa ; lobis recurvis, contortis. Stamina 5, tubo inserta, exserta ; filamentis sub medio intus geniculato-appendiculatis ibique dense lanuginosis ; antheris dorsifixis ovatis, introrsum 2-rimosis. Germen inferum, 2-loculare, disco depresso coronatum ; stylo ad apicem incrassato ibique in ramos 2, breves, obtusos stigmatiferos, diviso. Ovula ∞ , placentæ crassæ subpeltatæ inserta. Fructus capsularis, loculicidus; valvis demum 2-fidis. Semina ∞ , placentis crassis foveolatis inserta, inæquali-elongata v. angulata, compressa; integumento exteriore celluloso subalato ; embryone…? — Arbores excelsæ glabræ resiniflux; foliis oppositis, petiolatis oblongo-ovatis v. subovatis, magnis coriaceis penninerviis; stipulis intrapetiolaribus crassis connatis v. liberis obtusis; floribus [1] in spicas v. racemos terminales valde ramoso-compositos dispositis, sessilibus v. breviter pedicellatis, minute bracteatis. (*Peruvia, Nova-Granada* [2].)

158. **Greenea** W. et ARN. [3] — Flores 4, 5-meri; receptaculo subgloboso. Calycis lobi breves acuti, persistentes. Corolla infundibularis; tubo longo, intus glabro; limbi lobis ovatis, tortis. Stamina 4, 5, fauci inserta ; filamentis brevibus; antheris dorsifixis exsertis; loculis introrsis exsertis, basi et apice liberis. Germen 2-loculare [4]; disco tenui v. 0 ; styli gracilis ramis 2, intus stigmatosis, recurvis v. revolutis. Ovula ∞ , placentæ septo peltatim affixæ subhemisphæricæ inserta. Fructus capsularis subglobosus (parvus), septicidus; valvis 2-partibilibus; exocarpio ab endocarpio soluto. Semina ∞ , placentis liberis inserta, angulata v. arcuata compressiuscula reticulata. anguste nunc alata, albuminosa. Frutices (nunc scandentes?) glabri v. pubescentes; foliis oppositis v. ternatis, lanceolatis, longe petiolatis; stipulis interpetiolaribus variis; floribus [5] in racemos cymiferos dispositis, sæpe 1-lateralibus subsessilibus, ebracteolatis [6]. (*Asia et Oceania trop.* [7])

159. **Deppea** CHAM. et SCHLCHTL. [8] — Flores 4-meri; receptaculo turbinato. Calyx brevis, 4-dentatus, persistens; dentibus æqualibus

1. Parvis, indecoris.
2. Spec. 2. WALP., *Ann.*, II, 777.
3. *Prodr.*, I, 403. — ENDL., *Gen.*, n. 3251 (*Greenia*). — B. H., *Gen.*, II, 51 (*Greenia*), 1228, n. 67. — *Rhombospora* KORTH., in *Ned. Kruidk. Arch.*, II, 114.
4. Raro 3-loculare.
5. Parvis, albis, sericeis.
6. *G. latifolia* BL. (nobis e specimine valde manco solum nota) est, ut videtur, *Guettarda.*

7. Spec. 1. 5. WALL., in *Roxb. Fl. ind*, II, 140 (*Rondeletia*). — DC., *Prodr.*, IV, 412, n. 13 (*Wendlandia*). — WIGHT, *Icon.*, t. 1161. — MIQ., *Fl. ind.-bat.*, II, 156 (part.); in *Ann. Mus. lugd.-bat.*, IV, 222 (*Rhombospora*). — WALP., *Rep.*, II, 504.
8. In *Linnæa*, V, 167; XIX, 747. — DC., *Prodr.*, IV, 618. — ENDL., *Atakt.*, 25, t. 24; *Gen.*, n. 3136. — B. H, *Gen.*, II, 52, n. 68. — *Choristes* BENTH., *Pl. Hartweg.*, 63.

v. inæqualibus. Corolla breviter infundibularis v. subrotata; tubo brevi v. longiusculo; fauce glabra; limbi lobis 4, sæpius acutis, tortis [1], demum patentibus. Stamina 4, fauci inserta; filamentis brevibus; antheris ad basin dorsifixis, oblongis v. subsagittatis, apice obtusis v. acutatis; loculis introrsis, basi liberis, rimosis. Germen 2-loculare; disco orbiculari v. subcupulari; stylo gracili v. subulato, apice stigmatoso subintegro, brevissime 2-lobo, v. 2-lineari-ramoso. Ovula ∞, placentæ oblongæ ad medium septum peltatim affixæ inserta. Fructus capsularis, turbinatus v. obovoideus, coriaceus v. pergamentaceus, vertice loculicidus; valvis 2, fissis. Semina ∞, placentis crassis solutis inserta, globosa v. angulata, granulata v. reticulata, albuminosa.—Frutices glabri v. pubescentes, graciles, ramosi; foliis petiolatis, oppositis, ovatis v. lanceolatis, membranaceis venosis; stipulis interpetiolaribus, deciduis; floribus [2] axillaribus in cymas umbelliformes laxe dispositis, sæpe paucis, sæpius cernuis v. nutantibus; pedicellis gracilibus, ebracteolatis [3]. (*Mexicum* [4].)

160. **Sipanea** Aubl. [5] — Flores 5-meri; receptaculo ovoideo v. obconico. Calycis lobi 5, lanceolati (*Limnosipania* [6]), elongato-subulati filiformesve (*Eusipanea*), persistentes, basi intus nunc glanduligeri. Corolla infundibularis v. hypocraterimorpha; tubo gracili longiusculo; fauce varie pilosa v. glabra, nunc dilatata; limbi lobis 5, ovato-oblongis, tortis, demum patentibus. Stamina fauci inserta; filamentis brevibus v. elongatis gracillimis; antheris oblongis v. linearibus dorsifixis, inclusis (*Eusipanea*) v. exsertis (*Limnosipania*). Germen 2-loculare; disco orbiculari v. conico, nunc minimo; styli gracilis ramis 2, linearibus stigmatosis. Ovula ∞, placentis septo peltatim affixis inserta. Fructus capsularis, ovoideus v. subglobosus, loculicidus. Semina ∞, placentis crassis inserta, minuta horizontalia angulata, reticulata v. foveolata, albuminosa.—Herbæ annuæ v. perennes, nunc aquaticæ v. limosæ radicantes; foliis oppositis (*Eusipanea*) v. 3-∞-natis, glabris, setosis v. hispidulis, ovatis, oblongis v. lanceolatis; stipulis lineari-elongatis, persistentibus v. 0 [7]; floribus [8] in cymas terminales v. axil-

1. Margine dextro loborum (ab exteriore viso) obtegente.

2. Parvis, albis.

3. Genus inter *Rubiaceas* multiovulatas *Chiococcum* nonnihil referens.

4. Spec. 7, 8. Hemsl., *Diagn. pl. nov. mex.*, 31. — Walp., *Ann*, I, 371.

5. *Guian.*, I, 147, t. 56. — Poir., *Dict.*, VII, 199. — Lamk, *Ill.*, t. 151. — Pers., *Syn.*, I, 205.

— Rich., *Rub.*, 195. — DC., *Prodr.*, IV, 414. — Endl., *Gen.*, n. 3248. — B. H., *Gen.*, II, 52, n. 70. — *Virecta* L. f., *Suppl.*, 17. — Gærtn. f., *Fruct.*, III, 31, t. 184. — J., in *Mém. Mus.*, VI. 385.

6. Hook. f., *Icon.*, t. 1050. — B. H., *Gen.*, II, 53, n. 71.

7. An stipulæ tunc foliis (ut in *Stellatis*) æquales?

8. Parvis, albis v. roseis.

lares corymbiformes dispositis, bracteatis sæpeque bracteolatis. (*America trop.*[1])

XI. CINCHONEÆ.

161. Cinchona L. — Flores hermaphroditi regulares; receptaculo turbinato, germen intus adnatum fovente. Calyx brevis, sæpius 5-dentatus, persistens. Corolla hypocraterimorpha, sæpius pubescens; tubo recto, superne leviter dilatato, aut tereti, aut obtuse 5-gono; angulis (staminibus oppositis) inferne nunc longitudinaliter fissis; fauce glabra v. varie pilosa; limbi lobis 5, valvatis, demum patulis, marginibus fimbriato-pilosis. Stamina 5, tubo corollæ ad dilatationem inserta (2-morpha); filamentis brevibus v. longiusculis; antheris oblongis ad basin dorsifixis, inclusis v. ex parte exsertis; loculis 2, introrsum rimosis. Germen inferum, 2-loculare; disco epigyno orbiculari pulvinari; styli erecti (brevis v. longiusculi) ramis 2, inclusis v. exsertis, obtusiusculis, intus stigmatoso-papillosis. Ovula ∞, adscendentia, placentæ axili septo longitudinaliter adnatæ inserta. Fructus capsularis ovoideus, oblongo-ovoideus v. subcylindricus, longitudinaliter ad septum 2-sulcus, calyce coronatus, septicide a basi 2-valvis; pedicello et 2-fisso; valvis margine intus attenuatis dehiscentibus. Semina ∞, adscendentia, peltata, placentarum angulato-alatarum foveolis inserta, adscendentia; integumento in alam latam membranaceam ovatam v. longe ellipticam inæquali-laceram reticulatam dilatato; albumine carnoso; embryonis axilis recti radicula tereti infera; cotyledonibus suborbiculatis v. ovatis. — Arbores v. frutices (sempervirentes); cortice amaro; ramulis oppositis teretibus v. obtuse 4-gonis; foliis oppositis, petiolatis integris penninerviis, nunc ad axillas nervorum subtus foveolatis, membranaceis v. subcoriaceis; stipulis interpetiolaribus, basi intus glanduligeris, deciduis; floribus in racemos terminales brachiatos composito-cymigeros dispositis. (*America austr. bor. andin.*) — *Vid. p.* 337.

162. **Cascarilla** WEDD.[2] — Flores[3] *Cinchonæ;* corollæ lobis 5, 6,

1. Spec. ad 12. H. B. K., *Nov. gen. et spec.*, III, 397. — ENDL., *Atakt.*, 7, t. 7. — GRISEB., *Fl. Brit. W.-Ind.*, 329. — SEEM., *Her. Bot.*, 136. — WALP., *Rep.*, II, 503; VI, 58.

2. In *Ann. sc. nat.*, sér. 3, X, 10; *Hist. nat. Quinq.*, 77, t. 23-25. — TRI., *Nouv. Et. Quinq.*, 24, 69. — B. H., *Gen.*, II, 32, n. 10. — *Ladenbergia* KL., in *Hayn. Arzn. Gew.*, XIV, not., t. 15 (part.). — *Buena* WEDD., in *Journ. Linn. Soc.*, XI, 185; in *H. Bn Dict. bot.*, I, 513.

3. Parvis, albis, odoris et nonnunquam, ut in *Cinchona*, 2-morphis.

marginibus et intus papillosis. Stamina infra medium tubi inserta cæteraque *Cinchonæ*. Fructus capsularis, oblongus, subcylindricus v. clavatus, septicide ab apice ad basin 2-valvis; seminibus *Cinchonæ*. — Arbores v. frutices (sempervirentes); foliis oppositis v. 3, 4-natis inflorescentiisque *Cinchonæ*[1]. (*America austr. trop. et andin.*[2])

163. Remijia DC.[3] — Flores (fere *Cinchonæ*) 5-meri; calyce ampliato. Corollæ lobi acuti v. acuminati crassi, valvati. Stamina inclusa. Discus orbicularis v. cupularis. Capsula cylindracea, ovoidea v. subglobosa, ab apice septicida; seminibus alatis cæterisque *Cinchonæ*. — Arbusculæ v. frutices graciles; caule sæpe simplici; foliis oppositis v. 3-natis, petiolatis; stipulis intrapetiolaribus, nunc magnis; floribus[4] in racemos axillares interrupte laxeque cymigeros, plerumque longe pedunculatos, dispositis[5]. (*America trop.*[6])

164. Ladenbergia KL.[7] — Flores 5-meri; receptaculo oblongo v. tubuloso. Calyx cupularis, 5-dentatus. Corollæ hypocraterimorphæ tubus elongatus; fauce glabra; limbi lobis 5, obovatis v. obcordatis, valvatis induplicatis v. reduplicatis, coriaceis, ad marginem attenuatis ibique undulatis v. lobatis. Stamina 5, tubo inserta; antheris elongatis dorsifixis. Germen 2-loculare; disco orbiculari; stylo subulato, apice acutato oblique stigmatoso-2-lobo. Ovula ∞, placentæ subcylindricæ septo adnatæ inserta. Fructus capsularis subcylindricus v. longe clavatus, nunc tortus, ab apice ad basin septicidus; valvis 2, apice 2-fidis. Semina ∞, imbricata, peltatim inserta, utrinque in alam elongatam, superne integram acutam, inferne 2-furcatam, producta, albuminosa.

1. Cujus potius (?) sectio, ut jam censebat BRIGNOLI (*Man. piant. nuov.*, in *Mem. Soc. ital. Moden.*, ser. 2, I, 52).

2. Spec. ad 25. LAMB., *Ill. Cinch.*, t. 3 (*Cinchona*). — R. et PAV., *Fl. per.*, t. 196, 225. — H. B., *Pl. æquin.*, t. 39. — POHL, *Pl. bras. Icon.*, t. 8 (*Buena*). — ENDL., *Iconogr.*, t. 90 (*Cosmibuena*). — KARST., *Fl. colomb.*, t. 6, 7, 21, 41, 65 (*Cinchona*). — WALP., *Ann.*, II, 785.

3. In *Biblioth. univ. Geneve* (1829), II, 185; *Prodr.*, IV, 357. — ENDL., *Gen.*, n. 3273. — B. H., *Gen.*, II, 33, n. 11. — *Macrocnemum* VELLOZ., in *Vandell. Fl. lusit. et bras.*, 14 (nec -P. BR.).

4. Parvis v. mediocribus, sericeis, albis v. roseis, odoris.

5. *Cinchonæ* sect., ex BRIGNOLI. An hujus gen. sectio *Pimentelia* (WEDD., *Et. Quinq.*, 94, t. 27 B. — B. H., *Gen.*, II, 33, n. 12; — WALP., *Ann.*,

II, 789), cui calyx ampliatus, corolla intus villosa, capsula brevis et flores in axi axillari glomerati? Flores haud visi et fructus, parvus licet, videtur ei *Remijiæ* conformis, septicide ab apice ad basin 2-valvis. *Stilpnophyllum* HOOK. F. (*Icon.*, t. 1147; *Gen.*, II, 33, n. 13), quod *Elæagia lineata* SPRUCE (herb., n. 4568), est quoque (?) gen. hujus sectio, calyce brevi dentatus; antheris dorsifixis, « exsertis »; styli lobis crassis, intus margineque papillosis; foliis (*Lauri*) acuminatis coriaceis. Analogus quoque *Chimarrhis*, cujus corolla haud valvata.

6. Spec. 12-15. A. S.-H., *Pl. us. bras.*, t. 2 (*Cinchona*). — KARST., *Fl. colomb.*, t. 7, 35 (*Cinchona*). — WALP., *Rep.*, II, 509; *Ann.*, II, 781.

7. In *Hayn. Arzn Gew.*, XIV, not., t. 15 (part.). — B. H., *Gen.*, II, 34, n. 16. — *Joosia* KARST., *Fl. colomb.*, 9, t. 5.

Arbores [1] puberulæ; foliis oppositis, obovato-lanceolatis acuminatis, petiolatis; stipulis interpetiolaribus sericeis et intus lineari-glandulosis; floribus [2] in racemos composito-cymigeros dispositis, sæpius secundis, sessilibus, ebracteolatis. (*Colombia, Peruvia* [3].)

165. **Macrocnemum** P. Br. [4] — Flores [5] 5-meri; receptaculo oblongo. Calyx cupularis; dentibus 5, nunc æqualibus, ex parte foliaceis, persistentibus. Corollæ infundibularis v. hypocraterimorphæ tubus longiusculus [6]; limbi lobis 5, valvatis v. reduplicatis, intus et ad margines pilosis, demum patentibus. Stamina tubo inserta; filamentis inæqualibus v. subæqualibus, inferne v. ad medium barbatis; antheris brevibus dorsifixis introrsis, inclusis. Germen 2-loculare; disco epigyno crasso; styli gracilis ramis stigmatosis oblongis v. ellipsoideis compressiusculis. Ovula ∞, placentæ septo adnatæ inserta. Fructus capsularis, oblongus, subclavatus v. subcylindricus, 2-sulcus, loculicidus. Semina ∞, septo integro v. fisso inserta, imbricata, utrinque in alam angustam integram producta, albuminosa. — Arbores v. frutices; foliis oppositis, petiolatis; stipulis interpetiolaribus, deciduis; floribus [7] in racemos terminales axillaresque composito-cymigeros dispositis; pedicellis bracteolatis. (*America trop. cont. et antillana* [8].)

166. **Hymenopogon** Wall. [9] — Flores [10] 5-meri; receptaculo longe obovoideo. Calycis lobi longe subulati, nunc subinæquales. Corollæ hypocraterimorphæ tubus longiusculus; fauce retrorsum villosa; limbi lobis 5, brevibus, valvatis, demum patentibus, medio intus barbatis. Stamina 5, sub fauce inserta; filamentis brevibus; antheris angustis dorsifixis introrsis inclusis; loculis rimosis, basi liberis. Germen 2-loculare; disco orbiculari, ciliato; styli gracilis ramis 2, longe linearibus, undique ad medium stigmatoso-papillosis. Ovula ∞, placentis subpeltatis inserta, fusiformia. Fructus capsularis coriaceus bre-

---

1. Cortice amaro.
2. Parvis, « cinereis ».
3. Spec. 1, 2. R. et Pav., *Fl. per.*, II, t. 107 (*Cinchona*). — Walp., *Ann.*, II, 788.
4. *Jan.*, 165 (nec. *abor.*). — L., *Amœn.*, V, 413. — J., in *Mém. Mus.*, VI, 386 (part.). — B. H., *Gen.*, II, 35, n. 17. — *Lasionema* Don, in *Trans. Linn. Soc.*, XVII, 141. — Endl., *Gen.*, n. 3272.
5. Nonnihil *Cinchonæ*.
6. Ante stamina nunc longitudinaliter fissus.
7. Mediocribus, albis v. roseis.
8. Spec. 7, 8. R. et Pav., *Fl. per.*, II, t. 199

(*Cinchona*). — H. B., *Pl. æquin.*, t. 19 (*Cinchona*). — Wedd., *Et. Quinq.*, 97, t. 27 (*Lasionema*); in *Ann. sc. nat.*, sér. 4, I, 75. — Griseb., *Fl. brit. W.-Ind.*, 322. — Walp., *Ann.*, V, 119. [Hujus generis est (ex Tri.) *Cinchona dissitiflora* Mut. Ad *Cinchonam* quoque a Brignoli, mem. cit. (in *Mem. Soc. ital. Moden.*, ser. 2, I, 52) hocce genus refertur.]
9. In Roxb. *Fl. ind.* (ed. Car.), II, 156; *Pl. as. rar.*, t. 22 (nec. P. Beauv.). — Rich., *Rub.*, 202. — DC., *Prodr.*, IV, 351. — Endl., *Gen.*, n. 3276. — B. H., *Gen.*, II, 34, n. 15.
10. Nonnihil *Cinchonæ*.

viter clavatus, calyce coronatus, 2-sulcus, vertice conico septicidus
loculicidusque; segmentis 4, obcuneatis. Semina ∞ , imbricata, utrinque caudato-alata; albumine carnoso; embryone minuto. — Frutex
epiphyllus; foliis oppositis, oblongo-lanceolatis membranaceis, deciduis,
petiolatis; stipulis interpetiolaribus late ovato-acutis, ad axillas glandu-
loso-ciliatis, persistentibus; floribus [1] in cymas corymbiformes· dispositis; bracteis inflorescentiæ nonnullis in laminam foliiformem[2] petiolatam mutatis. (*India mont.* [3])

167. **Hymenodictyon** WALL. [4] — Flores 5, 6-meri; receptaculo
breviter ovoideo. Calycis lobi profundi, ovati v. longe subulati, decidui.
Corollæ infundibularis v. campanulatæ tubus teres angustus, intus
glaber; limbi lobis 5, 6, valvatis v. reduplicatis. Stamina sub fauce
inserta; filamentis brevibus; antheris introrsis, nunc apiculatis; connectivo sæpe dilatato. Germen 2-loculare; disco orbiculari; stylo gracili,
longe exserto, apice stigmatoso ovoideo v. breviter fusiformi, subintegro v. obscure 2-lobo. Ovula ∞ , placentis septo adnatis inserta, adscendentia. Fructus capsularis, subteres v. oblongus, superne sæpius obtu-
sus, loculicidus; valvis 2, a placentis demum liberis. Semina ∞ ,
adscendentia, utrinque dilatata in alam late ovatam, subintegram
v. margine laceram, inferne 2-lobam; albumine carnoso; embryonis
inversi cotyledonibus planis ovatis v. suborbicularibus ; radicula infera
tereti v. clavata. — Arbores v. frutices; cortice amaro; ramulis nunc
tortuosis; foliis oppositis, petiolatis, glabris v. puberulis, deciduis; stipulis interpetiolaribus glanduloso-serratis, deciduis; floribus[5] in racemum terminalem v. axillarem nutantem nunc spiciformem composito-
cymiferum dispositis; bracteis 1, 2, foliiformibus, petiolatis, reticulatis,
marcescentibus. (*Asia et Africa trop.*, *Madagascaria* [6].)

168. **Corynanthe** WELW. [7] — Flores 5-meri; receptaculo breviter
ovoideo. Calycis lobi lanceolati. Corollæ [8] infundibularis tubus teres;

1. Majusculis, albis.
2. Albam, reticulatam.
3. Spec. 2. MIQ., *Fl. ind.-bat.*, II, 154. —
KURZ, *For. Fl. brit. Burm.*, II, 72.
4. In Roxb. *Fl. ind.* (ed. CAR.), II, 148 ;
Tent. Fl. nepal., I, 31, t. 22 ; *Pl. as. rar.*,
t. 188. — DC., *Prodr.*, IV, 358. — ENDL., *Gen.*,
n. 3270. — B. H., *Gen.*, II, 35, n. 19. — *Kurria*
HOCHST. et STEUD., in *Flora* (1842), 233.
5. Parvis, viridulis.
6. Spec. ad 7. DON, in *Trans. Linn. Soc.*,
XVII, 142. — ROXB., *Pl. coromand.*, t. 106 (*Cin-

chona*). — WIGHT, *Icon.*, t. 1159 (*Cinchona*). —
MIQ., *Fl. ind.-bat.*, II, 153. — BEDD., *Fl. sylv.*,
t. 219, cxxx. — KURZ, *For. Fl. brit. Burm.*,
II, 71. — HIERN, *Fl. trop. Afr.*, III, 42. —
WALP., *Rep.*, II, 943 ; VI, 63. (*H. madagasca-
ricum* est species nova, certe hujus generis,
hucusque male nota.)
7. *Apontam.* (1859), 568, 590 ; in *Trans. Linn.
Soc.*, XXVII, 37, t. 14. — B. H., *Gen.*, II, 36,
n. 20.
8. Fere *Pavettæ*, cujus, exceptis æstivatione et
ovulis ∞ , charact. fere omnes planta præbet.

fauce dilatata; limbi lobis ovatis, induplicato-valvatis; intus pubescentibus, extus sub apice appendice plus minus longe clavata [1] auctis, demum patentibus. Stamina fauci inserta, sessilia; antheris elongatis exsertis; loculis introrsis, basi liberis. Germen 2-loculare; disco tenuissimo; stylo gracili, apice stigmatoso ovoideo subclavato. Ovula ∞, placentæ axili inserta, adscendentia, imbricata. Fructus capsularis [2] oblongus compressus, loculicidus. Semina ∞, adscendentia, imbricata, margine in alam oblongam, superne integram ovatam, inferne 2-lobam, dilatata; albumine...? — Arbor glabra; cortice amaro; foliis (persistentibus) oppositis, petiolatis, oblongo-lanceolatis; stipulis elongatis, caducis; floribus [3] in racemum 3-chotome ramosum composito-cymigerum dispositis; « pedicellis ebracteolatis ». (*Angola* [4].)

169. **Danais** COMMERS. [5] — Flores diœci v. polygami; receptaculo subgloboso (in flore masculo minore). Calycis lobi 4, 5, acuti v. subulati, persistentes. Corolla hypocraterimorpha v. infundibularis; lobis 4, 5, valvatis; fauce villosa. Stamina 4, 5, 2-morpha; filamentis fauci insertis, in flore masculo longis gracilibus exsertis; in fœmineo brevibus v.0; antheris dorsifixis (in flore fœmineo sterilibus) introrsis, versatilibus, 2-rimosis. Germen 2-loculare; disco annulari; stylo gracili, in flore masculo breviore incluso; ramis 2, gracilibus nudis; in flore fœmineo longe exserto; ramis longioribus, apice stigmatoso in conum desinente. Ovula ∞ (in flore masculo parva sterilia v. 0), placentæ peltatæ subglobosæ inserta. Fructus capsularis (parvus) sub-2-dymus v. globosus, calyce coronatus, loculicide 2-valvis. Semina ∞, parva, imbricata, margine in alam suborbicularem dilatata; embryone parvo albuminoso. — Frutices plerumque scandentes, glabri v. puberuli; foliis oppositis v. 3-natis, coriaceis, petiolatis; stipulis interpetiolaribus, 3-angulari-acutis; floribus [6] in cymas axillares corymbiformes dispositis; bracteis parvis v. 0; bracteolis 0. (*Afric. trop. insul. or.* [7])

170. **Manettia** MUT. [8] — Flores hermaphroditi v. raro polygami; receptaculo obconico v. obovoideo. Calycis lobi 4, v. rarius 5, forma

1. Nunc (ut in *Naucleis*) decidua, v. 0.
2. Parvus, coriaceus.
3. Parvis, albidis.
4. *C. paniculato* WELW., *loc. cit.* — HIERN, *Fl. trop. Afr.*, III, 43.
5. Ex VENT., *Tabl.*, II, 584. — GÆRTN. F., *Fruct.*, III, 83, t. 195. — J., in *Mém. Mus.*, VI, 385. — RICH., *Rub.*, 194. — DC., *Prodr.*,

VI, 36!. — ENDL., *Gen.*, n. 3267. — J. DE CORDEM., in *Adansonia*, X, 356. — B. H., *Gen.*, II, 36, n. 21.
6. Parvis, flavidis, odoris.
7. Spec. 6, 7. LAMK, *Ill.*, t. 166, fig. 2 (*Pœderia*). — BAK., *Fl. maur.*, 137. — BALF. F., in *Journ. Linn. Soc.*, XVI, 13; *Bot. Rodrig.*, 44.
8. MUT., in *L. Mantiss.*, 558 (1767). — DC.,

varii ; interpositis dentibus nunc glanduliformibus (stipularibus?). Corollæ longe tubuloso-infundibularis v. subcampanulatæ tubus obconicus, nunc valde elongatus, hinc inde angulatus, intus glaber v. varie pilosus ; limbi lobis 4, v. rarius 5, breviter 3-angularibus, valvatis, demum
recurvis. Stamina ad faucem inserta ; filamentis brevibus ; antheris exsertis introrsis versatilibus, 2-rimosis. Germen 2-loculare ; disco epigyno
vario ; stylo gracili, apice exserto plus minus longe clavato, integro
v. 2-lobo. Ovula ∞ , placentæ adscendenti, ad imum septum insertæ
ibique brevissime stipitatæ, inserta. Fructus capsularis, ab apice septicidus ; valvis 2, coriaceis v. pergamentaceis. Semina ∞ , placentis
adscendentibus inserta, imbricata, margine in alam inæquidentatam
dilatata ; albumine duro ; embryone recto. — Herbæ, nunc suffrutescentes, plerumque graciles volubilesque, glabræ v. indumento vario ;
foliis petiolatis, sæpius ovato-acuminatis ; stipulis brevibus acutis ;
floribus [1] axillaribus solitariis v. varie cymosis ; pedunculis pedicel-
lisve sæpius gracilibus, 2-bracteolatis. (*America trop. et subtrop.* [2])

171. **Alseis** SCHOTT. [3] — Flores hermaphroditi v. 1-sexuales,
4-6-meri ; receptaculo obconico (in flore masculo minore). Sepala
oblonga v. subulata, nunc remota, decidua. Corollæ breviter tubulosæ
v. anguste suburceolatæ lobi 4-6, parvi, 3-angulares, valvati. Stamina
2-morpha (in flore fœmineo sterilia), ad imam corollam inserta ; filamentis villosis, brevibus v. elongatis ; antheris introrsis, versatilibus,
nunc longe exsertis ; loculis rimosis, basi liberis. Germen 2-loculare ;
disco epigyno crasso ; styli gracilis pilosi ramis stigmatosis 2, acutis,
intus papillosis, recurvis. Ovula ∞ , placentis elongatis e summo loculo
descendentibus inserta, linearia. Fructus capsularis oblongus, ab apice
septicidus. Semina ∞ , subpeltata fusiformia ; testa reticulata utrinque
longe producta ; embryone longiusculo, albuminoso. — Arbusculæ
glabræ v. villosæ ; foliis oppositis, oblongo-lanceolatis acuminatis, petiolatis ; stipulis interpetiolaribus ; floribus [4] in spicas axillares et ter-

Prodr, IV, 362. — ENDL., *Gen.*, n. 3266. —
B. H., *Gen.*, II, 37, n. 24. — *Lygistum* P. BR.,
Jam. (1756), 142 (part.) (nomen prioritate gaudens, at speciebus generum diversorum datum
indeque melius derelinquendum). — *Nacibœa*
AUBL., *Guian.*, I, 95, t. 37.—*Bellardia* SCHREB.,
Gen., 790 (1791). — *Conotrichia* RICH., *Rub.*,
197, t. 14, fig. 1. — *Guagnebina* VELL., *Fl.
flum.*, 15, Atl., t. 115-121.
1. Majusculis v. parvis, albis, rubris v. cœru-
lescentibus, nunc speciosis.
2. Spec. 25-30. R. et PAV., *Fl. per.*, t. 89, 90.

— H. B. K., *Nov. gen. et spec.*, III, 87. — POEPP.
et ENDL., *Nov. gen. et spec.*, III, t. 228. —
GRISEB., *Fl. Brit. W.-Ind.*, 329. — HEMSL.,
Diagn. pl. nov. mex., 30. — WAWR., *Maxim.
Reis., Bot.*, t. 71. — LINDL., in *Bot. Reg.*, t. 693,
1866. — *Bot. Mag.*, t. 3202, 5495. — WALP.,
Rep., II, 507 ; VI, 62 ; *Ann.*, II, 779 ; V, 128.
3. In *Spreng. Syst.*, *Cur. post.*, 404. — DC.,
Prodr., IV, 620. — ENDL., *Atakt.*, t. 33 ; *Gen.*,
n. 3268. — B. H., *Gen.*, 38, n. 26.
4. Parvis, albis ; fœmineis eos *Compositarum*
nunc valde referentibus.

minales, simplices v. inferne ramosas, dispositis; bracteolis 2, sæpe sub germine sessilibus. (*America trop. et centr.* [1])

172. **Cosmibuena** R. et Pav. [2] — Flores 5, 6-meri; receptaculo obconico v. oblongo. Calyx tubulosus v. subcampanulatus, sæpius circumscissus; dentibus v. lobis 5, 6, nunc inæqualibus. Corolla infundibularis v. hypocraterimorpha; tubo valde longo; limbi lobis oblongis 5, 6, dextrorsum v. sinistrorsum tortis, nunc rarius imbricatis. Stamina 5, 6, sub fauce inserta; filamentis brevibus; antheris oblongis basifixis introrsis inclusis. Germen 2-loculare; disco conico v. cupulari; stylo superne clavato, 2-fido; ramis stigmatosis latis obtusis. Ovula ∞, placentis septo affixis revoluto-2-lobis inserta interioraque, adscendentia, imbricata, utrinque in alam rudimentariam producta. Fructus oblongo-cylindraceus, septicidus; exocarpio ab endocarpio soluto; valvis 2, patulis v. plus minus tortis. Semina ∞, utrinque in alam angustam producta; embryone albuminoso. — Frutices glabri [3], nunc scandentes; foliis oppositis carnosulis, petiolatis; stipulis latis interpetiolaribus, deciduis; floribus [4] terminalibus cymosis paucis (sæpe 3) v. solitariis, rarius composite cymosis, bracteatis bracteolatisque. (*America trop.* [5])

173. **Ferdinandusa** Pohl [6]. — Flores 4-meri; receptaculo sæpius obovoideo. Calyx brevis cupularis, 4-dentatus, nunc persistens. Corollæ infundibularis v. hypocraterimorphæ tubus angustus, intus glaber, ad faucem nonnihil dilatatus; limbi lobis 4, sæpe inæqualibus obliquis, emarginatis v. 2-lobis, tortis, demum patentibus. Stamina 4, tubo inserta; filamentis inæquali-elongatis; antheris oblongo-ellipticis introrsis, recurvis v. revolutis dorsifixis, 2-rimosis. Germen 2-loculare; disco crassiusculo; styli gracilis inclusi v. exserti lobis stigmatosis oblongis v. subspathulatis. Ovula ∞, nunc pauca, placentis septo adnatis inserta, imbricata. Fructus capsularis obovoideus oblongusve, nunc anguste cylindraceus, septicidus; valvis 2, concavis v. patulis. Semina ∞, peltata, imbricata, in alam integram v. inæquali-lobatam

---

1. Spec. 3, 4. Hemsl., *Diagn. pl. nov. mex.*, 30.

2. R. et Pav., *Fl. per.*, III, 3, t. 226. — Endl., *Gen.*, n. 3275. — B. H., *Gen.*, II, 40, n. 33. — *Buena* Pohl, *Plant. bras. Icon.*, I, 8 (part.).

3. Sæpe « epiphytici ».

4. Magnis, speciosis.

5. Spec. 4, 5. R. et Pav., *Fl. per.*, t. 193 (*Cinchona*). — Kl., in *Hayn. Arzn. Gew.*, XIV,

fig. 15 (*Cinchona*). — Benth., *Sulph. Bot.*, t. 38 (*Buena*). — Walp., *Rep.*, VI, 62 (part.).

6. *Pl. bras. Icon.*, II, 8, t. 106-108. — Endl., *Gen.*, n. 3277 [1]; Suppl., I, 1393; II, 53, n. 3277. — Wedd., in *Ann. sc. nat.*, sér. 4, I, 77 — B. H., *Gen.*, II, 40, n. 34. — *Ferdinandea* Pohl, in *Flora* (1827), 153. — *Gomphosia* Wedd., *Et. Quinq.*, 95, t. 26 B. — *Aspidanthera* Benth., in *Hook. Journ. Bot.*, III, 217. — Endl., *Gen.*, n. 3286 [1] (Suppl., II, 54).

dilatata, albuminosa. — Arbores v. frutices scandentes; foliis oppositis v. verticillatis, petiolatis; stipulis interpetiolaribus variis, deciduis; floribus[1] in racemos brachiatos composito-cymigeros dispositis, bracteatis bracteolatisque. (*America trop. cont. et antillana*[2].)

174? Ravnia ŒRST.[3] — Flores 5, 6-meri; receptaculo obconico. Calycis lobi 5, 6, subulati, inæquales. Corollæ tubulosæ curvæ gracilis lobi 5, 6, obtusi, torti (?), demum patentes; fauce glabra (?) « Stamina totidem, fauci inserta; filamentis brevibus; antheris linearibus, apice exsertis. » Germen 2-loculare; disco crassiusculo; styli gracilis ramis 2, obtusis. Ovula ∞, adscendentia, placentæ septo adnatæ inserta. Fructus...? — Frutex[4] scandens epiphyticus; foliis oppositis ovato-lanceolatis carnosulis, petiolatis; stipulis interpetiolaribus late oblongis; floribus ad summos ramulos cymosis (3-nis) subsessilibus. (*Costa-Rica*[5].)

175. Capirona SPRUCE[6]. — Flores 5, 6-meri; receptaculo obconico. Calyx cupularis v. breviter tubulosus, 5, 6-dentatus, persistens; dente externo nunc in laminam foliaceam petiolatam dilatato. Corolla infundibulari-campanulata, nunc leviter irregularis; limbi lobis 5, 6, æqualibus v. inæqualibus, obtusis, tortis; fauce glabra. Stamina 5, 6, tubo corollæ inserta; filamentis in annulum membranaceum imo tubo adnatum connatis, cæterum liberis; antheris basifixis elongatis obtusis, inclusis, introrsum 2-rimosis. Germen 2-loculare[7]; disco epigyno cupulari; styli ramis 2, linearibus, intus stigmatosis. Ovula ∞, placentis crassis inserta, imbricata. Fructus capsularis obovoideus, septicidus. Semina ∞, peltata imbricata, in alam inæquali-dentatam v. laceram dilatata, albuminosa. — Arbores[8]; foliis oppositis, obovato-oblongis, petiolatis; stipulis intrapetiolaribus oblongis, nunc intus concavis, basi connatis; floribus[9] in racemos terminales composito-cymigeros dispositis; centralibus sessilibus; lateralibus pedicellatis, bracteatis bracteolatisque. (*Peruvia, Colombia*[10].)

---

1. Parvis v. majusculis, albis, virescentibus, roseis v. purpurascentibus.
2. Spec. ad 12. WALP., *Ann.*, V, 131.
3. In *Vidensk. Medd. Kjob.* (1852), 49. — B. H., *Gen.*, II, 40, n. 32.
4. Habitu *Æschynanthi.*
5. Spec. 1. *R. triflora* ŒRST. — WALP., *Ann.*, V, 131. — *Bouvardia lævis* MART. et GAL.

6. In *Journ. Linn. Soc.*, III, 200. — B. H., *Gen.*, II, 39, n. 29. — ? *Monadelphanthus* KARST., *Fl. colomb.*, 67, t. 33. — B. H., *Gen.*, II, 38, n. 28.
7. Raro 3-loculare.
8. Cortice rufescente v. roseo nitido, nunc ex parte deciduo.
9. Magnis, puniceis, speciosis.
10. Spec. 2. SPRUCE, *loc. cit.*

176? Platycarpum H. B. [1] — Flores irregulares; receptaculo depresse obconico, germen intus adnatum fovente. Calyx 4, 5-lobus v. partitus, deciduus, nunc basi circumscissus. Corolla oblique infundibularis v. hypocraterimorpha, intus v. utrinque pubescens v. sericea; lobis 5, inæqualibus, imbricatis; tubo nunc intus linea media longitudinali villosa aucto; fauce plus minus villosa. Stamina 5, fauci v. sub fauce corollæ inserta, inæqualia; filamentis gracilibus; antheris dorsifixis oblongis introrsis, versatilibus, 2-rimosis. Germen inferum, 2-loculare; disco epigyno annulari (albido), ad 10-lobulato v. (*Henriquezia* [2]) obtuse 5-lobo; styli teretis ramis 2, acutiusculis erectis. Ovula in loculis 2 (*Euplatycarpum*) v. 2-4 (*Henriquezia*), oblique descendentia suborbicularia, placentæ axili inserta. Fructus capsularis sub-2-dymus, suborbicularis obcordatusve, apice sinu plus minus profundo necnon basi (*Euplatycarpum*) v. ad medium (*Henriquezia*) cicatrice prominula receptaculi marginis notatus, secundum margines loculicidus; valvis 2, medio intus septo tenui auctis. Semina in loculis 1-4, orbicularia v. reniformia, margine late alata; embryonis « exalbuminosi cotyledonibus latis tenuibus lateralibus, basi emarginatis v. 2-lobis; radicula minuta ad hilum spectante ».—Arbores nunc excelsæ; foliis oppositis v. 3, 4-natis, oblongis v. lanceolatis penninerviis coriaceis, nunc tomentosis, petiolatis; stipulis interpetiolaribus magnis, caducis; floribus [3] in racemos terminales composito-cymigeros dispositis; ramis subverticillatis. (*Venezuela, Brasilia bor.* [4])

177? Dolicholobium A. Gray [5]. — Flores 4, 5-meri; receptaculo longe cylindrico. Calyx late cyathiformis v. breviter infundibularis, truncatus v. 4, 5-lobus, ciliatus, persistens. Corollæ [6] hypocraterimorphæ tubus longus, intus glaber; limbi lobis obtusis, tortis. Stamina 5, 6, corollæ tubo inserta, inclusa; filamentis complanatis; antheris basifixis elongatis introrsis. Germen 2-loculare; disco orbiculari; stylo superne dilatato; ramis oblongis petaloideis plus minus dilatatis, « ad costas stigmatosis ». Ovula ∞, linearia, placentis elongatis septo adnatis inserta. Fructus [7] « capsularis cylindraceus septicidus; seminibus

1. *Pl. æquin.*, II, 81, t. 104.—H. B. K., *Nov. gen. et spec.*, III, 51; in *Journ. Phys.*, LXXXVII, 454.—Endl., *Gen.*, n. 4129.—Bur., *Bignon.*, 81.—B. H., *Gen.*, II, 44, n. 46.—H. Bn, in *Bull. Soc. Linn. Par.*, n. 28 (1879).

2. Spruce, ex Benth., in *Hook. Kew Journ.*, VI, 338; in *Trans. Linn. Soc.*, XXII, 200, t. 52-54. — Bur., *Bignon.*, 80, 100. — B. H., *Gen.*, II, 44, 1228, n. 45.—H. Bn, *loc. cit.*

3. Magnis v. majusculis, roseis (v. albis?), odoris, speciosis.

4. Spec. 4, 5. DC., *Prodr.*, IX, 233.—Spreng., *Syst.*, I, 622 (*Sickingia*).

5. In *Proceed. Amer. Acad.*, IV, 308.—B. H., *Gen.*, II, 41, n. 35.

6. Fere *Gardeniarum*.

7. Ei *Siliquorandiæ* analogus, at, ut aiunt, capsulari-dehiscens.

imbricatis, utrinque longe caudatis, albuminosis ». — Frutices; foliis oppositis, petiolatis, elongatis membranaceis; stipulis interpetiolaribus, late subfoliaceis, deciduis; floribus terminalibus et axillaribus, breviter stipitatis, cymosis 2, 3, v. solitariis. (*Ins. Viti* [1].)

178. Coptosapelta KORTH. [2] — Flores 5-meri ; receptaculo brevi ovoideo v. obconico. Calyx brevis, 5-lobus, persistens. Corolla hypocraterimorpha coriacea, extus sericeo-tomentosa ; tubo tereti v. obtuse 5-gono; fauce villosa; limbi lobis elongatis, arcte tortis. Stamina 5, fauci v. ori inserta; filamentis brevibus; antheris subbasifixis elongatis, nunc tortis v. flexuosis, ad basin insertis; loculis linearibus, basi liberis, introrsum rimosis; connectivo lineari, dorso piloso. Germen 2-loculare; disco parvo depresso; stylo erecto longe fusiformi, sulcato angulatoque, exserto. Ovula ∞ , adscendentia, placentæ septo adnatæ inserta. Fructus capsularis brevis subglobosus, calyce coronatus, loculicidus. Semina ∞ , imbricata peltata, marginibus in alam membranaceam inæquali-dentatam dilatata ; embryonis albuminosi radicula infera. — Frutices scandentes sericei v. tomentosi ; foliis [3] oppositis, petiolatis; stipulis interpetiolaribus, 3-angularibus, deciduis; floribus [4] in cymas terminales composito-racemosas cernuas dispositis; pedicellis brevibus, 2-bracteolatis [5]. (*Arch. ind.* [6])

179. Crossopteryx FENZL. [7]—Flores 4-6-meri; receptaculo obovoideo v. subsphærico. Calyx brevis, deciduus ; lobis 4-6, obtusis. Corolla hypocraterimorpha; tubo breviusculo; fauce glabra; limbi lobis 4-6, obtusis, tortis, patentibus. Stamina totidem, ori inserta ; filamentis brevibus; antheris dorsifixis oblongis v. sublanceolatis apiculatis, introrsis ; loculis 2, inferne nunc acutatis liberis. Germen 2-loculare; disco annulari; stylo gracili exserto, apice stigmatoso obovoideo v. breviter clavato, 2-lobo. Ovula ∞ , placentæ brevi subglobosæ v. obovoideæ septoque peltatim affixæ brevissime stipitatæ inserta, foveolis plus minus nidulantia. Fructus capsularis subglobosus, apice areolatus, loculicidus; valvis 2, valde concavis, medio intus septigeris, 2-partibilibus. Semina ∞ , sæpius pauca, placentæ crassæ prominulæ inserta, orbicu-

1. Spec. 2, 3. SEEM., *Fl. vit.*, 121, t. 24.
2. In *Ned. Kruidk. Arch.*, II, 112.— HOOK. F., *Icon.*, t. 1089; *Gen.*, II. 35, n. 18. — H BN, in *Bull. Soc. Linn. Par.*, 181.
3. Nunc lutescentibus.
4. Mediocribus, « albis ».

5. Genus *Crossopterygi* proximum simulque *Corynanthem* nonnihil referens.
6. Spec. ad 4. MIQ., *Fl. ind.-bat.*, II, 155.— WALP., *Ann.*, II, 779.
7. In *Nov. st. Mus. vindob. Dec.*, 45, n. 51. — ENDL., *Gen.*, n. 3279 .

laria peltata, margine in alam dentato-ciliatam expansa, albuminosa. — Arbor v. frutex, glaber v. pubescens; foliis oppositis, oblongo-obtusis, petiolatis; stipulis interpetiolaribus, 3-angularibus, nonnihil persistentibus; floribus [1] in racemos terminales breves composito-cymigeros dispositis; bracteolis setaceis [2]. (*Africa trop. utraque* [3].)

180. **Mussaendopsis** H. Bn [1]. — Flores 5-meri; receptaculo turbinato. Calycis lobi 5, quorum 1 nunc foliaceus, petiolatus; cæteris 3-angularibus, basi leviter connatis. Corolla infundibularis; petalis subliberis, stricte tortis, margine dextro obtecto. Stamina 5, receptaculo sub disco epigyno inserta; filamentis liberis; antheris brevibus introrsis, 2-rimosis. Germen 2-loculare; disco epigyno conico producto; styli brevis apiceque breviter clavati lobis stigmatosis 2, subæqualibus. Ovula in loculis ∞, placentæ axili inserta. Fructus capsularis brevis, septicidus; seminibus ∞, utrinque in alam angustam productis; embryone majusculo, parce albuminoso. — Arbor (?) nisi ad inflorescentias glaberrima; foliis oppositis, elliptico-acuminatis, basi subinæqualibus, coriaceis, penninerviis; venis crebris subtransversis; petiolo longiusculo; stipulis interpetiolaribus oblongis membranaceis gemmam ramuli terminalem includentibus; floribus [5] axillaribus in cymas longe pedunculatas opposite ramosas cymigerasque dispositis [6]. (*Borneo* [7].)

181. **Hillia** Jacq. [8] — Flores subregulares; receptaculo obovoideo v. tubuloso. Calix integer v. 2-5-lobus, basi sæpius circumscissus; lobis foliaceis. Corolla hypocraterimorpha v. nunc infundibularis; tubo longo; fauce dilatata glabra; limbi lobis 3-7, imbricatis v. nunc tortis. Stamina totidem, sub fauce inserta; filamentis brevibus v. 0; antheris basifixis elongatis exappendiculatis, inclusis. Germen 2-loculare; disco epigyno crasso; stylo ad apicem clavato, 2-fido, obtuso, incluso. Ovula ∞, placentis axilibus 2-lobis inserta. Fructus [9] capsularis cylindricus

1. Parvis, albis v. ochroleucis, odoris.
2. Genus quoad flores hinc *Coptosapellæ*, inde *Pavettæ* speciebus pluriovulatis analogum, at semina alata.
3. Spec. 1. *C. africana.* — *C. Kotschyana* FENZL, *loc. cit.* — HIERN, *Fl. trop. Afr.*, III, 44. — *C. febrifuga* BENTH., *Niger Fl.*, 381. — *Rondeletia africana* WINTERB., *Acc. S. Leone*, II, 46 (1803). — *R. febrifuga* AFZEL., ex G. DON, *Gen. Syst.*, III (1832), 516.
4. In *Adansonia*, XII, 282.
5. Parvis.
6. Genus hinc *Crossopterygem*, inde *Calyco-*

phyllum referens. *Mussaendam* quoque loculis ∞-ovulatis et sepalo foliaceo refert, at corolla subdialypetala et torta.
7. Spec. 1. *M. Beccariana* H. BN, *loc. cit.*
8. *St. amer.*, 96, t. 66. — L., *Gen.*, n. 444. — LAMK, *Ill.*, t. 257. — GÆRTN. F., *Fruct.*, III, 97, t. 197. — J., in *Mém. Mus.*, VI, 388. — RICH, *Rub.*, 207. — DC., *Prodr.*, IV, 350. — ENDL., *Gen.*, n. 3277. — B. H., *Gen.*, II, 39, n. 31. — *Ferevia* VANDELL., *Fl. lus. et bras.*, 21, t. 1, fig. 8; in *Ræm. Scr.*, 98, t. 6. — *Saldanha* VELL., *Fl. flum.*, 111, AU., III, t. 157, 158
9. Folliculiformis.

v. subclavatus truncatus, septicidus; valvis demum tortis; placentis marginalibus. Semina ∞, adscendentia, imbricata, inferne in caudam acutam superneque in penicillum longum∞-setosum producta; albumine carnoso; embryonis recti cotyledonibus ellipticis; radicula brevi infera. — Frutices (« nunc epiphytici ») radicantes glabri; foliis oppositis carnosulis, petiolatis; stipulis membranaceis interpetiolaribus, caducis; floribus [1] terminalibus solitariis, nunc sessilibus, bracteatis bracteolatisque [2]. (*America trop. et antillana* [3].)

182. **Calycophyllum** DC. [4] — Flores 5-meri v. rarius 6-8-meri; receptaculo oblongo-cylindraceo. Calyx gamophyllus integer, nunc prius subomnino clausus demumque hinc fissus (*Schizocalyx* [5]), sæpius dentatus v. lobatus; lobis nunc induplicatis (*Pallasia* [6]); uno in laminam foliaceam (coloratam) petiolatam producto, v. omnibus rarius brevibus (*Enkylista* [7]). Corolla infundibularis v. hypocraterimorpha; tubo recto v. leviter curvo; fauce varie pilosa; limbi lobis 5, v. rarius 6-8, imbricatis. Stamina totidem, fauci v. tubo (*Pallasia, Schizocalyx*) inserta; antheris oblongis introrsis, plerumque exsertis, versatilibus, nunc inæqualibus (*Pallasia*). Germen 2-loculare; disco annulari; styli sæpe 2-morphi lobis 2, forma variis, nunc et in alabastro e corolla exserti. Ovula ∞, placentis septo lineari adnatis inserta. Fructus capsularis cylindraceus, apice truncatus, septicidus. Semina ∞, horizontalia v. obliqua, sæpe imbricata, aut angulata v. compressa, vix v. haud alata [8] (*Warscewiczia, Pallasia*), aut in alam plus minus elongatam utrinque producta (*Enkylista, Calycophyllum*); albumine carnoso; embryonis parvi cotyledonibus subovatis; radicula tereti. — Arbores v. frutices; foliis oppositis, ovatis v. oblongis, petiolatis; stipulis interpetiolaribus, integris, ciliatis v. pubescentibus, deciduis v. calyptratim secedentibus (*Schizocalyx*); floribus [9] in cymas terminales composito-racemosas, corymbiformes v. nunc (*Pallasia, Warscewiczia*) 1-paras et axi longe spiciformi v. racemiformi insertas, dispositis; bracteis nunc foliaceis [10]. (*America trop. austr. et antillana* [11].)

1. Magnis, albis, odoris.
2. Gen. *Posoqueriæ* analogum, imprimis limbo æquali corollæ et seminibus penicillatis differt.
3 Spec. 5. Sw., *Obs.*, t. 5, fig. 1; *Fl. ind. occ.*, t. 11.— Griseb., *Fl. Brit. W.-Ind.*, 324.— ? *Fl. serr.*, III, t. 188. — *Bot. Mag.*, t. 721. — Walp., *Rep.*, II, 510.
4. *Prodr.*, IV, 367. — Endl., *Gen.*, n. 3263.— B. H., *Gen.*, II, 38, n. 27.
5. Wedd., in *Ann. sc. nat.*, sér. 4, I, 73 — B. H., *Gen.*, II, 39, n. 30.

6. Kl., in *Mon. Akad. Wiss. Berl.* (1853), 498. — B. H., *Gen.*, II, 48, n. 57.
7. Benth., in *Hook. Kew Journ.*, V, 230.
8. Kl., in *Mon. Akad. Wiss. Berl.* (1853), 496. — B. H., *Gen.*, II, 48, n. 56.
9. Parvis, albis (v. roseis?).
10. Genus *Pinckneyæ* inter genera corolla imbricata donata analogum.
11. Spec. ad 8. Vahl, *Symb.*, II, t. 29, 30 (*Macrocnemum*).— Schomb., in *Hook. Lond. Journ.* (1844), t. 23, 24. —Œrst., *Centr.-Amer.*, t. 12.

183. Molopanthera Turcz.[1] — Flores (fere *Enkylistæ*) 4, 5-meri; receptaculo subgloboso. Calycis decidui dentes 4, 5. Corolla in alabastro clavato superne curvata; tubo brevi, intus glabro; limbi lobis 4, 5, nonnihil inæqualibus, arcte imbricatis, demum patulis, recurvis. Stamina 4, 5; filamentis ad basin corollæ insertis; antheris introrsis, ad basin dorsifixis, apiculatis basique acutatis, 2-rimosis. Germen inferum, 2-loculare; disco epigyno parvo; styli brevis crassiusculi lobis stigmatosis 2, obtusis. Ovula ∞ (pauca), placentæ subglobosæ transverse v. adscendenti-stipitatæ inserta. Fructus capsularis, globoso-2-dymus, coriaceus, loculicidus. Semina pauca peltata orbicularia, imbricata, margine in alam inæquali-dentatam producta. — Arbores v. frutices, glabri v. pubentes; foliis oppositis, ovatis v. oblongis, petiolatis; stipulis interpetiolaribus parvis, caducis; floribus[2] in racemos terminales et axillares brachiato-ramosos cymigerosque dispositis, bracteatis et bracteolatis. (*Brasilia*[3].)

184. Thysanospermum Champ.[4] — Flores (fere *Coptosapeltæ*) 4, 5-meri; receptaculo turbinato. Sepala libera truncata, imbricata, persistentia. Corollæ hypocraterimorphæ sericeæ tubus intus glaber; limbi lobis 4, 5, brevibus obtusis, intus villosis, marginibus subsinuatis, imbricatis v. tortis. Stamina totidem; filamentis brevibus pilosis inter lobos insertis; antheris elongatis introrsis, nunc tortis apiculatis exsertis versatilibus. Germen 2-loculare; disco conico truncato; stylo gracili, superne fusiformi sulcato papilloso exserto. Ovula ∞, v. pauca, placentæ subglobosæ peltatæ inserta. Fructus capsularis, 2-dymus, loculicidus. Semina placentis subglobosis foveolatis inserta peltata orbicularia compressa, margine in alam lacero-dentatam producta; embryone...? — Frutex gracilis prostratus[5]; ramis appresse pilosis; foliis opposite 2-stichis, ovatis, breviter petiolatis; stipulis interpetiolaribus subulatis, persistentibus; floribus[6] axillaribus solitariis; pedunculo 2-bracteato. (*Ins. Hongkong*[7].)

185. Exostema Pers.[8] — Flores plerumque 5-meri; receptaculo

—Griseb., *Fl. Brit. W.-Ind.*, 325 (*Warscewiczia*). —Wedd., *loc. cit.*, 72 (*Warscewiczia*). —Walp., *Ann.*, V, 122 (*Warscewiczia*, *Pallasia*), 124 (*Enkylista*).

1. In *Bull. Mosc.* (1848), I, 580. — B. H., *Gen.*, II, 41, n. 37.

2. Parvis, albidis (?)

3. Spec. 2. Walp., *Ann.*, II, 799.

4. In *Hook. Kew Journ.*, IV, 168. — B. H., *Gen.*, 43, n. 43.

5. Habitu *Lonicerearum* nonnullarum.

6. Parvis, albis.

7. Spec. 1. *T. diffusum* Champ. — Benth., *Fl. hongkong.*, 146.

8. *Synops.*, I (1805), 196 (*Cinchonæ* sect.), —L.-C. Rich., in *H. B. Pl. æquin.*, I, 131, t. 38.

ovoideo, breviter clavato v. turbinato. Calyx sæpius brevis, dentatus v.
varie lobatus, persistens v. deciduus. Corolla hypocraterimorpha; tubo
nunc valde elongato, gracili, recto v. leviter curvo; fauce glabra v. varie
pilosa; limbi lobis 5, v. rarius 4, imbricatis. Stamina totidem, imo tubo
inserta [1]; filamentis liberis v. ima basi 1-adelphis, gracilibus, glabris v.
pubescentibus; antheris elongatis introrsis, ad basin dorsifixis, sæpius
exsertis; loculis rimosis, inferne liberis. Germen 2-loculare; disco
epigyno annulari v. depresse conico; stylo gracili, basi attenuato ibique
nunc articulato, apice stigmatoso exserto capitato v. breviter conico,
nunc obtuso v. breviter 2-lobo. Ovula ∝, placentæ septo adnatæ inserta, adscendentia v. radiantia rariusve subhorizontalia superposita.
Fructus capsularis, oblongus, ovoideus v. subclavatus, septicidus;
valvis 2, integris v. 2-lobis. Semina ∞, imbricata, in alam varie producta; albumine carnoso; embryonis parvi cotyledonibus subovatis.
— Arbores v. frutices, nunc spinescentes; cortice amaro; foliis oppositis, nunc parvis, petiolatis v. subsessilibus; stipulis interpetiolaribus
v. intrapetiolaribus, simplicibus v. 2-lobis, deciduis; floribus [2] terminalibus v. axillaribus, in cymas corymbiformes v. in racemos ramosos
dispositis, nunc paucis v. solitariis, bracteolatis v. ebracteolatis [3].
(*America centr. utraque et antillana., ins. Tonga et Viti* [4].)

186. **Luculia** SWEET. [5] — Flores 5-meri; receptaculo turbinato.
Calycis lobi inæquales oblongi subfoliacei, imbricati, decidui. Corolla
hypocraterimorpha; tubo longo, ad faucem vix ampliato; limbi lobis
imbricatis, nunc basi callosis, patentibus. Stamina tubo inserta; filamentis brevibus, inferne nunc cum tubo connatis; antheris dorsifixis, introrsis, inclusis v. apice tantum exsertis. Germen 2-loculare;
disco annulari; styli gracilis subclavati ramis 2, inclusis, angustis, intus

— *Exostemma* DC., *Diss.* (1806), ex *Prodr.*, IV,
358 (1830). — A. RICH., *Rub.*, 200, t. 14, n. 2. —
SPACH, *Suit. a Buffon*, VIII, 394. — ENDL., *Gen.*,
n. 3269 (part). — B. H., *Gen.*, II, 42, n. 39. —
Badusa A. GRAY, in *Proc. Amer. Acad.*, IV, 308. —
B. H., *Gen.*, II, 42, n. 10. — *Solenandra* HOOK. F.,
Icon., t. 1150; *Gen.*, II, 43, n. 41. — H. BN,
in *Bull. Soc. Linn. Par.*, 199.

1. Nunc et ipso receptaculo, ut videtur, inserta et a corolla fere libera.
2. Magnis, mediocribus v. parvis, albis, lutescentibus (?) v. roseis.
3. Genus quoque BRIGNOLI (*loc. cit.*) ad sec-
tionem *Cinchonæ* reducit.
4. Spec. ad 23. JACQ., *Amer.*, t. 179, fig. 65
(*Cinchona*). — LAMB., *Cinch.*, t. 4-9 (*Cinchona*)

— FORST., in *Act. nov. upsal.*, III, 176 (*Cin-
chona*). — L. F., *Suppl.*, 144 (*Cinchona*). —
GÆRTN., *Fruct.*, I, t. 33 (*Cinchona*). — A. S.-H.,
Pl. us. bras., t. 3. — POEPP. et ENDL., *Nov. gen.
et spec.*, III, t. 237. — ROEM. et SCH., *Syst.*, V, 18.
— VAHL, *Symb.*, II, 27; in *Act. hafn.*, I, 20, t. 4.
— LINDS., in *Trans. Soc. roy. Edinb.* (1794), 214,
t. 5. — A. RICH., *Fl. cub.*, t. 48. — GRISEB., *Fl.
Brit. W.-Ind.*, 323; *Cat. pl. cub.*, 125. — HEMSL.,
Diagn. pl. nov. mex., 32. — CHAPM., *Fl. S.
Unit. St.*, 179. — *Bot. Mag.*, t. 4186. — WALP.,
Rep., II, 508; VI, 63; *Ann.*, V, 128.
5. *Brit. fl. Gard.*, t. 145. — DC., *Prodr.*, IV,
357. — DON, in *Trans. Linn. Soc.*, XVII, 143.
— ENDL., *Gen.*, n. 3271; *Suppl.*, III, 73. —
B. H., *Gen.*, II, 43, n. 42.

stigmatosis. Ovula ∞ , placentarum lobis 2-lamellatis revolutis inserta. Fructus capsularis obovoideus, septicidus; valvis 2, 2-partibilibus. Semina ∞ , parva, imbricata, utrinque in alam angustam apiceque laceram producta; embryone albuminoso. — Frutices; foliis oppositis, acuminatis, petiolatis; stipulis interpetiolaribus, deciduis; floribus[1] in cymas terminales corymbiformes compositas dispositis; bracteolis deciduis[2]. (*India temp. mont.* [3])

187. **Chimarrhis** JACQ.[4]— Flores hermaphroditi v. polygami, sæpius 5-meri; receptaculo obconico v. subcampanulato. Calyx brevis, sæpe cupularis, subinteger v. dentatus, nunc imbricatus. Corolla cylindraceo-campanulata v. infundibularis, nunc suburceolaris; lobis[5] brevibus imbricatis v. subvalvatis, nunc brevissimis, 3-angularibus v. suborbicularibus, basi repente angustatis. Stamina 2-morpha, ad basin corollæ v. plus minus alte, nunc inter lobos inserta; filamentis brevibus v. elongatis exsertis, basi sæpe dilatatis, barbatis v. villosis; antheris oblongis, versatilibus; loculis introrsis, basi sæpius liberis, rimosis, inclusis v. exsertis. Germen 2-loculare; disco orbiculari v. hemisphærico; stylo[6] brevi v. elongato sulcato; ramis 2, sæpius obtusis recurvis, nunc sub apice marginatis. Ovula ∞, placentæ axili inserta[7], aut obliqua, aut subhorizontalia superposita. Fructus capsularis, septicidus; valvis nunc 2-partitis; exocarpio ab endocarpio secedente. Semina ∞ , sæpius brevia, margine breviter v. plus minus late alata; ala inæqualidentata. — Arbores glabræ v. pubescentes; foliis oppositis, sæpe amplis, nunc basi cordatis v. longe inæquali-attenuatis; stipulis interpetiolaribus variis, deciduis v. caducis; floribus[8] in racemos axillares v. sæpius terminales composito-ramosos cymigerosque dispositis, bracteatis et bracteolatis. (*America trop. et antillana*[9].)

188. **Nauclea** L. [10] — Flores spurie capitati, 5-meri; receptaculo

1. Albis v. roseis, speciosis, suaveolentibus.
2. *Cinchonæ* sect., ex BRIGNOLI, *loc. cit.*
3. Spec. 2. WALL., *Tent. Fl. nepal.*, t. 21 (*Cinchona*). — KURZ, *For. Fl. brit. Burm.*, II, 71. — *Bot. Mag.*, t. 3346, 4132.
4. *St. amer.*, 61. — J., *Gen.*, 204; in *Mém. Mus.*, VI, 381. — DC., *Prodr.*, IV, 403. — ENDL., *Gen.*, n. 3260. — B. H., *Gen.*, II, 45, n. 48. — *Sickingia* W., in *Ges. Naturf. Fr. Berl. N. Schr.*, III, 445; in *Schrad. Journ. Bot.* (1800), II, 291 — RICH., *Rub.*, 200. — DC., *Prodr.*, IV, 621. — ENDL., *Gen.*, 566. — B. H., *Gen.*, II, 34, n. 14. — H. BN, in *Adansonia*, XII, 302. — *Spruceu*

BENTH., in *Hook. Kew Journ.*, V, 230. — B. H., *Gen.*, II, 43, n. 44.
5. Nunc 4 v. 6, fere usque ad basin corollæ (subdialypetalæ) nunc solubilibus.
6. Nunc ante anthesin exserto et inter lobos corollæ breviores constricto.
7. Nunc, ut videtur, sterilia.
8. Parvis, albis, siccitate nunc dense rubescentibus, odoris.
9. Spec. ad 12. GRISEB., *Fl. Brit. W.-Ind.*, 323. — W.P., *Ann.*, V, 120 (*Spruceu*)
10. *Gen.*, n. 223. — J., *Gen.*, 209. — RICH., *Rub.*, 208. — DC., *Prodr.*, IV, 343. — ENDL.,

libero obconico. Calyx 5-partitus v. 5-lobus; lobis variis, nunc clavatis, persistentibus v. deciduis. Corolla infundibulari-tubulosa; tubo gracili; fauce glabra pilosave; limbi lobis 5, dorso nunc ad apicem appendice bacillari auctis[1], valvatis (*Mitragyne*[2], *Adina*[3]), subvalvatis (*Micradina*[4]) v. arcte imbricatis (*Eunauclea*, *Adinium*[5]). Stamina fauci v. infra inserta; filamentis longis, brevibus v. 0; antheris oblongis dorsifixis, introrsis, sæpius muticis, exsertis. Germen 2-loculare; disco parvo annulari v. cupulari, nunc subnullo; stylo gracili exserto, apice stigmatoso fusiformi, clavato, capitato v. mitriformi. Ovula in loculis ∞, v. pauca (*Adinium*), paucissima v. subsolitaria (*Micradina*), placentæ septo adnatæ v. sæpius sub apice loculi affixæ descendentique inserta; micropyle plerumque supera. Fructus compositi in capitulum spurium globosum congesti, liberi, capsulares, 2-cocci; coccis solutis, plérumque 2-partibilibus. Semina ∞, pauca v. 1, imbricata, utrinque (anguste sæpius) alata, albuminosa. — Arbores v. frutices; ligno sæpe duro; foliis oppositis, sæpe coriaceis glabris, petiolatis; stipulis interpetiolaribus v. intrapetiolaribus, sæpius magnis[6], deciduis; floribus in glomerulos compositos contractos globoso-capituliformes terminales et axillares nunc racemosos dispositis; bracteis bracteolisque inter flores paleaceis (*Adina*, *Mitragyne*), in fructu induratis persistentibus, nunc parvis v. 0. (*Africa, Asia et Oceania trop. et subtrop.*[7])

189. **Cephalanthus** L.[8] — Flores spurie capitati (fere *Naucleæ*), 4, 5-meri[9]; receptaculo obconico v. obpyramidato. Calyx gamophyllus breviter tubulosus; lobis v. dentibus nunc inæqualibus 4, 5, leviter imbricatis; interpositis sæpe glandulis parvis (stipularibus). Corolla infundibularis; tubo longiusculo; fauce glabra v. pilosa; limbi lobis

Gen., n. 3280. — B. H., Gen., II, 31, n. 6. — H. BN, in Adansonia, XII, 311.

1. Ut in Corynanthe (cæterum quoad flores haud absimili).
2. KORTH., Obs. Naucl. ind., 19 (nec R. BR.). — H. BN, in Adansonia, XII, 313. — Stephegyne KORTH., Verh. Nat. Gesch. (1839-42), 160, t. 35. — B. H., Gen., II, 31, n. 5.
3. SALISB., Par. lond., t. 115. — DC., Prodr., IV, 349. — B. H., Gen., II, 30, n. 4.
4. H. BN, in Adansonia, XII, 314.
5. H. BN, in Adansonia, XII, 284, 314.
6. Nunc membranaceis summumque ramulum uniorem involventibus.
7. Spec. ad 50. GÆRTN., Fruct., I, 151, t. 30. — ROXB., Pl. corom., I, t. 52-54. — KORTH., Gesch. Verh. Nat., 150, 156. — BENTH., Niger Fl., t. 37. — HOOK., Icon., t. 787 (Platanocarpum). — MIQ., Fl. ind.-bat., II, 136, 342;

Suppl., 214, 538; in Ann. Mus. lugd.-bat., IV, 181 (Stephegyne), 183 (Adina). — BENTH., Fl. hongkong., 146 (Adina). — BEDD., Icon. pl. ind. or., I, t. 18 (Stephegyne), 19, 235; Fl. sylv., t. 29, 33-35, cxxvi (Adina), cxxviii (Stephegyne). — THW., Enum. pl. Zeyl., 137. — KURZ, For. Fl. brit. Burm., II, 64. — HIERN, Fl. trop. Afr., III, 39 (Adina), 40 (Mitragyne). — Bot. Reg., t. 895. — Bot. Mag., t. 2613. — WALP., Rep., II, 511, 513 (Stephegyne); VI, 70 (Stephegyne); Ann., II, 791 (Stephegyne).
8. Gen., n. 113. — J., Gen., 209; in Mém. Mus., VI, 402. — GÆRTN., Fruct., II, 41, t. 86. — LAMK, Ill., t. 59. — RICH., Rub., 75. — DC., Prodr., IV, 538 (part.) — SPACH, Suit. à Buffon, VIII, 462. — ENDL., Gen., n. 3138. — B. H., Gen., II, 30, n. 3. — Platanocephalus VAILL., in Act. Acad. par. (1722), 191.
9. Raro 6-meri.

4, 5, imbricatis ; glandulis sinubus loborum nunc insertis subglobosis
(nigris). Stamina germenque *Nacleæ;* summo stylo elongato exserto
stigmatoso clavellato v. capitato. Ovula in loculis solitaria, descendentia ; micropyle introrsum supera. Fructus obconicus v. obpyrami-
datus, coriaceus, calyce coronatus ; coccis 2, seminigeris (interpositis
nunc 2, aspermis). Semina oblonga nunc subangulata ; funiculo brevi
in arillum crassum carnosum incrassato ; integumento nunc superne
breviter alato ; albumine duro, nunc tenui ; embryonis inversi cotyledonibus planis ; radicula conica supera. — Arbusculæ v. frutices ; foliis
oppositis v. 3, 4-natis, petiolatis ; stipulis intrapetiolaribus v. fere interpetiolaribus simplicibus, apice nunc et intus nigrescenti-glandulosis ;
floribus[1] in glomerulos composite capituliformes terminales et axillares
pedunculatos dispositis, minute bracteolatis[2]. (*America bor. et austr.*
calid. et temp., *Asia or. et austr. temp.*, « *Africa austr. subtrop.*[3] »)

190. **Ouronparia** AUBL.[4] — Flores spurie capitati (fere *Nacleæ*);
receptaculo tubuloso v. fusiformi. Calyx tubulosus, infundibularis
v. campanulatus. Corolla tubuloso-infundibularis ; fauce glabra ; limbi
lobis 5, imbricatis. Stamina 5, fauci inserta ; filamentis brevibus v. 0 ;
antheris elongatis dorsifixis introrsis ; loculis rimosis, basi liberis acutatis v. in setam productis. Germen cæteraque *Nacleæ;* summo stylo
stigmatoso capitato. Ovula ∞, placentæ septo affixæ v. descendenti
inserta, adscendentia. Fructus capsularis elongatus, septicidus ; valvis sæpius 2-partibilibus. Semina ∞, adscendentia imbricata, utrinque in alam angustam producta ; ala utrinque integra, v. altera sæpius
2-fida ; embryone albuminoso. — Frutices scandentes, glabri v. tomentosi hirsutive ; foliis oppositis, petiolatis v. subsessilibus ; stipulis
interpetiolaribus variis ; floribus[5] in cymas compositas contractas capituliformes, nunc 1-paras, dispositis ; pedicellis brevissimis v. 0, rariusve longiusculis ; inflorescentiis in racemum dispositis v. sæpius
axillaribus solitariis ; pedunculo sæpissime sterili in cirrum unci-
natum induratum mutato. (*Asia et Africa trop.*, *Madagascaria,*
Oceania trop., *America austro-or.*[6])

<hr>

1. Parvis, albis v. flavis.
2. Affinitas cum *Guettardeis* bene indicata
(HOOK. F.). Genus autem, mediante *Micradina,*
cum *Nauclea* arctissime connexum.
3. Spec. 5, 6. DUHAM., *Arbr.*, t. 54. — H. B.,
Pl. æquin., t. 98. — BART., *Fl. med.*, t. 91. —
A. GRAY, *Man.* (ed. 2), 172. — CHAPM., *Fl. S.*
Unit. St., 176. — MIQ., *Fl. ind.-bat.*, II, 152,
344. — WALP., *Rep.*, II, 469 ; VI, 700.

4. *Guian.*, I, 177, t. 68 — H. BN, in *Adan-*
sonia, XII, 315. — *Uncaria* SCHREB., *Gen.*, I,
125. — DC., *Prodr.*, IV, 347. — B. H., *Gen.*,
II, 31, n. 7. — *Agylophora* NECK, *Elem.*, I, 115.
5. Parvis, albidis v. flavidis, nunc purpurascentibus, sæpe villosis v. sericeis.
6. Spec. ad 30. WALL., in *Roxb. Fl. ind.*, II,
125 ; *Pl. as. rar.*, t. 170. — DELESS., *Ic. sel.*,
III, t. 81. — MIQ., *Fl. ind.-bat.*, II, 141, 343;

191. Paracephælis H. Bn [1]. — Flores spurie capitati, 5-meri (fere *Naucleæ*); receptaculo obovoideo. Calyx persistens; lobis 5, ovato-acutis. Corolla [2] staminaque…? Germen 2-loculare; disco epigyno orbiculari; stylo…? Ovula in loculis pauca (6-8), placentæ peltatæ septo affixæ in orbem inserta, suborbicularia compressa. Fructus…? — Frutex ex omni parte dense tomentosus; ramis 2-furcatis, apice gerentibus folia 2, opposita, petiolata, basi cordata, apice obtusa, crassa mollia, supra scabra, subtus velutina; nervis prominulis reticulatis; stipulis acutis; glomerulis in globum capituliformem confertis; floribus breviter pedicellatis, liberis, 1-bracteatis, 2-bracteolatis. (*Madagascaria* [3].)

192. Sarcocephalus Afzel. [4] — Flores spurie capitati (fere *Naucleæ*); germinibus inferis foveolis receptaculi intus adnatis cumque eo continuis. Calyces liberi, truncati v. dentati; dentibus appendiculatis v. muticis (*Platanocarpus* [5]). Corolla (*Naucleæ*) imbricata v. rarius valvata. Stamina *Naucleæ*; antheris sæpius subsessilibus. Germen inferum, 2-loculare v. superne 4-locellatum (*Anthocephalus* [6]); ovulis in loculis 1-∞, placentæ integræ v. 2-lobæ e summo septo pendulæ inserta, descendentia. Fructus compositus (syncarpium), e receptaculo cum exocarpiis confluente constans; carne nunc parca (*Cephalidium* [7], *Breonia* [8]); putaminibus 1·∞-spermis, membranaceis, duriusculis v. crustaceis. Semina crustacea, granulata v. cancellata, minute arillata, albuminosa. — Arbores v. frutices, raro scandentes; foliis oppositis, subcoriaceis v. coriaceis, nunc amplis, petiolatis; stipulis interpetiolaribus variis, deciduis v. caducis; inflorescentiis [9] bracteatis v. ebracteatis, axillaribus v. terminalibus; pedunculis sæpius longis rigidis, nunc superne (*Breonia*) involucrum spathiforme inflorescentiam involvens eamque apice longe cornuto superans gerentibus. (*Asia, Oceania et Africa trop., Madagascaria* [10].)

Suppl., 214, 538; in *Ann. Mus. lugd.-bat.*, IV, 184. — Korth., *Verh. Nat. Gesch.*, 162, t. 33, 34. — Thw., *Enum. pl. Zeyl.*, 138. — Kurz, *For. Fl. brit. Burm.*, II, 68. — Benth., *Niger Fl.*, t. 42. — Hook., *Icon.*, t. 781. — Hiern, *Fl. trop. Afr.*, III, 41. — Karst., *Fl. colomb.*, 153, t. 180 (*Nauclea*). — Walp., *Rep.*, II, 512, 943; *Ann.*, I, 378.

1. In *Adansonia*, XII, 315.
2. Junior valvata?; apicibus loborum incurvis.
3. Spec. 1. *P. liliacea* H. Bn, *loc. cit.*
4. Ex Sab., in *Trans. Hort. Soc.*, V, 422, t. 18. — Lindl., *op. cit.*, VII, 56. — Rich., *Rub.*, 211. — DC., *Prodr.*, IV, 367 — Endl., *Gen.*,

n. 3281. — B. H., *Gen.*, II, 29, n. 1. — *Gephalina* Thönn. et Schum., *Beskr.*, 105 (incl. : *Anthocephalus* Rich., *Breonia* Rich., *Cephalidium* Rich., *Platanocarpus* Korth.).
5. Korth., *Verh. Nat. Gesch.*, 152, t. 32.
6. Rich., *Rub.*, 157 (part.). — Endl., *Gen.*, n. 3236. — B. H., *Gen.*, II, 29, n. 2.
7. Rich., *Rub.*, 210. — Endl., *Gen.*, 1393.
8. Rich., *Rub.*, 210. — DC., *Prodr.*, IV, 620. — Endl., *Gen.*, n. 3285. — B. H., *Gen.*, II, 32, n 8. — H. Bn, in *Adansonia*, XII, 311.
9. Jure composito-glomerulatis; floribus albis, flavis, aurantiaceis v. rubris.
10. Spec. ad 15. Roxb., *Fl. ind.*, II, 121 (*Nau-*

XII. DIERVILLEÆ.

193. Diervilla T. — Flores hermaphroditi, subregulares; receptaculo longe lageniformi superneque in collum longum angustato. Calycis lobi 5, basi connati, elongati, persistentes v. tardius decidui. Corolla infundibularis v. subcampanulata; tubo subæquali, basi nunc intus glandula disci antica aucto; limbi lobis 5, oblongis v. lanceolatis, erectis v. recurvis, subæqualibus v. dissimilibus, imbricatis, deciduis v. persistentibus. Stamina 5, alterna, tubo corollæ inserta; filamentis subæqualibus; antheris exsertis v. inclusis, dorsifixis, introrsis, 2-rimosis. Germen 2-loculare; stylo gracili longo, apice stigmatoso capitato v. subdiscoideo. Ovula in loculis (completis v. incompletis) ∞, e dentibus lateralibus placentæ descendentia; micropyle supera. Fructus calyce nunc coronatus, capsularis, elongatus, coriaceus lignosusve, septicidus; valvis 2, intus dehiscentibus. Semina ∞, descendentia, imbricata, compressa v. ad margines anguste v. late membranaceo-alata; testa sæpius cancellata; albumine carnoso; embryonis majusculi cotyledonibus subellipticis crassiusculis; radicula tereti supera. — Frutices glabri v. rarius pubescentes, erecti v. subsarmentosi; gemmis squamosis; foliis oppositis, sessilibus v. petiolatis, exstipulatis, integris v. serrulatis, membranaceis; floribus in cymas terminales et axillares dispositis; cymulis sæpe 3-chotomis, bracteolatis. (*Asia temp. or.,* *America bor.-or.*) — *Vid. p.* 352.

XIII. LONICEREÆ.

194. Leycesteria WALL. — Flores hermaphroditi regulares; receptaculo ovoideo-lageniformi, extus capitato-glanduloso, germen intus adnatum fovente. Calyx summo collo insertus cupularis; lobis 5, valde inæqualibus acutatis. Corolla regularis infundibularis; tubo obconico, ima basi æquali-ventricoso, ibi inter stamina glandulis 5, sessilibus

clea). — DC., *Prodr.*, IV, 344, n. 8 (*Nauclea*). — SM., in *Rees Cyclop.*, XXIII, n. 5 (*Nauclea*). — WINTERB., *Acc. S.-Leone*, II, 45 (*Nauclea*). — KORTH., *Verh. Nat. Gesch*, 153 (*Anthocephalus*). — HOOK. F., *Niger Fl.*, 379. — MIQ., *Fl. ind.-bat.*, II, 132, 135 (*Anthocephalus*); Suppl., 213; 214 (*Anthocephalus*), 538; in *Ann.*

Mus. lugd.-bat., IV, 179, 180 (*Anthocephalus*). — BENTH., *Fl. austral.*, III, 402. — BEDD., *Fl sylv.*, t. 35 (*Nauclea*), cxxvi (*Anthocephalus*).— KURZ, *For. Fl. brit. Burm.*, II, 62. — T. THOMS., in *Speke Journ. App.* (1863), 636 (ex HIERN).— SCHWEINF., *Rel.* ¡Kotsch., 49, t. 33. — HIERN, *Fl. trop. Afr.*, III, 38.

auclo; limbi lobis 5, imbricatis. Stamina 5, alternipetala; filamentis
sub fauce insertis, subæqualibus; antheris oblongis dorsifixis introrsis,
2-rimosis. Germen inferum, 5-loculare; loculis cum calycis lobis alternantibus; stylo gracili exserto, apice stigmatoso depresso-capitato
integro v. vix lobato. Ovula ∞, placentis axilibus inserta, 2-seriata.
Fructus carnosus ovoideus, calyce coronatus. Semina ∞, parva compressa, albuminosa; embryone minuto. — Frutex a basi ramosus;
ramis inter nodos fistulosis; foliis oppositis, ovato-acuminatis, nunc
cordatis, integris v. dentatis (nunc in ramis junioribus pinnatilobis)
membranaceis; petiolis basi connatis; floribus in spicas terminales et
ad folia suprema axillares nutantes dispositis; bracteis amplis (coloratis) in axilla flores solitarios v. cymosos paucos glomerulatosve
gerentibus. (*India mont.*) — *Vid. p.* 354.

195? **Pentapyxis** HOOK. F. [1] — Flores fere *Leycesteriæ;* receptaculo ovoideo. Calyx cyathiformis, 5-lobus, demum deciduus. Corolla
subcampanulata; tubo æquali v. basi hinc vix gibbo; limbi lobis 5,
æqualibus, tortis v. imbricatis. Stamina 5, fauci inserta; antheris oblongis introrsis leviter exsertis. Germen inferum, 5-loculare; stylo gracili, ad basin incrassato, apice stigmatoso capitato-5-lobo. Ovula in
loculis (completis v. incompletis) ∞, placentis prominulis inserta.
Fructus baccatus; seminibus ∞, angulatis lævibus, albuminosis; embryone minuto.—Frutices; foliis oppositis, petiolatis, ovato-lanceolatis
serrato-dentatis; stipulis magnis orbiculatis foliaceis, recurvis; floribus [2]
in capitula (spuria ?) axillaria pedunculata bracteata dispositis [3].
(*Himalaya temp.* [4])

196. **Symphoricarpos** DILL. [5] — Flores regulares; receptaculo
subgloboso. Calyx cupularis brevis; dentibus 4, 5, æqualibus v. inæqualibus, nunc subnullis. Corolla infundibularis, campanulata v. suburceolata; tubo brevi; fauce glabra v. pilosa; limbo 4, 5-lobo, imbricato. Stamina totidem brevia, fauci inserta; antheris introrsis. Germen
4-loculare; disco epigyno cupulari; stylo recto, apice stigmatoso trun-

1. *Gen*, II, 6, n. 12.
2. Majusculis, « albis ».
3. Genus hinc *Leycesteriæ* nimium affine, ab
ea vix distinguendum, inde *Lonicereas* cum *Ru-
biaceis* sinceris arcte connectens.
4. Spec. 1 (v. 2?). HOOK. F. et THOMS., in *Journ.
Linn. Soc.*, II, 165 (*Lonicera*).
5. *Hort. eltham.*, 375. — J., *Gen.*, 211. — DC.,

Prodr., IV, 333. — TURP., in *Dict. sc. nat.*, Atl.,
t. 106. — SPACH, *Suites à Buffon*, VIII, 361. —
ENDL., *Gen.*, n. 3334. — PAYER, *Organog.*, 617,
t. 128. — H. BN, in *Adansonia*, I, 360, t. 12.
— B. H., *Gen.*, II, 4, 1227, n. 6. — *Symphori-
carpa* NECK., *Elem.*, n. 220. — *Symphoria* PERS.,
Syn., I, 214. — *Anisanthus* W. (ex ROEM. et
SCH., *Syst.*, V, XIV).

cato, capitellato v. 2-lobo, incluso. Ovula in loculis antico posticoque ∞, angulo interno 2-seriatim inserta (sterilia); in loculis lateralibus solitaria descendentia (fertilia). Fructus carnosus [1], globosus v. ovoideus; putaminibus parvis. Semina descendentia, albuminosa; embryone minuto. — Frutices glabri v. indumento vario; foliis oppositis, breviter petiolatis, integris (v. in ramis junioribus sinuatis lobatisve), exstipulatis; floribus [2] in racemos v. spicas axillares terminalesque glomeruligeros dispositis. (*America bor.*, *Mexicum mont.* [3])

197. Alseuosmia A. CUNN. [4] — Flores hermaphroditi regulares; receptaculo subovoideo; calyce æquali-4, 5-lobo, deciduo. Corolla regularis, tubulosa v. infundibularis; limbi lobis 4, 5, valvatis v. induplicatis; marginibus sinuatis, denticulatis v. lobulatis. Stamina 4, 5; filamentis brevibus v. 0, fauci corollæ insertis; antheris introrsis, inclusis. Germen 2-loculare; disco epigyno depresso; stylo gracili, apice stigmatoso clavato v. capitato. Ovula in loculis ∞, nunc pauca (3, 4), placentæ septo adnatæ inserta, sæpius 2-seriatim adscendentia. Fructus baccatus [5], apice areolatus; seminibus ∞, v. paucis; albumine carnoso; embryone minuto. Frutices polymorphi glabri; foliis alternis v. nunc oppositis, petiolatis, integris v. dentatis; axillis nervorum subtus fasciculo pilorum munitis; floribus [6] axillaribus et lateralibus, solitariis v. paucis cymosis; pedicellis basi bracteolatis. (*Nova-Zelandia* [7].)

198. Lonicera L. [8] — Flores regulares irregularesve; receptaculo globoso v. ovoideo. Calyx brevis, persistens v. deciduus; dentibus 5, æqualibus v. inæqualibus. Corolla campanulata, infundibularis; tubo brevi v. longo, recto v. curvo, basi æquali v. gibbo; limbi subregularis, inæqualis v. 2-lobi, lobis 5, brevibus v. elongatis, æqualibus v. inæqualibus, imbricatis. Stamina 5, tubo v. sub fauce inserta; filamentis brevibus v. longiusculis; antheris introrsis, 2-rimosis, inclusis v. exsertis. Germen 2, 3-loculare; disco sæpius parvo; stylo gracili, apice

---

1. Albus v. purpurascens.
2. Parvis, albis v. roseis.
3. Spec. 5, 6. H. B. K., *Nov. gen. et spec.*, III, 424, t. 295, 296. — A. GRAY, *Man.* (ed. 2), 164; in *Smiths. Contrib.*, V, 66. — *Bot. Mag.*, t. 2211 (*Symphoria*), 4975. — WALP., *Rep.*, II, 416; *Ann.*, II, 732; V, 94.
4. In *Ann. Nat. Hist.*, II, 200. — ENDL., *Gen.*, n. 3341[1]. — H. BN, in *Adansonia*, I, 368. — B. H., *Gen.*, II, 6, n. 13.

5. « Purpureus. »
6. Rubris v. viridulis, suaveolentibus.
7. Spec. 4. HOOK. F., *Fl. N.-Zel.*, I, 102, t 23-25; *Handb. N.-Zeal. Fl.*, 109, 731.
8. *Gen.*, n. 233 (part.). — DESF., *Fl. atl.*, I, 483. — DC., *Prodr.*, IV, 330. — TURP., in *Dict. sc. nat.*, Atl., t. 105. — ENDL., *Gen.*, n. 3337. — SPACH, *Suites à Buffon*, VIII, 347. — PAYER, *Organog.*, 617, t. 127. — H. BN, in *Adansonia*, I, 357, 376, t. 12. — B. H., *Gen.*, II, 5, n. 9.

stigmatoso capitato. Ovula in loculis ∞ , angulo interno inserta. Fructus carnosus; loculis 2, 3, v., ob septa evanida, 1. Semina ∞ ; albumine carnoso; embryone parvo. — Frutices erecti v. scandentes, glabri v. varie pilosi; foliis oppositis, petiolatis v. sessilibus connatisve
(*Caprifolium*[1]), integris v. in ramis nonnullis lobatis v. pinnatifidis;
floribus[2] in cymas contractas dispositis; cymis axillaribus et spurie
verticillatis (*Caprifolium*), v. (*Xylosteon*[3]) ad flores 2, germinibus
liberos v. plus minus alte omninove connatos, stipitatos v. sessiles,
reductis; bracteis sub floribus liberis v. connatis. (*Orbis tot. hemisph.
bor. reg. temp. et calid.*[4])

199. **Triosteum** L.[5] — Flores (fere *Loniceræ*) irregulares; receptaculo ovoideo. Calycis lobi 5, breves v. elongati, subulati foliaceive.
Corolla inæquali-tubuloso-campanulata; tubo obliquo v. leviter curvo,
basi hinc (antice) gibbo; limbi obliqui lobis 5, inæqualibus, imbricatis. Stamina 5, tubo inserta; filamentis liberis; antheris introrsis inclusis, 2-rimosis. Germen inferum; disco epigyno parvo; stylo gracili
incluso, apice stigmatoso depresse capitato, suborbiculari v. breviter
3-5-lobo. Ovula in loculis 3-5, solitaria, e summo angulo loculorum
interno descendentia; micropyle introrsum supera. Fructus carnosus
v. coriaceus, calyce coronatus. Semina 2-5, descendentia, lævia angulata; embryone parvo, albuminoso. — Herbæ perennes, glabræ v. glan-
duloso-pilosæ; foliis oppositis, sessilibus, integris, obovatis v. subpan-
duratis; floribus[6] axillaribus solitariis v. glomerulatis, nunc (ob folia
in bracteas mutata) in spicas breves composito-glomeruligeras dispositis, 2-bracteolatis. (*America bor. temp., Asia temp. mont.*[7])

1. T., *Inst.*, 608, t. 378. — J., *Gen.*, 212. —
Rœm. et Sch., *Syst.*, 5, XIX. — *Periclymenum*
T., *Inst.*, 608, t. 378.
2. Majusculis v. parvis, albis, luteis, viridulis,
roseis v. purpurascentibus, nunc suaveolentibus.
3. T., *Inst.*, 609, t. 379. — J., *Gen.*, 212.—
Xylosteum Torr., *Fl. Unit. St.*, I, 242. —*Chamæcerasus* T., *Inst.*, 609, t. 378. — *Nintooa*
Sw., *Hort. brit.* (ed. 2), 258. — ? *Cobœa* Neck.,
Elem., n. 219 (nec L.).
4. Spec. ad 75. Gærtn., *Fruct.*, t. 27 (*Capri-
folium*). — H. B. K., *Nov. gen. et spec.*, t. 297.
— Hook., *Fl. bor.-amer.*, t. 100. — A. Gray,
in *Smithson. Contrib.*, V, 66. — Jacquem.,
Voy., Bot., t. 85-89. —Wight, *Ill.*, t. 121, 1207;
Icon., t. 1025. — Jaub. et Spach, *Ill. pl. or.*, I,
t. 69-73. — Reichb., *Ic. Fl. germ.*, t. 1172-
1175. — Boiss., *Voy. Esp.*, t. 81, 82; *Fl. or.*,
III, 4. — Hook., *Icon.*, t. 806, 807. — A. Gray,
Man. (ed. 2), 164. — Clos, in *C. Gay Fl. chil.*,
III, 175. — Miq., *Fl. ind.-bat.*, II, 125; Suppl.,

213, 537. — Benth., *Fl. hongkong.*, 143. —
Bedd., *Fl. sylv.*, t. 15, V.— Kurz,*For. Fl. brit.
Burm.*, II, 3. — Hook. f. et Thoms., in *Journ.
Linn. Soc.*, II, 165. — Maxim., in *Bull. Acad.
Pétersb.*, *Mél. biol.*, X, 55.—Willlk. et Lang.,
Prodr. Fl. hisp., II, 331.—Gren. et Godr., *Fl.
de Fr.*, II, 8.— *Bot. Reg.*, t. 31, 70, 138, 556,
712, 1179, 1457; (1844), t. 33 ;(1847), t. 44.—*Bot.
Mag.*, t. 640, 781, 1318, 1753, 1965, 2469, 3103,
3316, 5709. — Walp., *Rep.*, II, 447; VI, 4;
Ann., I, 365; II, 783; V, 94.
5. *Gen.*, n. 134. — J., *Gen.*, 211. — Gærtn.,
Fruct., I, 129, t. 26. — Lamk., *Ill.*, t. 150. —
Poir., *Dict.*, VIII, 108. — DC., *Prodr.*, IV, 329.
— Spach, *Suites à Buffon*, VIII, 328. — Endl.,
Gen., n. 3338. — H. Bn, in *Adansonia*, I, 359.
— B. H., *Gen.*, II, 4, 1227, n. 5.
6. Albidis, flavis v. purpureis.
7. Spec. 3, quarum asiatica 1. Sweet, *Brit. fl.
Gard.*, ser. 2, t. 45. — Wall., in *Roxb. Fl. ind.*,
II, 180. — Bigel., *Med. Bot.*, t. 9.

200. Linnæa GRON. [1] — Flores regulares v. irregulares; receptá-
culo ovoideo v. oblongo, compresso [2]. Calycis lobi 2-6, liberi v. basi
connati, persistentes v. decidui, sæpius angusti. Corolla infundibularis, tubulosa v. subcampanulata, regularis v. irregularis, basi
æqualis v. gibba; lobis 5, æqualibus v. inæqualibus, imbricatis. Stamina 4, inæqualia sub-2-dynamia v. subæqualia; antheris introrsis,
inclusis v. exsertis. Germen 3-loculare; stylo gracili, apice stigmatoso
capitato nunc obtuse 3-lobo, exserto. Ovula in loculis 2 ∞; in tertio 1,
descendens; raphe dorsali [3]. Fructus subglobosus (*Eulinnæa*) v. anguste oblongus v. lageniformis calyceque coronatus (*Abelia* [4]), coriaceo-carnosus, 3-locularis; loculis effœtis 2; tertio autem 1-spermo.
Semen albuminosum; embryone parvo tereti. — Frutices erecti v.
suberecti (*Abelia*), nunc fruticulus repens (*Eulinnæa*); foliis oppositis
v. 3-natis, petiolatis, integris v. dentatis, glabris v. varie pilosis glan-
dulosisve, exstipulatis; floribus [5] summo pedunculo terminalibus v.
axillaribus, subsolitariis, 2-nis (*Eulinnæa*) v. ∞, cymosis; bracteolis
2-4, aut similibus, aut per paria dissimilibus (*Eulinnæa*); acutis 2;
2 autem alternis latis squamiformibus crassis glanduloso-pilosis ger-
minique adnatis [6].(*Orbis totius hemisph. bor. reg. temp. et frigid.* [7])

XIV. SAMBUCEÆ.

201. Sambucus T. — Flores regulares, hermaphroditi v. polygami; receptaculo ovoideo v. turbinato, nunc compresso. Calyx
3-5-lobus v. dentatus. Corolla rotata v. breviter campanulata; lobis
3-5, valvatis v. sæpius imbricatis. Stamina 5, imæ corollæ v. paulo altius
inserta; filamentis gracilibus, subulatis, nunc rugosis; antheris subovatis v. oblongis, sæpius extrorsis, 2-rimosis. Germen 3-5-loculare;

1. In *Linn. Gen.*, n. 774. — J., *Gen.*, 211. —
HALL., *Helv.*, n. 299. — LAMK, *Dict.*, III, 528;
Ill., t. 536. — DC., *Prodr.*, IV, 349. — TURP.,
in *Dict. sc. nat.*, Atl., t. 107. — SPACH, *Suit. à
Buffon*, VIII, 366. — ENDL., *Gen.*, n. 3332. —
H. BN, in *Adansonia*, I, 361. — B. H., *Gen.*,
II, 5, n. 8. — *Obolaria* SIEG., *Prim.*, 79.
2. Hinc 1-nervio, inde 3-7-nervio.
3. Nunc demum laterali.
4. R. BR., in *Clarke's Abel Chin.*, App., 376,
c. icon.; in *Wall. Pl. as. rar.*, I, 14, t. 15. —
DC., *Prodr.*, IV, 339. — ENDL., *Gen.*, n. 3333.
— H. BN, in *Adansonia*, I, 365. — B. H., *Gen.*,
II, 4, n. 7. — *Vesalea* MART. et GAL., in *Bull.
Acad. Brux.*, XI, 242.

5. Albis, roseis, rubris v. lilacinis, nunc suaveolentibus.
6. An hujus generis sectio, germine 4-locu-
lari (*Symphoricarpi*), *Dipelta* MAXIM. (in *Bull.
Acad. Pétersb., Mél. biol.*, X, 78), planta chi-
nensis-occidentalis, nobis incognita, corolla irregulari staminibusque 2-dynamis donata?
7. Spec. ad 8. WAHL., *Fl. lapp.*, 170, t. 9,
fig. 3. — HOOK., *Fl. lond.*, V, t. 199. — WIGHT,
Ill., t. 121 (*Linnæa*). — A. GRAY, *Man.* (ed. 2),
163. — SIEB. et ZUCC., *Fl. jap.*, t. 34 (*Abelia*).
— LINDL., in *Journ. Hort. Soc. Lond.*, I, 63;
in *Bot. Reg.* (1846), t. 8 (*Abelia*); (1847), t. 55
(*Abelia*). — *Bot. Mag.*, t. 4316, 4694 (*Abelia*). —
WALP., *Rep.*, II, 446; VI, 3 (*Abelia*).

disco crassiusculo v. 0; stylo brevi, 3-5-lobo: Ovula in loculis solitaria,
descendentia; micropyle introrsum supera. Fructus drupaceus; pyrenis 3-5, cartilagineis. Semina in pyrenis solitaria oblonga; integumento
tenui; albumine carnoso; embryone albumini subæquali, carnosulo;
cotyledonibus ovoideis; radicula conica supera. — Arbores, frutices
v. herbæ perennes; ramis teretibus; medulla copiosa; foliis oppositis
v. raro 3-natis, imparipinnatis; foliolis incisis, serratis v. laciniatis;
stipulis ad petioli basin glanduliformibus v. minute foliosis; stipellis
nunc ad foliola variis; floribus in corymbos v. racemos composito-
cymiferos densos dispositis; pedicellis articulatis et bracteolatis.
(*Orbis fere totius reg. temp. et trop. mont.*) — *Vid. p.* 359.

202. **Viburnum** T. [1] — Flores (fere *Sambuci*) hermaphroditi v.
polygami; corollæ rotatæ, campanulatæ v. tubulosæ lobis 5, imbricatis. Stamina 5 [2]; antheris introrsis v. extrorsis. Germen 1-loculare
v. rarius 2, 3-loculare; stylo brevi conico; lobis stigmatosis 2, 3, minutis. Ovula cæteraque *Sambuci*. Fructus drupaceus; carne nunc parca
coriaceaque; putamine duro v. chartaceo. Semen sæpius 1, descendens;
albumine carnoso, nunc ruminato, hinc sulcato v. marginibus inflexis;
embryone minuto. — Arbores et frutices; foliis oppositis v. raro 3-natis,
petiolatis, integris, dentatis serratisve; stipulis amplis, parvis v. 0; floribus [3] in corymbos terminales et axillares composito-cymigeros dispositis; pedicellis articulatis, 1, 2-bracteolatis [4]. (*Hemisph. bor. utriusque
reg. temp. et frigid., America andin., Antillæ, Madagascaria [5].*)

1. *Inst.*, 607, t. 367. — L., *Gen.*, n. 370. —
J., *Gen.*, 214. — Gærtn., *Fruct.*, I, 133. —
DC., *Prodr.*, IV, 323. — Spach, *Suit. à Buffon,*
VIII, 306. — Endl., *Gen.*, n. 3340. — H. Bn,
in *Adansonia*, I, 366. — B. H., *Gen.*, II, 3, n. 3.
— Œrst., in *Vidensk. Medd. Naturh. For. Kjob.*
(1860), 1. — *Opulus* T., *Inst.*, 607, t. 376. —
Tinus T., *loc. cit.*, t. 377. — Spach, *Suit. à
Buffon*, VIII, 315. — *Microtinus* Œrst., *loc.
cit.*, 293, t. 6. fig. 7-10. — *Solenotinus* Œrst.,
loc. cit., 294, t. 6, fig. 1-4. — *Oreinotinus* Œrst.,
loc. cit., 281, t. 6, fig. 11-25.
2. In *V. fœtente* « 2-seriata » (B. H.).
3. Parvis, albis, lutescentibus v. ex parte roseis rubentibusve; odore grato v. sæpe fœtido.
4. Sect. 6 (ex Œrst.) : 1. *Opulus:* 2. *Euvibur-
num; 3. Tinus; 4. Microtinus; 5. Oreinotinus;
6. Solenotinus.*
5. Spec. « ad 80 ». Pall., *Fl. ross.*, I, 38,

t. 38 (*Lonicera*). — Jacq., *Fl. austr.*, t. 341;
Hort. vindob., 1, t. 36. — Wight, *Icon.*, t. 1021-
1024. — Wall., *Pl. as. rar.*, t. 61, 134, 169.—
Sieb. et Zucc., *Fl. jap.*, t. 37, 38. — Griseb.,
Fl. Brit. W.-Ind., 315. — A. Gray, *Man.* (ed. 2),
167. — Clos, in *C. Gay Fl. chil.*, III, 173. —
Miq., *Fl. ind.-bat.*, II, 119; Suppl., 213, 537.
— Benth., *Fl. hongkong.*, 442. — Bedd., *Fl.
sylv.*, t. 217. — Fr. et Sav., *Enum. pl. jap.*,
I, 199. — Hook. f. et Thoms., in *Journ. Linn.
Soc.*, II, 174.—Hassk., in *Retzia*, I, 37.—Kurz,
For. Fl. brit. Burm., II, 1. — Boiss., *Fl. or.*,
III, 3. — Willk. et Lang., *Prodr. Fl. hisp.*,
II, 330. — Reichb., *Icon. Fl. germ.*, t. 1170,
1171. — Gren. et Godr., *Fl. *de Fr.*, II, 7. —
Bot. Reg., t. 376, 457; (1847), t. 43, 51.
— *Bot. Mag.*, t. 38, 2082, 2281, 6172, 6215.
— Walp., *Rep.*, II, 450; VI, 7; *Ann.*, I, 365;
V, 96.

XV. ADOXEÆ.

203. **Adoxa** L. — Flores hermaphroditi, 4-6-meri; receptaculo
hemisphærico germinis basin intus adnatam fovente. Calyx perigynus,
margini receptaculi insertus, 2, 3-lobus. Corolla rotata, cum calyce
inserta; tubo brevi; limbi lobis 4-6, imbricatis. Stamina totidem,
corollæ inserta; filamentis profunde 2-fidis; singulis apice dimidiam
antheram gerentibus, scilicet loculum extrorsum subpeltatum, longitudinaliter rimosum. Germen basi inferum, superne liberum ibique
attenuatum in stylum crassum brevemque, mox 3-5-partitum; ramis
erectis crassiusculis, apice subtruncato stigmatosis. Ovula in loculis
(alternipetalis) solitaria, descendentia; micropyle introrsum supera.
Fructus drupaceus, calyce brevi lateraliter auctus; pyrenis 1-5, compressis cartilagineis. Semina in pyrenis solitaria, descendentia, valde
compressa; integumento tenui; albumine duro; embryonis minuti
radicula supera. — Herba humilis perennis (moschata); rhizomate
leviter tuberoso repente, squamigero; ramis aeriis 2-phyllis; foliis
« radicalibus » petiolatis, 3-5-foliolatis v. 2, 3-natisectis; superioribus
3-foliolatis; segmentis lobatis; imo petiolo in vaginam dilatato; floribus (parvis) in .cymas terminales dispositis, brevissime stipitatis
v. sessilibus; terminali 4- v. rarius 5-mero; periphericis 5- v. rarius
6-meris. (*Orbis utriusque hemisph. bor.*) — *Vid. p.* 362.

LXIV
VALÉRIANACÉES

Le type le plus complet de cette petite famille est représenté, non par les *Valeriana* (fig. 396, 404-408) dont elle a tiré son nom, mais plutôt par l'un d'eux, le *V. Jatamansi*, plante du nord de l'Inde, dont on a fait le genre *Nardostachys* [1] (fig. 397-399). Ses fleurs sont hermaphrodites et irrégulières. Leur réceptacle a la forme d'une bourse dont la concavité loge l'ovaire, et dont l'orifice étroit porte le calice et la corolle. Le premier est gamosépale, à peu près régulier, à cinq divisions profondes, ou davantage [2], légèrement imbriquées. La corolle, gamopétale, presque campanulée, est subitement atténuée à sa base en un tube court et étroit, surmonté, au côté antérieur, d'une légère gibbosité dont le fond porte une surface glanduleuse oblongue. Son limbe est partagé en cinq lobes, peu inégaux, imbriqués dans le bouton, de telle façon que l'antérieur est généralement recouvert par les latéraux, eux-mêmes enveloppés par les deux postérieurs. Les étamines, au nombre de quatre, peu inégales, sont formées d'un filet [3], inséré vers le bas du tube de la corolle, et d'une anthère introrse, dont les deux loges,

Valeriana officinalis.

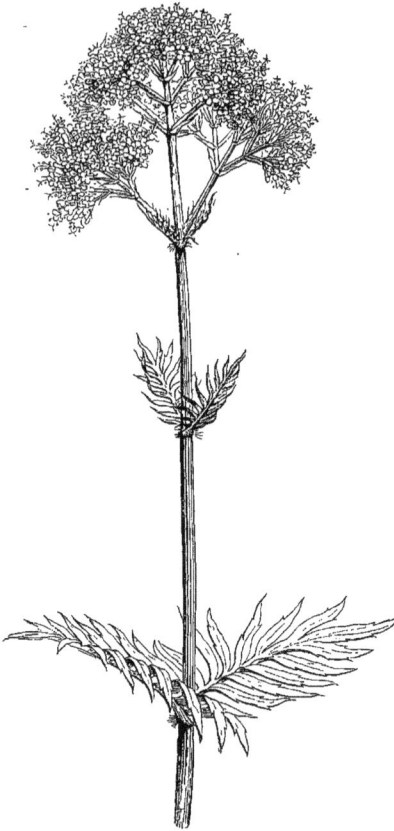

Fig. 396. Rameau florifère.

---

1. DC., *Mém. Valérian.*, 4, t. 1, 2 ; *Prodr.*, IV, 024. — SPACH, *Suit. à Buffon*, X, 307. — ENDL., *Gen.*, n. 2179. — B. H., *Gen.*, II, 153, n. 2.

2. De six à huit, un peu inégales.

3. D'abord deux fois arqué en sens contraire, à peu près en forme d'S.

déhiscentes par des fentes longitudinales, sont libres au-dessous de l'insertion du filet. L'ovaire infère est triloculaire. L'une de ses loges, latérale, fertile, renferme un ovule descendant, inséré tout près de son sommet, et anatrope, avec le raphé primitivement dorsal [1] et le micropyle intérieur et supérieur [2]. Les deux autres loges, plus petites, sont

Nardostachys Jatamansi.

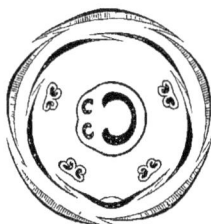

Fig. 397. Fleur ($\frac{4}{}$).   Fig. 398. Diagramme.   Fig. 399. Fleur, coupe longitudinale.

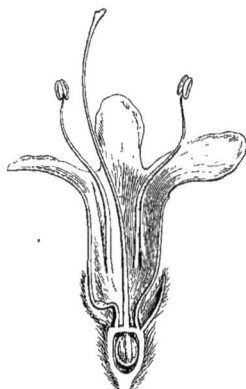

placées de l'autre côté de la fleur; elles sont stériles ou ne renferment qu'un ovule imparfait. Le style, à peine entouré à sa base d'une petite saillie du sommet de l'ovaire, est grêle, exsert, légèrement renflé et oblique à son extrémité stigmatifère presque entière. Le fruit est sec, surmonté du calice réticulé; et triloculaire, avec sa loge fertile munie d'une graine descendante dont les téguments recouvrent un embryon [3] dépourvu d'albumen, à cotylédons elliptiques et à radicule supère. Les deux espèces [4] de ce genre habitent l'Himalaya. Ce sont des herbes [5] vivaces, dont la tige, courte et épaisse, est toute chargée de filaments fibreux, représentant, dit-on, les restes des pétioles d'anciennes feuilles. Les feuilles récentes sont peu nombreuses, opposées,

1. Une légère torsion le rend presque toujours plus tard latéral.
2. Avec un seul tégument incomplet.
3. On le dit de couleur verdâtre.
4. JONES, in *As. Res.*, II, 405; IV, 109 (*Valeriana*). — ROXB., *Fl. ind.*, I, 167 (*Valeriana*).

— VAHL, *Enum.*, II, 13 (*Valeriana*). — DON, in *Lamb. Cinchon.*, 180 (*Valeriana*); *Prodr. Fl. nepal.*, 159 (*Patrinia*). — ROYL., *Illustr. himal.* pl., t. 54.

5. A odeur caractéristique, qui se retrouve dans les Valérianacées en général.

sans stipules, entières, avec un limbe de forme variable. Le sommet atténué de la tige ou de ses quelques divisions est terminé par un petit groupe floral [1], qui simule un capitule et qui est formé en réalité de cymes composées, à pédicelles courts et à bractées [2] libres ou légèrement connées.

A côté des *Nardostachys* se placent les *Patrinia* (fig. 400), herbes vivaces de l'Asie centrale et orientale, qui ont des fleurs à corolle encore un peu moins irrégulières, quatre étamines, un bourrelet calicinal court, entier ou à peine denté, oblique ou inégal, et des fleurs jaunes ou blanches, réunies en cymes composées, corymbiformes, avec des axes de divers degrés bien plus développés. Leur fruit a trois loges, dont une seule est fertile et souvent doublée d'une bractée accrue, suborbiculaire, simulant une aile.

Patrinia intermedia.

Fig. 400. Fleur ($\frac{4}{1}$).

Dans les Valérianelles (fig. 401), dont une espèce vulgaire de notre pays est bien connue sous le nom de Mâche, l'organisation de la fleur est la même, mais il n'y a plus que trois étamines au lieu de quatre. C'est l'une des antérieures qui disparaît avec la supérieure, et celle des antérieures qui persiste, est celle qui se trouve du côté de l'une des trois loges ovariennes qui est fertile. Le calice est court, épais, à divisions fort inégales, ou bien, comme dans le *Valerianella coronata*, à six dents égales ou à peu près. Ce sont des herbes annuelles, à axes dichotomes, qui croissent en Europe, dans l'Asie et l'Amérique du Nord et dans l'Afrique septentrionale. Leurs inflorescences, le plus souvent terminales, sont des cymes composées, souvent corymbiformes.

Valerianella (Dufresnia) orientalis.

Fig. 401. Fruit.

Les *Phyllactis* sont des Valérianacées de l'Amérique tropicale, qui par la fleur se rapprochent beaucoup des *Valerianella*; car leur corolle pentamère est imbriquée et porte trois étamines. La base de son tube est à peu près régulière ou pourvue d'une gibbosité antérieure. Elle est entourée d'un petit bourrelet qui occupe la place du calice et qui peut être dentelé et infléchi, mais qui est plus souvent entier, annulaire ou cupuliforme. Ce sont des

1. Les fleurs sont rouges ou pourprées.   2. Régulières ou insymétriques.

plantes vivaces ou frutescentes, à port très-variable, dressées ou sub-
acaules, trapues, à feuilles entières, rapprochées en rosette, semblables parfois à celles des Saxifrages, Cotylioles, etc., andines. Ailleurs,
leur tige est sarmenteuse, grimpante, avec des feuilles dentées ou dis-
séquées. C'est ce qui arrive surtout dans celles que l'on a nommées
Astrephia, et qui ont souvent les deux loges stériles de l'ovaire assez
grandes et finalement ouvertes en dehors et béantes.

Les *Plectritis*, herbes annuelles des mêmes régions, ont aussi des
fleurs triandres et un petit bour-
relet ou une cupule caliciforme
au sommet de l'ovaire. Mais leur
corolle a le tube prolongé en bas
et en avant en un assez long
éperon étroit. Les loges stériles
du fruit sont nerviformes ou saillantes en ailes involutées. Leurs
feuilles sont entières ou dentées-
sinuées, et leurs cymes contractées sont réunies sur un axe commun en une masse spiciforme.

Fedia Cornucopiæ.

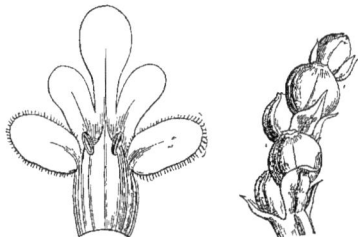

Fig. 403. Corolle étalée
et étamines (⅔).

Fig. 402. Portion
d'inflorescence.

Les *Fedia* (fig. 402, 403) ont des corolles à limbe plus irrégulier que
celle des genres précédents. Il est presque bilabié, et son tube porte vers
la base, du côté antérieur, une plaque glanduleuse elliptique, peu saillante. Le calice est fort irrégulier, court et à quatre ou cinq lobes fort
inégaux. Il n'y a plus que deux étamines, et elles répondent aux deux
postérieures des *Patrinia* et *Valerianella*. L'ovaire est à trois loges, dont
une seule fertile, et surmonté d'un style dont l'extrémité stigmatifère
est partagée en trois branches très-petites. La seule espèce connue, le
F. Cornucopiæ, est une herbe annuelle de la région méditerranéenne;
elle a le port des Valérianelles et des fleurs en cymes unipares, dont
les axes s'épaississent et s'indurent à l'époque de la fructification.

Les Valérianes (fig. 396, 404-408) diffèrent avant tout des genres
qui précèdent par la présence autour du bord de leur réceptacle, et,
par suite, de leurs fruits, d'une sorte d'aigrette, ordinairement décrite
comme un calice dont les éléments seraient subdivisés en lanières.
Elle a la forme d'un entonnoir très-court et d'une seule pièce, bientôt partagé en un nombre variable de languettes subulées, plumeuses,
d'abord étroitement involutées, puis finalement étalées et servant à la
dissémination du fruit mûr et sec. La corolle est irrégulière, plus ou

moins gibbeuse à la base et en avant, avec un limbe à cinq divisions
(plus rarement quatre ou six), imbriquées dans le bouton, et les étamines sont au nombre de trois, comme dans les Valérianelles, c'est-
à-dire que la postérieure fait défaut, de même qu'une de celles qui

Valeriana officinalis.

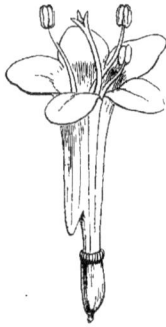

Fig. 404. Fleur ($\frac{1}{1}$).

Fig. 405. Fleur,
une des moitiés.

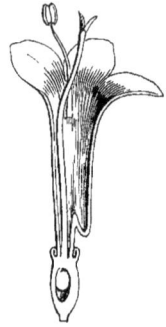

Fig. 406. Fleur,
l'autre moitié.

alternent avec le lobe antérieur de la corolle ; plus rarement l'androcée
est composé d'une ou deux pièces seulement. L'ovaire n'a qu'une
loge fertile et renfermant un ovule descendant, à micropyle primitivement supérieur et intérieur ; les deux autres sont nerviformes ou

Valeriana officinalis.

Fig. 407. Fruit ($\frac{1}{1}$).

Fig. 408. Fruit, coupe longitudinale.

à peu près invisibles. Elles se retrouvent rarement dans le fruit monosperme, et dont la graine descendante, généralement dépourvue
d'albumen, renferme un embryon charnu à cotylédons plus ou moins
aplatis et à radicule supère. Ce sont des herbes annuelles ou vivaces,
parfois frutescentes à la base, polymorphes comme les *Phyllactis*,
rarement grimpantes, à feuilles opposées, entières, pinnatifides ou deux

ou trois fois pinnatiséquées, parfois dimorphes dans une seule et
même espèce ; à fleurs hermaphrodites ou unisexuées, disposées en
cymes composées terminales, çà et là racémiformes
ou spiciformes. Elles habitent toutes les régions
tempérées et froides de l'hémisphère boréal dans les
deux mondes, et celles de l'hémisphère austral en
Amérique.

Les *Centranthus* (fig. 409) sont des Valérianes
dont l'androcée est généralement réduit à une seule
étamine, celle des deux latérales qui est placée du
côté de la loge fertile de l'ovaire. La corolle a un
limbe bilabié, un tube étroit prolongé en avant et en
bas en un éperon grêle et long, et une sorte de cloison
qui partage le tube dans une grande étendue en
deux compartiments étroits, dans l'un desquels, le
postérieur, passent le style et l'étamine fertile, tandis
que l'autre se continue inférieurement avec la cavité
de l'éperon. Les *Centranthus* sont des herbes annuelles ou vivaces, de la région méditerranéenne, qui ont des feuilles
opposées, entières ou en partie dentées ou pinnatiséquées, et des fleurs
disposées en grappes terminales composées de cymes.

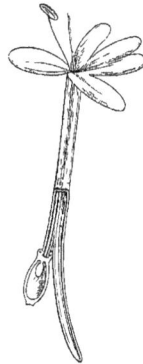

Centranthus ruber.

Fig. 409. Fleur,
l'ovaire
et l'éperon ouverts.

Cette petite famille n'était pas admise par A.-L. DE JUSSIEU; il plaça[1]
parmi les Dipsacées, avec lesquelles elles ont tant d'affinités, les Valérianes par lui confondues avec les Mâches[2]. C'est A.-P. DE CANDOLLE
qui, en 1815[3], établit une famille des Valérianées[4], qu'il étudia ensuite
dans un Mémoire spécial[5], et dans laquelle il comprenait onze genres :
Patrinia, *Nardostachys*, *Dufresnia*, *Valerianella*, *Astrephia*, *Fedia*,
Plectritis, *Centranthus*, *Valeriana*, *Betckea* et *Triplostegia*. Trois d'entre
eux font, à notre avis, double emploi, et le *Triplostegia* a été reporté
parmi les vraies Dipsacées. Les successeurs de DE CANDOLLE n'ont que
fort peu modifié le cadre de cette famille[6]. MM. BENTHAM et HOOKER[7]

1. *Gen.* (1789), 195.
2. ADANSON avait cependant, en 1763 (*Fam. des pl.*, II, 152), distingué des *Valeriana* les *Fedia;* il place aussi dans cette même section ses *Poly-premnum* (*Valerianella*).
3. *Fl. franç.* (éd. 3), V, 232.
4. *Volerianeæ* DC., *Prodr.*, IV (1830), 623, Ord. 99. — *Valerianaceæ* LINDL., *Veg. Kingd.*

(1846), 697, Ord. 270. En 1811, DUFRESNE avait publié sa monographie bien connue : *Histoire naturelle et médicale de la famille des Valé-rianées* (Montpellier, in-4°).
5. *Notice sur la famille des Valérianées* (1832).
6. K., in *Desvx Journ. bot.*, II, 174. — BARTL., *Ord. nat.*, 130. — ENDL., *Gen.*, 350, Ord. 118.
7. *Gen.*, II, 151, Ord. 85.

y conservent neuf genres et estiment à trois cents environ le nombre
des espèces. Ce sont des plantes des régions froides et surtout tempérées de l'hémisphère boréal, notamment de l'ancien monde, moins
abondantes relativement dans l'Amérique du Nord. L'Amérique du
Sud, principalement dans ses régions occidentale et andine, est riche
en *Valeriana*, *Plectritis* et *Astrephia*. Il y a peu de Valérianacées dans
l'Amérique méridionale de l'est et aux Antilles, de même que dans
l'Asie tropicale. Les genres *Nardostachys* et *Patrinia* sont propres
aux régions asiatiques tempérées du centre et de l'extrême Orient. Les
Valérianacées observées dans l'Afrique australe sont des Valérianelles
introduites et le *Valeriana capensis*, sur l'indigénat duquel on a même
exprimé des doutes. On ne connaît point, dit-on, de plante de cette
famille qui soit spontanée en Australie. L'Europe possède seulement
les trois genres *Valeriana*, *Valerianella* et *Centranthus*.

AFFINITÉS. — Les Valérianacées ont naturellement d'étroites affinités avec les Dipsacées, puisqu'elles ont été rangées dans la même
famille qu'elles. Elles s'en distinguent presque toujours par leur gynécée tricarpellé et par l'absence dans les Dipsacées de loges rudimentaires avec ou sans ovules avortés. Les Dipsacées ont dans la graine
un albumen qui manque complétement ou à peu près dans les Valérianacées; ces dernières, quoique leurs fleurs puissent être accompagnées
de bractées plus ou moins unies ou accrescentes, n'ont pas l'involucelle
véritable qui entoure les fleurs des Dipsacées. On tire aussi, non sans
raison, un caractère de l'odeur ordinairement fétide, et facilement
reconnaissable, que possèdent les Valérianacées. Comme la corolle
de celles-ci est presque toujours irrégulière [1], et comme leurs étamines sont toujours en nombre inférieur à celui des divisions de la
corolle [2], ce n'est pas parmi les Rubiacées de nos douze premières

---

1. Pour la disposition des parties, voy. PAYER,
Organog., t. 130. — EICHL., *Bluthendiagr.*, I,
275. Cette disposition dérive toujours facilement
de celle de la fleur du *Nardostachys*, telle que
la donne la figure 398 (p. 505). Normalement, la
division antérieure de la corolle, celle qui répond à l'éperon, quand il existe, est enveloppée
par les deux lobes voisins que les deux lobes
postérieurs recouvrent à leur tour Il y a de fré-
quentes anomalies; mais le lobe antérieur du
Fedia Cornucopiæ, celui qui répond à la glande
du tube, est normalement dans le même cas,

quoique M. EICHLER (*loc. cit.*, fig. E) l'ait représenté comme enveloppant. Dans le *Centranthus*,
le tube qui renferme l'étamine et le style répond, non à ce lobe symétrique, mais au lobe 1
du quinconce, celui des deux postérieurs qui
recouvre l'autre. La loge fertile du gynécée ne
répond jamais au plan de symétrie qui passe-
rait par le milieu de l'éperon, mais elle lui est
latérale, et normalement située du côté où les
étamines sont le plus nombreuses.

2. L'androcée dérive aussi de celui des *Nardostachys*, où, avec cinq lobes à la corolle, il y

séries que se trouvent les types de cette famille les plus analogues aux Valérianacées, mais bien dans la série des Lonicérées, là où il y a ordinairement des corolles irrégulières, un style à extrémité stigmatifère entière ou peu divisée, des étamines souvent au nombre de quatre et inégales, avec cinq divisions à la corolle, et souvent aussi un seul ovule descendant, à raphé dorsal, comme celui des Valérianacées. Mais les Lonicérées ont un albumen abondant, comme il arrive dans le plus grand nombre des Rubiacées proprement dites, parmi lesquelles il est à remarquer qu'on observe aussi un certain nombre de plantes qui par leur odeur fétide sont les analogues des Valérianacées [1]. Ces dernières ne sont d'ailleurs pas des plantes arborescentes; leurs tiges [2] sont herbacées ou bien plus rarement frutescentes.

USAGES [3]. — L'odeur des Valérianacées est presque toujours caractéristique, avec des variantes : le plus ordinairement fétide, quelquefois plus ou moins agréable, dit-on. Elle est due à l'essence de Valériane ou à quelque substance analogue. Cette essence, telle qu'on l'obtient par la distillation, renferme une résine, un camphre assez analogue au bornéol, de l'acide valérique, du valérol et du bornéène, qui est un carbure d'hydrogène. La plus employée des Valérianes, principalement comme médicament antispasmodique, contre diverses névroses, les fièvres, les helminthes, etc., est la V. officinale [4] (fig. 396, 404-408), dont on ne prescrit guère chez nous que la portion souter-

---

a quatre étamines. C'est celle qui alternerait avec les deux lobes postérieurs qui fait ici défaut. Les étamines disparaissent en partant du lobe antérieur : soit les deux antérieures (*Fedia*), soit l'une d'elles (*Valeriana, Valerianella*), soit, outre les deux antérieures, l'une des deux latérales, celle qui n'est pas du côté de la loge ovarienne fertile (*Centranthus*).

1. On dit que plusieurs *Viburnum* renferment même de l'acide valérique.

2. Ces tiges sont très-variables comme forme et comme dimensions; il y a des Valérianacées « acaules », c'est-à-dire à tiges fort courtes, et d'autres à tiges grimpantes, allongées et grêles. Plusieurs de ces tiges ont été étudiées anatomiquement dans une thèse de M. J. CHATIN, qui y a signalé, entre autres découvertes, un « système cortical généralement privé de fibres libériennes ». Le reste ressemble beaucoup aux prétendues études anatomiques de M. A. CHATIN.

3. ENDL., *Enchirid.*, 227. — LINDL., *Veg. Kingd.*, 698; *Fl. med.*, 471. — GUIB., *Drog. simpl.* (éd. 7), III, 67. — ROSENTH., *Synops. plant. diaphor.*, 253.

4. *Valeriana officinalis* L., *Spec.*, 45. — DUFR., *Valér.*, 40. — BLACKW., *Herb.*, t. 171. — WOODW., *Med. Bot.*, I, 190. — HAYN., *Arzn. Gew.*, III, t. 32. — DC., *Prodr.*, IV, 641, n. 80. — MÉR. et DEL., *Dict. Mat. méd.*, VI, 830. — PIERLOT, *Not. sur la Valériane.* — GUIB., *Drog. simpl.* (éd. 7), III, 68, fig. 590. — GREN. et GODR., *Fl. de Fr.*, II, 54. — BERG et SCHM., *Darst. Off. Gew.*, t. 28, d. — HANB. et FLÜCK., *Pharmacogr.*, 337. — CAZ., *Pl. méd. indig.* (éd. 3), 1080. — *V. excelsa* POIR., *Dict.*, VII, 301. — *V. altissima* MIK., in *Besser Enum.*, 4. — *V. repens* HOST, *Fl. austr.*, I, 35 (*Valériane sauvage, Petite Valériane, Herbe aux chats, H. Saint-George, H. à la meurtrie.* — *Valeriana sylvestris, Phu germanicum, Phu parvum* off.).

raine. La grande Valériane (*Valeriana Phu* [1]) passait pour aussi usitée
chez les anciens, et ses propriétés sont en effet les mêmes, quoique
moins énergiques; mais beaucoup d'auteurs ont pensé que l'espèce
vantée par Dioscoride était une plante différente à laquelle on a donné
le nom de *V. Dioscoridis* [2]. Le *V. dioica* [3], petite espèce de nos prairies
marécageuses, peut être employé aux mêmes usages que le *V. officinalis;* il en est de même des *V. pyrenaica* [4], *tuberosa* [5], *tripteris* [6],
montana [7], *italica* [8], *asarifolia* [9], *sambucifolia* [10], *saxatilis* [11], espèces
européennes, du *V. capensis* [12], du *V. japonica* [13], des *V. Wallichii* [14]
et *Hardwickii* [15], espèces de l'Inde, et du *V. sitchensis* [16], de l'Amérique du Nord. Les *V. celtica* [17], *saliunca* [18] et quelques autres, constituent le Nard celtique, médicament autrefois célèbre, qui fait partie
de la Thériaque et qui est encore employé comme parfum, mais qui ne
saurait être confondu avec les Nards indiens. Ceux-ci se distinguent en
Nard vrai, qui est la souche du *Nardostachys Jatamansi* [19] (fig. 397-399),
parfum précieux et médicament stimulant, jadis recherché, auquel on
a souvent substitué des Nards faux, attribués à un autre *Nardostachys* [20]
des mêmes contrées et même à quelques *Valeriana*. Le *Centranthus ruber* [21] (fig. 409) a, dit-on, les mêmes propriétés que les Valé-

1. L., *Spec.*, 45.— Hayn., *loc. cit.*, t. 33.—
Guid., *loc. cit.*, 71. — Gren. et Godr., *Fl. de
Fr.*, II, 51 (Grandé Valériane, V. des jardins).
2. Sibth. et Sm., *Fl. græc.*, I, 24, t. 33. —
Lindl., *loc. cit.*, 472.
3. L., *Spec.*, 44. — Dufr., *Valér.*, 29. —
Hayn., *loc.cit.*, t.31.— Poit. et Turp., *Fl. par.*,
t. 41. — Gren. et Godr., *loc. cit.*, 55.— *V. sylvestris* Gray. — *V. montana* Wahl. (Petite Valériane, V. des marais, V. aquatique, Nard
champêtre. — Phu minor, V. palustris off.).
4. L., *Spec.*, 636.— Sow., *Engl. Bot.*, t.1591.
— DC., *Prodr.*, IV, 636, n.42. — Gren. et Godr.,
loc. cit., 55. — Pluk., *Almag.*, t. 232, fig. 1.
5. L., *Spec.*, 46. — DC., *Prodr.*, n. 46. —
Gren. et Godr., *loc. cit.*, 55.
6. L., *Spec.*, 45.— Jacq., *Fl.austr.*, t. 268.
— DC., *Prodr.*, n. 41.— *V. intermedia* Vahl.
7. L., *Spec.*, 45.— DC., *Prodr.*, n. 34. —
V. cuspidata Bertol. — *V. intermedia* Sternb.
8. Lamk, *Ill.*, I, 92.— DC., *Prodr.*, n. 43.—
V. tuberosa Imp., *Hist. nat.* (ed. 2), 656, icon.
9. Dufr., *Valér.*, 44.
10. Mik., in *Ræm. et Sch. Syst.*, I, 351.
11. L., *Spec.*, 45 (nec Lap.?). — Jacq., *Fl.
austr.*, t. 267. — DC., *Prodr.*, n. 35.
12. Thunb., *Fl.cap.*, 33.—Harv. et Sond., *Fl.
cap.*, III, 40. (On a révoqué en doute son indigénat au Cap.)
13. Bl., ex Rosenth., *op. cit.*, 256.
14. DC., *Not. Valér.*, t. 4; *Prodr.*, n. 75.

15. Wall., in *Roxb. Fl. ind.*, I, 166. — DC.,
Prodr., n. 76. — *V. Hardwickiana* Rœm. et
Sch., *Mantiss.*, I, 259.— ? *V. elata* Don, *Prodr.
Fl. nepal.*, 159 (ex DC.).
16. Bong., ex Rosenth., *op. cit.* (Espèce re-
gardée comme très-active par les Russes.)
17. L., *Spec.*, 46. — Jacq., *Coll.*, I, t. 24,
fig. 1. — Dufr., *Valér.*, 47. — DC., *Prodr.*, IV,
636. — Mer. et Del., *Dict. Mat. méd.*, VI, 828.
— Guib., *loc. cit.*, 71, fig. 591. — Rosenth.,
op. cit., 255. — *V. saxatilis* Vill. (ex Poir.).
(Spica celtica off.).
18. All., *Fl. pedem.*, I, 3, t. 70, fig. 1.—DC.,
Prodr., n. 37. — *V. supina* DC. (nec Jacq.). —
V. celtica Vill. (nec L.), *Dauph.*, II, 285. (Sa
présence dans le Nerd celtique a été contestée.)
19. DC., *Not. Valér.*, t. 1; *Prodr.*, IV, 624,
n. 1.— Royle, *Ill. himal.*, 243, t. 54.— Lindl.,
Fl. med., 471. — Guib., *loc. cit.*, 74, fig. 592,
593. — Rosenth., *op. cit.*, 253. — *Valeriana
Jatamansi* Jon., in *As. Res.*, II, 405; IV, 109.
— Lamb., *Ill. Cinch.*, 177 (1797). — *V. Spica*
Vahl, *Enum.*, II, 13 (1806). — *Patrinia Jata-
mansi* Don, *Prodr. Fl. nepal.*, 159. — *Nardus*
Garc., *Arom.*, 133.— *N. indica* J. Bauh., *Hist.*,
III, p. II, 202 (Spica Nardi, Nardus Gangitis,
Spicanard, Spikenard).
20. *N. grandiflora* DC., *loc. cit.*, t. 2; *Prodr.*,
n. 2. — *Fedia grandiflora* Wall.
21. DC., *Fl. fr.*, IV, 239. — Dufr., *Valér.*, 39.
— DC., *Prodr.*, IV, 632, n. 3 — *C. maritimus*

rianes [1]; on a quelquefois mangé ses jeunes pousses. Au Pérou, les *Astrephia chærophylloides* [2] et *coarctata* [3] sont indiqués comme anti-spasmodiques et vulnéraires. Les *Valerianella*, dont les feuilles sont ordinairement molles, et à peu près insipides, ne sont guère employés que comme plantes potagères, notamment la Mâche commune (*V. olitoria* [4]), et secondairement les *V. coronata* [5], *eriocarpa* [6], *carinata* [7], *Auricula* [8], *dentata* [9], *Morisonii* [10] et *samolifolia* BERT., du Chili. Les Valérianacées cultivées comme ornementales sont des *Centranthus, Valeriana, Fedia* et *Patrinia*. Les *Centranthus ruber* et *angustifolius*, principalement le premier, sont de ces plantes que l'on considère comme étant d'origine méridionale et qui se seraient naturalisées non-seulement dans le nord du continent, mais même en Angleterre, où elles persistent sur les murailles des vieux édifices.

GRAY. — *C. latifolius* DUFR. — *Valeriana rubra* L. (part.), *Spec.*, 44 (*Valériane rouge, Behen rouge, Cornaccia, Lilas de terre, Barbe de Jupiter*).

1. On accorde ces propriétés aux *C. angustifolius* DC. et *Calcitrapa* DUFR. (*Valér.*, 39).

2. DUFR., ex DC., *Prodr.*, IV, 629, n 1. — *Valeriana chærophylloides* SM. — *V. laciniata* R. et PAV., *Fl. per.*, I, t. 69, fig. a.

3. DUFR., *Valér.*, 50. Pour DE CANDOLLE, c'est un *Valeriana*.

4. MŒNCH, *Meth.*, 493. — DC., *Prodr.*, IV, 625, n. 1. — GREN. et GODR., *Fl. de Fr.*, II, 58. — *Fedia olitoria* VAHL. — *F. Locusta* REICHB. — *Valeriana olitoria* W., *Spec.*, I, 182 (*Doucette, Salade de blé, S. d'hiver, Orillette, Blanquette, Blanchette, Clairette, Chuquette, Gallinette, Bourselte, Accroupie, Salade de chanoine, S. verte, S. royale, Coquille, Poule grasse, Barbe de chanoine*).

5. DC., *Fl. fr.*, n. 2333; *Prodr.*, n. 20. — GREN. et GODR., *Fl. de Fr.*, II, 65. — *V. hamata* BAST. — *Fedia sicula* GUSS. — *F. coronata* VAHL. — *Valeriana coronata* W. (*Mâche d'Italie, M. couronnée*).

6. DESVX, *Journ. bot.*, II, 314, t. 11, fig. 2. — DC., *Prodr.*, n. 9. — *Fedia eriocarpa* RŒM. et SCH. — *F. campanulata* PRESL. — *F. rugulosa* STEV.

7. LOISEL., *Not.*, 149. — DC., *Prodr.*, n. 23. — *Fedia carinata* STEV.

8. DC., *Fl. fr.*, Suppl., 492; *Not. Valér.*, t. 3, fig. 6; *Prodr.*, n. 14. — *Fedia olitoria* GÆRTN. (*Oreillette*).

9. DC., *Fl. fr.*, n. 3331; *Prodr.*, n. 15. — *Valeriana dentata* W. — *Fedia dentata* VAHL., *Enum.*, II, 20.

10. DC., *Prodr.*, n. 11. — *Fedia dentata* BIEB. — *F. dasycarpa* STEV., in *Mém. Mosc.*, V, 318. — *F. Morisonii* SPRENG, *Pugill.*, I, 4.

GENERA

1. **Nardostachys** DC. — Flores hermaphroditi, leviter irregulares ; receptaculo sacciformi germen intus adnatum fovente. Calyx membranaceus, post anthesin leviter auctus ; lobis 5, imbricatis. Corolla leviter irregularis, hinc (antice) parce gibba ibique glandula depressa aucta ; lobis 5, imbricatis, demum patentibus. Stamina 4 (postico deficiente), corollæ inserta, vix inæqualia ; filamentis contrarie incurvis ; antheris introrsis dorsifixis, exsertis, 2-rimosis. Germen inferum ; disco epigyno subnullo ; stylo gracili exserto, apice stigmatoso vix dilatato truncato. Loculi 3, quorum steriles 2, laterales ; ovulo minimo casso v. 0. Ovulum in loculo fertili 1, e placenta subapicali descendens, anatropum ; raphe dorsali, demum nonnihil laterali ; micropyle supera. Fructus siccus, indehiscens, obconico- v. ovoideo-turbinatus, calyce coronatus ; loculis sterilibus fertili vix minoribus. Semen descendens exalbuminosum ; embryonis recti crassiusculi cotyledonibus oblongis ; radicula supera breviore. — Herbæ perennes ; caudice crasso (odorato), basi foliorum vetustiorum persistente fibriformi dense obtecto ; foliis oppositis, crenato-dentatis v. sæpius integris, exstipulatis ; inferioribus elongatis ; superioribus in parte caulis scapiformi paucis et minoribus ; floribus in cymas terminales composito-racemosas subcapituliformes dispositis ; bracteis oppositis, liberis v. vix connatis. (*Himalaya*.) — *Vid. p.* 504.

2. **Patrinia** J. [1] — Flores *Nardostachydis ;* calyce parvo, inæquali, subintegro v. sinuato obtuseve dentato, haud aucto. Corollæ lobi 5, subæquales, imbricati, patentes. Stamina 4 [2] cæteraque *Nardostachydis.*

1. In *Ann. Mus.*, X, 311. — DC., *Not. Valér.*, 4 ; *Prodr.*, IV, 623. — Endl., *Gen.*, n. 2178. — H. Bn, in *Payer Fam. nat.*, 240. — B. H., *Gen.*, II. 153, 1232, n. 1. — *Fedia* Adans., *Fam. des pl.*, II, 152 (nec Moench). — *Mouffetta* Neck., *Elem.*, I, 124. — *Gytonanthus* Rafin., in *Ann. sc. phys.*, VI, 88.

2. « Nunc 2 v. 5 » (?).

Germen 3-loculare; loculis 2 sterilibus[1]; stylo apice ˘subintegro.
Fructus siccus, bractea acuta 2-nervi reticulataque appressa nunc lateraliter auctus; loculis sterilibus ampliatis fertilique subæqualibus v.
longioribus. — Herbæ perennes, glabræ v. villosulæ; foliis oppositis,
semel v. bis pinnatifidis v. pinnatisectis; inferioribus nunc integris
v. subintegris; floribus[2] in racemos terminales cymigeros dispositis,
bracteatis bracteolatisque[3]. (*Asia centr. temp. et or.*[4])

3. **Valerianella** Mœnch[5].—Flores plus minus irregulares; receptaculo sacciformi vario. Calyx (?) brevis integer, sinuatus dentatusve, nunc
obliquus v. 0, plerumque post anthesin varie auctus, patens v. erectus,
nunc globoso-inflatus, regularis[6] vel irregularis, 2-6-dentatus v. lobato-
3-cornis, nunc in aristas rigidas v. rigidulas arcuatas, recurvas v. unci-
natas, lobatus, rarius immutatus. Corolla plus minus irregularis, basi
contracta v. attenuata; tubo brevi v. elongato, secto v. sæpius hinc obtuse gibbo[7]; limbi lobis 5, imbricatis, demum patentibus. Stamina 3,
quorum anticum 1; 2 autem lateralia. Germen 3-loculare; loculis
sterilibus 2; stylo apice breviter v. brevissime 3-lobo. Fructus siccus,
nunc spongiosus, calyce sæpius coronatus; loculis vacuis angustis,
fertili minoribus v. nerviformibus, contiguis v. remotis, nunc æqualibus v. majoribus, raro longitudinaliter v. introrsum tantum contiguis
(*Dufresnia*[8]). Cætera *Patriniæ*. — Herbæ annuæ, sæpius parvæ; ramis 2-chotomis; foliis inferioribus rosulatis integris; superioribus
sæpius minoribus v. ex parte bracteiformibus, integris, dentatis, crenatis, incisis v. pinnatifidis; floribus[9] in cymas composito-ramosas
corymbiformes, sæpe 2, 3-chotomas, nunc contractas et capituliformes,
dispositis; bracteis variis liberis[10]. (*Europa, Asia et Africa medit.,
America bor.*[11])

1. Ovulo parvo effœto v. 0.
2. Flavis v. albis.
3. Sect. 3 : 1. *Eupatrinia*; 2. *Atrinia* (Ledeb.);
3. *Centronisia* (Maxim., in *Bull. Acad. Pétersb.*,
XII, 67; *Mél. biol.*, VI, 267).
4. Spec. 2, 3. Gærtn., *Fruct.*, t. 86, fig. 3
(*Fedia*). — Thunb., *Fl. jap.*, t. 6 (*Valeriana*).
— Reichb., *Icon. exot.*, t. 20, 83, 94. — Sweet,
Brit. Fl. Gard., t. 154. — Bge, in *Ann. sc. nat.*,
sér. 2, VI, 70. — Fr. et Sav., *Enum. pl. jap.*, I,
216. — *Bot. Mag.*, t. 714, 2325 (*Valeriana*). —
Walp., *Rep.*, II, 526; *Ann.*, I, 986.
5. *Meth.*, 493 (part.). — Betcke, *Anim. Va-
lerianell.* (Rost., 1826). — DC., *Not. Valér.*,
(1832), 10, t. 3, fig. 2-10; *Prodr.*, IV, 625. —
Dufr., *Valér.*, t. 23. — Endl., *Gen.*, n. 2181.

— Krok, *Monogr. Valer.*, in *K. Sw. Vet. Akad.
Handl.*, V (1864), n. 1, 4 tab.—H. Bn, in *Payer
Fam. nat.*, 240. — B. H., *Gen.*, II, 156, n. 9.
— *Polypremum* Adans., *Fam. des pl.*, II, 152
(nec L.). — *Odontocarpa* Neck., *Elem.*, I, 123.
6. In *V. coronata* æquali-dentatus.
7. Nec calcarato.
8. DC., *Not. Valér.*, 8, t. 3, fig. 1 (fig. unde
401); *Prodr.*, IV, 624. — Endl., *Gen.*, n. 2180.
9. Parvis v. minimis, albis, roseis, rubellis
v. cærulescentibus.
10. Sect. 2 (ex DC., B. H. et aliis) : 1. *Sipho-
nella* (Torr. et Gn.); 2. *Brachysiphon;* hæc in
series 4 divisa (*Locustæ, Cornigeræ, Psilocœlæ,
Platycœlæ*).
11. Spec. ad 46 Reichb., *Icon. bot.*, t. 60-70,

4. Phyllactis PERS. [1] — Flores fere *Valerianellæ*, sæpius 3-andri. Fructus 3-locularis; loculis vacuis angustis, nerviformibus v. vix conspicuis (*Euphyllactis*[2]), v. rarius fertili subæqualibus, sæpe confluentibus necnon extus apertis (*Astrephia*[3]); calyce brevi v. brevissimo nunc subnullo (v. 0) raro dentato coronatus. Cætera *Valerianellæ*.— Herbæ perennes, erectæ v. laxe ramosæ scandentesve, rarius suffrutices v. (*Euphyllactis*) frutices[4]; foliis integris, dentatis, pinnatifidis v. semel bisve pinnatisectis; floribus[5] in cymas compositas plus minus laxe racemosas v. contractas et capituliformes, axillares v. terminales, dispositis; bracteis forma valde variis, liberis v. connatis. (*America utraque calid. et temper., imprim. andina*[6].)

5. Plectritis DC. [7] — Flores (fere *Phyllactidis* v. *Valerianellæ*) irregulares, 3-andri; calyce brevissimo annulari v. 0. Corolla basi tubulosa; tubo ad basin antice longe angusteque calcarato; limbo vix irregulari, 5-lobo, imbricato. Germen 3-loculare; loculo 1 fertili; stylo apice breviter 3-lobo. Fructus siccus; loculis sterilibus 2 nerviformibus v. in alas breves incurvas conniventes crassas, margine attenuatas, dilatatis. Semen cæteraque *Phyllactidis*. — Herbæ annuæ[8]; foliis integris, sinuatis v. dentatis; floribus[9] terminalibus v. ad folia superiora axillaribus et in cymas composito-ramosas contractas spiciformes v. capituliformes dispositis. (*California, Chili*[10].)

113-116 (*Fedia*); *Icon. Fl. germ.*, t. 708-716.— SIBTH., *Fl. græc.*, t. 34 (*Valeriana*). — TORR., *Fl. N.-York*, t. 46. — BOISS., *Diagn. or.*, ser. 2, 120; VI, 92; *Fl. or.*, III, 94. — LANG., *Pl. nov. Hisp.*, t. 28. — WILLK. et LANG, *Prodr. Fl. hisp.*, II, 7. — WOODS, in *Trans. Linn. Soc.*, XVII, 421, t. 21. — BALL, *Spicil. marocc.*, in *Journ. Linn. Soc.* (1878), 491.—GREN. et GODR., *Fl. de Fr.*, II, 58. —FR. et SAV., *Enum. pl. jap.*, I, 217. —WALP., *Rep.*, II, 526, 528, 944 (*Fedia*); VI, 79; *Ann.*, II, 801.

1. *Synops.*, I, 39 (1805). — B. H., *Gen.*, II, 153, n. 4.

2. Non WEDD. (*Phyllactis* Auctt.)

3. DUFR., *Valér.*, (1811), 50 (part.). — DC., *Not. Valér.*, 12; *Prodr.*, IV, 629. — ENDL., *Gen.*, n. 2182. — B. H., *Gen.*, II, 153, n. 3.— *Hemesotria* RAFIN., in *Ann. phys.*, VI, 88. — *Oligacoce* W. (ex ENDL.). — *Porteria* HOOK., *Icon.*, t. 864. — KARST., *Fl. colomb.*, II, 99, t. 151. — *Amblyorrhina* TURCZ., in *Bull. Mosc.* (1852), II, 168.

4. Adspectus valde varius (char. haud gener.) : plantæ graciles scandentes, *Fumariæ* v. *Cardiospermo*, etc., haud absimiles (*P. chærophylloides*),

v. adspectu et foliis *Valerianellæ* (*P. Mandoniana*), *Mulinearum* (*P. crassipes*), *Monocotyledonearum* (*P. rigida, bracteata*), nunc *Saxifragarum* et *Primulacearum* parvarum monticolarum (*P. aretioides*) v. foliis brevibus cordatis crassis arcte imbricatis (*P. cordifolia*), etc.

5. Albis v. roseis.

6. Spec. 30-35. DC., *Prodr.*, IV, 632, 633 (*Valerianæ* sect. 1, 2). — R. et PAV., *Fl. per.*, t. 65, 68, 69 (*Valeriana*). — POEPP. et ENDL., *Nov. gen. et spec. pl.*, t. 214 (*Valeriana*). — HOMBR. et JACQUIN., *Voy. pôle sud*, t. 16 (*Valeriana*). — WEDD., *Chl. andin.*, II, 28, t. 47. — WALP., *Rep.*, II, 528 (*Astrephia*); *Ann.*, V, 157 (*Amblyorrhina*).

7. *Not. Valér.*, 13; *Prodr.*, IV, 631.—ENDL., *Gen.*, n. 2184. — B. H., *Gen.*, II, 155, n. 8. — — ? *Betckea* DC., *Not. Valér.*, 18; *Prodr.*, IV, 642.

8. *Valerianellæ* facie (cujus forte potius sectio, adspectu peculiari?).

9. Roseis.

10. Spec. 3. LINDL., in *Bot. Reg.*, t. 1094 (*Valerianella*). — WALP., *Rep.*, II, 528, 531 (*Betckea*).

6. Fedia Mœnch [1]. — Flores irregulares; calyce (?) brevi, inæquali-3-5-dentato v. lobato, haud accrescente. Corollæ tubus gracilis, antice glandula sessili auctus; limbi sublabiati lobis 5, imbricatis [2]. Stamina 2, lateralia [3]. Germen 3-loculare; loculis sterilibus 2; stylo apice in ramos 3 angustos, apice stigmatoso leviter dilatatos, diviso. Fructus [4] siccus; loculis sterilibus fertili majoribus, turgidis et introrsum contiguis. Semen cæteraque *Valerianellæ*. — Herba annua glabra, 2, 3-chotoma; foliis variis, integris v. dentatis; floribus [5] in cymas terminales densas 1-paras dispositis; ramis inflorescentiæ sæpius incrassatis demumque induratis; bracteis plus minus rigidulis hinc prominulis [6]. (*Reg. medit.* [7])

7. Valeriana T. [8] — Flores irregulares [9]; receptaculi sacciformis ostio pappi [10] setas ∞ (5-20), longe subulatas, breves arcteque involutas, post anthesin accretas demumque patentes, gerente. Corolla plus minus irregularis; tubo brevi v. rarius elongato, antice plerumque gibbo v. breviter calcarato; limbi lobis 5, imbricatis; antico sæpius a lateralibus operto [11]; demum patentibus. Stamina 3 [12]; lateralibus 2, unoque antico [13]. Germen 1-3-loculare; loculis sterilibus 2, sæpius nerviformibus v. subnullis; ovulo in fertili 1, descendente; raphe dorsali [14]; stylo exserto, apice stigmatoso breviter v. brevissime 3-dentato v. 3-fido. Fructus siccus, nunc spongioso-2-tuberculatus, pappoque coronatus; loculis sterilibus vix conspicuis v. 0. Semen in loculo fertili descendens exalbuminosum [15]; embryonis carnosi radicula supera. — Herbæ [16] perennes, nunc suffrutescentes, erectæ v. rarius scandentes,

---

1. *Meth.*, 493 (nec Adans., nec Gærtn.). — J., in *Ann. Mus.*, X, 311. — Dufr., *Valér.*, 54, t. 1. — DC., *Not. Valér.*, 13; *Prodr.*, IV, 630. — Endl., *Gen.*, n. 2183. — Payer, *Organog.*, 624, t. 132. — H. Bn, in *Payer Fam. nat.*, 240. — B. H., *Gen.*, II, 155, n. 7. — Eichl., *Bluthend.*, I, 275, E. — *Mitrophora* Neck., *Elem.*, n. 208.

2. Antico lateralibus plerumque utrinque interiore.

3. Deficientibus anterioribus 2 posticoque.

4. Majusculus.

5. Roseis v. rubellis.

6. Genus hinc *Valerianellæ*, inde *Centrantho* proximum.

7. Spec. 1. *F. Cornucopiæ* DC., *Fl. fr.*, IV, 240. — Reichb., *Ic. Fl. germ.*, t. 717. — Fisch. et Mey., *Sert. petrop.*, t. 22. — Boiss., *Fl. or.*, III, 93. — Willk. et Lang., *Prodr. Fl. hisp.*, II, 6. — ? *F. scorpioides* Dufr. — *Valeriana Cornucopiæ* L., *Spec.*, 44. — Sibth., *Fl. græc.*, t. 32. — *Bot. Reg.*, t. 155.

8. *Inst.*, 131, t. 52 (part.). — L., *Gen.*, n. 44 (part.). — J., *Gen.*, 195. — Poir., *Dict.*, VIII, 393. — DC., *Not. Valér.* (1832), 14, t. 4; *Prodr.*, IV, 632 (part.). — Spach, *Suit. à Buffon*, X, 307. — Endl., *Gen.*, n. 2186. — Turp., in *Dict. sc. nat.*, Atl., t. 97. — H. Bn, in *Payer Fam. nat.*, 241. — Krok, *Mon. Valér.* — B. H., *Gen.*, II, 154, n. 5.

9. Nunc diœci v. polygami.

10. Calyx *Auctt.* (post corollam, ex observatoribus pler. ortus, ut in *Compositis*).

11. Nunc autem hinc v. utrinque eis exteriore, calcari superposito.

12. Nunc abortu 1, 2. Pollen ellipsoideum v. sphæricum; sulcis longitudinalibus 3 (H. Mohl, in *Ann sc. nat.*, sér. 2, III, 315).

13. Deficientibus postico anteriorumque 1.

14. Integumento simplici, plerumque valde incompleto.

15. Vel albumine membraniformi.

16. Valde polymorphæ.

nunc frutices, glabri, pubescentes v. villosi (odore ingrato); foliis
oppositis, integris [1], dentatis, pinnatifidis v. semel, bis terve pinnatisectis; floribus [2] in cymas sæpius terminales, racemoso-compositas v.
decompositas, nunc contractas et spiciformes v. capituliformes, dispositis; bracteis liberis v. raro connatis [3]. (*Orbis tot. hemisph. bor. reg.
temp. et frigid., America bor. andin. et austr. extratrop.* [4])

8. **Centranthus** DC. [5] — Flores *Plectritidis* (v. *Valerianæ*); tubo
corollæ ad medium vel inferne longe angusteque antice calcarato,
intus septo verticali in locellos 2, inæquales [6], diviso; limbo imbricato.
Stamen 1 [7], laterale, exsertum. Germen inferum; ovulo in loculo fertili 1, descendente. Fructus fere *Valerianæ*, pappi [8] laciniis 5-15, plu-
moso-ciliatis, coronatus, hinc 1-nervius, inde concaviusculus, loculos
steriles nerviformes gerente; semine exalbuminoso cæterisque *Valerianæ*. — Herbæ annuæ v. perennes, nunc basi frutescentes; foliis
integris, v. inferioribus superioribusque dentatis v. pinnatisectis; inflorescentiis [9] composite cymosis, sæpe corymbiformibus (*Valerianæ*).
(*Reg. medit.* [10])

1. Aut omnibus, aut inferioribus; cæteris plus minus in planta eadem divisis.

2. Albis v. roseis.

3. E. g. in *V. saliunca* ALL. (sect. *Phuopsis* REICHB., *Ic. Fl. germ.*, XII, 28 (nec GRISEB.).

4. Spec. ad 120. R. et PAV., *Fl. per.*, t. 65 *a*, *b*, 66, 67, 68 *a*, 69 *b*, 70. — H. B. K., *Nov. gen. et spec.*, t. 273-276. — POEPP. et ENDL., *Nov. gen. et spec.*, t. 215-219. — C. GAY, *Fl. chil.*, III, 213. — WALL., *Pl. as. rar.*, t. 263. — WIGHT, *Ill.*, t. 129; *Icon.*, t. 1043-1046. — DCNE, in *Jacquem. Voy., Bot.*, t. 93. — KL., in *Waldem. Reis.. Bot.*, t. 85. — COLL., in *Mem. Acad. bonon.*, XXXVIII, t. 21. — TORR., *Fl. N.-York*, t. 45. — HOOK., *Fl. bor.-amer.*, t. 101. — A. GRAY, in *Proc. Amer. Acad.*, V, 322. — CHAPM., *Fl. S. Unit. Stat.*, 183. — CAV., *Icon.*, t. 456. — SM., *Ic. ined.*, t. 52. — WEDD., *Chlor. andin.*, II, 17, t. 48, 49. — PHILIPP., in *Linnæa*, XXVIII, 697; XXX, 191. — TURCZ., in *Bull. Mosc.* (1852), II, 171. — DESF., in *Ann. Mus.*, XI, t. 28. — HARV. et SOND., *Fl. cap.*, III, 40. — JAUB. et SPACH, *Ill. pl. or.*, t. 9. — BOISS., *Diagn. or.*, ser. 2, 117; *Fl. or.*, III, 85. — GRISEB., *Cat. pl. cub.*, 143. — JACQ., *Fl. austr.*, t. 219, 267-269. — REICHB., *Icon. Fl. germ.*, t. 719-728; *Iconogr.*

bot.. t. 50. — LEDEB., *Icon. pl. ross.*, t. 19, 346, 350. — FR. et SAV., *Enum. pl. jap.*, I, 217. — SIBTH., *Fl. græc.*, t. 33. — WILLK. et LANG., *Prodr. Fl. hisp.*, II, 1. — GREN. et GODR., *Fl. de Fr.*, II, 54; *Bot. Mag.*, t. 1825. — WALP., *Rep.*, II, 528, 944; VI, 80; *Ann.*, I, 381, 986; II, 801; V, 138 (part.).

5. *Fl. fr.*, IV, 238; *Not. Valér.*, 14; *Prodr.*, IV, 238. — ENDL., *Gen.*, n. 2185. — PAYER, *Organog.*, 624, t. 133. — H. BN, in *Payer Fam. nat.*, 242. — B. H., *Gen.*, 155, n. 6. — *Kentranthus* NECK., *Elem.*, n. 207.

6. Altero antico calcarato; altero postico-laterali stamen stylumque fovente.

7. « Nunc 2 ».

8. De quo cfr VAUCH., *Phys. pl.*, II, 717.

9. Floribus rubris. roseis v. albis.

10. Spec. 5, 6. SIBTH., *Fl. græc.*, t. 29-31 (*Valeriana*). — CAV., *Icon.*, t. 353 (*Valeriana*). — REICHB., *Ic. Fl. germ.*, t. 717, 718. — MOR., *Fl. sard.*, t. 78 (2). — BOISS., *Voy. Esp.*, t. 85 A; *Diagn. or.*, ser. 2, II, 119; *Fl. or.*, III, 91. — BALL, in *Journ. Linn. Soc.*, XVI, 490. — WILLK. et LANG., *Prodr. Fl. hisp.*, II, 4. — GREN. et GODR., *Fl. de Fr.*, II, 52. — WALP., *Rep.*, VI, 80; *Ann.*, I, 381; II, 801.

LXV
DIPSACACÉES

I. SÉRIE DES CARDÈRES.

Les fleurs des Cardères [1] (fig. 410-414) sont hermaphrodites et un peu irrégulières. Leur réceptacle a la forme d'une bourse à orifice

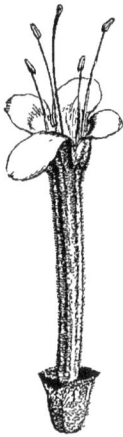

Dipsacus fullonum.

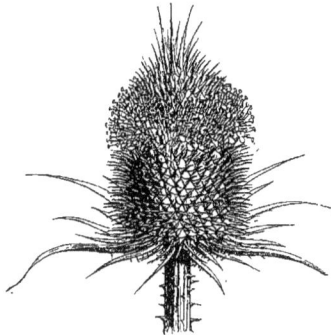

Fig. 411. Fleur (4/1).

Fig. 410. Inflorescence.

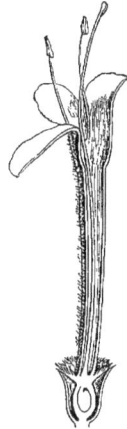

Fig. 412. Fleur, coupe longitudinale.

rétréci et est entouré d'un involucelle qui est tout à fait libre ou uni avec une étendue variable de sa surface, d'une seule pièce, entier ou denticulé sur les bords, souvent découpé de quatre lobes peu profonds, dont deux latéraux, un antérieur et un postérieur. Au-dessus de son

1. *Dipsacus* T., *Inst.*, 466, t. 265. — L., *Gen.*, n. 114. — J., *Gen.*, 194. — GÆRTN., *Fruct.*, II, 39, t. 86. — LAMK, *Dict.*, I, 622; Suppl., II, 91; *Ill.*, t. 56. — COULT., *Mém. Dipsac.*, 21, fig. 2-4. — DC., *Prodr.*, IV, 645. — TURP., in *Dict. sc. nat.*, Atl., t. 95. — ENDL., *Gen.*, n. 2191. — PAYER, *Organog.*, 629, t. 131. — H. BN, in *Payer Fam. nat.*, 244. — B. H., *Gen.*, II, 158, n. 3. — *Succisa* GRAY, *Arr. Brit. pl.*, II, 476 (nec WALLR.). — *Knautia* L., *Gen.*, n. 116. — COULT., *Dipsac.*, 28. — DC., *Prodr.*, IV, 650. — ENDL., *Gen.*, n. 2193. —*Pterocephalus* VAILL., in *Act. Acad. Par.* (1722), 184. — MOENCH, *Meth.*, 491. — LAG., *Nov. gen.*, 9. — COULT., *Dipsac.*, 31, t. 1, fig. 14-17. — DC., *Prodr.*, IV, 652. — ENDL., *Gen*, n. 2194. — *Columbaria* GRAY, *loc. cit.*, II, 476. — *Asterocephalus* LAG., *loc. cit.*, 8. — *Trichera* SCHRAD., *Cat. sem. Hort. gœtt.* (1814). — COULT., *Dipsac.*, 28. — *Pycnocomon* LINK et HOFFMG, *Fl. portug.*, II, 93, t. 88.

col rétréci, le réceptacle se dilate en une petite cupule qui supporte un court calice, à quatre dents ou petits lobes[1], et une corolle gamopétale, à tube plus ou moins allongé, à limbe partagé le plus souvent en quatre lobes, inégaux ou presque égaux, imbriqués. L'un d'eux est antérieur et recouvre les deux latéraux, qui enveloppent ordinairement[2] le postérieur. Celui-ci peut être remplacé par deux lobes qui se recouvrent l'un l'autre. Les étamines sont presque toujours au nombre de quatre, dont deux antérieures et deux latérales, un peu inégales. La place de la cinquième étamine (postérieure) est ordinairement vide dans les fleurs à corolle pentamère ; parfois cependant cette étamine existe, semblable aux autres, c'est-à-dire formée d'un filet inséré sur la corolle et d'une anthère biloculaire, dorsifixe, introrse, déhiscente par deux fentes longitudinales et oscillante[3]. L'ovaire infère est uniloculaire, surmonté d'un style grêle dont le sommet stigmatifère est partagé en deux

Dipsacus fullonum.

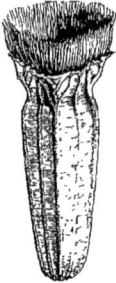

Fig. 413. Fruit ($\frac{5}{1}$).

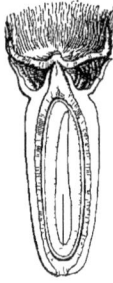

Fig. 414 Fruit, coupe longitudinale.

courtes branches, égales, ou dont une, moins longue que l'autre, peut même disparaître tout à fait[4]. Dans la loge ovarienne, il y a un placenta postérieur sur la partie supérieure duquel s'insère un ovule descendant, à raphé tourné en avant et à micropyle dirigé en haut et en dedans[5]. Le fruit, couronné ou non de la cupule réceptaculaire et du calice, et entouré de l'involucelle, qui lui adhère dans une étendue variable ou demeure entièrement libre, est un achaine à côtes longitudinales, le plus souvent au nombre de huit. La graine descendante renferme, sous de très-minces téguments, un albumen charnu et un embryon axile dont les cotylédons ovales ou oblongs sont inférieurs, et la courte radicule supère.

Les Cardères sont des herbes dicarpiennes ou vivaces, dont la surface est chargée d'aiguillons plus ou moins rigides, parfois confluents,

---

1. Entiers ou ciliés, lobulés, etc.
2. Çà et là ils sont recouverts.
3. Le pollen est « ovoïde ; sur trois côtés un enfoncement longitudinal, dans le fond duquel est une papille : *Scabiosa Columbaria, Dipsacus sylvestris* » (H. MOHL, in *Ann. sc. nat.*, sér. 2, III, 315).

4. C'est que le gynécée est formé en réalité de deux feuilles carpellaires, l'une antérieure et l'autre postérieure, au début égales entre elles et nées en même temps l'une que l'autre, et que l'une d'elles se développe plus ou moins dans sa portion apicale.
5. A tégument simple, incomplet.

ou de poils. Leurs feuilles sont opposées, penninerves, dentées ou pinnatifides, connées par leur base, qui se dilate en un large cornet membraneux à concavité supérieure [1]. Leurs fleurs sont réunies en capitules terminaux, ovoïdes ou oblongs, presque globuleux dans une espèce, le *D. pilosus*, dont on a fait un genre *Galedragon* [2]. L'axe épaissi de ces capitules porte de nombreuses bractées, alternes, imbriquées, souvent rigides au sommet; et chaque fleur [3], pourvue de son involucelle, occupe l'aisselle d'une de ces bractées. Souvent celles du milieu ou du sommet de l'inflorescence s'épanouissent avant celles qui occupent sa base [4]. Les dix ou douze espèces [5] du genre habitent l'Europe, l'Asie tempérée et la plupart des régions du nord-est de l'Afrique.

Les Scabieuses (fig. 415-422) ont à peu près les fleurs des Cardères, avec une corolle à tube plus court et un limbe plus évasé, à quatre ou cinq lobes d'autant plus inégaux et plus développés, que les fleurs se rapprochent davantage de la base de l'inflorescence. Dans les corolles

Scabiosa atropurpurea.

Fig. 415. Rameau florifère et fructifère.

1. L'eau des pluies s'y amasse, et leur surface interne produit de curieux processus mobiles et rétractiles, que M. F. DARWIN a surtout étudiés dans ces derniers temps et qu'on a dit être formés de substance protoplasmique.

2. GRAY, *Arr. Brit. pl.*, II, 475. (Cette espèce relie les *Dipsacus* aux Scabieuses et a été aussi rapportée aux *Cephalaria*.)

3. Bleue, blanchâtre ou lilas.

4. L'épanouissement commence ordinairement sous forme d'anneau vers le milieu de la hauteur de l'inflorescence, ou plus bas, et de là se propage en haut et en bas.

5. JACQ., *Fl. austr.*, t. 248, 402, 403. — TRATT., *Tabul.*, t. 235. — REICHB., *Icon. Fl. germ.*, t. 704-707. — WIGHT, *Ill.*, t. 130; *Icon.*, t. 1166. — KL., in *Waldem. Reis.*, *Bot.*, t. 84. — BOISS., *Fl. or.*, III, 85. — WILLK. et LANG., *Prodr. Fl. hisp.*, II, 12. — GREN. et GODR., *Fl. de Fr.*, II, 67. — WALP., *Rep.*, II, 532; *Ann.*, II, 802.

très-irrégulières de la circonférence, c'est le lobe antérieur qui est le plus grand et qui recouvre les latéraux, ordinairement plus développés

Scabiosa atropurpurea.

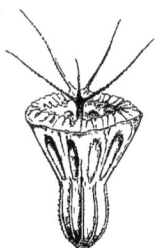

Fig. 417. Fruit (⅓).

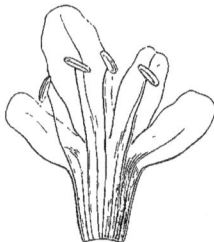

Fig. 416. Corolle et étamines.

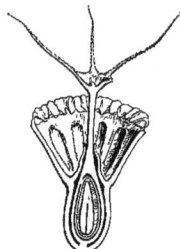

Fig. 418. Fruit, coupe longitudinale.

que le postérieur ou les deux postérieurs qu'ils enveloppent dans le bouton. Les étamines sont au nombre de quatre, alternes avec les divisions de la corolle, et c'est la postérieure qui fait défaut. Ce sont des plantes herbacées, parfois frutescentes à la base, qui habitent les régions tempérées de toutes les parties de l'ancien monde, sauf l'Océanie. Leurs fleurs, entourées chacune d'un involucelle sacciforme, qui persiste autour de leur fruit, sont groupées en capitules terminaux, ovoïdes et globuleux, ou déprimés. Elles sont protégées par un involucre dont les bractées sont foliacées dans les Scabieuses proprement dites, et rigides, plus ou moins sèches ou sétacées-acuminées, dans celles que l'on a nommées *Cephalaria*. Les bractées qui, plus haut sur le réceptacle, sont situées au-dessous de chaque fleur, présentent des caractères analogues. Dans les vrais *Scabiosa*, elles sont ordinairement étroites, courtes, ou même elles disparaissent tout à fait. L'involucelle est très-variable dans les diverses sections du genre (fig. 417-422), quant à sa forme, les côtes ou les sillons qu'il porte, le nombre et la configuration des lobes ou des dents dont

Scabiosa integrifolia.

Fig. 419. Fruit, l'involucelle étalé.

Scabiosa (Asterocephalus) columbaria.

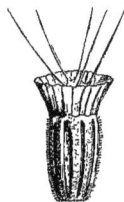

Fig. 420. Fruit, entouré de son involucelle.

Scabiosa (Succisa) uralensis.

Fig. 421. Fruit entouré de l'involucelle.

Fig. 422. Fruit, l'involucelle étalé.

son orifice est découpé. Il y a également de grandes variations dans la forme, la taille et le nombre des divisions du calice qui surmonte l'ovaire et persiste au-dessus du fruit, ainsi que dans la longueur du corps même du calice et du goulot réceptaculaire, quelquefois fort étroit et allongé (fig. 418), qui supporte ce dernier et sort par l'ouverture de l'involucelle persistant.

Les *Morina* (fig. 423-425) et les *Triplostegia* représentent deux types exceptionnels, notamment par leur inflorescence. Dans les premiers, les fleurs sont disposées en glomérules composés, dans l'aisselle

Morina longifolia.

Fig. 423. Fleur.   Fig. 424. Corolle et étamines.   Fig. 425. Fruit, coupe longitudinale.

des feuilles opposées ou verticillées ; elles sont irrégulières, entourées chacune d'un involucelle inégalement découpé de dents épineuses à son orifice ; elles ont un calice bilobé, une corolle irrégulière supportant deux étamines, ou quatre dont deux plus petites, stériles et rudimentaires, et un ovaire uniloculaire uniovulé, surmonté d'un style à sommet stigmatifère dilaté d'une façon variable. Ce sont des herbes asiatiques, à feuilles le plus souvent ciliées ou épineuses. Quant aux *Triplostegia*, on n'en connaît jusqu'ici qu'une espèce herbacée, himalayenne, dont le port, le feuillage et l'inflorescence sont ceux de certaines Valérianes. Ce type sert d'intermédiaire à celles-ci et aux Dipsacées ; mais on le rapporte aujourd'hui de préférence à ces dernières, parce que ses fleurs 4, 5-mères et 4, 5-andres ont leur ovaire enveloppé, de même que le fruit, dans un involucelle sacciforme, lui-même entouré de quatre bractées glandulifères, et parce que sa graine descendante est pourvue d'un albumen charnu.

II? SÉRIE DES BOOPIS.

On a fait de ces plantes une famille particulière à laquelle on a donné ultérieurement le nom de *Calycérées*, parce qu'elle renferme aussi le genre *Calycera*. Les *Boopis*[1] (fig. 426-430) ont les fleurs semblables entre elles et très-analogues à celles des Dipsacées. Elles en ont, en effet, le réceptacle concave et logeant dans sa cavité l'ovaire à une

Boopis australis.

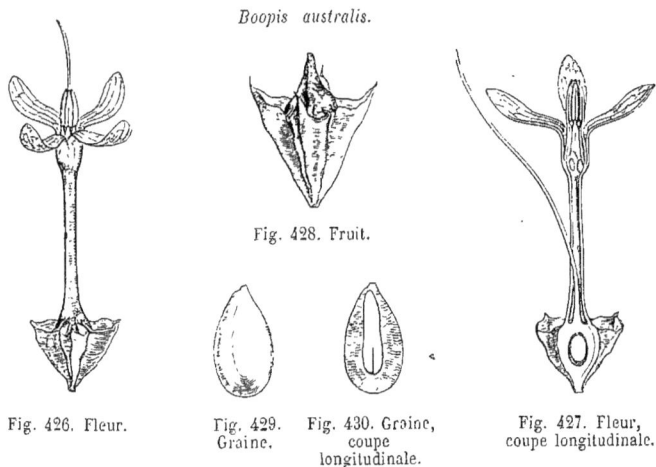

Fig. 428. Fruit.

Fig. 426. Fleur.

Fig. 429. Graine.

Fig. 430. Graine, coupe longitudinale.

Fig. 427. Fleur, coupe longitudinale.

seule loge, vers le sommet de laquelle s'insère un ovule descendant et anatrope. Elles en ont aussi le périanthe supère (épigyne), formé d'un court calice, à quatre, cinq ou six divisions, égales ou inégales, et d'une corolle gamopétale, régulière, dont le limbe est partagé supérieurement en quatre, cinq ou six lobes égaux, valvaires[2] dans le bouton. Les étamines, insérées vers la base du limbe, sont alternes avec ses divisions; elles sont formées chacune d'un filet libre, ou uni aux autres par la base, et d'une anthère biloculaire, introrse, déhiscente par deux fentes longitudinales. Au-dessous de l'androcée, le tube de la corolle porte quatre, cinq ou six glandes alternipé-

1. J., in *Ann. Mus.*, II, 350, t. 58, 2 (1803).— Poir., *Dict.*, Suppl., I (1810), 679. — Cass., in *Journ. phys.* (1818), 114 ; *Opusc. phyt.*, II, 355. — L.-C. Rich., in *Mém. Mus.*, VI, 78, t. 11, 12. — DC., *Prodr.*, V, 2. — Endl., *Gen.*, n 3034. — Miers, in *Ann. and Mag. Nat., Hist.* (1860); *Contrib.*, II, 21, t. 46, 47.—H. Bn,

in *Payer Fam. nat.*, 245. — B. H., *Gen.*, II, 161, n. 1.

2. La nervation de ces lobes est particulière et s'écarte de ce qu'on observe dans la plupart des Composées; on y distingue ordinairement une nervure médiane et deux autres nervures principales, rapprochées des bords.

tales, elliptiques ou allongées, peu saillantes. L'ovule, inséré tout près du sommet de la loge ovarienne, a le micropyle ramené en haut et en dedans. Le style grêle qui surmonte l'ovaire traverse le tube formé par les anthères et s'élève bien au-dessus d'elles; son extrémité stigmatifère est indivise et non renflée. Le fruit est un achaine dont le

Calycera eryngioides.

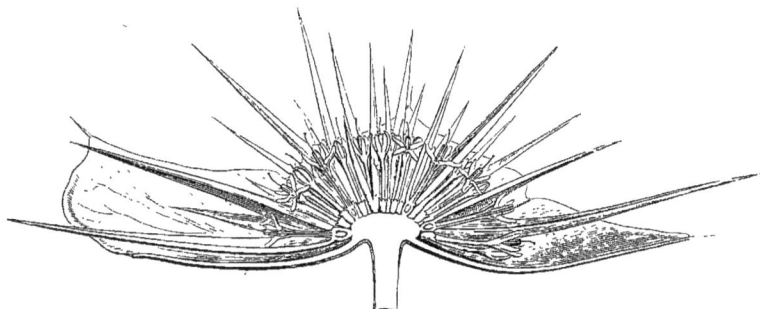

Fig. 431. Inflorescence, coupe longitudinale (⁴⁄₁).

péricarpe porte autant d'angles verticaux ou d'ailes courtes et obtuses qu'il y a de sépales, et se continuant avec ceux-ci, qui sont persistants, mais non accrescents. La graine renferme sous ses téguments un albùmen charnu, entourant un embryon axile, assez long, dont les cotylédons sont assez épais et dont la radicule, un peu plus longue, est tournée en haut. Les *Boopis* sont des herbes annuelles ou vivaces, glabres, qui habitent, au nombre d'une dizaine [1], les régions tempérées et surtout andines de l'Amérique méridionale. Leurs feuilles sont alternes; sans stipules; les inférieures ordinairement rapprochées en rosette, entières, dentées ou pinnatifides, parfois légèrement charnues. Au-dessus, la tige se prolonge et ne porte plus, le plus souvent, que des feuilles plus petites ou des bractées; elle peut même en être totalement dépourvue. Les fleurs [2] sont décrites comme disposées en capitules; mais elles forment réellement des cymes contractées, c'est-à-dire des glomérules [3], qui occupent chacun l'aisselle d'une des bractées que porte le réceptacle. Celui-ci est convexe, à peu près hémi-

1. Pœpp. et Endl., *Nov. gen. et spec.*, I, 21, t. 33. —Remy in *C. Gay Fl. chil.*, III, 247 (*Gamo-carpha*), 248. — A. Gray, in *Proc. Amer. Acad.*, V, 321. — Phil., in *Linnæa*, XXVIII, 706. —

Wedd., *Chl. andin.*, II, 7, t. 44. —Walp., *Ann.*, I, 988; V, 142 (*Acarpha*).
2. Petites, blanches (ou bleues?).
3. Souvent 2, 3-pares.

sphérique ou plus déprimé. Ses bractées extérieures sont foliacées, unies à la base [1]; les intérieures sont beaucoup plus petites et peuvent être réduites à l'état de simples écailles. Dans le *B. scapigera*,

Calycera eryngioides.

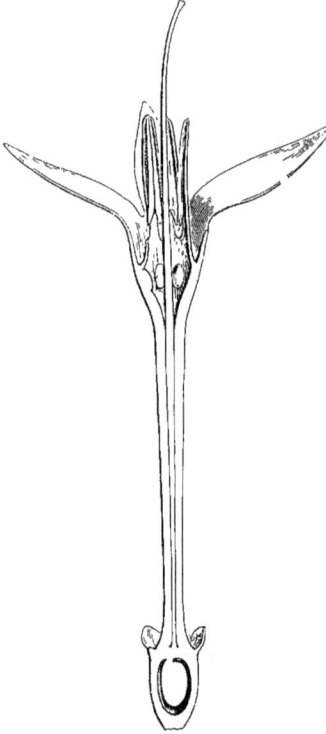

Fig. 432. Fleur, coupe longitudinale ($\frac{5}{1}$).

élevé au rang de genre, sous le nom de *Nastanthus* [2], les pédoncules de l'inflorescence sont courts, épais, aphylles et surmontés d'une seule masse florale. Il en est de même dans les *B. squarrosa*, etc., dont on a fait aussi un genre *Acarphà* [3]; mais le pédoncule porte quelques petites feuilles; les écailles de l'involucre sont toutes ou la plupart peu développées, et les angles du fruit sont saillants.

Près des *Boopis* se placent les genres *Acicarpha* et *Calycera* (fig. 431, 432), qui en sont réellement peu différents. Dans tous deux, les glomérules floraux sont formés de fleurs à évolution centrifuge, souvent insérées dans des fossettes du réceptacle : les plus extérieures de ces fleurs sont en retard sur les autres et demeurent plus petites ou même ne développent pas leurs organes femelles. Dans les *Calycera* (fig. 431, 432), les lobes du calice, ou du moins certains d'entre eux,

s'allongent en épines dures, notamment dans ces fleurs stériles, et ne se modifient que peu ou pas dans les fleurs fertiles. Dans les *Acicarpha*, les cymes intérieures sont formées de fleurs stériles dont les ovaires demeurent complétement libres; tandis que les fruits qui succèdent aux fleurs fertiles de la périphérie sont plus ou moins entourés par le réceptacle accru [4] autour des fossettes qui logent les

---

1. Ce qui arrive surtout dans le *Gamocarpha* (DC., *Prodr.*, V, 2; — ENDL., *Gen.*, n. 3033; — MIERS, *Contrib.*, II, 18, t. 45), qui a le tube de la corolle légèrement épaissi à sa base.

2. MIERS, *Contrib.*, II, 12, t. 43, 44.
3. GRISEB., *Bem. pl. Phil. und Lechl.*, 37 (in *Abh. K. Ges. Wiss. Gott.*, 1854).
4. Inégalement épaissi, suivant les régions.

fleurs, ils sont aussi surmontés d'épines constituées par les lobes indurés et accrus du calice. Ces deux genres habitent les mêmes régions que les *Boopis*; quelques-unes de leurs espèces s'avancent jusqu'à la côte orientale du Brésil tropical.

Nous savons que les Dipsacées étaient pour A.-L. DE JUSSIEU [1] placées dans la même famille que les Valérianes. VAILLANT [2] avait pour ainsi dire établi le groupe des Dipsacées dès 1722, mais d'une façon trop peu nette. ADANSON en présenta le tableau en 1763, sous le titre de *Scabieuses* [3]. En 1823, COULTER publia son *Mémoire sur les Dipsacées* [4], lequel comprend tous les genres aujourd'hui admis, sauf le *Triplostegia* que DE CANDOLLE [5] ne fit connaître qu'en 1832, et dont il fit une Valérianacée. En 1873, MM. BENTHAM et HOOKER [6] ne conservaient que cinq genres de Dipsacées : *Triplostegia, Morina, Dipsacus, Cephalaria* et *Scabiosa*. Nous avons réuni ces deux derniers dans un seul groupe générique, et nous constituons ainsi, dans la famille des Dipsacacées, une première série (*Dipsacées*), caractérisée par la préfloraison imbriquée de la corolle [7], l'indépendance des anthères, l'existence des involucelles floraux [8] et l'opposition des feuilles.

Les Boopidées ont été considérées comme formant une famille distincte, en 1816, par H. CASSINI [9], et ce n'est que l'année suivante que R. BROWN publia le travail dans lequel il leur donne le nom de Calycérées [10]. RUIZ et PAVON avaient placé le premier *Calycera* connu parmi les Dipsacées, sous le nom de *Scabiosa* [11]. C'est L.-C. RICHARD [12] qui, en 1820, publia sur ce groupe le travail le plus complet; il y comprit les trois genres *Calycera, Boopis* et *Acicarpha*, les seuls que nous

1. *Gen.* (1789), 194, Ord. 1.
2. EX COULT., *Mém. sur les Dipsacées*.
3. *Fam. des plant.*, II, 148, Fam. 20.
4. In *Mém. Acad. Geneve*, II.
5. La famille des *Dipsaceæ* (*Prodr.*, IV, 643, Ord. C) est partagée en deux tribus : 1. *Morineæ*; 2. *Scabioseæ*. Cette subdivision est conservée par ENDLICHER (*Gen.*, 353, Ord. 119), mais non par LINDLEY (*Veg. Kingd.*, 699, Ord. 271), qui adopte le nom de *Dipsacaceæ*.
6. *Gen.*, II, 157, 1230, Ord. 86.
7. Sur son développement, voy. BARNÉOUD, in *Ann. sc. nat.*, sér. 3, VI, 288.
8. M. DUCHARTRE a étudié le développement de celui des *Dipsacus*, dans un travail (in *Ann. sc. nat.*, sér. 2, XVI, 221) où les erreurs d'observation les plus graves abondent, et dont les conclusions sont incompréhensibles. COULTER,

beaucoup plus judicieux, a bien compris que l'involucelle « n'est pas nécessairement monophylle », et a vu qu'il renferme quelquefois plus d'une fleur. On a alors un petit groupe floral de la catégorie des cymes axillaires, et qui répond au glomérule partiel des Boopidées. (Voy. *Bull. Soc. Linn. Par.*, 226).
9. *Compt. rend. Acad. sc.* (26 août 1816); *Dict.*, V, 26, Suppl., I, 32.
10. In *Trans. Linn. Soc.*, XII, 132; *Misc. Works* (ed. BENN.), II, 307.
11. *Fl. per.*, I, 49, t. 76 (1798).
12. *Mémoire sur une famille de plantes dites les Calycérées* (in *Mém. Mus.*, VI, 28). DE CANDOLLE (*Prodr.*, V, 1) et ENDLICHER (*Gen.*, 503) ont conservé le nom de *Calycereæ*, et LINDLEY (*Veg. Kingdom*, 70) a établi celui de *Calyceraceæ*.

conservions. Ils constituent pour nous une seconde (?) série (*Boopidées*), reliant les Dipsacées vraies aux Composées, et caractérisée par la préfloraison valvaire de la corolle, la syngénésie des étamines, l'absence des involucelles floraux et l'alternance des feuilles.

Toutes les plantes de cette famille ont comme caractères constants la direction descendante de l'ovule [1], qui les sépare des Composées, et la présence d'un albumen [2] dans la graine, qui les distingue et des Composées, et des Valérianacées. Les Boopidées habitent toutes les régions extratropicales de l'Amérique du Sud et sont presque toutes occidentales et andines; mais quelques-unes d'entre elles s'avancent jusqu'à la côte orientale du Brésil tropical. Les Dipsacées sont au contraire toutes originaires de l'ancien monde et n'existent en Amérique (de même que dans l'Océanie) que pour y avoir été introduites. On les trouve dispersées dans toute l'Asie, l'Afrique et l'Europe; mais elles abondent surtout en Orient et dans la région méditerranéenne.

USAGES [3]. — Ils sont peu nombreux. Le Chardon à foulons (*Dipsacus fullonum* [4]) est célèbre comme plante industrielle, et il a été introduit de l'Europe méridionale, dont on le dit indigène, et cultivé depuis longtemps chez nous, pour la récolte de ses capitules fructifères, employés à carder et peigner les tissus de laine et de coton. En Russie, où on le cultive aussi, on en prépare un extrait qui a la réputation de guérir la rage. On a cru encore que l'eau accumulée dans les réservoirs [5] formés par l'union des feuilles de plusieurs *Dipsacus* était bonne pour guérir les maux d'yeux, sans parler d'autres fables [6]. On préconisait comme diurétiques et sudorifiques les *D. pilosus* [7], *laciniatus* [8] et *sylvestris* [9]. Plusieurs Scabieuses ont aussi passé pour des remèdes contre la rage. Le *Scabiosa Succisa* [10] est, dit-on, vénéneux; on l'a aussi signalé comme

---

1. Il n'est jamais inséré exactement au sommet de la loge (c'est-à-dire pendu), mais un peu excentriquement.

2. Épais ou mince dans les Dipsacées. C'est CORREA qui l'a découvert dans les Boopidées.

3. ENDL., *Enchirid.*, 230. — LINDL., *Veg. Kingd.*, 700. — ROSENTH., *Syn. pl. diaphor.*, 256.

4. MILL., *Dict.*, n. 1. — DC., *Prodr.*, IV, 645, n. 4. — GREN. et GODR., *Fl. de Fr.*, II, 68. — GUIB., *Drog. simpl.* (éd. 7), III, 66. — CAZ., *Pl. méd. indig.* (éd. 3), 276. — *D. sativus* GMEL. — *D. sylvestris* (var.) COULT. (*Cardère à fouler, Chardon à carder, à bonnetiers*, etc.).

5. *Baignoires de Vénus, Cuves de Vénus.*

6. Une larve qui dévore l'inflorescence passait pour souveraine contre l'odontalgie. CAZIN affirme avoir employé ce remède avec succès.

7. L., *Hort. upsal.*, 25. — JACQ., *Fl. austr.*, t. 248. — DC., *Prodr.*, n. 9. — *Cephalaria pilosa* GREN. et GODR., *Fl. de Fr.*, II, 69. — *C. appendiculata* SCHRAD. (type du genre *Galedragon*).

8. LINK, *Spec.*, 141. — DC., *Prodr.*, n. 2. — *D. sylvestris* (var.) COULT.

9. MILL., *Dict.*, n. 2. — JACQ., *Fl. austr.*, t. 402. — GREN. et GODR., *Fl. de Fr.*, II, 67. — *D. vulgaris* GMEL. (*Cardère sauvage, Cabaret, Fontaine des oiseaux, Lavoir de Vénus*).

10. L., *Spec.*, 142. — DC., *Prodr.*, IV, 660,

fébrifuge. C'est une plante tinctoriale, qui donne une couleur verdâtre, et assez astringente pour pouvoir servir à préparer les peaux. Le *S. arvensis*[1] a été recommandé contre les maladies des poumons et la gale[2], de même que les *S. sylvatica*[3] et *Columbaria*[4]. Le *S. cochinchinensis*[5] était employé dans la médecine du pays, et le *S. centauroides*[6] passait chez nous pour antisyphilitique et antidartreux. Le *S. atropurpurea*[7] et quelques autres espèces sont fréquemment cultivés dans nos parterres, de même que plusieurs *Dipsacus*, plantes très-ornementales et qui fourniraient aux arts décoratifs de bien élégants modèles. On ne connaît point de propriétés particulières aux Boopidées.

n. 38. — GREN. et GODR., *Fl. de Fr.*, II, 81. — GUIB., *loc. cit.*, 67. — *Succisa pratensis* MŒNCH, *Meth.*, 489. — *Asterocephalus Succisa* WALLR. (*Mors du diable, Herbe Saint-Joseph, Scabieuse officinale, Herbe à diable*).

1. L., *Spec.*, 142. — *S. polymorpha* SCBM. — *Trichera arvensis* SCHRAD. — *Knautia arvensis* COULT., *Dips.*, 29 (*Sc. des prés, Sc. des champs*).

2. D'où *Scabiosa*, de *scabies*, gale.

3. L., *Spec.*, 142. — *S. integrifolia* SAVI. — *S. ovatifolia* LAGASC. — *Knautia sylvatica* DUB., *Bot. gall.*, I, 257. — *Trichera sylvatica* SCHRAD. (*Scabieuse des bois*).

4. L., *Spec.*, 143. — *Asterocephalus Columbaria* WALLR., *Sched. crit.*, 48.

5. LOUR., *Fl. cochinch.* (ed. 1790), 68.

6. LAMK, *Ill.*, n. 1312. — *S. transylvanica* ALL., *Fl. pedem.*, n. 504. — *Cephalaria centauroides* COULT., *Dipsac.*, 25, t. 1, fig. 8. — DC., *Prodr.*, 648, n. 7. — *Succisa ambrosioides* SPRENG. — *Lepidocephalus centauroides* LAGASC.

7. L., *Spec.*, 144. — CURT., in *Bot. Mag.*, t. 247. — ? *S. maritima* L. (var.)? — *Succisa atropurpurea* MŒNCH. — *Sclerostemma atropurpurea* SCH. — *Asterocephalus atropurpureus* SPR. (*Scabieuse des jardins, Fleur de veuve*).

GENERA

―――

I. DIPSACEÆ.

1. Dipsacus T. — Flores hermaphroditi irregulares; receptaculo bursiformi germen intus adnatum fovente perianthiumque ori insertum gerente. Calyx (?) cyathiformis v. cupularis, subinteger, ciliatus v. sæpius 4-dentatus lobatusve. Corollæ irregularis tubus rectus v. leviter incurvus; limbi obliqui v. sub-2-labii lobis 4, v. rarius 5 (posticis 2), inæqualibus, imbricatis. Stamina 4 (postico deficiente), v. rarissime 5; filamentis corollæ insertis, nonnihil inæqualibus; antheris introrsis, versatilibus, exsertis, 2-rimosis. Germen inferum, 1-loculare; stylo gracili, apice stigmatoso simplici v. inæquali-2-lobo. Ovulum in loculo 1, descendens, anatropum; micropyle introrsum supera. Fructus siccus, indehiscens, calyce sæpius coronatus, longitudinaliter 8-costatus. Semen descendens anatropum; albumine carnoso; embryonis axilis albumine brevioris cotyledonibus ovato-oblongis; radicula supera. — Herbæ perennes v. biennes, pilosæ v. sæpius hispidæ v. aculeatæ; foliis oppositis, nunc basi in saccum amplexicaulem connatis, dentatis v. pinnatifidis; lobis inæqualibus; terminali sæpe majore; floribus in capitula ovoidea v. raro subglobosa dispositis, bracteatis; bracteis sæpius acutis v. spinescentibus, erectis v. recurvis; inferioribus majoribus; cæteris brevioribus tenuioribusque, 1-floris; floribus singulis involucello germen deinque fructum vestiente, 4-8-costato superneque in limbum concavum dentatum, lobatum lobulatumve dilatato, cinctis. (*Europa, Asia occ. et media, Africa bor. et bor.-or.*) — *Vid. p.* 519.

2. Scabiosa T. [1] — Flores (fere *Dipsaci*) irregulares; calyce 5-∞-lobato v. dentato, persistente; lobis muticis v. sæpius in setas

1. *Inst.*, 463, t. 263, 264. — L., *Gen.*, n. 115. — ADANS., *Fam. des pl.*, II, 151. — J., *Gen.*, 194. — LAMK, *Ill.*, t. 57. — POIR., *Dict.*, VI,   701; Suppl., V, 77. — COULT., *Mém. Dipsac.*, 45, t. 2. — DC., *Prodr.*, IV, 650. — SPACH, *Suit. à Buffon*, X, 323. — ENDL., *Gen.*, n. 2195. —

radiantes productis. Corolla irregularis [1]; lobis 4, 5, plus minus inæqualibus, imbricatis. Stamina 4, v. raro 2, fertilia [2]. Germen ovu-
lumque *Dipsaci;* stylo gracili, apice stigmatoso terminali v. obliquo
lateralive. Fructus siccus, calyce coronatus involucelloque 2-8-costato
inclusus v. adnatus. Semen cæteraque *Dipsaci.* — Herbæ annuæ,
perennes, v. basi frutescentes, pubescentes, sericeæ v. pilosæ, raro
aculeolatæ v. glabræ; foliis integris, dentatis v. lobatis; capitulis terminalibus, pedunculatis v. rarius in dichotomiis sessilibus; floribus [3]
singulis involucello proprio persistente, sulcato v. foveolato, ori inæ-
quali- v. æquali-dentato v. denticulato, vestitis; capituli involucro
∞-bracteato ; bracteis 2-∞-seriatis; exterioribus aut herbaceis,
liberis v. basi connatis (*Euscabiosa* [4]), aut paleaceis, rigidis v. vix herbaceis, obtusis v. setaceo-acuminatis (*Cephalaria* [5]); interioribus aut
exterioribus subsimilibus (*Cephalaria*), aut minoribus, brevioribus
v. 0 [6]. (*Europa, Asia occ. et temp., Africa bor., bor.-or. et austr.* [7])

3. **Morina** T. [8] — Flores irregulares; calycis herbacei, nunc persistentis, 2-labiati, lobis integris v. 2-lobulatis. Corollæ tubus tenuis,
nunc valde elongatus; limbi obliqui v. 2-labiati lobis 5, inæqualibus,

PAYER, *Organog.*, 629, t. 131. — H. BN, in *Payer Fam. nat.*, 243. — *Succisa* GRAY, *Arr. Brit. pl.*, II, 476. — MŒNCH, *Meth.*, 488. — COULT., *Dipsac.*, 45, t. 2. — SPACH, *loc. cit.,* 324. — *Trichera* SCHRAD., *Cat. sem. Hort. gœtt.* (1814), ex COULT., *Dipsac.*, 28.— *Knautia* L., *Gen.*, n. 116. — COULT., *loc. cit.*, 40, t. 1, fig. 10-13. — DC., *Prodr.*, IV, 650. — ENDL., *Gen.*, n. 2193. — *Asterocephalus* LAGASC., *Nov. gen. et spec.*, 8. — *Plerocephalus* MŒNCH, *Meth.*, 491. — LAGASC., *loc. cit.*, 9. — COULT., *loc. cit.*, 43, t. 1, fig. 14-17. — ENDL., *Gen.*, n. 2194.— *Columbaria* GRAY, *Arr.*, II, 476. — *Pycnocomon* LINK et HFMSG, *Fl. portug.*, II, 93, t. 88. — *Cyrtostemma* KOCH (ex SPACH, *loc. cit.*, 321.) — *Callistemma* BOISS., *Fl. or.*, III, 146.

1. In floribus interioribus plerumque minus irregularis.
2. Pollen varium, ex H. MOHL, ovoideum (*Columbaria*), v. sphæricum minuteque aculeatum (*Knautia*), nunc (*Asterocephalus*) planiusculum, obtuse 3-gonum; angulis truncatis papilloso-operculatis. (H. MOHL, in *Ann. sc. nat.*, sér. 2, III, 315.)
3. Albis, ochroleucis, roseis, lilacinis, cærulescentibus v. atropurpureis.
4. *Scabiosa* (B. H.).
5. SCHRAD., *Ind. sem. Hort. gœtt.* (1814). — COULT., *Dipsac.*, 36, t. 1, fig. 5-9. — DC., *Prodr.*, IV, 647. — ENDL., *Gen.*, n. 2192. — B. H., *Gen.*, II, 159, n. 4. — *Lepicephalus* LA-

CASC., *loc. cit.*, 7. — *Succisa* WALLR., *loc. cit.*, 46 (nec GRAY).
6. In *Euscabiosis.*
7. Spec. ad 100. JACQ., *Fl. austr.*, t. 362, 439; *Hort. vindob.*, t. 111. — SIBTH., *Fl. græc.*, t. 103-114. — REICHB., *Ic. Fl. germ.*, t. 674 (*Plerocephalus*), 676-683, 684 (*Asterocephalus*), 697-703 (*Succisa*); *Iconogr.*, t. 121, 314, 315 (*Succisa*), 273, 326; *Icon. exot.*, t. 16, 17. — WEBB, *Phyt. canar.*, t. 80, 81. — HARV. et SOND., *Fl. cap.*, III, 44 (*Cephalaria*), 43. — TCHIHATCH., *As. Min.*, t. 26 (*Cephalaria*), 27 (*Plerocephalus*). — BOISS., *Fl. or.*, III, 117 (*Cephalaria*), 126 (*Knautia*), 130, 147 (*Pterocephalus*). — WILK. et LANG., *Prodr. Fl. hisp.*, II, 13 (*Cephalaria*), 14 (*Knautia, Tricera*), 16 (*Plerocephalus*), 17. — GREN. et GODR., *Fl. de Fr.*, II, 69 (*Cephalaria*, part.), 71 (*Knautia*), 75. — *Bot. Mag.*, t. 247, 886. — WALP., *Rep.*, II, 532 (*Cephalaria*), 533 (*Knautia*), 534 (*Pterocephalus*); VI, 84 (*Cephalaria*), 85 (*Knautia, Plerocephalus*), 86; *Ann.*, II, 803 (*Cephalaria, Knautia*), 804 (*Pterocephalus*), 805; V, 140 (*Cephalaria*), 141, 142 (*Succisa*).
8. *Inst., Cor.*, 48, t. 480. — L., *Gen.*, n. 41. — J., *Gen.*, 194. — LAMK, *Dict.*, IV, 313. — COULT., *Dipsac.*, 33, t. 1, fig. 1. — DC., *Prodr.*, IV, 644. — SPACH, *Suit. à Buffon*, X, 314. — ENDL., *Gen.*, n. 2190. — H. BN, in *Payer Fam. nat.*, 243. — B. H., *Gen.*, II, 158, n. 2. — *Diototheca* VAILL., in *Mém. Acad. Par.* (1722), 184. — *Asaphes* SPRENG., *Syst., Cur. post.*, 222.

imbricatis. Stamina 4, 2-dynamia [1]; minoribus 2, sæpe sterilibus v. rudimentariis, nunc 0. Germen inferum, inæquale, hinc plus minus gibbus carinatusve; loculo 1, 1-ovulato; stylo gracili, nunc incurvo, apice stigmatoso capitato, globoso v. discoideo-peltato. Fructus siccus, involucello vestitus, hinc compressiusculus, calyce coronatus (v. raro apice nudus). Semen descendens, albuminosum. — Herbæ perennes, glabræ v. pubescentes; foliis oppositis v. verticillatis; inferioribus sæpe rosulatis; pinnatifidis v. spinoso-dentatis [2] ciliatisve; floribus [3] axillaribus et terminalibus in glomerulos compositos dispositis verticillastraque formantibus, bracteatis; singulis involucello inæquali-spinoso-dentato vestitis. (*Asia media et occ.* [4])

4? **Triplostegia** WALL. [5] — Flores subregulares; receptaculo germen intus fovente, superne in collum calyciforme angustum producto. Calyx brevis cupularis, 4, 5-dentatus. Corollæ limbi lobi 4, 5, subæquales v. inæquales, imbricati. Stamina 4, 5, corollæ inserta, inæqualia. Germen inferum, 1-loculare; ovulo 1, descendente; stylo gracili, apice stigmatoso capitato. Fructus siccus, calyce coronatus, involucello inclusus; semine descendente albuminoso. — Herba gracilis pilosula glandulosaque; rhizomate tenui; foliis oppositis, inciso-pinnatifidis; inferioribus subrosulatis, petiolatis; superioribus sessilibus; floribus [6] in cymas terminales, 2-chotomas composite ramosas gracileque stipitatas, dispositis; singulis bracteis 4 exterioribus lineari-lanceolatis capitato-glandulosis [7] et involucello interiore gamophyllo, 8-costato superneque minute dentato, vestitis. (*Himalaya* [8].)

II? BOOPIDEÆ.

5. **Boopis** J. — Flores hermaphroditi v. rarius polygami; receptaculo sacciformi angulato, germen adnatum intus fovente. Calyx superus

1. Pollen valde singulare et ab H. MOHL (in *Ann. sc. nat.*, sér. 2, III, 315) hisce verbis descriptum : « ovoïde, presque cylindrique; de trois côtés une saillie semblable au col d'une bouteille, à travers laquelle la membrane interne se prolonge en forme de canal », et inde ubique figuratum.
2. *Carduacearum* multarum.
3. Roseis (v. albis?), speciosis.
4. Spec. 6, 7. SIBTH., *Fl. græc.*, t. 28. — WALL., *Pl. as. rar.*, t. 202 — ROYLE, *Ill. hi-*

mal., t. 55. — JAUB. et SPACH, *Ill. pl. or.*, t. 429. — BOISS., *Diagn. or.*, ser. 2, VI, 94 ; *Fl. or.*, III, 113. — HOOK., *Icon.*, t. 1171. — *Bot. Reg.* (1840), t. 36. — *Bot. Mag.*, t. 4092. — WALP., *Rep.*, II, 532; VI, 84, *Ann.*, V, 140.
5. Ex DC., *Not. Valér.*, 19, t. 5; *Prodr.*, IV, 642. — ENDL., *Gen.*, n. 2188. — B. H., *Gen.*, II, 158, n. 1.
6. Parvis v. minutis, roseis (?).
7. Glandulis nigrescentibus.
8. Spec. 1. *T. glandulifera* WALL.

brevis; lobis 4-6 (sæpius 5), cum angulis receptaculi continuis, brevibus, æqualibus v. inæqualibus. Corolla regularis; tubo longiusculo, basi nunc crassiore; limbi lobis sæpius 5, 3-nerviis, valvatis. Stamina toti- dem, cum corollæ lobis alternantia; filamentis ad summum tubum insertis, basi 1-adelphis, superne liberis; antheris introrsis, 2-rimosis, marginibus inter se in tubum stylo pervium cohærentibus. Glandulæ totidem cum staminibus alternantes tuboque intus sessiles. Germen inferum, 1-loculare; stylo gracili, apice stigmatoso exserto tenui, haud v. vix dilatato truncatove integro. Ovulum 1, fere sub apice loculi insertum, descendens; micropyle introrsum supera. Fructus siccus, indehiscens, liber, calyce haud v. vix mutato coronatus; pericarpio longitudinaliter 4-6-angulato, duriusculo v. suberoso; angulis cum lobis calycis persistentibus, obtusiusculis, acutis v. spinescentibus, con- tinuis. Semen descendens; albumine carnoso; embryonis axilis albu- mine brevioris radicula supera. — Herbæ annuæ v. sæpius perennes glabræ; caule ramoso, nunc foliato v. sæpius scapiformi; foliis infe- rioribus rosulatis; omnibus alternis, sæpe carnosulis, integris, dentatis v. pinnatifidis; floribus in capitula spuria summo scapo simplici v. ramoso dispositis; bracteis exterioribus muticis haud accretis, in involucrum approximatis v. inferne connatis; interioribus paleaceis; bracteis in axilla singulis glomeruligeris; floribus glomeruli omnibus fertilibus, v. rarius exterioribus sterilibus masculis. (*America austr. occ. extratrop. andina et or. subtrop.*) — *Vid. p.* 524.

6. **Calycera** CAV. [1] — Flores (*Boopidis*) polygami, in glomerulis singulis 2-morphi; centralibus paucis hermaphroditis fertilibus; peri- phericis (junioribus) sæpe masculis sterilibus. Cætera *Boopidis.* — Herbæ annuæ v. perennes, glabræ v. lanatæ, erectæ v. procumbentes; foliis alternis, aut in caule remotis, aut ima basi rosulatis, grosse den- tatis v. pinnatifidis; inflorescentiis capituliformi-cymosis, pedunculo simplici v. ramoso impositis; bracteis involucrorum liberis v. basi connatis; fructibus siccis, 2-morphis; florum majorum germinibus superne induratis calycisque lobis 2-5 accretis induratis spinescenti-

1. *Icon.*, IV (1797), 34, t. 358 (*Calicera*). — CASS., in *Dict. sc. nat.*, VI, Suppl., 36; in *Journ. Phys.* (1818), 113; *Opusc. phyt.*, II, 353. — L.-C. RICH., in *Mém. Mus.*, VI, 77, t. 10. — DC., *Prodr.*, V, 2. — ENDL., *Gen.*, n. 3035. — H. BN, in *Payer Fam. nat.*, 245. — B. H., *Gen.*, II,

162, n. 2. — *Leucocera* TURCZ., in *Bull. Mosc.* (1848), I, 582. — *Anomocarpus* MIERS, *Contrib.*, II, 27, t, 48, 49. — *Discophytum* MIERS, in *Lindl. Veg. Kingd.*, 701 (ex B. H.). — *Gymnocaulus* PHIL., in *Linnæa*, XXVIII, 705 (ex B. H., *Gen.*, *loc. cit.*).

elongatis córonatis; florum autem minorum calyce haud v. vix mutato. (*Peruvia austr.*, *Chili* [1].)

7? **Acicarpha** J.[2] — Flores (*Calyceræ* v. *Boopidis*) polygami, 2-mor-
phi, capituliformi-glomerulati; glomerulis inflorescentiæ exterioribus
e floribus fertilibus formatis; achæniis cum receptaculi elevati foveolis
concretis lobisque calycis persistentibus accretis indurato-spinescen-
tibus coronatis; glomerulis autem superioribus e floribus sterilibus
formatis; germinibus post florationem haud mutatis liberis. — Herbæ
plerumque annuæ, ramosæ v. procumbentes, foliosæ; foliis alternis,
petiolatis v. sessilibus amplexicaulibus, obovatis, spathulatis v. subpin-
natifidis; inflorescentiis breviter pedunculatis v. sterilibus. (*America
austr. extratrop. occid.*, *Brasilia trop. or. marit.*[3])

1. Spec. 8, 9. R. et PAV., *Fl. per.*, I, 49, t. 76 (*Scabiosa*). — REMY, in *C. Gay Fl. chil.*, III, 251. — PHIL., in *Linnæa*, XXVIII, 706. — WEDD., *Chl. andın.*, II, 1, t. 43. — MIERS, *loc. cit.*, 34, t. 50. — WALP., *Rep.*, VI, 87; *Ann.*, I, 988 ; II, 807 (*Leucocera*).

2. In *Ann. Mus.*, II, 347, t. 58, 1. — CASS., in *Dict. sc. nat.*, I, Suppl., 32. — LESS., in *Linnæa*, VI, 527. — L.-C. RICH., in *Mém. Mus.*, VI, 78, t. 11. — DC., *Prodr.*, V, 3 (part.) — ENDL., *Gen.*, n. 3036. — H. BN, in *Payer Fam.*

nat., 245. — B. H., *Gen.*, II, 162, n. 3. — *Cryptocarpha* CASS., in *Bull. Soc. philom.* (1817); in *Dict. sc. nat.*, XII, 86. — TURP., in *Dict. sc. nat.*, Atlas, t. 194. — R. BR., in *Trans. Linn. Soc.*, XII, 131. — *Sommea* BORY, in *Ann. gén. sc. phys.*, VI, 92, t. 87. — *Acanthosperma* VELLOZ., *Fl. flum.*, Atl., VIII, t. 152 (nec H. B. K.). — *Echinolema* JACQ. F. (ex ENDL.).

3. Spec. 3. POIR., *Dict.*, Suppl., I, 110. — MIERS, in *Ann. and Mag. Nat. Hist.* (1869); *Contrib.*, II, 37, t. 51, 52 (part.).

ADDITIONS ET CORRECTIONS

Page 60, ligne 22. Sepala, ex HOOKER, « lanceolata, apice setosa », nunc breviora evadunt; DECAISNEI autem (*Olin.*, tab., fig. A) figura mendax, est e TRIANA desumpta adulterataque; calycis lobis fere omnino suppressis. (Cfr H. BN, *Nouv. obs. Olin.*, 29, tab., fig. BB'.)

Page 69, fig. 53. L'ovule n'a point deux téguments aussi distincts ; ce qu'il n'est pas possible de bien établir sur des échantillons secs et des ovaires âgés ; mais probablement un seul, comme celui des *Aucuba*, *Garrya*, etc.

Page 212, à la suite du genre *Meum*, ajouter :

Albertia (RGL et SCHMALH, in *Rgl Pl. nov.*, fasc. VI, 29). Genre nouveau d'Ombellifères, dit « affin. *Pleurospermi* et *Aulacospermi* ».

Page 217, après *Fœniculum*, ajouter :

Physotrichia (HIERN, in *Journ. Bot.* [1873], 161, t. 132). « Calycis dentes acuti subelongato-subulati, quidpiam inæquales, erectiusculi, in fructu vix v. parum aucti, persistentes. Petala obcordata, spurie 2-loba, ob lacinulam inflexam 1-nervia, haud radiantia (albida glabra). Stylopodia crassa sublobulata ; stigmata magna atropurpurea. Fructus ellipsoideo-oblongus subteres, commissura lata; carpella facie subplana; juga primaria prominentia obtusa subæqualia, papillis densis cylindricis vesiculatim turgidis munita; juga secundaria 0; vittæ ad valleculas solitariæ (v. ad valleculas laterales 2-næ?). Carpophorum 2-partitum. Semen facie concavum. — Herba perennis rigida erecta subglabra; foliis radicalibus duriusculis, 3-natim v. pinnatim compositis; foliolis ovalibus v. ovatis; simplicibus v. sublobatis, v. 3-foliolatis; umbellis compositis pluriradiatis; involucri et involucellorum bracteis ∞, submembranaceis. » (Spec. angolensis 1. *P. Welwitschii* OLIV., hinc *Seseli*, inde, ut videtur, *Diplolophio* affinis, inter *Umbelliferas* in *Flora of tropical Africa* serius haud enumerata.)

Page 229, ligne 4. *Anosmia* est à supprimer comme faisant partie du genre *Smyrnium*, et à rapporter comme synonyme aux *Conium* (ASCHERS., in *Bull. Soc. Linn. Par.*, 225).

Page 242, après *Astrantia*, ajouter :

Sanicula T.[1] — Flores polygami v. monœci; sepalis dentiformibus v. membranaceis. Petala 5, longe induplicato-acuminata costaque intrusa emarginata, subvalvata v. imbricata. Germen plerumque echinulatum; stylis basi tenuibus v. leviter incrassatis; stylopodiis disciformibus explanatis. Fructus ovoideus v. oblongus, aculeis rectis ple-

---

1. *Inst.*, 326, t. 173. — L., *Gen.*, n. 326. — J., *Gen.*, 225. — HOFFM., *Prodr. Umb.*, 65. — SPRENG., *Prodr.* *Umb.*, 24. — DC., *Prodr.*, IV, 84. — ENDL., *Gen.* n. 4382. — B. H., *Gen.*, 880, n. 22.

rumque glochidiatis echinatus, subteres v. lateraliter compressiusculus; commissura planiuscula, leviter constricta v. lata; jugis vix conspicuis; vittis ∞; intrajugalibus parum conspicuis v. 0; carpophoro 0; semine transverse semitereti v. subtereti, facie plano v. convexiusculo. — Herbæ sæpius humiles perennesque; foliis alternis, nunc rosulatis, plerumque palmati-3-5-sectis; segmentis dentato-lobatis v. pinnati-dissectis; floribus in umbellas (spurias?) sub-2-chotomas v. pauciradiatas, nunc irregulari-compositas, dispositis; bracteis involucri sæpe foliiformibus dentato-lobatis; bracteolis parvis v. nunc (*Erythrosana*[1]) latis radiantibus; umbellulis 1, 2-sexualibus[2]. (*Europa, Asia temp., Africa, America utraque frig. et temp., ins. Sandwic.*[3])

Page 245, après *Aralia*, ajouter :

Coemansia (MARCHAL, in *Bull. Acad. roy. Belg.*, sér. 2, XLVII, n. 1). Genre nouveau d'Araliacées, voisin, à ce qu'il semble, des *Sciadodendron*.

Page 452, note 7. Ajouter comme synonyme à *Urophyllum* : *Cymelonema* PRESL, *Epimel.*, 210.

Page 495. Ajouter comme section du genre *Ouroaparia* : *Poduncaria* H. BN, in *Bull. Soc. Linn. Par.*, n. 29.

---

1. Cujus typus est *S. rubriflora* F. SCHM. (in *Maxim. Prim. Fl. amur.*, 123), nobis ignota.

2. Floribus roscis v. albidis.

3. Spec. 8-10. JACQ , *Icon. rar.*, II, t. 348. — REICHB., *Ic. Fl. germ.*, t. 1847. — COLL., *Pl. rar. chil.*, t. 20. — HOOK., *Fl. bor.-amer.*, t. 90-92. — SEUD., *Fl azor.*, t. 15. — WIGHT, *Icon.*, t. 334, 1004. — CL , in *C. Gay Fl. chil.*, III, 108. — A. GRAY, *Unit. St. expl. Exp.*, *Bot.*, I, t. 88. — TORR., *Fl N.-York*, I, t 31, 32. — BOISS., *Fl. or.*, II, 832. — GREN. et GODR., *Fl. de Fr.*, I, 757. — WALP., *Rep.*, II, 387; V, 845; *Ann.*, V, 63.

TABLE DES GENRES ET SOUS-GENRES

CONTENUS DANS LE SEPTIÈME VOLUME[1]

---

[1] Pour les genres conservés par nous, cette table renvoie toujours à la caractéristique latine du *Genera*. Là le lecteur trouvera un autre renvoi à la page où le genre est analysé et discuté.

PARIS. — IMPRIMERIE EMILL MARTINET, RUE MIGNON, 2

www.ingramcontent.com/pod-product-compliance
Lightning Source LLC
Chambersburg PA
CBHW070241200326
41518CB00010B/1642